Digital ProLine

Das Profi-Handbuch zur Canon EOS 400D

Stefan Gross
Steffen Brückner

DATA BECKER

Copyright	© DATA BECKER GmbH & Co. KG Merowingerstr. 30 40223 Düsseldorf
E-Mail	buch@databecker.de
Produktmanagement	Lothar Schlömer
Umschlaggestaltung	Inhouse-Agentur DATA BECKER
Textbearbeitung und Gestaltung	Astrid Stähr
Produktionsleitung	Claudia Lötschert
Druck	Media-Print, Paderborn

ISBN 978-3-8158-2625-6

Wichtige Hinweise

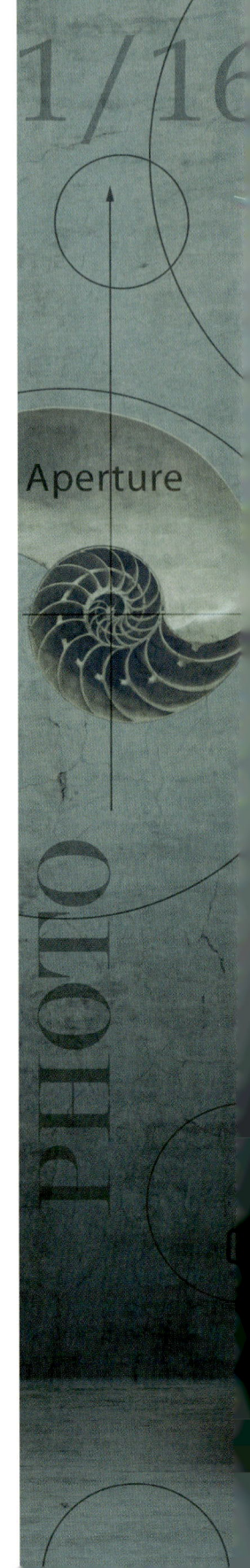

Blitzlichteinsatz an der EOS 400D 171   5

Individualfunktionen und das optimale Kamerasetup 199   6

7 Die EOS 400D in Aktion 227

8 Software für die EOS 400D 265

9 Speichern der Bilder 283

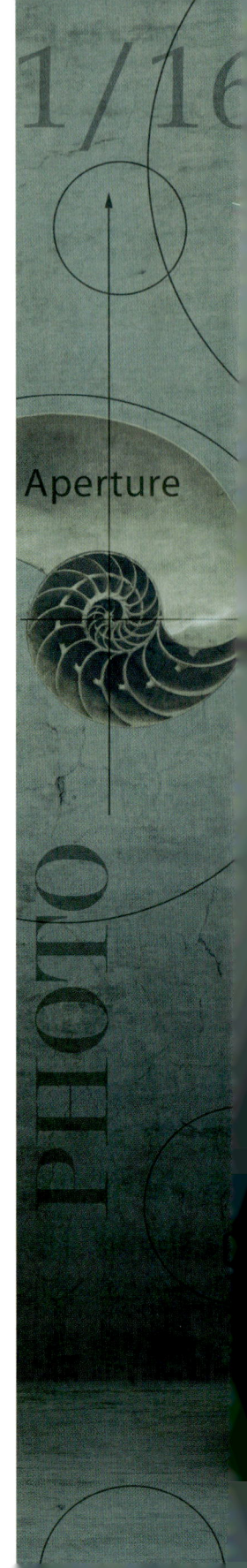

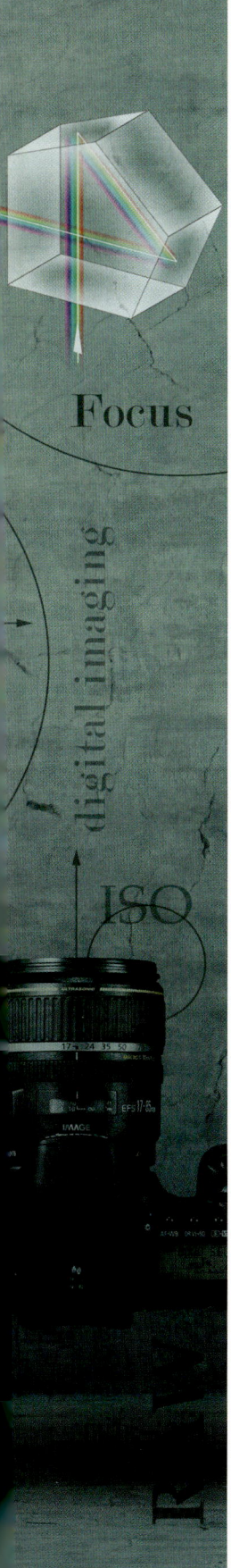

Einleitung

Canon hat mit der EOS 400D ohne Frage einen Knüller am Markt platziert. Hohe Auflösung, ein großer TFT-Monitor, genügend Power für Action- und Sportaufnahmen und die Sensorreinigung inklusive.

Bei so viel Hightech macht die hochambitionierte Digitalfotografie noch mehr Freude, denn die Leistungsreserven genügen selbst professionellen Ansprüchen. Nichts sollte Sie also davon abhalten, mit Ihrer EOS 400D loszulegen und noch bessere und kreativere Aufnahmen als bisher zu machen.

Die EOS 400D ist allerdings eine Spiegelreflexkamera und hat eher mit Fotografie denn mit „Knipsen" zu tun. Sie versteht sich eher als Systemkomponente, bei der sie als Body das Zentrum, aber nicht das komplette Equipment darstellt. Wechselobjektive, Stativ, Fernbedienung, externe Kompaktblitzgeräte, all das sind Zutaten, die das Erlebnis Fotografie erst komplettieren und für deren Umgang schon eine Menge Hintergrundwissen erforderlich ist. Dazu gesellt sich die Möglichkeit, mit dem Rohdatenformat und der Softwarenachbearbeitung das Maximum aus den Aufnahmen herauszukitzeln.

Schöpfen Sie alle Möglichkeiten aus, und Ihre Bilder werden durch eine ungewöhnliche Brillanz Wirkung bei den Betrachtern erzielen. Der Weg dorthin führt auch über die Beherrschung der Kreativprogramme, dem optimierten Umgang mit Belichtungsmessung, den Autofokusbetriebsarten und nicht zuletzt über einer Bildidee, die zunächst in Ihrem Kopf entsteht und dann gezielt umgesetzt wird.

Zusammengenommen wird dann aus der Digitalfotografie eine intensive, die Sinne schärfende Erfahrung, die gleichzeitig Ihre optischen und koordinativen Fähigkeiten schult. Das Know-how dazu liegt in Buchform direkt vor Ihnen, jetzt sind Sie an der Reihe, mit Ihrer EOS 400D in die Welt des Imagings voll einzutauchen!

Herzlichst
Stefan Gross

Digitale Evolution: die EOS 400D im Überblick

1

Großes Display, automatisches Sensor-Cleaning und eine 10,1-Megapixel-Auflösung machen die EOS 400D zu einer Digitalkamera mit professionellen Ambitionen.

Entdecken Sie bei einem Rundblick die vielen 400D-Features, Detailverbesserungen und Besonderheiten einer außergewöhnlichen DSLR.

1.1 Die EOS 400D: optimal für Ein- und Aufsteiger

Ganz gleich, ob die EOS 400D Erstkamera oder als Upgrade Nachfolger einer Kompaktkamera ist, ob Sie von einer analogen Spiegelreflexkamera umsteigen oder schlicht das Vorgängermodell ausgetauscht haben, mit der EOS 400D erwartet Sie eine Vielzahl an Verbesserungen und Neuerungen.

Der Kompaktkamera überlegen

Wengleich die Abmessungen der EOS 400D so klein ausfallen, dass man sie mit einer digitalen Kompaktka-

mera verwechseln könnte, darf man sich nicht täuschen. Das in ihr steckende Potenzial übersteigt die Kompaktkameras bei Weitem. Dabei unterscheidet sich die EOS 400D in einigen Kernpunkten:

- Die EOS 400D lässt sich mit einer Vielzahl an **externem Equipment** aufrüsten. Dazu gehören nicht nur die rund 60 Canon-Objektive und weit über 100 Objektive von Drittherstellern, sondern auch das Zubehör wie Kompaktblitzgeräte, Fernbedienungen, Winkelsucher etc. übertrifft das Angebot gegenüber den Kompaktkameras um ein Vielfaches.

▲ *Das Handling der EOS 400D lässt sich durch Kombination mit dem Batteriegriff BG-E3 auch für große Hände optimieren.*

- Das **Bildrauschen** in höheren ISO-Wertebereichen fällt erheblich geringer aus. Damit sind Sie lichtarmen Aufnahmesituationen gewachsen, die Kompaktkameras bei Weitem überfordern.

- Actionmotive bereiten den Kompakten generell große Probleme. Wollen Sie ein Insekt im Flug, den springenden Hund oder die Strafraumszene einfangen, haben Sie mit der digitalen Kompaktkamera regelmäßig die Szene danach auf dem Bild. Grund ist die hohe Auslöseverzögerung, die dagegen an der EOS 400D so gering ausfällt, dass Sie mit ihr das Bewegtmotiv optimal abpassen können. Der schnelle Autofokus an der 400D hilft hierbei zusätzlich, damit die Motive auch scharf eingefangen werden.

- Die EOS 400D bietet als Spiegelreflexkamera ein unvergleichlich helles und klares **Sucherbild**. Sie sehen durch das Objektiv den Ausschnitt, der später auch auf Ihrem Sensor festgehalten wird. Erst mit diesem optischen Prinzip wird ernst zu nehmende Fotografie machbar. Die digitalen Displays oder elektronischen Sucherbilder unterschlagen dagegen zu viele Informationen, sodass eher

ein Telespiel-Feeling, aber keine wirklichkeitsgetreue Ansicht und Beurteilung der Aufnahmemotive möglich ist.

Upgrade von der analogen Kamera

Falls Sie von der analogen Spiegelreflexkamera auf die EOS 400D umgestiegen sind, werden Sie sich in vielen Bereichen schnell zurechtfinden. Die Programme ähneln sich weitgehend: Individuelle Blendenwert- und Belichtungseinstellungen und deren optische Gesetzmäßigkeiten behalten auch an der digitalen Spiegelreflexkamera ihre Gültigkeit. Neu dürfte der sogenannte Cropfaktor sein, der durch die kleineren Sensorabmessungen zu einer Brennweitenverlängerung im Tele- und Makrobereich führt, und natürlich die erheblich komfortableren Bildkontrollmöglichkeiten am internen TFT-Monitor.

Die Arbeit in der Dunkelkammer wird zwar auf Wunsch der Kamera überlassen, Sie können Ihre Aufnahmen jedoch mit dem RAW-Format und beispielsweise dem im Lieferumfang enthaltenen Digital Photo Professional auch nachträglich digital entwickeln. Die Möglichkeiten und auch die Bildqualität sind der Kleinbildanalogtechnik insgesamt deutlich überlegen, sodass Sie von der EOS 400D einen spürbaren Leistungszuwachs erwarten dürfen. Nicht zuletzt werden Sie durch den Einsatz der – gegenüber analogem Filmmaterial – vergleichsweise günstigen Compact-Flash-Karten Platz und Anschaffungskosten einsparen.

Mehr als EOS 350D + 50

Aufsteiger von der EOS 350D erwartet eine Reihe von Verbesserungen, die über die offensichtlichen Vorteile wie die um zwei Megapixel höhere Auflösung, das größere Display bzw. die Sensorreinigungsfunktionalität weit hinausgehen.

Die 400D kommt auch mit einer besseren Innenausstattung daher. Dazu zählen eine Verdopplung der Serienbilder sowohl für das JPEG- als auch das RAW-

▲ *Falls Sie auf ein digitales Vorschaubild nicht verzichten möchten, lässt sich die EOS 400D auch mit einem digitalen Winkelsucher ausstatten. Die Firma Zigview bietet diesen in drei Varianten an.*

▲ *Hier braucht man nicht lange zu rätseln, welche Kamera die EOS 400D und welche die EOS 350D ist. Das größere und erheblich höher auflösende Display verrät die 400D.*

Format, Detailverbesserungen bei der Darstellung von Bildern und Aufnahmeinformationen auf dem TFT-Monitor (verbesserter Blickwinkel, mehr Infos, halbtransparente Unterleger) sowie mehr Komfort durch die neuen Bildstile, das RGB-Histogramm und nicht zuletzt durch das infrarotgesteuerte LC-Display. Letzteres ersetzt die vormalige LCD-Anzeige und zeigt Kameraeinstellungen beispielsweise für Blende, Verschlusszeit und den Akkustatus nicht nur großformatiger an, sondern bietet auch zusätzliche Informationen etwa zur Blitzkorrekturstärke. Erfreulich ebenfalls, dass jetzt endlich der eingestellte ISO-Wert permanent und auch die vorgewählten Autofokusfelder angezeigt werden.

Starker Autofokus

Verbessert wurde auch der Autofokus. Er deckt jetzt einen Wertebereich von –0,5 bis 18 EV ab (vormals 0,5 bis 18) und ist damit um eine ganze Blendenstufe empfindlicher geworden. Das ist hilfreich, um damit bei schwachem Umgebungslicht oder bei kontrastarmen Motiven automatisch erfolgreicher zu fokussieren. Klammheimlich wurde an der EOS 400D auch der Autofokusbetrieb bei Bewegtmotiven ver-

bessert. Nach unserer Messung liegt die Trefferquote an scharfen Aufnahmen bei Actionmotiven an der 400D um 17 % höher als noch an der EOS 350D.

Mehr Bedienkomfort

Kleine Bonbons bietet die 400D gegenüber dem Vorgänger mit einer automatischen Rauschreduktion bei Langzeitaufnahmen (Individualparameter 02) und durch die neue Lupenfunktion. Letztere lässt das Einzoomen beispielsweise zu Testzwecken auch ohne eingelegte CF-Card zu. Erfreulich ist auch die erweiterte Individualfunktion 01, in der sich z. B. die Blitzbelichtungskorrektur auf die SET-Taste legen lässt, sodass sie im Direktzugriff liegt. An der EOS 350D musste man sich zur Blitzbelichtungskorrektur erst umständlich durch das Menü hangeln.

Nicht zuletzt hat Canon auch den Zugriff der via Pfeiltasten erreichbaren Funktionen wie Weißabgleich, Belichtungsmessung oder Autofokusbetriebsart vereinfacht. Jetzt genügt die Werteverstellung, ohne sie via SET-Taste bestätigen zu müssen. Das geht deutlich schneller und führt nicht zu Irritationen bzw. Fehlbedienungen wie noch an der EOS 350D.

Hätte Canon die Namensgebung als Maßstab für die Verbesserungen verwendet, müsste die EOS 400D im Verhältnis zur 350D eigentlich EOS 525D heißen. Die Verbesserungen liegen nämlich bei rund 50 %, und das ergäbe einen Zählerzuwachs von 175.

Erstkontakt mit der 400D

Falls Sie mit der EOS 400D beginnen zu fotografieren und zuvor noch keine Erfahrungen mit anderen Modellen gesammelt haben, erwartet Sie eine ganze Menge an Lernstoff.

Canon erleichtert zwar durch die Automatikprogramme am runden Wahlrad oder die Direct-Print-Taste ⎙〜 den Einstieg, Sie werden aber bessere Ergebnisse erzielen, wenn die Kreativprogramme (gekennzeichnet mit M/Tv/Av/P auf dem Moduswahlrad ⚫⁻) verwendet werden.

Hilfreich ist auch die Bedienungsanleitung, um erste Erkundungen an der Kamera zu machen. Wir setzen zudem in vielen Abschnitten die grobe Kenntnis der Betriebsanleitung voraus, um noch tiefer in die Inhalte einsteigen zu können.

So verbessern Sie Ihre Fototechnik

Legen Sie die Bedienungsanleitung und parallel dieses Buch in Griffnähe und testen Sie regelmäßig neue Möglichkeiten aus, um im Kameratraining zu bleiben. Als hilfreich erweist es sich zudem, auf ein spezielles fotografisches Thema hinzuarbeiten. Wählen Sie am besten ein konkretes Thema, wie etwa Ihre Zimmerpflanzen, Porträts Ihrer Freunde, eine Historie Ihres Sportvereins oder was immer Sie bevorzugen.

Sie können damit beispielsweise eine überzeugende Diashow, einen Kalender oder gar eine Ausstellung vorbereiten und werden mehr Freude als an einem Sammelsurium von verstreuten Schnappschüssen haben.

Ebenfalls sehr nützlich ist die Bilddiskussion in Internetforen oder auf speziellen Bildergalerieplattformen wie etwa in der Fotocommunity (*www.fotocommunity.de*). Der Lerneffekt zur Verbesserung der eigenen Aufnahmen ist durch solche Diskussionen erstaunlich hoch, und es werden Anregungen zu Bildideen bzw. auch stellenweise detaillierte Technikinformationen gegeben.

1.2 Die EOS 400D im Detail

Als Einstieg ist ein näherer Blick auf die Features der EOS 400D lohnenswert. Dadurch machen Sie sich mit ihr vertrauter und profitieren davon auch beim Umgang in der Praxis.

Der Body

Das Gehäuse besteht aus Kunststoff. Das ist jedoch nur ein Oberbegriff; konkret wird ein Gemisch aus Polymeren mit Karbonfasern verbaut. Diese Kombination führt zu einer hohen Festigkeit bei geringem Gewicht. Gegenüber der 350D wurde die Oberfläche noch etwas glatter poliert und dem Daumen eine gummierte Grifffläche spendiert. Insgesamt wird damit die Haptik verbessert, und der 400D-Body wirkt noch eine Spur wertiger als der des Vorgängermodells.

Im Unterschied zu den hochpreisigen Modellen wie etwa der EOS 30D oder auch der 5D verfügt die 400D für jede Grundfunktion über einen separaten Button. Damit ist der schnelle Zugriff auf die wichtigsten Einstellungen äußerst komfortabel. Erfreulich auch die Verbesserung bei der Pfeiltastenbedienung gegenüber der EOS 350D. Die darüber erreichbaren Einstellungen von ISO-Wert, Autofokusbetriebsart, Weißabgleich und der Belichtungsmessmethode lassen sich entweder erneut via Pfeiltastendruck oder mit dem gezahnten Einstellrad ohne abschließenden SET-Tastendruck ändern.

▲ Im Gegensatz zur EOS 30D verfügt die 400D für jede Funktion über einen separaten Funktionsbutton. Damit werden Doppelbelegungen vermieden und die Bedienung ist sicherer.

Breitwandkino

Der Eyecatcher auf der Rückseite ist ohne Zweifel der von 118.000 auf 230.000 Bildpixel angewachsene TFT-Monitor. Damit löst er im Vergleich zur 350D nicht nur um fast 50 % detaillierter auf, sondern wurde auch beim Ablesewinkel auf 160 Grad verbessert. Das ist vor allem nützlich, wenn der Blick nicht frontal, sondern seitlich und – neuerdings – auch von weiter oben oder unten auf den Monitor fällt. So lässt sich die Aufnahme beispielsweise auch im Boden- oder Überkopfbereich kontrollieren oder in größerer Runde präsentieren, ohne dass wesentliche Details verloren gehen. Canon hat zudem die Helligkeit des Moni-

tors um 40 % gegenüber der EOS 350D erhöht und macht ihn beispielsweise bei Sonnenschein besser ablesbar. Um Akkupower zu sparen, lässt sich die Leuchtintensität für dunklere Locations auch im Menü (vierte Registerkarte von links) unter dem Punkt LCD-Helligkeit nach Bedarf reduzieren.

LC-Display

Kompakte Abmessungen und ein großer Monitor stellten die Canon-Ingenieure vor das Problem, dass kein Platz mehr für das monochrome LCD-Display zur Anzeige der Basiseinstellungen vorhanden ist.

Äußerst elegant wurde das via Infrarotsensoren und in Verbindung mit dem großen TFT-Monitor gelöst. Jetzt werden die Werte nicht nur erheblich größer dargestellt, sondern die Fläche wird ergänzend für die permanente ISO-Wertanzeige oder die aktiven Autofokusfelder zusätzlich genutzt.

Die lichtempfindlichen Sensoren sorgen dafür, dass bei Annäherung auf rund 5 cm (Sie können auch die Hand anstelle des Gesichts nutzen) der Monitor erlischt und keine unnötige Akkupower verschwendet wird. Beim Blick durch den Sucher wäre eine permanente Anzeige schlichtweg überflüssig, würde den Bildsensor aufheizen und damit zu erhöhtem Bildrauschen führen.

Bei Bedarf hilft die DISP.-Taste, um den Infoscreen permanent auszuschalten. Das empfiehlt sich, um den Akkuverbrauch zu reduzieren, wenn über mehrere Aufnahmen hinweg keine Werteveränderung ansteht.

> **Die Einstellungen der DISP.-Taste vormerken lassen**
> Optional merkt sich die Kamera den via DISP. abgeschalteten Infoscreen auch bei ganz ausgeschalteter Kamera. Hierfür ist der neue Individualparameter 11 mit dem Wert 1 vorzubelegen.

▲ Dank der um 40 % verbesserten Monitorhelligkeit sind Infos auf dem TFT-Display auch in helleren Umgebungen an der EOS 400D erkennbar.

Hochauflösend und extrem geringes Bildrauschen

Canon erhöht die Auflösung an der EOS 400D im Vergleich zum Vorgänger von 8 auf 10,1 effektive Megapixel. Damit sind jetzt hochdetaillierte Druckausgabeformate von deutlich über DIN A3 z. B. bei 200 dpi möglich. Der Zuwachs an Bildauflösung von 25 % macht sich aber auch bei der Verwertung von Bildausschnitten bezahlt und stellt ausreichend Potenzial bereit, um eine Arbeit nachträglich am Computer neu zu komponieren.

Da mehr Bildpixel auf derselben Chipgröße (22,2 x 14,8 mm) untergebracht wurden, mussten die Halbleiterdioden von 6,4 auf 5,7 μ verkleinert werden. Es stand zu befürchten, dass darunter – ähnlich wie dies typisch für die Kompaktkameraklasse mit ihren sehr kleinen Bildsensoren der Fall ist – die Bildqualität leiden würde. Canon hat jedoch mit einigen Tricks (Details siehe Kapitel 2.3) sowohl das Bildrauschen als auch die Bildschärfe auf dem gleichen Niveau halten können. Das heißt: Trotz höherer Auflösung und kleinerer Bildpixel muss der 400D-Fotograf nicht auf Bildqualität verzichten, sondern kann den 25-%-Leistungszuwachs in der Praxis voll ausnutzen.

▲ Der hier im Body der 400D eingeblendete CMOS-Bildsensor wurde im Vergleich zum Vorgängermodell um 2,1 Millionen Bildpixel aufgestockt. (Abbildung Canon)

Staub abgeschüttelt

Für Digitalfotografen mit häufigem Objektivwechsel stellt die Sensorverunreinigung ein leidiges Übel dar. Staub und Schmutzpartikel lassen sich schnell auf dem Bildsensor nieder und verunstalten die Aufnahmen besonders bei hohen Blendenzahlen als unübersehbare Flecken.

> **Energie sparen bei der Sensorreinigung**
> Falls Sie über längere Zeit keinen Objektivwechsel planen, lässt sich die automatische Reinigungsfunktion bei Ein- und Abschalten der EOS 400D auch deaktivieren. Das spart Akkupower. Dafür wählen Sie im Menü unter dem ganz rechten Register die Option *Sensorreinigung: automatisch* und dort den Eintrag *Aus*.

Canon rückt dem Problem an der EOS 400D mit einer Doppelstrategie zu Leibe: Einerseits wird der lästige Staub mithilfe hochfrequenter Schwingungen (angetrieben durch piezoelektrische Aktoren) abgeschüttelt, und andererseits bietet die im Liefer-

umfang enthaltene Software eine Funktion, mit der sich noch verbliebene Partikel automatisch herausrechnen lassen.

Nach unserem Test funktionieren beide Methoden mit einer hohen Erfolgsquote, und Canon nimmt dem 400D-Fotografen damit eine Menge an Reinigungsarbeit ab. Weitere Details erfahren Sie zur Sensorreinigung in den Kapiteln 2.3 und 11.1.

Mehr Power bei Serienbildern

Nicht nur typische Sport- und Actionfotografen freuen sich über die Steigerung der Serienbildfrequenz um 50 % von 14 auf 27 JPEG- bzw. 5 auf 10 RAW-Aufnahmen. Manchmal tauchen Szenen nur für extrem kurze Augenblicke auf, die eigentlich keine klassischen Bewegtmotive sind.

Sei es, dass der Lichteinfall für eine Minute ideal auf einem Landschaftsmotiv liegt, weil der wolkenverhangene Himmel ein kleines Guckloch für die Sonnenstrahlen öffnet und gleich wieder schließt, ein interessantes Insekt über eine Blüte huscht oder der erstaunte Blick eines Kindes dem Fotografen nur Sekundenbruchteile lässt, um eine Aufnahmesequenz der besonderen Art auf den Sensor zu bannen.

In diesen Fällen lohnt es sich einerseits, die Bildfrequenztaste 🖳🕙ℹ zu kennen, um schnellstmöglich in den Serienbetrieb umzuschalten, und andererseits hilft einem die lange Serienbildsequenz, um später aus einer größeren Zahl die beste Aufnahme auswählen zu können.

Besonders hilfreich ist die Steigerung für das RAW-Format. Die nunmehr verfügbare Reserve von zehn Aufnahmen lässt selbst hochambitionierten Fotografen genügend Spielraum, um die Vorzüge des Rohdatenformats – wie beispielsweise ein höherer Dynamikumfang – auch bei Bewegtmotiven ausnutzen zu können.

▲ Dank der EOS 400D-Serienbildsteigerung können aus einer Anzahl von Versuchen auch schwierige Motive wie etwa diese blutro-te Heidelibelle im Flug mit geringer Schärfentiefe auf der Kopfpartie gelingen.

Mit Stil fotografieren

Die Landschaft soll eine hohe, durchgehende Schär-fe aufweisen, Porträtierte freuen sich normalerweise eher, wenn ihre Gesichtshaut weichere und glattere Züge trägt. Diese unterschiedlichen Motivszenerien lassen sich mithilfe der im Menü angebotenen Bild-stile vorwählen und noch auf individuelle Vorlieben durch Änderung der zugrunde liegenden Parameter beispielsweise für Schärfe und Kontrast anpassen.

Canon hat das vormals an der 300D bzw. 350D vor-handene Parameterkonzept überarbeitet, es „Bildsti-le" bzw. „Picture Styles" genannt und übersichtlicher

bzw. themenorientiert aufbereitet. Ein weiterer Vorteil der Bildstile soll die Pflege dieses Parameterkonzepts sein, denn nicht nur Kameras wie die EOS 30D oder 5D operieren mit diesem System, sondern es soll laut Canon auch in zukünftigen Modellen eine ein-heitliche und kameraübergreifende Referenz bieten. Details zu den Bildstilen und ihrem Einfluss auf das Bildergebnis besprechen wir in Kapitel 6.3.

Spontan einsatzbereit

Besonders Upgrader von der EOS 300D oder vorma-lige Kompaktkamera-User werden die extrem schnel-le Einsatzbereitschaft der EOS 400D zu schätzen wissen, um im Bedarfsfall auch spontane Motive blitzschnell festzuhalten. Sie können die 400D einschalten und den Auslöser sofort durchdrücken – die Kamera macht die Aufnahme praktisch verzögerungsfrei. Selbst wenn die automatische Sensorreinigung eigentlich noch eine Sekunde für das Cleaning benötigt, wird sie gar nicht erst gestartet, sofern der Auslöser gleich nach dem Einschalten betätigt wird.

Alternativ lässt sich die EOS 400D auch aus dem Ruhebetriebszustand (Sleep-Modus) per Auslöser wecken und steht sogleich für Aufnahmen bereit. Letztere Methode ist noch bequemer und spart gleichfalls Akkupower. Hier empfiehlt sich ein recht kurzer Autoabschalten-Wert (vierte Registerkarte im Menü).

Picture-Controlling

Mit ein wenig Erfahrung werden Sie die Diskrepanz schnell entdecken, die zwischen der optisch wahrgenommenen Szene und den später auf dem heimischen Monitor betrachteten Aufnahmen liegt. Viele Bilderergebnisse werden unscharf sein, zeigen Mängel beispielsweise durch einen zeichnungslosen, weil ausgebrannten Himmel, manche Farben wirken unnatürlich, oder das Bild ist insgesamt zu dunkel oder zu hell. Die EOS 400D bietet daher Kontrollfunktionen, um die schlimmsten Fehler gleich vor Ort zu analysieren, damit die Aufnahme gegebenenfalls wiederholt werden kann.

Zwei entscheidende Tools bestehen in der Einzoomfunktion und dem Histogramm. In beiden Bereichen hat Canon die 400D noch üppiger als die Vorgänger ausgestattet.

Um in das Bild einzuzoomen und bei höchster Auflösung die Schärfe zu beurteilen (Details siehe Kapitel 4.1), steht jetzt alternativ zur Playtaste die Printtaste plus gleichzeitigem Druck auf die Zoomtaste zur Verfügung. Canon nennt dies Lupenfunktion, und Sie können damit das Bild beispielsweise zu Testzwecken auch ohne eingelegte CF-Card in höchster Zoomstufe überprüfen.

▲ Lupenfunktion: Durch Druck der Direct-Print-Taste bei gleichzeitig festgehaltener Vergrößerungstaste kann auch ohne eingelegte CF-Card in das Bild gezoomt werden.

Digitale Evolution: die EOS 400D im Überblick

Das zweite Novum stellt das RGB-Histogramm an der EOS 400D dar. Ähnlich wie das Helligkeitshistogramm zeigt es ein kleines „Gebirge", jedoch in die drei Farbkanäle Rot, Grün und Blau aufgesplittet, an. Sobald die Werte an die rechte Vertikallinie stoßen, ist mit Problemen zu rechnen (Bild überstrahlt in Teilbereichen). Gleiches gilt für die linke Begrenzungslinie (Bild wird teilweise zu dunkel und hat keine Zeichnung mehr). Im Unterschied zum Helligkeitshistogramm können jedoch mit dem RGB-Histogramm auch Fehlfarben erkannt werden, wenn nur einzelne Primärfarben über die Begrenzungslinie hinausgehen. Sie erfahren über die Histogrammkontrollfunktion in Kapitel 3.1 weitere Details.

> ### Wenn die Farbe Weiß im Motiv fehlt
> Nutzen Sie bei kontrastreichen Motiven das RGB-Histogramm, um einzeln ausbrennende Farbkanäle sicher erkennen zu können und dann die Belichtung nach unten zu korrigieren. Wichtig wird dies vor allem, wenn im Bild keine neutrale Farbe wie Weiß vorhanden ist.

Wichtige Funktionen der Bedienelemente

Bei den über die Buttons der Kamerarückseite erreichbaren Funktionen handelt es sich zwar um keine Neuerungen der EOS 400D, wir wollen hier die wichtigsten jedoch kurz erwähnen, da ihre Kenntnis und das Verständnis von elementarer Bedeutung vor allem bei Verwendung der Kreativprogramme sind. Detailliertere Informationen finden Sie dann in späteren Abschnitten.

ISO-Wert
Der ISO-Wert regelt die Empfindlichkeit des Bildsensors. Je höher er eingestellt wird, umso kürzer kann die Aufnahme belichtet werden. Ein hoher Wert führt regelmäßig dazu, dass Bilder nicht mehr durch Verwackler oder zu schnell bewegte Motive unscharf werden.

Nachteilig kann jedoch das Bildrauschen – etwa bei ISO 1600 – sein, das sich in manchen Motiven auch nachträglich nicht mehr via softwaregesteuerter Entrauschfunktion vollständig entfernen lässt. Der ISO-Wert ist nur in den Kreativprogrammen (A-DEP/M/Av/Tv/P) verstellbar, in den Motivprogrammen bestimmt die Kamera den (häufig nicht optimalen) Wert und zeigt dies auf dem Infoscreen mit einem eingegrauten *ISO-Auto* an. Die ständige Kontrolle und individuelle Anpassung des ISO-Werts zählt mit zu den vorrangigen Einstellungen und ist ein wichtiger Grund, um mit den Kreativprogrammen zu arbeiten (mehr Infos zum ISO-Wert siehe Kapitel 3.5 und zu den Kreativprogrammen weiter unten in diesem Kapitel).

> ### ISO-Wert für alle Fälle
> Ein ISO-Wert von 400 kann als Kompromiss von Rauschen und Lichtempfindlichkeit bedenkenlos empfohlen werden. Nur in Ausnahmefällen sollte der höchste Wert mit ISO 1600 angewendet werden, da er besonders in dunkleren Bildpartien oder bei Aufhellarbeiten das Bildrauschen recht deutlich zeigt.

AF-Wert
Die EOS 400D verfügt über drei verschiedene Autofokusbetriebsarten. Sie greifen allerdings nur, wenn am Objektiv der AF/MF-Umschalter in der Position AF steht. In den meisten Fällen ist die Einstellung One Shot optimal. Die beiden anderen Betriebsarten sind für Bewegtmotive nützlich, da sie der Autofokus kontinuierlich verfolgt (Details siehe Kapitel 4.2).

WB-Wert
Für eine farbkorrekte Darstellung lässt sich über die Pfeiltaste mit der Beschriftung WB das Weißabgleichsprogramm der jeweiligen Aufnahmesituation anpassen. Die Kamera erkennt nicht von Haus aus, was als Weiß gilt, denn dies ist immer von der jeweiligen Lichtquelle abhängig und muss ihr – wie auch jeder anderen Kamera – über den WB-Wert

mitgeteilt werden. Andernfalls können Ihre Aufnahmen schnell farbstichig werden. Bei Verwendung des RAW-Formats lässt sich jedoch auch noch nachträglich der Weißabgleich softwaregesteuert und verlustfrei bestimmen. Sie liegen mit der Einstellung AWB (**a**utomatischer **W**eiß**a**b**g**leich) in den meisten Fällen richtig – bei Kunstlicht wird die Glühbirne regelmäßig zu den besten Ergebnissen führen (mehr Infos in Kapitel 6.7).

Belichtungsmessmethode

Das Licht wird an der EOS 400D nicht – wie etwa in manchen Analogkameras – über einen separaten Sensor am Gehäuse gemessen, sondern sie bezieht es durch das Objektiv. Diese TTL-Technologie (TTL = **T**hrough **T**he **L**ens) hat auch gegenüber externen Belichtungsmessern den Vorteil, dass die Kamera den Ausschnitt misst, der später auf dem Bildsensor berücksichtigt wird.

In relativ kontrastarmen Aufnahmesituationen wie beispielsweise im frühen Morgenlicht oder zum Abend hin können Sie regelmäßig mit der Mehrfeldmessung

▼ *Für eine helle Blüte vor dunklerem Umfeld ist die Selektivbelichtungsmessung optimal. Sie verhindert Überstrahlungen auf den Blütenblättern.*

arbeiten. Kontrastreiche Details wie etwa eine weiße Blüte vor dunklerem Hintergrund werden jedoch mit der Selektivmessung besser erfasst – wenngleich dies zu einer relativ starken Abdunklung des Umfelds führt (mehr dazu in Kapitel 3.2).

Reihenaufnahmen und Selbstauslöser

Genauso wie bei den Autofokusbetriebsarten oder den Belichtungsmessmethoden verbergen sich hinter der Bildfrequenztaste 🔲⏱️ drei verschiedene Betriebsmodi. Die Einstellung auf Einzelbild dürfte der Regelfall sein. Mit ihr wird – nach Druck auf den Auslöser – nur eine Aufnahme durchgeführt. Die Funktion *Reihenaufnahme* führt bis zu drei Bilder pro Sekunde durch und bietet sich in der Regel für Bewegtmotive an. Die Kombination aus Reihenaufnahmefunktion und Autofokusbetriebsart AI Servo gehört zum Standard für Actionmotive. Wollen Sie von sich selbst eine Aufnahme machen oder aber einen infrarotgesteuerten Fernauslöser nutzen, wird dies über die Einstellung auf *Selbstauslöser/Fernsteuerung* möglich.

Av-Taste

Liegt eine insgesamt helle Aufnahmesituation vor, wie z. B. eine winterliche Schneelandschaft, oder aber fotografieren Sie dunklere Motive, beispielsweise im Schatten, irritiert dies die Belichtungsmessung. Ihre EOS 400D (wie auch jede andere Kamera) ist auf einen durchschnittlichen Grauwert geeicht und quittiert insgesamt zu helle Aufnahmesituationen mit einer Nachdunkelung bzw. umgekehrt werden dunkle Motive zu stark aufgehellt. Hier muss über die Av-Taste **Av**✦ die Belichtungsmessung manuell nachkorrigiert werden. Auch dies funktioniert nur in den Kreativprogrammen. Mehr Informationen erhalten Sie in Kapitel 3.1.

AF-Messfeldwahltaste

Ihre EOS 400D verfügt über neun AF-Felder, die im Sucher auf der Mattscheibe eingeblendet werden. Sie können über die AF-Messfeldwahltaste ⊞ bestimmen, welches Autofokusfeld zur gezielten Ansteuerung von Motivdetails herangezogen wird bzw. ob alle AF-Felder zum Einsatz kommen sollen. Im letzteren Fall kann dies jedoch zu Problemen führen, wenn die Kamera auf einen ungewollten Schärfepunkt scharf stellt. In den meisten Fällen sind Sie mit dem mittleren AF-Feld am besten bedient. Der besondere Vorteil des mittleren Felds ist der Kreuzsensor, der, im Gegensatz zu den übrigen Messfeldern, sowohl für horizontale als auch für vertikale Kontraste empfindlich ist und zudem an lichtstarken Objektiven (Anfangsblende ab 2,8 und kleiner) über einen zweiten, noch exakter arbeitenden Betriebsmodus verfügt. Mehr Details finden sich in Kapitel 4.6.

▲ Mithilfe der rechtsseitig platzierten Vergrößerungstaste ⊕ lässt sich die AF-Messfeldauswahl einblenden. Am besten nutzen Sie das mittlere AF-Feld, denn der Kreuzsensor steigert die Wahrscheinlichkeit auf eine erfolgreiche Kontrasterkennung.

Sterntaste

Kameraschwenks sind oft nötig, um einer Aufnahme mehr Dynamik zu verleihen und das bildwichtigste Detail nicht im Zentrum zu platzieren (Stichwort: Goldener Schnitt). Um die besonderen Vorteile des mittleren AF-Felds oder aber der Spotmessung zu nutzen, ist der Einsatz der Sterntaste erforderlich. Mit ihr

wird der vor dem Schwenk angemessene Belichtungswert gespeichert (der Auslöser muss permanent halb durchgedrückt bleiben und der Objektivumschalter in der AF-Position sein), und die nach dem Schwenk regelmäßig neue Lichtsituation irritiert die Kamera nicht mehr. Das bedeutet, das erwünschte Detail wird korrekt ausbelichtet, obwohl es nicht mehr im Zentrum liegt. Gleiches gilt auch für den Einsatz des internen oder externen Blitzgeräts, das bei Druck auf die Sterntaste seinen Messblitz zündet und die ursprüngliche Ausschnittwahl der Belichtung zugrunde legt. Mehr Informationen zu Kameraschwenks erhalten Sie in Kapitel 3.2.

> **Schneller via Schärfentiefenprüftaste**
> Anstatt den Belichtungsmesswert über die Sterntaste zu speichern, kann zu dem Zweck auch die permanent durchgedrückte Schärfentiefenprüftaste dienen. Besonders bei Neukompositionen müssen Sie so nicht warten, bis der über die Sterntaste gespeicherte Wert erlischt, sondern brauchen die Schärfentiefenprüftaste lediglich loszulassen.

Wahl des Bildformats

Bilder lassen sich an der EOS 400D in zwei verschiedenen Formaten speichern. Entweder nutzen Sie das JPEG- oder das RAW-Format. Alternativ kann auch eine Kombination gewählt werden, bei der RAW- und JPEG-Aufnahmen simultan aufgezeichnet werden.

Die Vorzüge des RAW-Formats liegen in der nachträglichen und verlustfreien Bearbeitungsmöglichkeit. Sie können – selbst wenn mit fehlerhaften Kameraeinstellungen gearbeitet wurde – später in einem RAW-Konverter (z. B. dem im Lieferumfang enthaltenen Digital Photo Professional) die Einstellungen für den Weißabgleich, das Farbformat, die Schärfe oder in gewissen Grenzen die Belichtung verlustfrei korrigieren. Ein besonderer Bonus ist auch die höhere Kontrastverarbeitung des RAW-Formats, sodass Überstrahlungen eine Blendenstufe geringer ausfallen als

RAW-Format

JPEG-Format

▲ Mit dem RAW-Format lassen sich – wie hier im linken Bild auf dem Bergkristall – in begrenztem Umfang noch Überstrahlungen nachträglich im RAW-Konverter herausnehmen. Ein wichtiger Grund, um das RAW dem JPEG-Format vorzuziehen.

beim JPEG-Format. Nachteilig ist allerdings das aufwendigere Handling, die Pflicht zur Konvertierung in ein für die meisten Programme lesbares Format sowie das höhere Datenvolumen bzw. die herabgesetzte Serienbildfrequenz. Profis nutzen es dennoch regelmäßig, um das Maximum aus ihren Aufnahmen herauszuholen.

> **Die Kameraeinstellungen auch bei RAW-Aufnahmen beachten!**
> Im RAW-Konverter sind nachträgliche Korrekturen für den ISO-Wert nicht und für die Belichtung nur in Grenzen möglich, sodass diese Einstellungen vor der Aufnahme sorgfältig an der Kamera vorgenommen werden sollten.

Das JPEG-Format ist weniger pflegebedürftig, erzeugt kleinere Bilddateien und ermöglicht einen schnelleren Workflow als bei Verwendung des RAW-Formats. Es empfiehlt sich jedoch in der Regel, das größte JPEG-Format einzustellen, um später ausreichend Reserven etwa zur Nutzung von Bildausschnitten zu haben oder um das Bild großformatig beispielsweise als Poster auszudrucken. Mehr Details zum RAW-Format erhalten Sie in Kapitel 8.2 bzw. 8.5.

1.3 Grundeinstellungen optimieren

Zwei Dinge fehlen noch, bevor Sie mit der EOS 400D, frisch aus der Verpackung entnommen, in der Praxis loslegen können. Falls Sie ein Kit erworben haben, steht Ihnen ein Objektiv bereits zur Verfügung, und Sie benötigen lediglich einen aufgeladenen Akku und eine CompactFlash-Speicherkarte.

Die 400D startklar machen

Der Akkuladestand ist nach rund 100 Minuten im mitgelieferten CB 2 LW-Ladegerät komplettiert. Canon liefert den Lithium-Ionen-Akku nicht aufgeladen aus, da bei dieser Technologie der Alterungsprozess ansonsten schneller einsetzen würde. Ein Zweitakku sollte allerdings stets zur Reserve in der Fototasche dabei sein. Alternativ zu den recht teuren Originalen bietet bei eBay eine Vielzahl von Händlern günstige und kompatible Akkus für die EOS 400D an.

Step by Step: die EOS 400D auch ohne CF-Card betreiben

Steht Ihnen zunächst keine CompactFlash-Speicherkarte zur Verfügung oder liegt sie gegebenenfalls gerade im Cardreader, können Sie die 400D trotzdem auslösen und das Bildergebnis am kcamerainternen Monitor betrachten.

1 Menüauswahl

Schalten Sie im Menüpunkt *Auslö. m/o Card* (erste Registerkarte) die Option auf *Ein*.

2 Individualfunktion 10 ansteuern

Wechseln Sie im Menü auf die ganz rechte Register-karte und wählen Sie den Punkt *Individualfunktionen* an. Steht er dort nicht zur Verfügung, drehen Sie das Moduswahlrad ⬤⁻ auf die Position Av. Steuern Sie die Individualfunktion 10 an und stellen Sie die Option *1:Sofortbild u. Wiedergabe* ein.

3 Lupenfunktion via Button nutzen

Lösen Sie aus, halten Sie unmittelbar danach die Direct-Print-Taste 🖶∿ fest und nutzen Sie bei Be-

darf zum Ein- bzw. Auszoomen die Vergrößerungs-taste 🔍.

Sobald Sie die Direct-Print-Taste loslassen, geht die temporäre Aufnahme verloren. Sie werden natürlich in aller Regel mit einer CompactFlash-Speicherkarte arbeiten, und der Markt bietet hierfür eine Vielzahl von Angeboten. Wir haben die EOS 400D mit eini-gen getestet und stellen die mit ihnen erzielbaren Ge-schwindigkeitsdaten in Kapitel 9.1 ausführlich vor.

> **Ohne CF-Card per Computer auslösen**
> Sie können alternativ auch ohne CF-Card per Di-rektkopplung die Kamera mittels Computer bzw. Notebook auslösen. Hierbei benötigen Sie keine CF-Card, da die Aufnahme direkt auf der Fest-platte abgelegt wird. Details dazu erfahren Sie in Kapitel 6.10.

Die elementaren Funktionselemente kurz erläutert

Bevor Sie den Auslöser durchdrücken, empfiehlt sich ein Check der grundlegenden Kameraeinstellungen. Das ist sinnvoll, um keine reinen Zufallsergebnisse zu produzieren. Wir gehen an dieser Stelle nur auf die Basisbedienelemente und -begriffe ein und er-läutern wesentliche Praxiszusammenhänge. Reine Funktionsbeschreibungen entnehmen Sie der Kamera-bedienungsanleitung.

⬤⁻ **Moduswahlrad**
Die Wahl des Betriebsmodus sollte an erster Stelle stehen, denn damit treffen Sie eine gewichtige Entscheidung. Abhängig vom gewählten Programm

ändert sich die Bedienung der Kamera, bzw. auch die verfügbaren Menüeinträge reduzieren oder erweitern sich stellenweise.

Im Programm Av ändern Sie beispielsweise mit dem Hauptwahlrad die Blende, während sich dagegen ebenfalls via Hauptwahlrad im Modus Tv die Zeit verstellen lässt. Jedes Programm verfügt über spezielle Eigenschaften, deren Kenntnis der fotografische Schlüssel zur Aufgabenstellung der jeweiligen Motivsituation ist. Doch keine Sorge, es reicht in der Regel, sich mit vier der Kreativprogramme näher auseinanderzusetzen.

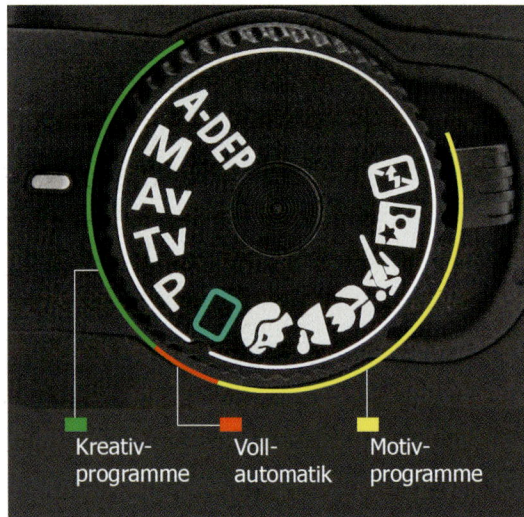

▲ Das Moduswahlrad teilt sich in drei Bereiche auf. Die Kreativprogramme bieten dem ambitionierten Fotografen die besten Gestaltungsmöglichkeiten.

Das Moduswahlrad teilt sich in drei übergeordnete Bereiche auf: die Kreativprogramme, die Vollautomatik und Motivprogramme. Vollautomatik und Motivprogramme (beide sind durch Symbole gekennzeichnet, während die Kreativprogramme aus Buchstaben bestehen) sind für EOS-Fotografieanfänger oder sehr spontane Aufnahmesituationen geeignet.

Wir raten jedoch, frühzeitig auf die Kreativprogramme umzusteigen. Sie sind die Mühe wert und geben nicht nur einen größeren Gestaltungsfreiraum, sondern sind oft die Voraussetzung, um überhaupt erst anspruchsvolle Aufnahmen realisieren zu können. Im Abschnitt „Automatisch oder kreativ fotografieren?" weiter unten erfahren Sie hierzu mehr Details.

Hauptwahlrad

Wie vorstehend erläutert, übernimmt das Hauptwahlrad verschiedene Funktionen in Abhängigkeit vom eingestellten Programmmodus. Daran gewöhnt man sich jedoch sehr schnell und bedient es in der Praxis intuitiv. In Kombination mit der Av-Taste **Av ⊠** lässt sich in den Kreativprogrammen der Belichtungswert korrigieren. Wichtig bei Motiven, die im Schnitt vom mittleren Grauwert abweichen bzw. farblich nicht gut durchmischt sind.

Schneller im Menü scrollen
Das Hauptwahlrad lässt sich in zwei Richtungen drehen. Nutzen Sie es im Menü, können Sie beim Dreh nach links die unteren Einträge zuerst ansteuern. Das geht bei Bedarf deutlich schneller, als sie von oben nach unten durchzusteppen.

SET-Taste
Die SET-Taste fungiert als Multifunktions- bzw. Schnellzugriffsbutton, vorausgesetzt, Sie haben eines der Kreativprogramme gewählt. Sie lässt sich mit fünf verschiedenen Zugriffsfunktionen belegen, die in der Individualfunktion 01 bestimmt werden.

Step by Step: die SET-Taste mit individuellen Funktionen belegen
Ein kurzer Workshop soll die Belegung und den Zugriff der SET-Taste verdeutlichen:

1 Individualprogramme ansteuern

Via MENU-Taste erreichen Sie im rechten Register die Individualfunktionen (falls nicht vorhanden, dann auf dem Moduswahlrad ein Kreativprogramm anwählen).

2 Individualfunktion 01 definieren

Sie haben die Möglichkeit, aus fünf verschiedenen Optionen zu wählen. Hilfreich ist hier der Picture Style, die Qualität, um beispielsweise komfortabel vom JPEG- ins RAW-Format zu wechseln, oder die Blitzbelichtungskorrektur, mit der sich z. B. der interne Blitz nach Geschmack schnell anpassen lässt.

Denken Sie daran, die Werteverstellung mit der SET-Taste abzuschließen, ansonsten geht Ihnen die vorgenommene Änderung verloren!

3 SET-Taste nutzen

Wir haben in Step 2 *Qualität* vorgewählt und können jetzt mittels Druck auf die SET-Taste bequem und ohne Umwege das Bildformat auswählen.

Die Änderungen werden hier – im Unterschied zu den sonstigen Menüoperationen – ohne einen weiteren SET-Tastendruck in der Kamera gespeichert.

Sucherokular

Beim Blick durch den Sucher sehen Sie ziemlich exakt den auf dem Bildsensor verarbeiteten Bildausschnitt. Jedoch ist gedanklich noch ein 5%iger schmaler Außenrahmen hinzuzurechnen. Die Bildfeldabdeckung beträgt – wie für andere Canon-DSLRs gleichfalls – 95 %.

> **Mehr Bildschärfe beim Sucherblick**
> Sollten Sie – trotz exakter Scharfstellung – kein ausreichend detailliertes Bild sehen, dann kontrollieren Sie einmal die rechts vom Okular angebrachte Dioptrienverstellmöglichkeit. Das Rädchen sollte so weit gedreht werden, bis Sie die Autofokusmarkierungen auf der Mattscheibe scharf erkennen können.

Die vor dem Sucherokular angebrachte Augenmuschel dient nicht nur als gepolsterte Auflagefläche, sondern verhindert bei Brilleneinsatz auch Kratzer.

Die Muschel ist übrigens abnehmbar, und der dann freigelegte Steckrahmen lässt sich zur Anbringung beispielsweise von optischen oder auch elektronischen Winkelsuchern nutzen. Der freie Steckrahmen dient ebenfalls der Aufnahme der am Kameragurt befestigten Sucherabdeckung. Damit werden fehlerhafte Messwerte vermieden, falls rückseitig durch das Sucherokular helles Licht einfällt.

Für Brillenträger, die aufgrund des größeren Abstands nicht den gesamten Ausschnitt im Okular erfassen, ist der Eyepiece Extender von Canon nützlich. Damit wird das Sucherbild um 50 % verkleinert, und der Winkel lässt sich dann besser mit Brille erfassen.

▲ Der Sucherblick wird bei Einsatz der Okularverlängerung Canon Eyepiece Extender EP-EX15 (rund 20 Euro) zwar um 50 % verkleinert, jedoch hilft dies Brillenträgern, um das gesamte Feld leichter überblicken zu können. Durch die Abstandserhöhung findet die Nase zudem mehr Platz und klebt nicht zu eng an der Rückseite des Bodys.

Blitzschuh

Der Blitzschuh nimmt entweder ein externes Kompaktblitzgerät auf oder dient als Kontaktschnittstelle für Blitzverlängerungskabel wie beispielsweise den Canon Off Shoe Cord 2. Zubehör wie etwa aufsteckbare Wasserwaagen als Hilfe zur horizontalen Ausrichtung z. B. bei Panoramaaufnahmen sind weitere Nutzungsmöglichkeiten. Wird der Schuh belegt, lässt sich aus mechanischen Gründen der interne Blitz nicht mehr ausklappen. Ausführliche Informationen zum Einsatz von Blitzgeräten finden Sie in Kapitel 5.

Blitztaste

Über die Blitztaste wird der interne Blitz ausgeklappt. Insbesondere bei schwachem Umgebungslicht und bei Verwendung der Kreativprogramme geschieht dies nicht automatisch. Sie können den ausgeklappten Blitz auch zur Fokussierung in problematischen Lichtsituationen nutzen. Dabei werden dann stroboskopartige Blitz ausgesandt, um für die Autofokus-

sensoren durch mehr Licht bessere Kontrastverhältnisse zu schaffen. Beim Vollautomatikprogramm bzw. auch unter Verwendung der Motivprogramme hat ein Druck auf die Blitztaste keine Funktion, da die Programme selbstständig entscheiden, wann der Blitz zum Einsatz kommt. Details zum Blitzlichteinsatz gibt es in Kapitel 5.

Objektiventriegelung

Mit dieser Taste lässt sich das Objektiv relativ simpel vom Bajonett lösen. Im Gegensatz zu Schraubverschlüssen älterer Kameragenerationen ist das Bajonett – namensgebend der Aufsatz als Hieb- und Stichwaffe auf Gewehrläufen – durch röhrenartige Steckverbindungen sehr bequem und schnell zu handhaben. Objektive mit dem vormaligen FD-Anschluss lassen sich nicht bzw. nur unter Verwendung eines Adapters nutzen, da ihnen die erforderlichen elektrischen Verbindungen zur Blendensteuerung und für den Autofokusbetrieb fehlen bzw. sie einen abweichenden Anschlussdurchmesser aufweisen.

> **Alte FD-Objektive am EF-Bajonett verwenden**
> Bei eBay finden sich einige Adapterangebote, um alte FD-Objektive (manuelle Blendensteuerung und kein Autofokusbetrieb) auch an das moderne EF-Bajonett der EOS 400D anschließen zu können. Foto-Walser bietet z. B. einen Adapter mit einer Linse an, damit die Scharfstellung auch in der Unendlichkeitseinstellung funktioniert.

Schärfentiefenprüftaste

Die Schärfentiefenprüftaste dient als optische Vorschau zur Überprüfung des Schärfentiefebereichs beim Blick durch das Sucherokular – sinnvoll immer dann, wenn eine höhere Blendenzahl als die Offenblende beispielsweise im Programm Av eingestellt wurde. Die Schärfentiefenprüftaste ist nur in den Kreativprogrammen funktionsfähig.

Bei ausgeklapptem Blitzlicht oder bei Verwendung eines externen Kompaktblitzes wird durch Druck auf die Schärfentiefenprüftaste ein Blitzlichtgewitter abgefeuert. Damit lässt sich die Szenerie noch vor dem Auslösen auf die Blitzlichtwirkung beurteilen. Der Akku wird dann allerdings erheblich beansprucht, und das Blitzgerät heizt sich auf, sodass nach einer solchen Aktion eine kleine Blitzlichtpause eingelegt werden sollte.

Fernbedienungssensor

Im Gegensatz zu den teureren Geschwistermodellen wie etwa der EOS 30D/5D verfügt die EOS 400D über ein Infrarotempfangsteil. Damit lassen sich vergleichsweise günstige Infrarotfernbedienungen wie z. B. die Canon RC 5 oder alternative Angebote wie die Twin 1 von Kaiser Fototechnik nutzen. In Kapitel 12.3 erfahren Sie mehr über Fernbedienungen.

▲ *Kabellos via Infrarotfernbedienung lässt sich äußerst komfortabel fotografieren. Im Bild die Messeneuheit: Twin 1 von Kaiser Fototechnik.*

Auslöser

Die zwei Positionen des elektromagnetischen Sanftauflösers dürften schnell einleuchten: Halb durchgedrückt, wird fokussiert und die Schärfe gespeichert, voll durchgedrückt die eigentliche Aufnahme durchgeführt. Sollte Ihre EOS 400D jedoch trotz voll

durchgedrücktem Auslöser nicht auslösen, befinden Sie sich im Autofokusbetrieb, und die Kamera konnte den Fokus nicht setzen. Abhilfe schafft ein Wechsel durch die Umschaltung von AF auf MF am Objektiv, oder Sie müssen einen anderen Kontrastpunkt Ihres Motivs abgreifen bzw. für bessere Lichtverhältnisse sorgen. Zusätzlich zur Ermittlung der Schärfe misst die 400D bei halb durchgedrücktem Auslöser auch die Belichtungswerte und zeigt sie auf dem LC-Display bzw. auf der LED-Sucherkonsole an.

> **Die Belichtungswerte auf dem Infoscreen anzeigen lassen**
>
> Nachdem der Auslöser durchgedrückt wurde, zeigt der Screen (das LC-Display) die Werte für Belichtung und Blende 4 Sekunden lang an und blendet sie anschließend aus. Sie können sie jedoch jederzeit wieder abrufen, indem der Auslöser kurz angetippt wird (sie werden dann ergänzend auch im Sucher eingeblendet).

Rote Augen-/Selbstauslöserlampe

Obwohl der interne Blitz der EOS 400D vergleichsweise hoch ausklappt, liegt er meist noch auf einer Achse und führt bei Porträts zumindest bei Frontalaufnahmen schnell zu dem unerwünschten „Rote-Augen-Effekt".

> **Rote Augen nachträglich entfernen**
>
> Falls sich rote Augen bei der Aufnahme nicht vermeiden ließen, bietet eine ganze Anzahl von Programmen eine softwaregesteuerte Hilfe:
>
> - Photoshop Elements hilft hier beispielsweise mit einem Rote-Augen-Pinsel.
> - Mit Photoshop CS oder auch Vorgängerversionen können Sie die Augen mithilfe der Kreisauswahl markieren und partiell die roten Farbtöne entsättigen.
> - Die mit der Kamera ausgelieferte Software ZoomBrowser EX bietet zudem im Menüpunkt *Bearbeiten* eine Funktion, um den Rote-Augen-Effekt zu reduzieren.

▲ Bei ausgeklapptem Blitz und aktivierter Menüfunktion verengt die Rote-Augen-Lampe die Iris der Porträtierten und verhindert den unschönen Effekt der rot aufgeblitzten Augen.

Die EOS 400D verfügt jedoch über ein Hilfslicht, das noch vor dem Auslösen wie mit einer Taschenlampe die Pupillen der Porträtierten verengt, sodass die Netzhaut das Blitzlicht weniger stark zurückspiegelt. Um die Lampe zu aktivieren, wählen Sie im Menü im ganz linken Register die Funktion R.Aug. An/Aus mit der Option An. Für laute Locations dient die Lampe gleichzeitig im Selbstauslöserbetrieb zur optischen Anzeige des Countdowns und leuchtet zum Schluss unmittelbar vor dem Auslösen für eine Sekunde permanent.

Den Selbstauslöserbetrieb unterbrechen

Haben Sie den Selbstauslöserbetrieb versehentlich angewählt und wollen den zehnsekündigen Countdown abbrechen, reicht ein Druck auf die Bildfrequenzwahltaste ⏱.

Menü-Basics im Schnelldurchlauf

Vor dem Praxiseinsatz empfiehlt es sich, die Menüeinträge der 400D zunächst einmal durchzuchecken und gegebenenfalls anzupassen. Wir besprechen hier im Schnelldurchlauf nur die wichtigsten Optionen; je nach Motivsituation können jedoch auch die nicht erwähnten Menüpunkte relevant sein.

Die EOS 400D bietet im Menü mehrere Navigationsmöglichkeiten: Am schnellsten werden Register per JUMP-Taste und Menüeinträge über die Hauptwahltaste ⚙ angesteuert. Alternativ lassen sich auch die Pfeiltasten verwenden. Im Gegensatz zum Vorgängermodell werden Einträge wie ISO-Wert oder Belichtungsmessmethode nicht mehr im Menü angezeigt. Der Direktzugriff über die Pfeiltasten der 400D macht dies hier überflüssig.

▲ *Für statische Motive mit hohem Kontrastumfang bietet die Belichtungsreihe (AEB) eine sehr bequeme Möglichkeit, um daraus später z. B. eine High Dynamik Range-Arbeit zu erstellen.*

Check von Bildqualität und Signalton

Die Wahl der *Qualität* hängt von Ihren Ansprüchen ab: Die besten Ergebnisse lassen sich ohne Zweifel mit dem RAW-Format erzielen. Es muss jedoch noch mit dem RAW-Konverter entwickelt werden und ist um 60 % speicherintensiver als das hochauflösende L-JPEG. Sind die Lichtverhältnisse jedoch ausgewogen und droht keine Überstrahlung, kann durchaus das L-JPEG als Standardvorgabe gewählt werden. Kleinere JPEGs sind nur im Ausnahmefall geeignet, wenn der Speicherplatz eng geworden ist bzw. im Vorwege ein kleines Ausgabeformat etwa für Dokuzwecke auf der Internetseite oder als E-Mail-Anhang geplant sind. Ärgerlich jedoch, wenn darunter eine außergewöhnliche Aufnahme sein sollte und Sie sich durch ein zu gering auflösendes Format den Weg auf eine großformatige Verwertungsoption verbaut hätten. Ein aktivierter Signalton bestätigt nicht nur die Scharfstellung im Autofokusbetrieb, sondern weist gleichfalls akustisch bei manueller Fokussierung auf die ideal getroffene Schärfeebene hin.

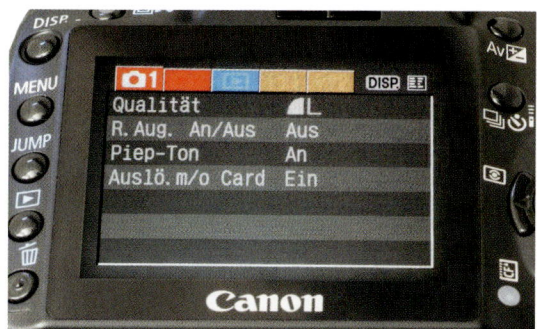

▲ *Im ersten Register empfiehlt sich ein Check der Bildqualität. Das RAW-Format bietet die besten Möglichkeiten, um nachträglich Anpassungen vorzunehmen.*

Belichtungsreihe und Bildstil

Mit der AEB-Funktion lassen sich automatische Belichtungsreihen durchführen. Die Kamera wird bei aktiver AEB-Funktion jeweils drei separat auszulösende Aufnahmen machen, von denen die erste normal-, die zweite unter- und letzte überbelichtet

wird. In der Menüanzeige werden zwei ergänzende Markierungsstriche vom Mittelpunkt ausgehend seitlich gespreizt, sie markieren die Vorgabe für die Unter- bzw. Überbelichtung. In der Praxis bietet sich die AEB-Funktion für zielgerichtete Aktionen bei eher statischen Motive an. Von Vorteil ist die Funktion beispielsweise bei sehr kontrastreichen Aufnahmesituationen, in denen der Dynamikumfang die Verarbeitungskapazität des Bildsensors überfordert. Die DRI-Technik (siehe Kapitel 3.3) setzt beispielsweise eine Belichtungsreihe voraus und lässt sich sehr bequem mit der AEB-Funktion durchführen.

> **Lichtmischung via Blitzbelichtungskorrektur**
> Das Mischverhältnis von Umgebungs- und Blitzlicht lässt sich in den Kreativprogrammen gut über die Blitzbelichtungskorrekturfunktion steuern. Am besten legen Sie hierzu die Funktion via Individualparameter 01 auf die SET-Taste.

Das Blitzlicht wird zwar durch die E-TTL-Technologie regelmäßig gute Ergebnisse erzielen, im Nahbereich oder für Makros kann jedoch eine Anpassung über die Blitzbelichtungskorrektur nützlich sein, da der Blitz hier schnell zu viel Helligkeit abstrahlt. Falls Sie eine längere Session mit dem Blitzlicht planen, ist die Belegung der SET-Taste mit der Blitzlichtkorrektur sinnvoll (Individualparameter 01). In Verbindung mit einer Graukarte oder alternativ auch einer weißen Fläche bringt der manuelle Weißabgleich die besten Ergebnisse. So lassen sich Farbstiche mit einer einzigen Aufnahme vermeiden, die auf alle weiteren Anwendung findet – nützlich vor allem für Bildserien, die nebeneinander präsentiert werden, da hier Farbstiche besonders schnell auffallen. Hier ist der manuelle Weißabgleich den übrigen Programmen (z. B. AWB) deutlich überlegen.

Bildstil trotz RAW-Format

Auch wenn Sie im RAW-Format fotografieren, kann die Wahl des Bildstils interessant sein. Wenngleich externe RAW-Konverter wie etwa Bibble oder Adobes Lightroom die Bildstile ignorieren, werden sie vom ZoomBrowser EX oder auch von Digital Photo Professional zunächst als Preset vorbelegt. Es bleibt Ihnen dann jedoch überlassen, z. B. aus einer via Bildstil *Monochrom* erzeugten Schwarz-Weiß-Aufnahme eine farbige zu generieren. Achtung: Im JPEG-Format können Sie nachträglich aus einer schwarz-weißen keine farbige Aufnahme mehr erzeugen, da die Bildstile fest in die Bilddatei eingerechnet werden!

Ändern sich jedoch die Lichtverhältnisse (Farbtemperatur) grundlegend, sollte eine neue Referenzaufnahme durchgeführt werden. Mehr Details erfahren Sie in Kapitel 6.7. Der Farbraum sollte auf sRGB eingestellt bleiben, da er auf gängige Ausgabegeräte abge-

stimmt ist. Falls Sie ihn ändern, müssen Sie ansonsten mit flauen Farben rechnen. Der alternativ angebotene Adobe RGB-Farbraum bietet zwar ein größeres Farbspektrum und eignet sich beispielsweise eher, um verlustfreie Konvertierungen in andere Farbräume für professionelle Printmedien vorzunehmen – in diesem Fall lohnt jedoch eher das RAW-Format mit seiner Option, den Farbraum nachträglich im RAW-Konverter verlustfrei zu definieren. Mit dem als Preset vorbelegten Bildstil *Standard* decken Sie viele Motivsituationen ab, sodass er zunächst nicht geändert werden muss. Die vorbelegte Schärfe wird hier auf +3 und die übrigen Parameter für Kontrast, Farbsättigung und Farbton neutral definiert. In Kapitel 6.3 erfahren Sie weitere Einzelheiten zu den Bildstilen.

Falls Sie mit einer neuen EOS 400D operieren und die automatische Sensorreinigung nutzen (ist als Preset vorbelegt), sollte es zunächst keine großen Verschmutzungsprobleme des Bildsensors geben, sodass dieser Menüpunkt erst mal keine allzu hohe Priorität hat. Einzelheiten zu den Staublöschungsdaten besprechen wir in Kapitel 11.1.

▶ Schützen, Rotieren, Histogramm

Mit der *Schützen*-Bildfunktion lässt sich Zeit einsparen, um sich beispielsweise unterwegs schnell von einer Vielzahl misslungener Aufnahmen zu trennen. Dazu ein kurzer Workshop:

▼ *Obgleich der hier angewandte automatische Weißabgleich (AWB) bei Tageslicht regelmäßig eine natürliche Farbwiedergabe erzielt, benötigt er in der Regel eine neutrale Farbe (links das Weiß im Hintergrund), um zuverlässig zu arbeiten. Die rechte Aufnahme zeigt eine leichte Farbverschiebung im Blattgrün aufgrund des türkisen Hintergrunds. Solche Nuancen lassen sich durch den manuellen Weißabgleich vermeiden.*

Step by Step: sich schnell von misslungenen Bildern trennen

1 Menüpunkt auswählen

Der Menüpunkt *Schützen* wird im mittleren Register ausgewählt.

2 Bilder schützen

Gehen Sie Ihre Aufnahmen mit den Pfeiltasten oder dem Hauptwahlrad durch und drücken Sie für jedes gelungene Bild die SET-Taste. Auf dem Monitor wird unten sogleich ein kleines Schlüsselsymbol eingeblendet.

3 Bilder anzeigen und löschen

Drücken Sie zum Anzeigen der Aufnahmen die Play-taste und anschließend die Löschtaste. Nachfolgend wählen Sie im eingeblendeten Dialog den Punkt *Alle* (s. o.) aus und bestätigen ihn mit der SET-Taste.

Den nächsten Dialog *Lösche alle Bilder* bestätigen Sie ebenfalls mit *OK*, und es werden nur die Aufnahmen gelöscht, die zuvor nicht via Schlüsselsymbol gekennzeichnet wurden.

> **Formatieren löscht auch geschützte Aufnahmen**
> Falls Sie sich Ihrer Aufnahmen mithilfe des Menüpunkts *Formatieren* entledigen, werden sämtliche Bilder gelöscht. Diese Funktion entfernt – ohne Warnung – auch alle geschützten Bilder!

Die *Rotieren*-Funktion kann in zwei Fällen hilfreich sein. Einerseits können Sie hierüber eine Aufnahme im Hochformat für die Darstellung am Kameramonitor nachvergrößern und so den vollen Bildschirm nutzen, oder Sie verwenden die Funktion, um Bilder verlustfrei zu drehen, eine Möglichkeit, die einige Computerprogramme nicht beherrschen und die über die Kamerafunktion genutzt werden kann.

Mit der *Rückschauzeit* lässt sich die Zeit definieren, die das Bild direkt nach dem Auslösen auf dem Kameramonitor angezeigt wird. Für Kontrollzwecke dürfte eine Spanne von 2 bis 4 Sekunden ausreichend sein. Sie schonen damit gleichzeitig den Akku. Wird die Option *Aus* gewählt, lässt sich die Lupenfunktion nicht mehr nutzen, d. h., Sie können nicht mehr unmittelbar danach mithilfe der Direct-Print-Taste in Verbindung mit der Vergrößerungstaste in das Bild hineinzoomen. Das *Histogramm* lässt sich in zwei Varianten nutzen. Einerseits repräsentiert es die Helligkeitsverteilung einer Aufnahme und lässt sich für Analysezwecke nutzen. Die zweite Option besteht im RGB-Histogramm, das für den gleichen Zweck vorgesehen ist, jedoch ausbrennende Einzelfarbkanäle anzeigt. Letzteres ist immer dann wichtig, wenn kein Weiß im Motiv vorhanden ist. In diesem Fall ist das Helligkeitshistogramm überfordert und kann zu Fehlinterpretationen verleiten. (Details siehe hierzu in Kapitel 3.1.) Um bei der Bildanzeige vom Helligkeits- auf das RGB-Histogramm zu wechseln, sind einige Bedienschritte notwendig, die wir kurz Step by Step demonstrieren:

Step by Step: Histogrammwechsel bei der Bildanzeige

1 Histogramm einblenden

Zeigen Sie zunächst eine Bilddatei auf dem 400D-Monitor über die Playtaste ▶ an. Drücken Sie auf die DISP.-Taste, bis das Histogramm angezeigt wird (in der Regel zweimal).

2 Wechsel ins Menü

Drücken Sie auf die MENU-Taste, wählen Sie das dritte Register (in der Regel zweimaliges Drücken auf die JUMP-Taste) und dort den untersten Eintrag *Histogramm*.

Ändern Sie die Option auf *RGB*. Bestätigen Sie die Aktion abschließend mit der SET-Taste.

3 Zurück zur Bildansicht

Ein Druck auf die Playtaste ▶, und Sie können das RGB-Histogramm zu Analysezwecken benutzen.

Abschalten, LCD und Formatierung
Eine gute Methode, um die Kamera schnell einsatzbereit zu halten und dennoch energiesparend zu nutzen, ist der *Autoabschalten*-Menüpunkt. Da die EOS 400D nach 0,2 Sekunden und damit praktisch verzögerungsfrei einsatzbereit ist, können Sie die Kamera aus dem Sleep-Modus durch Drücken des Auslösers sofort wecken.

> **Neue EOS 400D und trotzdem hoher Zählerstand?**
> Wundern Sie sich nicht, wenn Ihnen die EOS 400D bei der Dateinummerierung einen hohen Zählerstand anzeigt, obwohl sie neu ist bzw. der Verkäufer erheblich weniger Auslösungen zugesichert hat. Der Zählerstand führt generell die zuletzt auf der CF-Card gespeicherte Dateinummer fort, damit es zu keinen Namenskonflikten bzw. Dateiüberschreibungen kommt. Es genügt also – selbst in einer neuen Kamera –, schlicht eine CF-Card mit hoher Dateinummerierung einzulegen, um den Zählerstand zu puschen.

Neben der *LCD-Helligkeit*, die bei heller Umgebung nach oben geregelt werden sollte, und dem *Datum/Uhrzeitmenüpunkt*, dessen korrekte Einstellung für Ordnung bei der Dateiverwaltung sorgt, empfiehlt es sich immer, den Punkt *Datei-Nummer* auf *Reihenauf.* (Reihenaufnahme) zu stellen. Dabei wird nicht, wie bei der Option *Auto reset*, beim Wechsel auf eine frisch formatierte CF-Card die kontinuierliche Nummerierung bis 9.999 von 1 begonnen, sondern fortgeführt.

Es empfiehlt sich daher, die Kamera auf 1 Minute oder 30 Sekunden einzustellen, sodass sie bei längerer Nutzung – mit Ausnahme des Ruhestroms – praktisch keine Energie verbraucht und dennoch jederzeit reaktionsbereit ist. Es empfiehlt sich, *Automatisch drehen* auf *AN* zu stellen. Hierdurch werden Hochformataufnahmen nicht nur auf dem Kameramonitor gerade dargestellt, sondern auch bei der Übertragung an den Computer richten die meisten Bildbearbeitungsprogramme die Hochformataufnahme wieder auf. Technisch wird dies durch den internen Richtungssensor (zu hören am Klappern, wenn die Kamera geschüttelt wird) bewerkstelligt, der ausgewertet und als Richtungskennung in den EXIF-Daten der Bilddatei hinterlegt wird.

Die Menüoption *Man. Reset* bietet sich für Fälle an, in denen die Dateinummer unfreiwillig einen hohen Zählerstand erhalten hat. Letzteres kann passieren, wenn eine zweite CF-Card eingesetzt wird, auf der bereits eine höhere Dateinummer vorhanden ist, die dann von der EOS 400D schlicht fortgesetzt wird.

Den Zählerstand zurücksetzen

Die 400D verfügt – im Gegensatz zum Vorgängermodell – über die Option *Man. Reset*. Damit wird der Zählerstand auf die Dateinummer 1 zurückgesetzt und gleichzeitig ein neuer Ordner angelegt. Sie können damit auch eine gewisse Struktur auf der CF-Card anlegen und beispielsweise für jeden Fototag einen neuen Ordner anlegen lassen.

➤ Praktisch an der EOS 400D: Im Menüpunkt Datei-Nummer hilft der neue Menüpunkt Man. Reset, um auf Wunsch die Dateinummer auf 1 zurückzusetzen und gleichzeitig einen neuen Ordner anzulegen.

Reset, Cleaning und Individualfunktionen

Den Individualfunktionen widmen wir uns ausführlich in Kapitel 6.9. Wärmstens seien an dieser Stelle die Individualfunktion 01 empfohlen, in der Sie die SET-Taste für den Schnellzugriff belegen können, sowie die Individualfunktion 07, die besonders ab Brennweiten von 100 mm und länger nützlich ist, um Verwacklungsunschärfen durch den Spiegelschlag zu vermeiden. Details zur Spiegelvorauslösung erfahren Sie außerdem in Kapitel 4.5.

➤ Direkt aus dem Menü lässt sich über die DISP.-Taste ein Infoscreen aufrufen, der eine Anzahl von Menüeinstellungen und die verbleibende Speicherkapazität der CF-Card anzeigt.

Sollten Sie sich verkonfiguriert haben bzw. scheint Ihnen die EOS 400D nicht ordnungsgemäß zu arbeiten, kann ein komplettes Reset über die Funktion *Einstellungen löschen* weiterhelfen. Details zur Sensorreinigung erfahren Sie in Kapitel 11.1.

Automatisch oder kreativ fotografieren?

Den Einstieg in die Fotografie erleichtert die EOS 400D mit der Vollautomatik bzw. den Motivprogrammen. Diese auf dem Moduswahlrad ⊙ mit Symbolen gekennzeichneten Programme sind auch bei spontanen Aufnahmesituationen nützlich bzw. verhindern eventuell Fehlkonfigurationen. Damit erkauft sich der User jedoch eine Anzahl an Nachteilen, die gekonnte Fotografie unmöglich machen. Als Beispiel vergleichen wir nachfolgend das Motivprogramm Nahaufnahme mit dem Kreativprogramm Av.

Vergleich Motivprogramm Nahaufnahme mit dem Kreativprogramm Av

Als Motiv dient ein Alpenveilchen, das bei gleichmäßigem Kunstlichteinfall mit einem für den Nahbereich tauglichen Objektiv abgelichtet wird. Wir setzen das relativ lichtstarke Tamron 28-75mm/ 2,8 ein. Das Umgebungslicht reicht, um aus der Hand zu fotografieren, ohne Verwacklungsunschärfen zu kassieren.

Vergleich 1 – Hochformat

Links beim Motivprogramm Nahaufnahme klappt das interne Blitzlicht automatisch aus. Bedingt durch das Hochformat wird lediglich die linke Seite der Alpenveilchen erhellt. Relativ harte Schatten im Hintergrund lenken zudem vom Motiv ab.

Rechts mit dem Kreativprogramm Av wurde allein das Umgebungslicht genutzt (Blitz bleibt eingeklappt), es führt zu einer ausgewogenen Gesamtbeleuchtung.

Vergleich 2 – Lichtstimmung

Die Blüten werden mit einem dezenten Spotlight angeleuchtet. Links klappt dennoch das Blitzlicht aus und erhellt die gesamte Blütengruppe. Das Kreativprogramm Av fängt dagegen die erwünschte Lichtstimmung ein.

Vergleich 3 - Farben und Schärfe

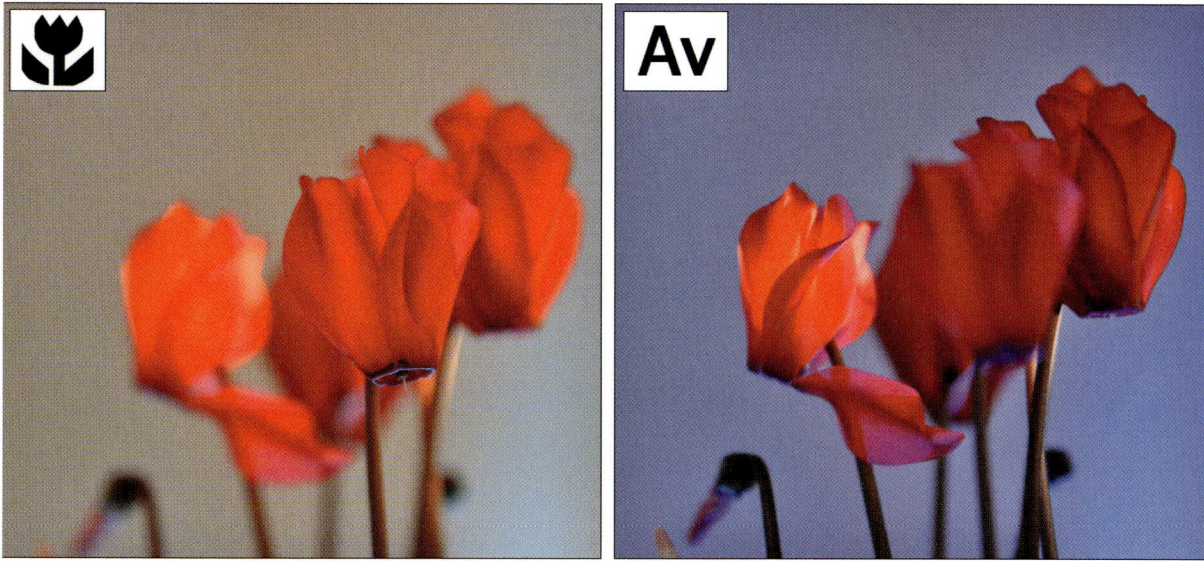

Aus der Blütengruppe soll die linke fokussiert werden. Zusätzlich nutzen wir ein externes Blitzgerät, das seitlich platziert und mittels einer Filterfolie den Hintergrund einblaut. Das Programm Nahaufnahme setzt den Fokus ungewollt auf die vordere Blüte. Durch den fest vorgegebenen Weißabgleich AWB wird der blaue Hintergrund ignoriert und neutral dargestellt. Das Kreativprogramm AV legt den Fokus wie gewünscht auf die linke Blüte und gibt – da wir den Weißabgleich auf Kunstlicht eingestellt haben – den Hintergrund farbrichtig in Blau wieder.

Die Kreativprogramme lassen dem Fotografen also einen weitaus größeren Spielraum. Zusätzlich bleibt ausschließlich den Kreativprogrammen die Option auf Verwendung des RAW-Formats, der Schärfentiefenprüftaste, den Individualfunktionen, Blenden- und Zeitsteuerung, der Anpassung der Belichtungsstufen sowie einer freien Wahl des ISO-Werts vorbehalten. Spontanaufnahmen sind auch in den Kreativaufnahmen mit dem Programm P möglich. Viele Gründe also, um von der Vollautomatik bzw. den Motivprogrammen möglichst früh auf die Kreativprogramm P/Av/Tv bzw. M oder A-DEP umzusteigen! Die Einschränkungen der Motivprogramme lassen sich an der EOS 400D recht schnell anhand des LC-Displays und der dort eingegrauten Informationen erkennen.

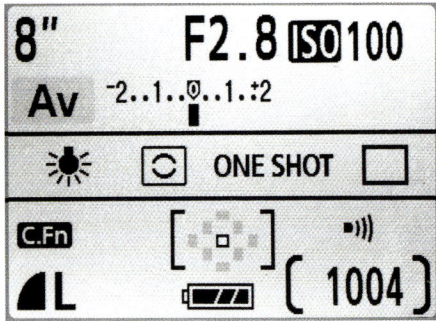

▲ Das LC-Display blendet bei den Kreativprogrammen sämtliche Informationen ein. Auslösezeit, Blendenzahl, ISO-Wert, Weißabgleich oder die AF-Felder lassen sich ändern und den eigenen Wünschen anpassen.

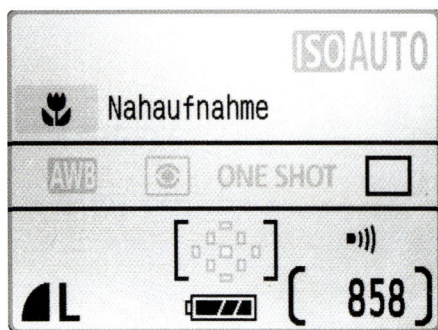

▲ Motivprogramme oder das Vollautomatikprogramm schränken den EOS 400D-Fotografen in vielen Bereichen ein: Die eingegrauten Felder zu ISO-Wert, Weißabgleich, Belichtungsmessmethode oder AF-Feldern lassen sich nicht ändern und werden fest vorgegeben.

Vorgestellt: die Kreativprogramme

Die Kreativprogramme sind nicht so kompliziert im Handling, wie es Einsteigern vielleicht zunächst erscheinen mag. Nachfolgend erläutern wir die Haupteinsatzgebiete und geben Tipps im Umgang mit ihnen.

Für Spontansituationen: Programm P

Das Programm P lässt sich prima für spontane Aufnahmen einsetzen, bei denen es weniger um eine perfekte Gestaltung als vielmehr um eine weitgehend scharfe Aufnahme geht. Ein typisches Einsatzgebiet sind z. B. Feiern, die einem aufgrund ständig wechselnder Motivsituationen wenig Zeit für optimale Kameraeinstellungen lassen. Beim Programm P ermittelt die Kameralogik der EOS 400D automatisch eine geeignete Blende-Belichtungszeit-Kombination. Dabei versucht sie zunächst eine Zeit einzustellen, die zu einer unverwackelten Aufnahme aus der Hand führt.

Fehlt es an genügend Umgebungslicht oder ist die Offenblende des Objektivs zu klein (das Objektiv nicht lichtstark genug), können Sie dennoch auslösen, müssen jedoch mit Unschärfen aufgrund von Verwacklern rechnen. Ist ausreichend Umgebungslicht vorhanden, erhöht das Programm P automatisch die Blendenzahl. Sie können jedoch jederzeit in die vorgegebene Blendenzahl mittels des Hauptwahlrads eingreifen und sie nach Ihren Wünschen ändern, um beispielsweise die Schärfentiefe durch eine niedrigere Blendenzahl herabzusetzen. Diese geänderte Blendenzahl wird jedoch nach 4 Sekunden gelöscht, und die ursprüngliche, automatisch ermittelte Blende-Zeit-Kombination kommt wieder zum Zuge.

> **Das gilt es bei P zu beachten!**
> 1. Falls Sie das Bildformat JPEG nutzen (im Menü im ersten Register einstellbar oder auf die SET-Taste mit Individualfunktion 01 belegbar), stellen Sie den Weißabgleich bei Tage auf AWB und für Kunstlicht auf die Glühbirne.

2. Bevor Sie das Programm P einsetzen, sollten Sie unbedingt den ISO-Wert (Empfindlichkeit des Bildsensors) überprüfen. Für Innenraumaufnahmen mit mäßigem Licht stellt ISO 800 einen guten Kompromiss aus Bildrauschen und kurzer Belichtungszeit dar.
3. Ist an einem sonnigen Tag sehr viel Licht vorhanden, bietet sich ein niedriger Wert wie ISO 200 an. Er führt zu geringerem Bildrauschen und verhindert dann gleichzeitig, dass die Programmlogik stets eine sehr hohe Blendenzahl einstellt bzw. gegebenenfalls auch überbelichtet (Zeit und Blende blinken bei einer Überbelichtung im Sucher).
4. Bei Gegenlicht (z. B. Partygäste sitzen vor einem hellen Fenster) klappen Sie den internen Blitz aus. Damit werden die Gesichter nicht zu dunkel.
5. Stellen Sie die Belichtungsmessmethode ⊙ auf Mehrfeldmessung. Für spontane Aufnahmen eignet sie sich am besten.

▲ Für Spontanaufnahmen eignet sich das Programm P bestens. Den ISO-Wert sollten Sie jedoch vorher angepasst haben.

Programm Tv – definierte Zeitvorgabe

Eine fest vorgegebene Zeit hat Vorteile bei der Actionfotografie oder um Langzeitaufnahmen bei Tageslicht durchzuführen. Im Programm Tv (steht für **T**ime **v**alue) stellen Sie über das Hauptwahlrad die Zeit ein, und Ihre EOS 400D passt die Blendenzahl so

an, dass die Blende-Zeit-Kombination zu einer korrekten Belichtung führt.

Die Logik ist praktisch für Belichtungszeiten, deren Werte bekannt sind. Actionaufnahmen wie etwa fliegende Vögel benötigen eine Zeit von etwa 1/1000 Sekunde. Wird diese Zeit eingestellt, passt die Kamera den Blendenwert automatisch an. Reicht das Umgebungslicht, erhöht sie die Blendenzahl, und Sie können mit mehr Schärfentiefe rechnen. Ist weniger Licht vorhanden, wird die Blendenzahl automatisch heruntergesetzt und zumindest eine Ebene (im Idealfall der Kopf bzw. die Augenpartie) scharf abgebildet. Würden Sie alternativ das nachfolgend besprochene Programm Av benutzen, wäre stets die Zeit im Hinterkopf zu behalten. Die dort fest vorgegebene Blende kann bei änderndem Umgebungslicht schnell zu Bewegungsunschärfen führen.

▲ Die hier fest vorgegebene Zeit im Programm Tv ist für schnell fliegende Singvögel mit 1/800 Sekunde schon etwas lang. Um Bewegungsunschärfen zu vermeiden, sind Werte zwischen 1/1000 und 1/1600 Sekunde allerdings besser geeignet.

Bewegungsunschärfen an Wasserläufen bei Tage erzeugen einen Schleier und lassen sich als kreatives Element einsetzen. Mit dem Tv-Programm wird in der Regel zwischen 1/2 bis 1/15 Sekunde der erwünschte Effekt erzielt.

▲ Um fließende Gewässer zu „verschleiern", sind Wertvorgaben im Programm Tv um 1/5 Sekunde meist gut geeignet.

Um bei Mitziehern die Umgebung, nicht jedoch das Actionmotiv unscharf zu zeichnen, bietet sich die sogenannte Faustformelzeit an. Sie verhindert Verwacklungsunschärfen, verhilft Mitziehern jedoch zu mehr Dynamik. Bei einer Brennweite von 100 mm wird dabei 1/100 Sekunde fest vorgegeben (Faustformel: Kehrwert der Brennweite in Sekunden), bei höheren Brennweiten ist die Zeit dann entsprechend kürzer.

Gezielte Schärfentiefe: Programm Av

Das Programm Av (**A**perture **v**alue = Blendenwertvorgabe) zählt ohne Zweifel zu der Standardbetriebsart kreativer Fotografen. Über das Hauptwahlrad wird die Blendenzahl vorgegeben, und die Kamera stellt automatisch die passende Belichtungszeit dazu.

Mit der Blende steuert der Fotograf die Schärfentiefe und braucht sich nicht um die Belichtungszeit zu kümmern – eine schnelle und elegante Möglichkeit, um Aufnahmen zu optimieren bzw. die Schärfeebene kreativ zu setzen.

Auch hier – wie in allen Kreativprogrammen – gelten die generellen Empfehlungen zur Vorbereitung der Kameraparameter. Das heißt, ISO-Wert, Weißabgleich, Bildformat (L oder RAW), Belichtungsmessung etc. sollten vor dem Einsatz gecheckt werden. Erst zum Schluss operieren Sie mit der Blendenzahl.

Hier gilt: Je kleiner der Wert, desto geringer wird die Schärfentiefe, je höher die Blendenzahl, desto weiter dehnt sie sich aus.

> ### Unschärfen durch eine hohe Blendenzahl vermeiden
> Achten Sie bei der Werteinstellung für die Blendenzahl auf die Anzeige, damit bei Aufnahmen aus der Hand der Kehrwert der Objektivbrennweite nicht überschritten wird (Faustformel: für 250 mm 1/250 Sekunde und kürzer), und reduzieren Sie gegebenenfalls die Zahl bzw. erhöhen Sie alternativ den ISO-Wert.
> Werfen Sie auch einen Blick auf eine gegebenenfalls blinkende Wertanzeige. Sie weist darauf hin, dass die eingestellte Blende zu einer Unter- bzw. Überbelichtung führt (auch hier gegebenenfalls den ISO-Wert anpassen).

▲ *Der Mitzieheffekt wurde bei 300 mm mit 1/60 Sekunde erzielt. Dank Bildstabilisator ließ sich diese recht lange Zeit im Programm Tv einstellen, ohne Verwacklungsunschärfen hinnehmen zu müssen. Normalerweise gilt jedoch die Faustformel mit dem Kehrwert der Brennweite in Sekunden (bei 300 mm wäre demnach eine Zeit um 1/300 Sekunde passend).*

Das Multitalent – Programm M

Feste Zeit- und Blendeneinstellungen werden im Programm M (steht für **m**anuell) vorgegeben. Die EOS 400D greift in diese manuell eingestellten Werte nicht ein, selbst wenn sie versehentlich zu misslungenen Aufnahmen führen sollten.

Typisches Einsatzgebiet ist die Panoramafotografie, bei der eine fest vorgegebene Zeit für sämtliche Aufnahmen nötig ist, damit sie sich nahtlos ineinanderfügen. Hochdynamische Aufnahmen (Stichwort: DRI bzw. HDR, siehe Kapitel 3.3), bei der eine Belich-

tungsreihe mit einer Vielzahl an Einzelaufnahmen durchgeführt wird, sind ebenfalls die Domäne des Programms M.

Gleiches gilt für Aufnahmen mit nicht E-TTL-fähigen Blitzanlagen bzw. bei kreativem Einsatz des Blitzlichts oder in der Mikroskopie bzw. Astrofotografie.

Das Programm M wird also bei Motiven eingesetzt, die der Belichtungsmessung Schwierigkeiten bereiten, bzw. um einen kreativen und optimierten Kameraeinsatz bei meist statischen Motiven zu ermöglichen.

Für Panoramaaufnahmen bietet sich der Programm-modus M an. Da sich in den anderen Programmen für jedes Einzelfoto unterschiedliche Belichtungszeiten ergäben, ließen sich die Schnittstellen nicht nahtlos aneinanderfügen. Im Programm M wird dagegen die Zeit für das hellste Motivdetail fest für sämtliche Einzelaufnahmen vorgegeben, sodass die Montage (z. B. mit PhotoStitch) keine Probleme bereitet.

Automatische Schärfentiefe – Programm A-DEP

Canons DSLRs weisen mit dem Programm A-DEP (**A**u-tomatic **Dep**th of Field = Schärfentiefeautomatik)

eine Besonderheit auf. Sie ermittelt anhand der Au-tofokusmessfelder den optimalen Blendenwert, da-mit Vorder- und Hintergrund gleichermaßen scharf abgebildet werden.

Typisches Einsatzgebiet sind Gruppen- oder Land-schaftsaufnahmen. Dafür nutzt das Programm sämt-liche AF-Felder und ermittelt die passende Blenden-zahl, um die Schärfentiefe zwischen den Feldern abzudecken.

Diese Automatik funktioniert allerdings nur dann, wenn die AF-Felder auch sämtliche Details korrekt

Digitale Evolution: die EOS 400D im Überblick

erfassen, was leider häufig nicht der Fall ist. Sie sollten sich im Zweifel also nicht auf das Programm A-DEP verlassen, sondern lieber auf Av ausweichen und die Schärfentiefe mittels eigener Blendenwahl selbst einstellen (siehe auch Kapitel 4.3).

2

Technik und Design der EOS 400D

Ein genauer Blick auf einzelne Technikkomponenten wie Bildsensor, Autofokus oder Bildprozessor helfen zum besseren Verständnis Ihrer EOS 400D. Wir beleuchten aber auch das generelle Konzept der Spiegelreflexkamera, klären Begriffe wie Cropfaktor oder Brennweitenverlängerung und loten die Tiefen der EOS-Namensgebung aus.

2.1 Hintergrund von Canon und EOS

Canon ist zurzeit weltweit größter Kameraanbieter und liegt mit einem Marktanteil von etwa 70 % im Segment der digitalen Spiegelreflexkameras unangefochten an der Spitze.

Die Wurzeln dieses Erfolgs liegen in weiter Vergangenheit und reichen in die 20er-Jahre des letzten Jahrhunderts zurück. Dass heutzutage beispielsweise auf den Fotomessen vier von fünf Fachbesuchern auf dem Kameragurt das Canon-Namenszeichen tragen, ist eigentlich der Firma Leica zu verdanken.

Zuerst hieß es „Kwanon"

Im Jahr 1933 gründete Yoshida Goro zusammen mit zwei Teilhabern zunächst das „Labor für optische Präzisions-Instrumente" mit Sitz in Tokio/Japan und benannte das Unternehmen kurz darauf in „Kwanon" um. Kwanon bezeichnet im Buddhismus die tausendarmige Göttin der Barmherzigkeit bzw. des Mitgefühls. Unter demselben Namen präsentierte die Firma bereits ein Jahr nach Firmengründung den ersten Kameraprototyp, der heutzutage Preise um 30.000 Euro auf dem Sammlermarkt erzielt.

In Canon wurde das Unternehmen kurz darauf im Jahr 1935 umfirmiert, doch der Unternehmenszweck bestand weiterhin in Kameranachbauten vornehmlich der in Deutschland ansässigen Firma Leica (damals noch unter der Bezeichnung Leitz). Die Leica I war die weltweit erste Kleinbildkamera und brillierte gleichfalls durch die hohe Abbildungsleistung der mit ihr angebotenen Objektive.

Nicht nur Zeiss (unter dem Markennamen Contax), sondern auch Canon orientierte sich Mitte der 30er-Jahre stark an den Leica-Kleinbildkameras.

Von der Mess-Sucherkamera zur Spiegelreflex

Die ersten 25 Jahre baute Canon Mess-Sucherkameras mit Leica-Schraubverschluss und grenzte sich am Markt durch einzigartige Features wie Schnellspannhebel, aufklappbare Rückwände und Spulenkurbel ab. Bis Mitte der 1960er-Jahre kam es auch beim Objektivbau zu einem Konkurrenzkampf um die lichtstärksten Linsen, den Canon mit dem 50mm/0,95 für sich entschied – ein Rekord, der bis heute ungeschlagen ist.

Der Markt verlangte zu dieser Zeit verstärkt Spiegelreflexkameras, und Canon läutete seinen Siegeszug mit der neu eingeführten F-Serie im Jahr 1964 ein. Ein besonderes Feature bestand in der Möglichkeit, den Kleinbildfilm nicht mehr mühsam – wie damals üblich – einzufädeln, sondern simpel ins Gehäuse einzulegen und lediglich das Filmende bis zu einer Markierung herauszuziehen.

Mitte der 70er-Jahre galt die A-Serie als Maß der Dinge am Markt, da mit der AE-1 erstmals eine CPU die Belichtungsprogramme steuerte und 1978 die A-1 durch vollautomatische Ermittlung von Blenden- und Zeitsteuerung die Kameratechnik revolutionierte. Anfang der 80er-Jahre wurde die bis dahin verwendete Messnadel im Sucher durch eine LED-Anzeige ersetzt.

> **Woher der Name EOS stammt**
> Die 1987 eingeführte EOS-Serie wurde nach der griechischen Göttin der Morgenröte benannt. Die Eos war Nebenbuhlerin der Aphrodite und von dieser mit einem unstillbaren Durst nach männlichen Wesen der irdischen Sphäre behext. Auf ihren allmorgendlichen Rundgängen peinigte sie dieses Verlangen und trieb ihr die Schamröte ins Gesicht.

Autofokus und EOS

Mit der EOS 650 stellte Canon im März 1987 dann sein neues EF-Bajonett vor, das den FD-Anschluss ablöste. Mit ihm wurde das Autofokussystem eingeführt und – abweichend von Konzepten anderer Hersteller – der Antriebsmotor in die Objektive verbaut. Die elektronische Übertragung von Blenden- und Autofokussteuerung waren gleichfalls neue Features des EF-Anschlusses. Besonders Sport- und Naturfotografen wurden 1989 durch den neu entwickelten Ultraschallantrieb mit schnell und leise fokussierenden Objektiven bedient. Canon konnte damit die zwischenzeitliche Dominanz Nikons in diesem Sektor ablösen.

Boom der digitalen Spiegelreflexkameras

Seine erste **d**igitale **S**piegel**r**eflexkamera (DSLR) brachte Canon mit der EOS DCS 3 mit 1,3-Megapixel-CCD-Sensor im Juli 1995 auf den Markt – technologisch unterstützt und inklusive Label von Kodak. Ab 1998 folgten EOS D2000, D6000 und – mit selbst entwickeltem CMOS-Bildsensor – im August 2000 die für breite Käuferschichten erschwingliche EOS D30 mit 3 Megapixeln.

Einen regelrechten Boom löste die EOS 300D ab September 2003 aus. Mit 6,3-Megapixel-CMOS-Bildsensor, 7 AF-Feldern und 3 Bildern pro Sekunde Serienbildfrequenz sind in ihr Technologien der zwischenzeitlich entwickelten Profiserie EOS 1D bzw. der EOS 10D vereint – das Ganze jedoch zu einem Preis, der mit unter 1.000 Euro auch für Einsteiger und Hobbyfotografen interessant ist und Canon die Marktführerschaft bei den DSLRs sicherte. Trotz des recht schnelllebigen Markts wird die EOS 300D von vielen Fotografen auch heute noch eingesetzt.

Kompakter und mit 8,2 Megapixeln etwas höher auflösend, folgte die EOS 350D im März 2005. Aufgrund ihrer kleinen Abmessungen erreichte sie nicht nur ambitionierte Fotografen, sondern zielte gleichermaßen auf typische Kompaktkamera-User

▲ Im 1,5-Jahre-Rhythmus präsentiert Canon neue Modelle. Den ab September 2003 mit der EOS 300D ausgelösten Boom bei digitalen Spiegelreflexkameras konnte Canon mit den Modellen EOS 350D und aktuell mit der EOS 400D festigen.

ab. Aufgrund des im Einsteigersegment angesiedelten Kaufpreises war und ist sie eine ernsthafte Konkurrenz der kurz vorher im September 2004 erschienen EOS 20D.

Eine ähnliche Konkurrenz besteht derzeit zwischen der im März 2006 erschienenen EOS 30D und der seit September 2006 erhältlichen EOS 400D. Letztere löst mit 10,1 Megapixeln höher auf und bietet mit der automatischen Sensorreinigung Features, die selbst teurere Modelle des mittleren Segmentes vom Preisleistungsverhältnis in den Schatten stellen.

Canon hat in Verbindung mit dem günstigsten Preis und hoher Abbildungsleistung in der 10-Megapixel-Klasse seine Konkurrenten aus dem Hause Sony (α100), Nikon (D80) bzw. Pentax (K 100D) im Griff und bestimmt weiterhin den Markt.

2.2 SLR – das Spiegelreflexsystem

Hobbyfotografen bzw. Einsteiger sehen in einer Spiegelreflexkamera oft primär die Möglichkeit, Objektive wechseln zu können. Tatsächlich deutet der Begriff SLR (**S**ingle **L**ens **R**eflex) auf die Tatsache hin, dass sich Motive durch das Objektiv vor der Aufnahme in maximaler Qualität betrachten lassen.

Dadurch wird ernst zu nehmende Fotografie erst greifbar – eine Möglichkeit, die beispielsweise Kompaktkameras schlichtweg nicht bieten. Zwar sind digitale Kompaktkameras ebenfalls in der Lage, vor der Aufnahme ein Bild auf einem Monitor bzw. mithilfe eines elektronischen Sucherbildes darzustellen – die Qualität solcher Previews reicht jedoch bei Weitem nicht an die optische Auflösung der Sucherprojektion einer Spiegelreflexkamera heran. Möglich wird dies bei der SLR wie Ihrer EOS 400D erst durch einen Schwingspiegel, der ein Bild auf eine Mattscheibe projiziert und im Sucherokular einspiegelt.

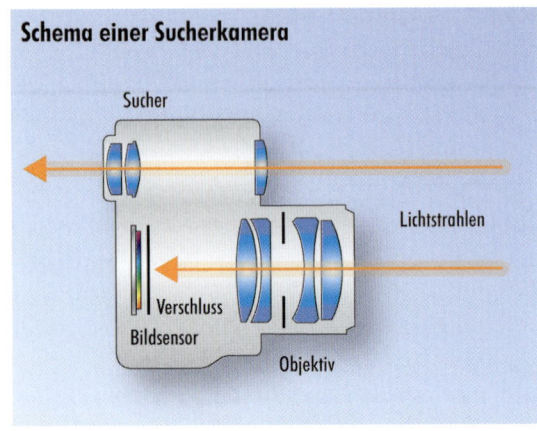

Schema einer Sucherkamera

Sucher

Lichtstrahlen

Verschluss

Bildsensor

Objektiv

▲ Bei der Sucher- bzw. Kompaktkamera betrachtet der Fotograf das Motiv wie durch ein Fenster. Der Sensor erfasst jedoch in der Regel einen anderen Ausschnitt und zeichnet das durch das Objektiv einfallende Licht auf.

Unterschied zur Kompaktkamera

Kompaktkameras bieten bei vielen Modellen ein klappbares Display und weisen zusätzlich einen Sucher auf, durch den die Szene direkt betrachtet werden kann. Der Sucher zeigt die Szenerie jedoch nicht so, wie das Motiv durch das Objektiv letztlich aufgenommen wird, sondern der Fotograf schaut wie durch ein separates Fenster hindurch.

Die Motivvergrößerung (Bildwinkel), die z. B. durch eine lange Brennweite erzielt wird, bleibt solchen Kameras verborgen, da der Sucherblick durch ein separates Okular die Motive erfasst. Besonders im Nahbereich ergeben sich zudem Parallaxenverschiebungen.

Anders der ergänzende Monitor an der Kompaktkamera. Er zeigt die Aufnahmesituation so, wie sie auf dem Bildsensor letztlich aufgezeichnet wird, jedoch nur in elektronischer Weise.

Das Licht fällt – genauso wie bei der Spiegelreflexkamera – zwar durch das Objektiv ein, wird jedoch vom Bildsensor aufgegriffen und digital aufbereitet auf dem TFT-Monitor der Kompaktkamera dargestellt. Damit fehlt es ihm nicht nur an hoher Auflösung, sondern die Darstellung ist vom Kontrastumfang des Monitors bzw. der Umgebungshelligkeit deutlich limitiert.

Die Bildschärfe lässt sich ebenfalls nur schwer beurteilen. Die Spiegelreflexkamera ist von solchen Einschränkungen befreit und zeigt die komplette optische Information im Sucher an. Umgebungslicht bzw. Kontrastumfang spielen dabei keine Rolle.

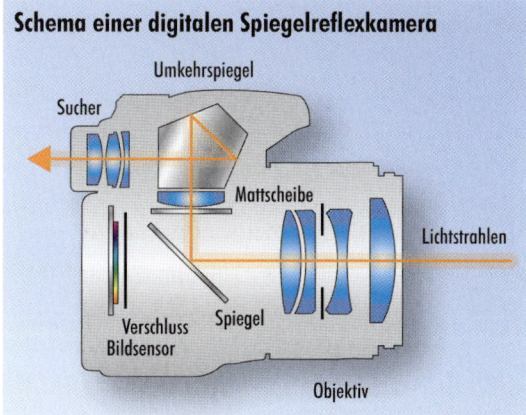

Schema einer digitalen Spiegelreflexkamera

▲ *Bei der Spiegelreflexkamera wird exakt der auf dem Sensor erfasste Ausschnitt in den Sucher eingespiegelt. Dabei wird das durch das Objektiv einfallende Licht berücksichtigt (vereinfachte Darstellung).*

Vom Motiv zum Sensor

Der Rückschwingspiegel projiziert bei der Spiegelreflexkamera mittels der Dachkantspiegel zwar ein helles und klares Bild in den Sucher, doch verdeckt er den Bildsensor. Er schwingt daher unmittelbar vor der Aufnahme zurück und macht den Weg für das Licht Richtung CMOS frei. Der Sensor wird jedoch noch durch den elektromagnetischen Schlitzverschluss abgedeckt. Dieser kontrolliert die exakte Belichtungszeit und besteht aus zwei Vorhängen. Der erste Vorhang schnellt auf und legt den Sensor frei, dann startet nach der in der Kamera eingestellten Belichtungszeit der zweite Vorhang und verdeckt den Bildsensor wieder.

▲ *Der elektronische Schlitzverschluss begrenzt die Belichtungszeit. Auf dem Bild sind die Lamellen des ersten Vorhangs zu sehen sowie links im Bild unter anderem die Spulen der Elektromagneten.*

Autofokusmessung

Licht vom Motiv wird allerdings auch für die Autofokusmessung benötigt, und zwar bevor die eigentliche Belichtung auf dem Bildsensor stattfindet. Der Trick besteht in einer teildurchlässigen Fläche (40 %) im Rückschwingspiegel, die genügend Licht für die unten im Gehäuse platzierten Autofokussensoren bereitstellt.

Telekonverter und Autofokusbetrieb
Telekonverter oder vergleichsweise lichtschwache Objektive können dazu führen, dass der Autofokusbetrieb außer Kraft gesetzt wird. Die EOS 400D lässt sich mit Autofokus betreiben, solange die Offenblende unterhalb von f=8,0 liegt. Ein Telekonverter 1,4x kombiniert mit einem Objektiv der Anfangslichtstärke von 5,6 funktioniert daher nicht mehr im Autofokusbetrieb (Ausnahme: der Telekonverter nutzt statt 10 nur 7 der elektrischen Kontakte).

Mattscheibe und AF-Felder

Die rechteckigen Autofokusfelder im Sucher sind auf der Mattscheibe eingraviert. Dabei handelt es sich um eine mattierte Kunststoffplatte, die durch Formguss eine aufgeraute Mikrooberfläche erhält.

Der Mattscheibenabstand entspricht dabei exakt der Länge von Rückschwingspiegel und Bildsensor. Gleiches gilt für die unten im Body montierten Autofokussensoren. Durch die identischen Abstände wird ein konsistentes, optisches System sichergestellt, dessen Referenz die Sensorebene darstellt.

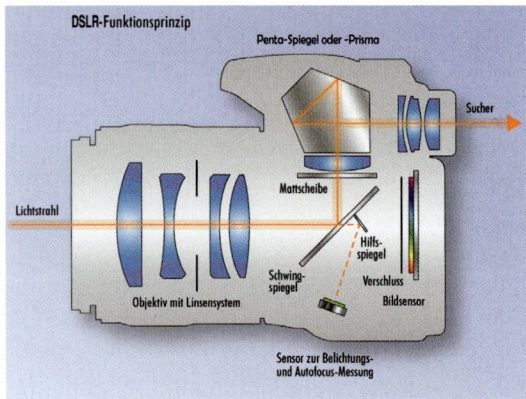

▲ Prinzip der Spiegelreflexkamera.

2.3 Der CMOS-Bildsensor

Canon hat an der EOS 400D das Kunststück geschafft, auf dem 22,2 x 14,8 mm großen Bildsensor 10,1 Megapixel unterzubringen. Damit wird die Anzahl an Dioden gegenüber dem Vorgängermodell um 2,1 Millionen Halbleiter gesteigert, ohne dass jedoch mehr Platz zur Verfügung steht. Die Pixel wurden daher von 6,4 auf 5,7 µm Kantenlänge verkleinert.

Typischerweise – und wie aus der Kompaktkameraklasse bekannt – geht mit einer hohen Packdichte die Gefahr von Bildrauschen einher, da sich bei gleicher Sensorfläche das vorhandene Licht jetzt auf mehr Pixel mit entsprechend geringerer Lichtausbeute je Einheit verteilt und sich Störeinflüsse insbesondere bei Anhebung durch Signalverstärkung (höherer ISO-Wert) bemerkbar machen.

Um die Rauschprobleme bei der Signalverstärkung zu reduzieren und die Lichtausbeute zu erhöhen, hat Canon die jedem Bildpixel vorgeschalteten Mikrolinsen und Verstärkerschaltkreise optimiert. Canon spricht von einer Empfindlichkeitssteigerung einzelner Dioden sowie enger zu benachbarten Pixeln ab-

▼ Canon hat an der EOS 400D die Bildpixel nochmals von 6,4 (EOS 350D) auf 5,7 µm verkleinert. Durch Steigerung der Diodenempfindlichkeit sowie enger zu benachbarten Pixeln abschließende Mikrolinsen konnte so das Bildrauschen auf dem Niveau des Vorgängermodells gehalten werden.

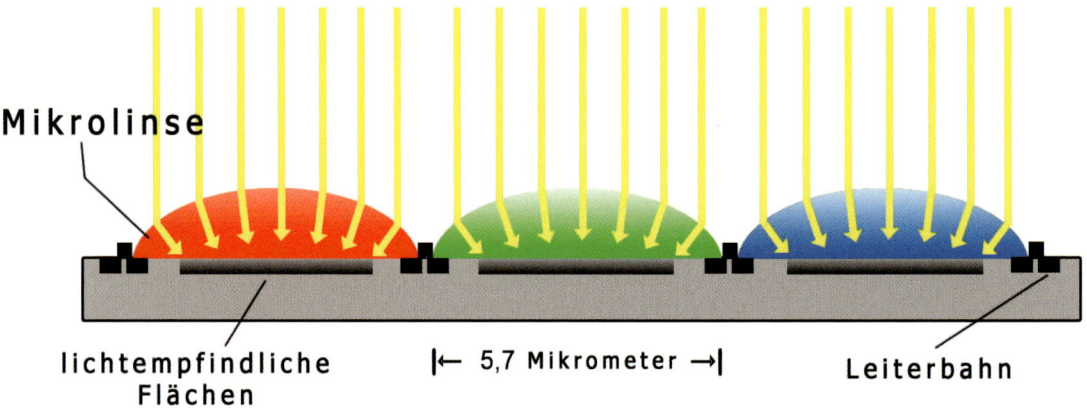

schließenden Mikrolinsen. Unterm Strich wurde so ein Signal-Rausch-Abstand erreicht, der trotz höherer Pixelanzahl dem Niveau der EOS 350D entspricht.

Eigenproduktion

Seit Einführung der EOS D30 im August 2000 dient als Herzstück der Canon-DSLRs ein CMOS-Bildsensor (**C**omplementary **M**etal **O**xyd **S**emiconductor = Metalloxid-Halbleiter). Dabei handelt es sich um eine Eigenproduktion Canons, bei der gegenüber herkömmlichen Sensoren (CCD) jeder Diode ein Verstärkerschaltkreis zugeordnet ist. Das bringt Geschwindigkeits- und Kostenvorteile, denn einerseits entfällt die bei CCD-Sensoren (**C**harged **C**ouple **D**evice = ladungsgekoppeltes Bauelement) notwendige und vergleichsweise langsame Ladungsverschiebung, und andererseits greift Canon auf herkömmliche Fertigungsstraßen zurück, die üblicherweise für Halbleiterbausteine verwendet werden.

Filterschichten

Dem Bildsensor sind noch verschiedene Filter vorgelagert, die Aliasing-Effekte (Treppenstufen) reduzieren und Störungen im Infrarotfrequenzband mittels Tiefpassfilterung eliminieren.

Was ist ein Pixel?

Ein Bildpixel (Picture Element) bezeichnet das kleinste Bildelement einer Rastergrafik. Die EOS 400D verfügt über 10,1 effektive Megapixel. Dies ist jedoch eher umgangssprachlich zu verstehen und zielt auf die Ausgabeauflösung beispielsweise auf einem Computermonitor ab.

Auf dem Sensor werden hingegen Fotodioden und diesen zugeordnete Verstärkerschaltkreise verwendet. In den Dioden wird das Licht zunächst in Kondensatoren gespeichert und elektronisch verstärkt Analog-Digital-Wandlern zugeführt.

Neben den effektiven 10,1 Megapixeln ist der CMOS-Bildsensor der EOS 400D noch zusätzlich mit 0,4 Megapixeln bestückt, die jedoch eingeschwärzt sind.

Mit ihnen wird das auch ohne Lichtsignal vorhandene Restbildrauschen als Offsetwert ermittelt und rechnerisch dem aktiven Signal weitgehend entzogen.

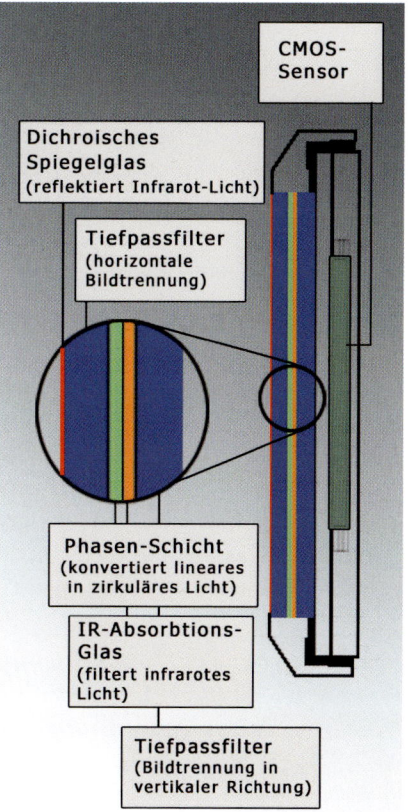

▲ Filterschichten vor dem Bildsensor.

Während bei Tageslicht die Wärmestrahlung (Infrarot) das Eingangssignal stören würde, bauen sich manche Astro- und Infrarotfotografen den Tiefpassfilter aus. Canon hat mit der EOS 20Da auf den speziellen Bedarf reagiert und eine Kamera ohne Infrarotfilter auf den Markt gebracht.

2.4 Cropfaktor und Brennweitenverlängerung

Ausgehend von der Standardgröße des Filmformats bei Kleinbildkameras mit 24 x 36 mm, sind die Abmessungen des Bildsensors an der EOS 400D mit 14,8 x 22,2 mm um den Faktor von rund 1,6 kleiner dimensioniert. Folglich wird ein kleinerer Bildwinkel auf dem Sensor ausbelichtet. Die Aufnahmen wirken näher ans Motiv herangerückt. Tatsächlich handelt es sich dabei um eine Ausschnittsvergrößerung, bei der ein kleinerer Ausschnitt auf das gleiche Zielausgabeformat aufgezogen wird.

Dieses optische Phänomen wird umgangssprachlich auch als Brennweitenverlängerung bezeichnet, wenngleich im selben Atemzug darauf hinzuweisen ist, dass die Brennweite sich durch die Winkelverkürzung nicht verändert, da sie eine Eigenschaft des Objektivs und nicht des Bildsensors ist.

Was Naturfotografen bei scheuen Tiermotiven oder im Makrobereich durch die Brennweitenverlängerung freuen mag – z. B. erzielt eine 300-mm-Brennweite an der Kleinbildkamera jetzt eine Bildwirkung eines 480-mm-Objektivs –, wirkt sich andererseits für den Weitwinkelbereich einschränkend aus.

Um die gewohnten 28 mm an der Kleinbildkamera zu erreichen, sind jetzt rund 18 mm Brennweite notwendig und letztlich der Grund, warum das EF-S-System eingeführt wurde. Im Zuge dessen konnte das Canon 18-55mm besonders kostengünstig produziert und im Kit gebundelt angeboten werden.

APS-C-Format

Die Sensorgröße der EOS 400D wird auch als APS-C-Format bezeichnet. Dieser Begriff stammt noch aus der analogen Fotografie, als 1996, vier Jahre vor dem Siegeszug der Digitalfotografie, durch das **A**dvanced **P**hoto **S**ystem (APS) der Markt revolutioniert werden sollte. Trotz seiner Vorteile wie der kompakteren Abmessungen, einer verbesserte Filmemulsion und Datenspeichermöglichkeiten konnte es sich kaum durchsetzen, da es nicht an die Qualität der etablierten 35-mm-Rollfilme heranreichte und schließlich von der Digitaltechnik überrollt wurde. Neben dem APS-C-Format (**A**dvanced **P**hoto **S**ystem **C**lassic) mit Cropfaktoren von 1,6 bis 1,5x werden Sensorformate wie die EOS 1D (Mk II) mit einem Faktor von 1,3x auch als APS-H-Format bezeichnet (H steht für **H**igh Definition).

2.5 EF-S — Short-Back-Modifikation

Mit dem Namenszusatz „S" werden Objektive als **S**hort Back gekennzeichnet, und Canon nutzt dabei den frei gewordenen Platz aus, den ein verkleinerter Rückschwingspiegel im Gehäuse im Vergleich zu vollformatigen Kleinbildkameras freilässt. Der EF-S-Anschluss wurde seinerzeit mit der Canon EOS 300D (und in weiterer Folge für die EOS 20D, 350D, 30D und 400D) eingeführt und bringt einige Vorteile mit sich.

Hauptsächlich bei Weitwinkelobjektiven zahlt sich der EF-S-Anschluss aus, da sie sich weniger aufwendig konstruieren lassen, was sich im Preis und einem geringeren Gewicht niederschlägt oder niederschlagen sollte, denn beispielsweise Objektive wie das Canon 17-85mm IS USM oder das Canon 10-22mm USM sind leider trotzdem in der gehobenen Preisregion angesiedelt.

2.6 Bildprozessor DIGIC II

Eine weitere Eigenentwicklung der Canon-Laboratorien steht mit dem Signalprozessor DIGIC II (**Digi**tal **I**mage **C**ore) in Ihrer EOS 400D zu Diensten. Seit 2004 wird er in der verbesserten Folgeversion DIGIC II (eingeführt mit der EOS 1D Mk II) in aktuellen Canon-DSLRs bzw. auch Kompaktkameras wie der IXUS-Reihe (dort kombiniert mit der iSAPS-Technologie) verbaut.

Er ist praktisch die Schaltzentrale für das Image-Processing und steuert den automatischen Weißabgleich, die JPEG-Kompression, die automatische Belichtungsmessung und regelt den Speicherzugriff. Gegenüber der Erstversion hat Canon den DIGIC II noch stärker integriert und die zuvor separaten ICs im Prozessor selbst implementiert.

▲ Mit dem weißen Quadrat markierte Objektive wie oben das Canon 18-55mm/3,5-5,6 ragen einen halben Zentimeter weiter in den Body hinein als die herkömmlichen EF-Objektive (rote Punktmarkierung). Besonders im Weitwinkelbereich lassen sich so kostengünstige und leichte Objektive konstruieren.

▲ Der DIGIC-II-Bildprozessor steuert unter anderem den Speicherzugriff, den automatischen Weißabgleich und sorgt für die Bildkompression von JPEG-Aufnahmen.

▲ Technische Zeichnung mit freundlicher Genehmigung von Canon.

1 **Dachkantspiegelsystem**: Die Aufnahme wird zu 95 % aufrecht stehend und seitenrichtig in den Sucher eingespiegelt. Etwas Licht geht gegenüber einem Pentaprisma verloren, was in der Praxis jedoch als sehr geringfügig einzustufen ist.

2 **Mattscheibe**: Sie stellt die Projektionsfläche mit den sieben markierten AF-Messfeldern dar.

3 **CMOS-Bildsensor**: 10,1 effektive Megapixel sorgen für ein großformatiges Bild, das in höchster Auflösungsstufe 3.888 x 2.592 Bildpixel bereitstellt.

4 **Hinterspiegel**: Durch die teildurchlässige Spiegelfläche des Schnellrücklaufspiegels werden 40 % des Lichts zu den CMOS-Messzellen (siehe 7) für die Belichtungs- und Schärfeeinstellung umgelenkt.

5 **Bildprozessor DIGIC II**: Speicherzugriffe, Kompression und Demosaicing für JPEG-Aufnahmen, der automatische Weißabgleich und die Koordination des Autofokusbetriebs gehen auf das Konto des Bildprozessors der zweiten Generation.

6 **Schnellrücklaufspiegel**: Vignettierungs- und teildurchlässiger Spiegel, der einerseits für die Autofokus- und Belichtungsmessung 40 % des Lichts passieren lässt, andererseits das Motiv zu 60 % auf die Mattscheibe reflektiert. Für die Belichtungsdauer schwingt er nach oben.

7 **Messzellen**: Bei halb durchgedrücktem Auslöser dienen sie der Belichtungs- und Autofokusschärfemessung. Sie sind wie der Hauptbildsensor nach dem Prinzip der CMOS-Architektur aufgebaut.

Den Dynamikumfang beherrschen

Um professionelle Ergebnisse zu erzielen, sollten schon zum Aufnahmezeitpunkt die wesentlichen Kriterien der Szenerie erfasst werden. Neben der Wahl des geeigneten Bildausschnitts ist hierbei vor allem die optimale Nutzung des zur Verfügung stehenden Lichts wichtig. Überbelichtete und ausgefressene Bildteile sind ebenso verloren wie zeichnungslose Schattenpartien.

Mit dem notwendigen Wissen und den richtigen Tipps aus diesem Kapitel versorgt, gelingt es Ihnen spielend, den Dynamikumfang Ihrer EOS 400D optimal auszunutzen und auch schwierige Lichtsituationen zu meistern.

3

3.1 Den begrenzten Dynamik- umfang beherrschen

Betrachtet man eine Szene mit den Augen, sieht man dabei Details sowohl in Schattenbereichen wie auch in hellen Bereichen. Das menschliche Auge kann dabei rund 15 Blendenstufen (90 dB) Dynamikumfang abbilden, d. h., die hellste wahrgenommene Stelle ist rund 30.000-mal heller als der dunkelste Bereich, in dem wir noch Details erkennen können.

Wollten wir die Natur wirklich vollständig im visuellen Bereich wahrnehmen, müsste unser Auge sogar mehr als 25 Blendenstufen (160 dB) Dynamikumfang aufweisen. Digitale Bildsensoren, wie der in der Canon EOS 400D verbaute CMOS-Chip, erreichen heute einen Dynamikumfang von rund 8 bis 9 Blendenstufen (ca. 72 dB).

Hierbei ist der hellste Bereich gerade mal rund 1.000-mal (2 hoch 9) heller als der dunkelste noch in Details auflösbare Bereich. Bei Verwendung des 8-Bit-JPEG-Dateiformats bleiben sogar nur noch 8 Blendenstufen (rund 48 dB) Dynamikumfang übrig.

Die Kunst des Digitalfotografen ist es also, den in der Natur vorhandenen Dynamikumfang mit dem begrenzten Dynamikbereich des CMOS-Sensors der EOS 400D einzufangen.

Was ist der Dynamikumfang?

Der oben schon erwähnte Dynamikumfang beschreibt den Helligkeitsbereich, der gleichzeitig wahrgenommen oder abgebildet werden kann.

Dieser Kennwert wird als Quotient aus der größten darstellbaren Helligkeit (Intensität) Imax und der kleinsten darstellbaren Helligkeit Imin gebildet.

$$D = Imax / Imin$$

Der Dynamikumfang verschiedener Medien

Dynamikumfänge spielen vor allem bei der subjektiven Wahrnehmung, z. B. bei Helligkeiten oder beim Schalldruckpegel, eine Rolle. Daher hat es sich eingebürgert, im technischen Bereich mit dem Logarithmus des Quotienten aus Maximalwert zu Minimalwert für den Dynamikumfang zu rechnen. Insbesondere im technischen Bereich wird dabei der Zehnerlogarithmus verwendet, und der Dynamikumfang berechnet sich nach der folgenden Formel:

$$D(techn.) = 20 * log10 (Imax / Imin)$$

Als Einheit für diese eigentlich dimensionslose Zahl hat sich dabei Dezibel (dB) eingebürgert. Eine Veränderung des Dynamikumfangs um 10 dB entspricht dabei einer Verdopplung der entsprechenden Messgröße.

Dynamikumfang in der Fotografie

Da das menschliche Auge über eine logarithmische Helligkeitswahrnehmung verfügt, ist der reine Quotient aus hellster und dunkelster Intensität nicht sonderlich praktisch in der Anwendung. Daher hat sich in der Fotografie die Verwendung des Zweierlogarithmus dieses Quotienten etabliert.

$$D(Foto) = log2 (Imax / Imin)$$

Dieser dimensionslose Wert wird dabei oft als Blendenstufe oder Lichtwert bezeichnet. Eine Multiplikation dieses Werts D mit dem Faktor Wurzel aus 2 bedeutet dabei die Verdopplung der eingefangenen Lichtmenge. Bei digitalen Sensoren kann der Dynamikumfang aus den Sensordaten ermittelt werden. Nach oben ist die Aufnahmefähigkeit eines Pixels durch die Full-Well-Kapazität begrenzt, und nach unten stellt das Ausleserauschen die Grenze dar. Bildet man den Quotienten aus Full-Well-Kapazität und Ausleserauschen, ergibt sich der Dynamikumfang des Sensors.

$$D = Full-Well-Kapazität / Ausleserauschen$$

Auch wenn die Werte für Full-Well-Kapazität und Ausleserauschen für den Sensor der EOS 400D von Canon nicht herausgegeben werden, kann mit Messungen dennoch der Dynamikumfang des Sensors ermittelt werden. Dieser bewegt sich bei der EOS 400D je nach Kamera um rund 8 bis 9 Blendenstufen bei ISO 100.

Die Angabe der ISO-Empfindlichkeit an dieser Stelle ist wichtig, da das Ausleserauschen im Nenner der Dynamikformel direkt von der gewählten ISO-Empfindlichkeit abhängt. Eine höhere ISO-Empfindlichkeit bedingt ein höheres Ausleserauschen bei gleichbleibender Full-Well-Kapazität und damit automatisch einen geringeren Dynamikumfang.

Für Bilder mit hohem Dynamikumfang sind daher unbedingt die niedrigen ISO-Empfindlichkeiten der EOS 400D zu empfehlen.

Dynamikumfang bei digitalen Bildern
Bei Bildformaten wird der Dynamikumfang ebenfalls über den Quotienten aus hellstem Wert zu dunkelstem Wert berechnet.

Aus diesem Quotienten ergibt sich, dass 1 Bit in der Farbtiefe einer Verdopplung der darstellbaren Farbwerte entspricht, d. h., die Farbtiefe eines Dateiformats in Bit entspricht der Anzahl der Blendenstufen in der Fotografie.

Der Dynamikumfang verschiedener Medien im Vergleich
Betrachtet man die nachfolgende Tabelle genauer, stellt man fest, dass der CMOS-Sensor der EOS 400D mehr Dynamikumfang liefert, als bei 8-Bit-JPEG gespeichert werden kann. Dies bedeutet, dass bei der Speicherung im JPEG-Format immer eine Dynamikkompression in der EOS 400D stattfinden muss.

Sollen für beste Bildergebnisse alle vom CMOS-Sensor aufgezeichneten Bildinformationen erhalten blei-

ben, ist das Rohdatenformat RAW der EOS 400D die richtige Wahl. Mit einem Dynamikumfang von 12 Bit kann dieses Format problemlos die rund 9 Blendenstufen Dynamikumfang des CMOS-Sensors aufnehmen.

Dynamikumfang		
Sensor/Dateiformat	Blendenstufen	dB
Natur (Realität)	> 25	> 160
Hochdynamische Bilder (HDR)	32	193
Spezialkameras	26	157
16-Bit-Dateiformate (TIFF, PNG)	16	96
Auge (mit Adaption)	15	90
EOS 400D-RAW-Format	12	72
Negativfilm	10	60
EOS 400D-CMOS-Sensor	8–9	54–60
Computermonitor	5–10	48–60
8-Bit-Dateiformate (JPEG, BMP, ...)	8	48
Fotopapier (Ausbelichtung)	5–8	30–48
Beamer	5–8	30–48

16-Bit-Dateiformate
Die EOS 400D liefert Bilddaten entweder als 8-Bit-JPEG- oder als 12-Bit-RAW-Datei. Um keine Bildinformationen zu verlieren, bietet sich die Verwendung des RAW-Formats an. In der anschließenden Bildbearbeitung am PC muss allerdings ein anderes Zwischenformat gewählt werden. Hierbei bieten sich 16 Bit TIFF (unkomprimiert!) oder neuerdings 16 Bit PNG an. Diese Formate sind sehr gut standardisiert (bis auf die Komprimierung im TIF-Format) und können – im Gegensatz zu proprietären Dateiformaten – von vielen Programmen gelesen werden.

▲ *Der Dynamikumfang der EOS 400D bietet sehr viel Spielraum, der allerdings nur bei entsprechender Bildbearbeitung genutzt werden kann. Aus der linken JPEG-Aufnahme können problemlos noch Details im Schatten des Torbogens hervorgeholt werden.*

Die gelungene Aufnahme — Blende, Verschlusszeit und ISO-Empfindlichkeit optimal aufeinander einstellen

Die Belichtung einer Aufnahme mit der EOS 400D, und damit der abgebildete Dynamikumfang, wird hauptsächlich durch die drei Parameter

- Blende,
- Verschlusszeit und
- ISO-Empfindlichkeit

bestimmt. Um eine geeignete Kombination dieser drei Parameter zu ermitteln, muss zunächst die Belichtung gemessen werden. Diese wird dabei in Lichtwerten (LW) oder in der englischsprachigen Literatur in Exposure Values (EV) gemessen. Auf diese Lichtwerte kamen wir schon im vorherigen Abschnitt über den begrenzten Dynamikumfang digitaler Kameras zu

sprechen. Eine Verdopplung des Lichtwerts entspricht einer Verdopplung der aufgenommenen Lichtmenge und damit der doppelten Belichtung.

Die Belichtungszeit

Die Belichtungszeit ist die Zeit, in der ein einzelnes Sensorelement (Pixel) dem einfallenden Licht ausgesetzt ist. Diese Zeit wird durch den Verschluss ermöglicht, wobei durch den Einsatz von zwei Verschlussvorhängen sehr kurze Belichtungszeiten realisiert werden können. Allerdings werden durch diese Technik bei kurzen Belichtungszeiten nicht alle Sensorelemente gleichzeitig belichtet.

Eine Verdopplung der Belichtungszeit führt zur doppelten aufgenommenen Lichtmenge und damit zur Verdopplung der Belichtung. Die Lichtintensität geht also linear mit der Belichtungszeit einher.

Neben der Belichtung beeinflusst die Wahl der Belichtungszeit aber auch eine mögliche Bewegungsunschärfe, sodass die Belichtungszeit auch abhängig vom Motiv und dem gewünschten Bildeffekt gewählt werden muss.

▲ Die EOS 400D verfügt über zwei Verschlussvorhänge, über die die Belichtungszeit gesteuert wird.

Die Blende

Im Gegensatz zur Belichtungszeit, die in der EOS 400D durch den Verschlussvorhang gesteuert wird, befindet sich die Blende im Objektiv. Die einstellbaren Blendenwerte sind daher nicht von der Kamera, sondern vom Objektiv abhängig.

Die Blende bezeichnet dabei das Verhältnis von effektiver Öffnung zur Brennweite des Objektivs und wird üblicherweise als Bruchzahl angegeben. So hat ein Objektiv mit 25 mm Öffnung (Durchmesser) und einer Brennweite von 50 mm eine Blendenzahl von 25 mm / 50 mm = 1:2 (manchmal auch als f/2 bezeichnet).

Da die Blende nicht auf die Öffnungsfläche, sondern auf den effektiven Durchmesser bezogen wird, verändert sich die Belichtung nicht linear mit der Blende. Stattdessen bewirkt eine Vergrößerung des effektiven Durchmessers um den Faktor Wurzel aus 2 eine Verdopplung der lichtsammelnden Fläche und damit einer Verdopplung der Belichtung. Bei manuell einstellbaren Objektiven wird daher meist die Blendenreihe

$$1 - 1{,}4 - 2 - 2{,}8 - 4 - 5{,}6 - 8 - 11 - 16 \ldots$$

verwendet. Der Schritt von einer Zahl dieser Blendenreihe zur nächsten entspricht dabei in etwa einer Multiplikation mit dem Faktor Wurzel aus 2 und damit einer Verdopplung der Belichtung.

Bei der EOS 400D wird der Blendenwert nicht mehr am Blendenring des Objektivs eingestellt, sondern in der Kamera vorgegeben.

Viele moderne Objektive besitzen gar keinen Blendenring mehr, sodass diese an älteren Kameras nicht mehr verwendet werden können.

Durch die Vorgabe des Blendenwerts in der EOS 400D kann die Blende in die Belichtungsmessung mit einbezogen werden, wobei die Fokussierung, die Bildfeldwahl und die Belichtungsmessung bei Offenblende, also möglichst weit geöffneter Blende, erfolgen. Dies hat den Vorteil, dass beim Blick durch den Sucher möglichst viel Licht zur Verfügung steht. Erst bei der Auslösung der Aufnahme wird die Blende dann elektronisch auf den eingestellten Wert der Arbeitsblende geschlossen.

Ein weiterer Vorteil der Einstellung des Blendenwerts an der Kamera ist, dass die Blende durch die Automatikfunktionen der EOS 400D eingestellt werden kann. Des Weiteren stehen nicht nur die oben genannten Stufen der Blendenreihe, sondern auch Zwischenstufen in Schritten von 1/2 Blendenstufe oder 1/3 Blendenstufe, je nach Einstellung der Individualfunktion C.Fn-06, zur Verfügung, sodass eine feinfühlige Verstellung des Blendenwerts möglich ist.

Bei der Wahl einer geeigneten Blendeneinstellung sind verschiedene Faktoren zu berücksichtigen. So ist die Blende für die Schärfentiefe, also den scharf abgebildeten Bildbereich, verantwortlich. Durch eine offene Blende können Objekte oder Personen vom Hintergrund freigestellt werden, und durch eine weit geschlossene Blende kann bei einer Landschaftsaufnahme eine große Schärfentiefe erzielt werden. Andererseits neigen viele Objektive bei hellen Lichtquellen zu Beugungserscheinungen an den Blendenlamellen, die sich als sternförmige Strahlen um diese Lichtquellen bemerkbar machen. Diese Beugungsartefakte sind abhängig von der Anzahl und der Form der verwendeten Blendenlamellen und treten mit weiter geschlossener Blende immer deutlicher in Erscheinung.

Die ISO-Empfindlichkeit

Eine weitere Einstellungsmöglichkeit, um die Belichtung zu beeinflussen, ist die ISO-Empfindlichkeit der EOS 400D. Hierbei wird die Verstärkung beim Auslesen der Elektronen aus dem Sensor eingestellt, was zu einem ähnlichen Effekt führt, wie er bei Filmmaterial verschiedener Empfindlichkeit zu beobachten war.

Mit steigender ISO-Empfindlichkeit reagiert die EOS 400D schneller auf einfallendes Licht, gleichzeitig tritt jedoch das Rauschen deutlicher zutage. Das höhere Ausleserauschen bei steigender ISO-Empfindlichkeit führt, wie oben schon beschrieben, allerdings zu einer Reduktion des Dynamikumfangs.

Eine Verdopplung der ISO-Empfindlichkeit führt bei festgehaltener Belichtungszeit und Blende zu einer Verdopplung der Belichtung. Diese variiert also linear mit der ISO-Empfindlichkeit.

Die „richtige" Belichtung wählen

Oft wird ein ausgeglichenes Histogramm als Hinweis auf eine geeignete Belichtung angesehen. Allerdings können durch gezielte Unter- oder Überbelichtung kreative Aufnahmeeffekte erzielt werden, sodass es eine objektiv richtige Belichtung nicht gibt.

Die EOS 400D unterstützt den Fotografen bei der Auswahl einer geeigneten Belichtungseinstellung mit einer eingebauten Belichtungsmessung und verschiedenen Belichtungsautomatiken.

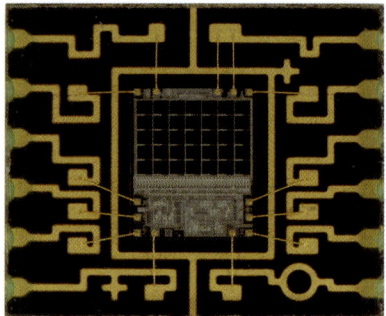

▲ Mit einem speziellen Sensor kann die EOS 400D das einfallende Licht messen und damit eine passende Belichtung berechnen.

Um den verschiedensten Anforderungen des Fotografen und den unterschiedlichen Lichtsituationen gerecht zu werden, verfügt die EOS 400D über drei verschiedene Belichtungsmessmethoden,

- die Mehrfeldmessung ◙,
- die mittenbetonte Integralmessung ☐
- und die Selektivmessung ◙.

Diese Verfahren unterscheiden sich vor allem darin, wie die verschiedenen Bereiche eines Bildes bei der Belichtungsmessung gewichtet werden. Näheres zu diesen Belichtungsmessverfahren und deren Anwendung finden Sie im folgenden Abschnitt 3.2.

Um aus den Helligkeitswerten des Belichtungssensors eine geeignete Belichtung ermitteln zu können, nutzt die EOS 400D eine Heuristik, nach der bei den meisten Aufnahmen die Helligkeit im Durchschnitt einem 18%igen Neutralgrau entspricht. Genau genommen

Den Dynamikumfang beherrschen

gilt diese Annahme für ein Motiv in ländlicher Umgebung bei blauem Himmel, das bei einem Sonnenstand von 35 bis 55 Grad Höhe frontal beleuchtet wird. Aber auch viele andere Aufnahmesituationen können näherungsweise mit der Annahme von 18 % Neutralgrau erfasst werden.

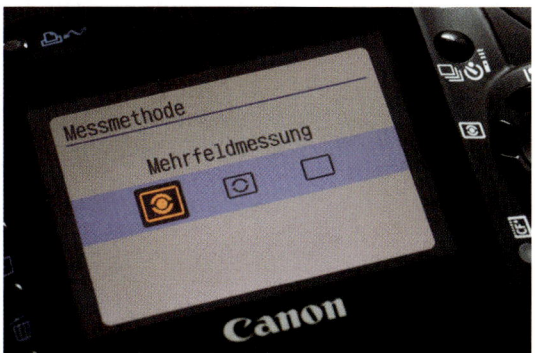

▲ *Nach einem Druck auf die linke Kreuztaste kann in den Kreativprogrammen die Belichtungsmessmethode eingestellt werden.*

Besonders helle und spiegelnde Flächen können dabei die Belichtungsmessung der EOS 400D verwirren, sodass mit den Automatiken nur unbefriedigende Ergebnisse erzielt werden können. In diesen Fällen hilft der Einsatz einer Grauwertkarte aus dem Fotofachhandel. Diese Grauwertkarten sind exakt mit einem 18-%-Neutralgrau eingefärbt und weisen eine Reflektivität auf, die optimal auf die Belichtungsmessung in Kameras abgestimmt ist.

> **Grauwertkarten können meist noch mehr**
> Viele der im Handel angebotenen Grauwertkarten sind auf der Rückseite weiß, sodass diese nicht nur zur Belichtungsmessung (mit der grauen Seite), sondern auch zum manuellen Weißabgleich (mit der weißen Seite) genutzt werden können.

Legen Sie die Grauwertkarte vor das aufzunehmende Objekt und messen Sie die Grauwertkarte an. Nutzen Sie am besten den Messwertspeicher und entfernen Sie die Grauwertkarte vor der Aufnahme. Mit dieser Technik erreichen Sie mit den Belichtungs-

automatiken auch in kniffligen Aufnahmesituationen optimale Belichtungsergebnisse.

Bildkontrolle mit dem Histogramm

Eine genial einfache Möglichkeit der Belichtungskontrolle bietet die Histogrammanzeige der EOS 400D. Das Histogramm stellt dabei die Häufigkeitsverteilung der Tonwerte in einem Bild dar, d. h., es wird angezeigt, welcher Tonwert wie häufig im Bild vorkommt. Bei einer „optimalen" Belichtung werden alle Tonwerte des Histogramms genutzt, ohne dass eine Über- oder Unterbelichtung auftritt.

Unterbelichtung

Bei analogen Filmen war die Unterbelichtung ein großes Problem, da bedingt durch den Schwarzschildeffekt dunkle Schattenpartien bei Unterbelichtungen komplett ohne Zeichnung waren.

▲ *Bei einer Unterbelichtung häufen sich die Tonwerte im unteren Bereich (im Histogramm links). Um die in diesem Bereich vorhandene Information sichtbar zu machen, muss ein deutliches Bildrauschen in Kauf genommen werden.*

Bei digitalen Kameras wie der EOS 400D gibt es keinen Schwarzschildeffekt, sondern es wird jedes einfallende Photon erfasst. Aus diesem Grund können bei digitalen Aufnahmen oft auch aus dunklen Schattenbereichen noch Details herausgearbeitet werden, allerdings wird dabei das vorhandene Bildrauschen auch entsprechend verstärkt. Daher sollte eine Unterbelichtung auch bei der EOS 400D vermieden werden.

Überbelichtung

Wesentlich schlimmer als eine Unterbelichtung wirkt sich eine Überbelichtung bei der EOS 400D aus. Durch Überbelichtung ausgefressene Bereiche können mit keiner Bildbearbeitung mehr gerettet werden, die Informationen in den überbelichteten Bildbereichen sind unwiederbringlich verloren.

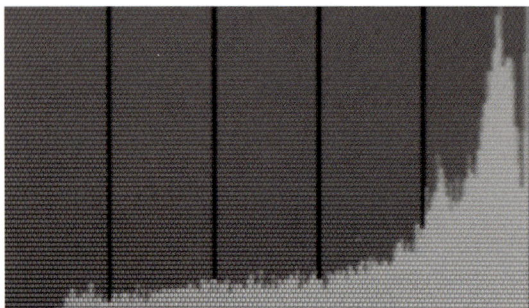

▲ Bei einer Überbelichtung zeigt sich eine deutliche Anhäufung des höchsten Tonwerts. Die überbelichteten Bildbereiche werden in der Bildanzeige blinkend dargestellt und sind unwiederbringlich verloren.

Helligkeits- und RGB-Histogramm

Die EOS 400D kann – wie ihre große Schwester EOS 30D – entweder ein Helligkeitshistogramm über alle drei Farbkanäle oder drei einzelne Histogramme für die drei Farbkanäle Rot, Grün und Blau anzeigen.

Die Anzeige eines einzelnen Helligkeitshistogramms erlaubt einen schnellen Überblick über die Belichtung der Aufnahme, Über- oder Unterbelichtungen werden auf einen Blick erkannt.

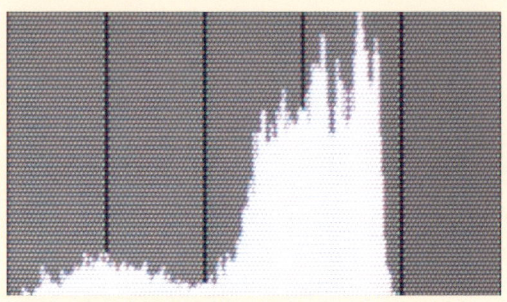
Etwas mehr Übung in der Interpretation erfordert die RGB-Histogrammanzeige. Hierbei werden die Histogramme für die drei Farbkanäle getrennt angezeigt, sodass drei Histogrammkurven auf Über- und Unterbelichtung kontrolliert werden müssen.

Der große Vorteil ist jedoch, dass in dieser Anzeige gleichzeitig der Weißabgleich kontrolliert werden kann.

Bei einem optimalen Weißabgleich sind die Verläufe der drei Histogrammkurven für **R**, **G** und **B** nahezu identisch, kleinere Verschiebungen ergeben sich jedoch je nach Farbgehalt im Bild.

Im Beispielbild dominieren die blauen Farbtöne, daher zeigt sich von Rot nach Blau eine leichte Verschiebung der Histogrammkurven.

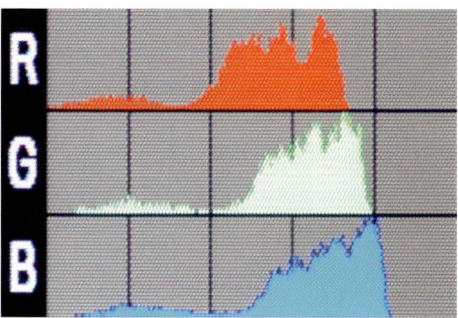

▲ *Mit dem RGB-Histogramm werden die Histogrammkurven für die drei Farbkanäle getrennt angezeigt. Diese Darstellung erlaubt eine genaue Kontrolle der Bildbelichtung und des Weißabgleichs.*

Schnelle Bildkontrolle: die automatische Rückschau mit der Histogrammanzeige kombiniert

Sehr komfortabel lässt sich die Histogrammanzeige zur Beurteilung der Belichtung und des Weißabgleichs zusammen mit der automatischen Rückschau nutzen.

Hierbei wird ein Bild direkt nach der Aufnahme für einige Sekunden angezeigt.

1 Histogrammart auswählen

Zunächst wird im Wiedergabemenü unter dem Punkt *Histogramm* die gewünschte Darstellung als Helligkeits- oder als RGB-Histogramm gewählt.

2 Automatische Rückschau aktivieren

Dann wird ebenfalls im Wiedergabemenü unter dem Punkt *Rückschauzeit* die gewünschte Anzeigedauer eingestellt. Meist genügen 2 oder 4 Sekunden Rückschauzeit, für eine intensivere Bildbetrachtung lässt sich das Bild beliebig lange durch Drücken der Wiedergabetaste anzeigen.

3 Infoanzeige aktivieren

Die EOS 400D bietet drei verschiedene Anzeigemodi für ein Bild. Zum einen kann das Bild ohne weitere Informationen angezeigt werden. Eine weitere Anzeige blendet zusätzlich die wichtigsten Informationen, wie Belichtungszeit, Blende und Bildnummer, ein. Die dritte Anzeigevariante blendet neben umfangreichen Bildparametern auch die Histogrammkurve(n) ein, allerdings wird das Bild dabei stark verkleinert dargestellt. In der letzteren Anzeigevariante zeigt die EOS 400D überbelichtete Bereiche blinkend an.

Um zwischen den Anzeigemodi zu wechseln, muss mindestens ein Bild auf der Speicherkarte gespeichert sein. Mit der Wiedergabetaste wechseln Sie in den Anzeigemodus, und durch wiederholtes Drücken der DISP.-Taste können Sie nun zwischen den Anzeigemodi hin- und herwechseln. Wählen Sie für eine umfangreiche Bildkontrolle die Infoanzeige mit der Histogrammdarstellung und verlassen Sie den Wiedergabemodus mit der Wiedergabetaste oder durch ein kurzes Andrücken des Auslöseknopfs. Die

EOS 400D speichert die gewählte Einstellung auch nach dem Ausschalten der Kamera, sodass bei der automatischen Rückschau und bei der Bildwiedergabe jeweils der gewünschte Anzeigemodus wieder erscheint.

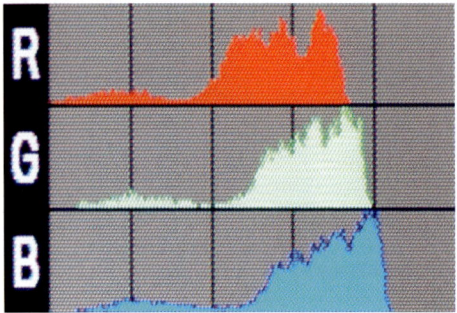

4 Die Anzeigen richtig interpretieren

Blinkende Bereiche in der Bildminiatur zeigen überbelichtete und damit strukturlose Bereiche an. Diese sind ebenfalls im Histogramm als Werteanhäufung am rechten Rand zu erkennen.

In diesem Fall sollte die Aufnahme – nach Möglichkeit – mit einer knapperen Belichtung, z. B. mithilfe der Belichtungskorrektur, wiederholt werden.

Zu knapp belichtete Bilder erkennt man an der Werteanhäufung im linken Bereich der Histogrammkurve bei gleichzeitigem Fehlen heller Farbtöne im rechten Bereich des Histogramms. In diesem Fall bietet sich die Wiederholung der Aufnahme mit großzügigerer Belichtung an.

Unterhalb der Bildminiatur und der Histogrammanzeige sind die wesentlichen Bildparameter eingeblendet. Hier können die Einstellungen für Belichtungszeit, Blende, Weißabgleich, Belichtungskorrektur, Belichtungsmessmethode, das eingestellte Belichtungsprogramm und die ISO-Empfindlichkeit nochmals kontrolliert werden.

Lichtsituationen optimal einschätzen

Die EOS 400D verfügt über modernste Automatikfunktionen, die den Fotografen bei der Wahl der richtigen Belichtung und der Fokussierung unterstützen. Die Verwendung dieser Automatiken als Point & Shoot-Automatiken führt jedoch häufig zu enttäuschenden Ergebnissen, da die Kamera nicht erahnen kann, welches Objekt der Fotograf gern als zentrale Figur scharf abgebildet haben oder welche Belichtungswirkung er erzielen möchte.

Daher ist es unbedingt erforderlich, sich vor der Aufnahme Gedanken zur Bildgestaltung zu machen und die Einstellungen der EOS 400D so vorzunehmen, dass diese den Fotografen beim Erreichen der gewünschten Bildwirkung auch unterstützt.

Durch die Einschränkungen der Motivprogramme, insbesondere der nicht wählbaren Belichtungskorrektur, sind diese Programme für den ambitionierten Fotografen eher unbrauchbar. Nur die Kreativprogramme erlauben einen ausreichenden Eingriff in die Automatikfunktionen, um die gewünschte Bildwirkung zu erzielen.

Insbesondere in sehr hellen oder dunklen Situationen entsprechen die Ergebnisse der reinen Automatikfunktionen oft nicht den Wünschen des Fotografen. Hier hilft aber meist schon eine kleine Belichtungskorrektur, um das gewünschte Ergebnis einzufangen.

Ein weiteres Problem bei extremen Lichtsituationen ist oft der Weißabgleich. Die automatische Weißabgleichsfunktion der EOS 400D geht von einem „vollständigen" Histogramm aus, um den Weißpunkt festzulegen.

Bei starker Unter- oder Überbelichtung sind häufig nicht mehr genug Farbinformationen vorhanden, um einen automatischen Weißabgleich zu bilden, es ergibt sich ein farbstichiges Bild. Dieses Problem lässt sich durch eine feste Weißabgleichseinstellung oder durch einen manuellen Weißabgleich umgehen.

Im Zweifelsfall bietet sich die Verwendung des Rohdatenformats RAW an. In diesem Format werden die kompletten Sensorinformationen ohne Informationsverlust gespeichert, sodass eine begrenzte Zurücknahme von Überstrahlungen und ein veränderter Weißabgleich ohne Beeinträchtigung des Bildes in der Nachbearbeitung am PC möglich sind. Ein weiterer Vorteil des Rohdatenformats ist, dass durch die Anwendung nicht linearer Gradationskurven die Dynamikkompression in ein 8-Bit-Format, wie es für das Internet oder viele Ausbelichtungsdienste benötigt wird, gezielt beeinflusst werden kann.

Motive mit hohem Dynamikumfang

Bei Motiven mit einem hohen Dynamikumfang, also sehr dunklen und sehr hellen Bereichen, ist der Dynamikbereich der EOS 400D schnell überfordert. Hier hilft es, eine automatische Belichtungsreihe mit einem Abstand von etwa 1,3 LW einzusetzen (siehe unten) und die Bilder hinterher in der Bildbearbeitung

zusammenzusetzen. Moderne Bildbearbeitungsprogramme verfügen über entsprechende Funktionen z. B. zur Erstellung von HDR-Bildern (siehe Kapitel 3.3).

Wichtig dabei ist, dass die einzelnen Bilder dabei deckungsgleich aufgenommen werden. Bei kurzen Belichtungszeiten hilft ein bildstabilisierendes Objektiv oder noch besser ist der Einsatz eines stabilen Stativs.

Nachtaufnahmen und dunkle Szenerien

Bei dunklen Szenen kommen meist eine geringe zur Verfügung stehende Lichtmenge und ein hoher Dynamikumfang zusammen. Daher bietet es sich bei Nachtaufnahmen ebenfalls an, mit Belichtungsreihe zu arbeiten, allerdings in diesem Fall mittels einer manuellen Belichtungseinstellung.

Die optimalen Belichtungsparameter lassen sich bei der EOS 400D sehr schnell finden. Zunächst wird die ISO-Empfindlichkeit festgelegt. Bei unbewegten Motiven sollte eine Empfindlichkeit im unteren Bereich von ISO 100 bis 400 gewählt werden, um das Bildrauschen zu minimieren.

Nutzen Sie dann einen der Automatikmodi, um eine Belichtungsmessung durchzuführen, und merken Sie sich die angezeigten Werte für Blende und Belichtungszeit. Wechseln Sie zum manuellen Modus M und stellen Sie die vorher gemessenen Werte ein.

Nun fertigen Sie Probeaufnahmen an und beurteilen Sie die Bildwirkung in der Bildwiedergabe und der Histogrammdarstellung. Variieren Sie Belichtungszeit oder Blende so, dass die gewünschte Bildwirkung ohne Unter- oder Überbelichtung erreicht wird. Mit dieser Einstellung können Sie nun eine perfekte Nachtaufnahme erstellen.

Um einen hohen Dynamikumfang abzubilden, fertigen Sie eine Belichtungsreihe an, indem Sie mit der

Belichtungszeit auch Aufnahmen mit knapperer und hellerer Belichtung anfertigen. Diese Aufnahmen können Sie dann am PC, wie im Abschnitt 3.3 gezeigt, zu einem hochdynamischen Bild zusammenfügen, sodass sich mit dieser Methode spielend leicht der visuelle Eindruck der Szenerie einfangen lässt.

Gegenlicht – ein Fall für zusätzliche Hilfsmittel

Nicht selten überfordern Gegenlichtaufnahmen, z. B. in Richtung der untergehenden Sonne, die Belichtungsmessung der EOS 400D. Insbesondere bei der Aufnahme von Personen zeigt sich häufig eine deutliche Unterbelichtung, sodass die gewünschten Bilddetails der Person im Schatten absaufen.

Dies lässt sich durch einfache Maßnahmen verhindern. Der erste Schritt ist dabei die Verwendung einer positiven Belichtungskorrektur hin zu hellerer Belichtung. Dabei werden die Schattenbereiche angehoben, allerdings gleichzeitig auch die hellen Bereiche, die dann schnell überbelichtet sind.

Besser ist die Verwendung des eingebauten Blitzgeräts oder eines externen Blitzes als Aufhellblitz oder die Verwendung eines Reflektors. In all dieses Fällen wird das Motiv aufgehellt, sodass auf der Aufnahme selbst nur noch ein geringerer Dynamikumfang abzubilden ist, der im optimalen Fall komplett durch den Sensor der EOS 400D erfasst werden kann. Mit dieser Methode können sowohl das Objekt wie auch der Hintergrund gleichzeitig abgebildet werden.

Insbesondere bei Personenaufnahmen ist übrigens die Erstellung von HDR-Aufnahmen eher kritisch, da Personen dazu neigen, sich leicht zu bewegen, was das Übereinanderlegen der Aufnahmen deutlich erschwert. Hier ist es vorteilhaft, die Szenerie so auszuleuchten, dass der komplette Dynamikumfang der Aufnahme auch von der EOS 400D in einer einzelnen Aufnahme erfasst werden kann.

Durch Belichtungsreihen die Bildergebnisse verbessern – die Belichtungsreihe

Die schon erwähnte Funktion der Belichtungsreihe erlaubt es, um den gemessenen Belichtungspunkt herum zwei zusätzliche Aufnahmen mit jeweils einer gezielten Unter- und einer Überbelichtung zu erstellen. Diese Funktion ist immer dann nützlich, wenn das Objekt keine Zeit lässt, die Belichtungswerte anzupassen oder eine Belichtungskorrektur durchzuführen. Ebenso hilfreich ist diese Funktion bei der Erstellung hochdynamischer HDR-Bilder.

Eingestellt wird die Belichtungsreihe im Kameramenü 2 unter dem Punkt *AEB* für **A**uto **E**xposure **B**racketing.

▲ Die Einstellung der Belichtungsreihe erfolgt mithilfe der Kreuztasten rechts und links. Um die Belichtungsreihe zu deaktivieren, wird diese einfach auf 0 LW eingestellt.

Abbrechen der Belichtungsreihe
Eine laufende Belichtungsreihe kann über das Menü oder durch das Ausschalten der EOS 400D abgebrochen werden. Schneller geht es jedoch durch den Wechsel in den Blitzbetrieb durch Drücken der Blitztaste. In allen drei Fällen geht jedoch die Einstellung der Belichtungsreihe verloren.

Eine eingestellte Belichtungsreihe wird im Display durch zwei zusätzliche schwarze Balken angezeigt.

Während der Aufnahme einer Belichtungsreihe blinkt diese Anzeige als Hinweis auf die aktive Belichtungsreihe.

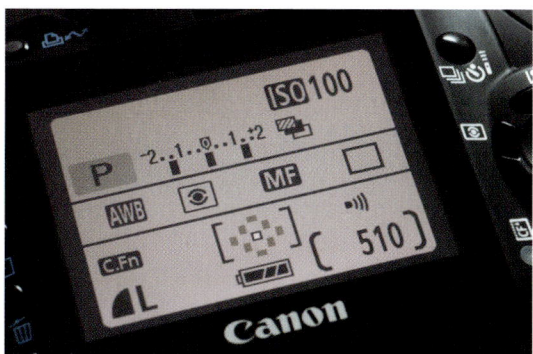

Zur Aufnahme einer Belichtungsreihe müssen drei Aufnahmen ausgelöst werden. Im Modus Single Shot werden die drei Aufnahmen nacheinander durch einen Druck auf den Auslöseknopf gemacht. Komfortabler ist das Arbeiten mit der Reihenaufnahme: Hier werden bei gedrückt gehaltenem Auslöseknopf die

drei Aufnahmen der Belichtungsreihe sofort hintereinander ausgelöst, dann stoppt die Reihenaufnahme.

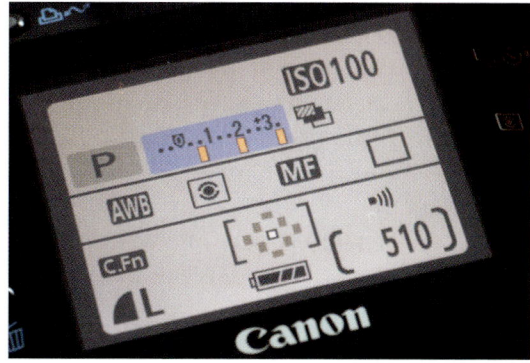

▲ *Durch die Kombination aus Belichtungsreihe und Belichtungskorrektur kann auch eine einseitige Belichtungsreihe realisiert werden.*

Eine interessante Variante der Belichtungsreihe ist die Kombination mit der Belichtungskorrektur, die mittels Av-Taste **Av⊡** und Wahlrad ![Wahlrad] vorgegeben werden kann. Durch die Kombination aus

▼ *In kritischen Lichtsituationen ist die Belichtungsreihe immer eine gute Wahl. Zum einen stehen die Chancen gut, auch bei einer Fehlmessung der EOS 400D eine korrekte Belichtung zu haben, zum anderen können die Bilder einer Belichtungsreihe später in der Bildbearbeitung zu einem HDR-Bild zusammengefügt werden.*

Belichtungskorrektur und Belichtungsreihe kann die Belichtungsreihe verschoben werden, sodass zusätzlich zur „korrekt" belichteten Aufnahme zwei heller belichtete Aufnahmen angefertigt werden.

3.2 Die Belichtungsmessverfahren

Die richtige Wahl des Belichtungsmessverfahrens gehört zu den Faktoren, die über Gedeih und Verderb einer Aufnahme entscheiden können. Dies gilt besonders in kontrastreichen Motivsituationen, wie z. B. an einem Sonnentag mit hohen Licht- und Schattenanteilen oder auch für Innenaufnahmen, bei denen das Licht im Fensterbereich heller einfällt als weiter im Zentrum des Zimmers. Es reicht aber auch schon eine helle Blüte, die sich von der Umgebung absetzt und die bei Wahl des falschen Belichtungsprogramms schnell unrettbar überstrahlt.

Kameraschwenks zur Neukomposition – als typische Methode, um eine Arbeit dynamischer zu gestalten – bergen zudem ein Gefahrenpotenzial, wenn Sie nicht mit der Mehrfeldbelichtung arbeiten. Auch hier spielt das gewählte Messverfahren eine Rolle, und mit dem entsprechenden Know-how können Sie fehlbelichtete Aufnahmen vermeiden.

Werfen wir zunächst einen Blick auf die einzelnen Belichtungsmessverfahren und deren typische Einsatzzwecke.

◉ Mehrfeldmessung – optimal für die Gesamtschau

Landschaftsaufnahmen sind ein typisches Beispiel für Motive, bei denen der Fokus weniger auf einem Detail als vielmehr auf der Gesamtheit der Szenerie liegt. Hier entscheidet eine ausgewogene Gesamtbelichtung, die sich optimal mittels der Mehrfeldmessung realisieren lässt. Die EOS 400D greift auf 35 (auf der Mattscheibe unsichtbare) Messfelder zu-

rück, deren Messergebnisse gemittelt und mit dem aktiven Autofokusmessfeld verrechnet werden. Das genutzte AF-Feld nimmt also noch Einfluss auf die Belichtung und wird etwas stärker gewichtet als die übrigen Messfelder.

> **Mehrfeld für Schnappschüsse**
> Bleibt Ihnen wenig Zeit, um beispielsweise bei Schnappschüssen dennoch eine den Umständen entsprechend größtmögliche Belichtungssicherheit zu gewinnen, dann verwenden Sie hierfür die Mehrfeldmessung. Damit steigt in Verbindung mit der Gewichtung des aktiven AF-Felds gegenüber allen anderen Messverfahren die Wahrscheinlichkeit auf verwertbare Bildergebnisse.
> Canon hat folgerichtig auch für alle Motivprogramme die Mehrfeldmessung als (nicht änderbaren) Preset vorbelegt.

Im manuellen Fokusbetrieb erhält dann das mittlere AF-Feld die Priorität, sodass die Ergebnisse im Prinzip ähnlich der mittenbetonten Integralmessung ausfallen.

▲ Für Landschaftsaufnahmen ist die Mehrfeldmessung optimal – sie berücksichtigt das gesamte Sucherfeld und errechnet einen Mittelwert über 35 unsichtbare Messfelder.

☐ Mittenbetonte Integral-messung – das erweiterte Zentrum steht im Fokus

Die mittenbetonte Integralmessung gewichtet das
Bildzentrum am stärksten und reduziert stufenweise
die Wertung für die äußeren Zonen. Die Randbereiche des Suchers werden dabei in die Wertung nicht
mehr einbezogen.

Im Gegensatz zur oben besprochenen Mehrfeldmessung kümmert sich die mittenbetonte Integralmessung – wie auch die nachfolgende Selektivmessung – nicht um die Autofokusfelder. Damit sind diese
Messverfahren für Kameraschwenks etwas problematisch zu handhaben.

Der namensgebende Begriff „integral", der laut Du-
den als „ein Ganzes ausmachend" definiert ist, weist
auf seine Funktion hin: Ein relativ großflächiger zen-
traler Bildteil wird gewichtet, und das Umfeld ist dabei von untergeordneter Bedeutung. Beispielsweise
für Porträtaufnahmen, in denen im Randbereich ablenkende Lichtquellen störenden Einfluss nehmen können, eignet es sich bestens und wertet ausschließlich
den hier bildwichtigeren zentralen Bildbereich.

Die ansonsten hochgelobte und weitgehend intuitive
Symbolgebung Canons macht bei dieser Messmethode allerdings einen Negativausreißer, da sich
das Symbol nur schwer erschließt. Erfreulich allerdings, dass an der EOS 400D zu jeder Messmetho-

de die Bezeichnung auf dem LC-Display eingeblendet wird, ansonsten müsste man das Symbol schlicht
auswendig lernen.

▲ Relativ großflächige im Bildzentrum lokalisierte Bereiche wie
bei Porträtaufnahmen sind das typische Einsatzgebiet der mittenbetonten Integralmessung. Ablenkende Außenbereiche –
wie hier das helle Wasser im Hintergrund – bleiben von der
Wertung weitgehend unberührt.

◉ Selektivmessung – selektiv wahrnehmen

Während bei den Canon-DSLRs des mittleren Preis-
segments wie z. B. der EOS 30D zur Markierung des
selektiven Messbereichs im Sucher ein Kreis eingeblendet ist, fehlt dieser an der EOS 400D.

Als Hilfe lässt sich das oberste und unterste AF-Feld im
Querformat als Begrenzungslinie für den Messkreis
bestimmen. Diese 9 % vom Gesamtbild ausmachen-
de Kreisfläche im Sucherzentrum wird für die Belichtungsmessung ausschließlich herangezogen. Die Selektivmessung wird von fortgeschrittenen Anwendern
bevorzugt eingesetzt.

Nutzbringend ist diese Messmethode in kontrastreichen Aufnahmesituationen, die den Dynamikumfang
des CMOS übersteigen und zu partiellen Überstrah-

lungen oder zeichnungslosen Dunkelzonen führen würden. Lichtkegel oder Gegenlichtsituationen sind typische Einsatzgebiete, aber auch für den Betrachter vermeintlich unkritische Motive lassen sich mit ihr besser in den Griff bekommen.

Eine helle Blüte selbst bei bewölktem Himmel kann schon dazu führen, dass die Blütenblätter überstrahlen und damit die Arbeit zunichte machen. Ähnliches geschieht etwa bei Nachtaufnahmen, bei denen die 500er-Telebrennweite auf den Mond zielt und das schwarze Umfeld durch Einbeziehung in die Wertung den Erdtrabanten seiner Struktur beraubt. In diesen Fällen spielt die Selektivmessung ihre Stärken aus, indem sie lediglich das bildwichtige Motivteil im Zentrum wertet und die Randbereiche dabei ausklammert.

▲ Das sonnendurchschienene Blatt wurde links mit der Mehrfeldmessung aufgenommen und überstrahlt teilweise. Rechts mit der Selektivmessung kommt die Blattstruktur besser zum Vorschein.

▼ Links kommt die Mehrfeldmessung zur Anwendung – die gesamte Szene wird in die Messung einbezogen. Rechts dagegen wurde auf die Lichtstrahlen am Boden selektiv angemessen, das Umfeld wird abgedunkelt und die Lichtstimmung intensiviert.

Vergleich Mehrfeld- und Selektivmessung

Kameraschwenks in den Griff bekommen

Mittels Kameraschwenk lassen sich die bildwichtigen Elemente dezentral platzieren, um damit die Aufnahme in vielen Fällen spannungsreicher zu gestalten. Hilfreich ist diese Technik nicht nur zur Rekomposition, um Arbeiten nach dem sogenannten Goldenen Schnitt neu zu gruppieren. Sie nützt gleichermaßen in Fällen, in denen außermittige, helle Lichtquellen angemessen werden müssen, um Überstrahlungen zu vermeiden. Beispielsweise zählt hierzu eine Landschaftsaufnahme, in der der helle Himmel im oberen Bereich angemessen wird, um anschließend auf den Bodenbereich zurückzuschwenken.

Ein vielfach angenommener Irrtum bei dieser Schwenktechnik ist übrigens, dass der Messwert allein mithilfe des halb durchgedrückten Auslösers bereits gespeichert wird. Schwenken Sie die Kamera bei der Selektivmessung, geht der angemessene Lichtwert verloren. Um die ermittelten Messwerte jedoch zu speichern und sie nach dem Schwenk anzuwenden, ist daher ein Druck auf die Sterntaste notwendig.

> **Mit der Abblendtaste den Messwert speichern**
> Alternativ zur Sterntaste lässt sich über die festgehaltene Abblendtaste der angemessene Belichtungswert speichern. Dies mag zunächst etwas ungewohnt sein, kann jedoch Geschwindigkeitsvorteile bringen. Zum Löschen des Messwerts reicht es hierbei schlicht, die Taste loszulassen.

Step by Step: die Schwenktechnik anwenden

Kameraschwenks sind bei der Mehrfeldmessung normalerweise unproblematisch, wenn am Objektiv der Autofokusmodus aktiviert wurde (Schalterstellung AF). Dafür wird ganz einfach auf das bildwichtige Detail fokussiert, der Auslöser zur Scharfstellung halb durchgedrückt, geschwenkt und ausgelöst.

Problem bei Kameraschwenks ohne Sterntaste

▲ In beiden Aufnahmen wurde mit der Selektivmessung und dem zentralen Autofokusfeld auf die Häuserfassade zunächst mittig fokussiert und anschließend geschwenkt, oben jedoch ohne vorher die Belichtung über die Sterntaste zu speichern, folglich überstrahlt die sonnenbeschienene Hausfront. Unten erfolgte der Schwenk, nachdem die Sterntaste verwendet wurde, mit der Folge, dass die Fassade nicht überstrahlt.

Wird jedoch die für kontrastreiche Aufnahmesituationen genauere Selektivmessung angewendet, würde der Schwenk zu geänderten Belichtungsmesswerten führen, und Überstrahlungen oder Schattenpartien wären die Folge. Wir zeigen daher anhand einer Step-by-Step-Anleitung die hierfür erforderliche Vorgehensweise:

1 Kamera vorbereiten

Stellen Sie ein Kreativprogramm wie z. B. Av auf dem Moduswahlrad ⊙ ein (nur hier ist die Selektivmessung verfügbar). Über die Pfeiltasten werden die Selektivmessung, die Autofokusbetriebsart One Shot, der Weißabgleich AWB und der ISO-Wert 400 eingestellt. Wählen Sie über die AF-Messfeldwahltaste ⊞ das zentrale Autofokusfeld aus.

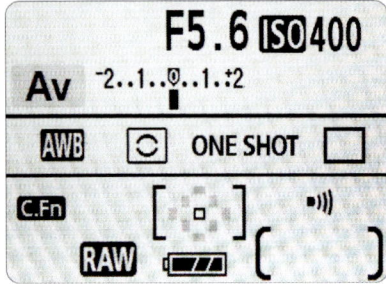

2 Das Motiv mittig anmessen

Richten Sie die Kamera auf das hellste Motivdetail mittig aus. Da Sie die Selektivmessung vorgewählt haben, wird nur der zentrale Bereich berücksichtigt. Drücken Sie den Auslöser halb durch, sodass die Kamera scharf stellt. Speichern Sie anschließend die Belichtung, indem Sie die Sterntaste ✱ betätigen. Fokussieren Sie erneut über den halb durchgedrückten Auslöser und halten Sie ihn fest.

3 Kamera schwenken

Schwenken Sie die Kamera, sodass Ihr Motiv dezentral platziert wird. Halten Sie währenddessen permanent den Auslöser halb durchgedrückt fest (damit wird die Schärfe gespeichert). Lösen Sie aus, indem Sie den Auslöser voll durchdrücken.

> **Sterntaste für mehrere Aufnahmen nutzen**
> Der via Sterntaste gespeicherte Lichtmesswert gilt normalerweise nur für eine einzige Aufnahme und wird anschließend (oder durch Zeitablauf nach 4 Sekunden) gelöscht. Um mehrere Aufnahmen mit demselben gespeicherten Messwert durchzuführen, halten Sie die Sterntaste permanent gedrückt.

Schärfe und Licht bei außermittigen AF-Feldern optimieren

Wenngleich die Mehrzahl der ambitionierten Fotografen mit dem zentralen Autofokusfeld arbeitet und den Vorteil des Kreuzsensors mit seiner höheren Messgenauigkeit nutzt, spielen die seitlichen AF-Felder in einigen Spezialfällen eine wichtige Rolle. Mit ihnen lassen sich vor allem im Nahbereich Unschärfen durch Verschwenkungen vermeiden, wie sie etwa bei Porträtaufnahmen mit geringer Schärfentiefe auftreten können. Schwierigkeiten können die seitlichen Autofokusfelder jedoch bereiten, wenn nicht die

Den Dynamikumfang beherrschen

Mehrfeldmessung, sondern eine der übrigen Mess-methoden gewählt wird.

Zwar wird die Mehrfeldmessung in vielen Fällen zu guten Ergebnissen führen, da bei ihr ja der Belich-tungswert der aktiven AF-Felder berücksichtigt wird, doch ist sie für sehr kontrastreiche Aufnahmesituatio-nen ungeeignet.

Hier kommt man um einen Kameraschwenk trotz Ein-satzes der seitlichen AF-Felder nicht herum. Der Licht-wert wird daher mit der Selektivmessung zunächst zentral angemessen, und anschließend wird die Ka-mera geschwenkt.

Um Unschärfen durch Verschwenkung zu vermeiden, nutzen Sie anschließend die seitlichen AF-Felder für die Schärfespeicherung. Ein Step-by-Step-Workshop zeigt, wie das funktioniert:

Step by Step: optimale Schärfe bei Kameraschwenks

Das Beispiel zeigt eine Singdrossel im Gegenlicht. Hier könnte man zwar auch mit einem Aufhellblitz arbeiten, allerdings sind damit eventuell Reichwei-tenprobleme und Rote-Augen-Effekte verbunden. Es wird daher die Selektivmessung eingesetzt und das Brustgefieder so angemessen, dass es hell genug wiedergegeben wird.

1 Kameraeinstellungen

Die Einstellungen sind identisch mit Step 1 im vorher-gehenden Workshop.

2 Das Motiv mittig erfassen

Erfassen Sie mit der zuvor eingestellten Selektivmes-sung das bildwichtigste Motivdetail im Bildzentrum. Drücken Sie den Auslöser zur Scharfstellung halb durch. Betätigen Sie zur Belichtungsspeicherung die

Sterntaste ✱ (alternativ kann auch die Schärfentie-fenprüftaste festgehalten werden). Stellen Sie erneut via halb durchgedrücktem Auslöser scharf.

▲ Im Sucher sehen Sie links auf der grünen LED-Konsole nach Betätigen der Sterntaste ebenfalls einen Stern. Er zeigt Ihnen an, dass Sie einen Belichtungswert gespeichert haben.

3 Das Motiv außermittig scharf stellen

Schwenken Sie die EOS 400D zur Seite, sodass ein seitliches AF-Feld das Motiv noch erfassen kann.

Wählen Sie über die AF-Messfeldwahltaste ⊞ das passende seitliche Autofokusfeld an. Stellen Sie über den halb durchgedrückten Auslöser scharf und lö-sen Sie aus.

Ergebnis

Die Singdrossel wird rechts hell genug wiedergegeben, während die Mehrfeldmessung auch bei einem außermittigen AF-Feld aufgrund des recht hohen Kontrastumfangs ein zu dunkles Ergebnis geliefert hätte (rechte Abbildung).

Ergebnis des Workflow | herkömmliches Ergebnis

ge erlischt. Mit ihr wird gleichzeitig der Messwert eliminiert (Sie sehen nach einem weiteren Antippen auf den Auslöser auch keinen Stern mehr auf der Konsole im Sucher).Noch schneller löschen Sie den Wert jedoch, wenn eine der Pfeiltasten gedrückt und gegebenenfalls anschließend der Auslöser angetriggert wird.

3.3 Hohe Lichtkontraste optimieren

Während sich im Makro- oder Telebereich die Szenerie dank des SLR-Prinzips direkt durch den Sucher gegebenenfalls unter Zuhilfenahme der Abblendtaste kontrollieren lässt, fehlt diese optische Hilfe beim Kontrastumfang. Bildergebnis und direkte Wahrnehmung klaffen jedoch in kontrastreichen Aufnahmesituationen häufig auseinander, und der Fotograf mag sich über Aufnahmen bei der Bildauswertung wundern, die vor Ort ganz anders ausgesehen haben.

Typisch hierfür sind Landschaftsaufnahmen, die durch blauen Himmel und grazile Wolkenfelder die Szenerie vervollständigen und von denen später die Aufnahme nichts als weiße, zeichnungslose Bereiche übrig lässt. Ebenfalls typisch sind nicht nur Low-Light-Situationen in der blauen Stunde, bei denen die ersten Lichter ausbrennen, sondern vom Problem der zu geringen Dynamikverarbeitung ist der Fotograf bereits an einem sonnigen Tag betroffen: Licht- und Schattenanteile überfordern hier schnell den Bildsensor.

Die rund acht Blendenstufen des CMOS sind in Gegenlichtsituationen oder bei strahlendem Sonnenschein mit realen Kontrastumfängen von teils weit über 15 Blendenstufen zu dürftig und stellen den Fotografen stets vor die Herausforderung, diese Diskrepanz im Hinterkopf zu berücksichtigen bzw. durch Kontrolle des Rückschaubildes auf dem kcamerainternen Monitor zur Kenntnis zu nehmen. Bevor wir auf die auch als **H**igh **D**ynamik **R**ange (HDR) bezeich-

▲ *Typisch bei Landschaftsaufnahmen: Linksseitig fehlt dem Himmel die Zeichnung, da der Kontrastumfang den Bildsensor überfordert, während rechts die Situation in Wirklichkeit erheblich reichhaltiger aussieht.*

neten Methoden zur Dynamikerweiterung eingehen, stellen wir Ihnen zwei Methoden zur Optimierung des Kontrasts vor, die sich ohne Belichtungsreihe realisieren lassen.

Die Lichtdynamik bei Landschaftsaufnahmen verbessern

Viele Fotografen fürchten Überstrahlungen und arbeiten daher generell mit einer Belichtung, die 1/3 bis zu einer ganzen Blendenstufe von der mittleren

Belichtungsskala nach unten abweicht. Diese pauschale Einstellung mag ihre Berechtigung haben; sie lässt sich jedoch verfeinern bzw. optimieren, indem die hellste Stelle im Motiv selektiv angemessen und die Belichtung darauf angepasst wird. Ein Workshop soll dies verdeutlichen:

1 Die Problemsituation erkennen

Falls Sie die Aufnahme z. B. mittels Mehrfeldbelichtungsmethode bei mittlerer Belichtungsstufe aufge-

▼ *Der Himmel ist besonders im Bereich der Sonne ausgefressen, sodass die Aufnahme optimiert werden sollte.*

überstrahlter Bereich

nommen haben, sollte das Bildergebnis unmittelbar auf dem internen Monitor kontrolliert werden. Verwenden Sie dazu nach dem Druck auf die Playtaste den DISP.-Button, um anhand des Histogramms bzw. durch die blinkende Überbelichtungswarnung die Problemstellen zu erkennen.

2 Selektivmessung und Belichtung einstellen

Stellen Sie die Messmethode über die linke Pfeiltaste auf der Kameraoberseite auf Selektivmessung ein ...

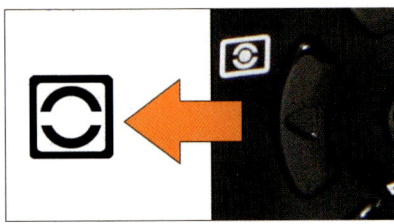

... und wählen Sie über die Tastenkombination Av Av☑ plus Hauptwahlrad — abhängig vom verwendeten Bildformat – entweder eine Belichtungsstufe (JPEG) oder zwei Belichtungsstufen (RAW) über dem mittleren Bereich.

Jpeg = +1

-2..1..0..1.:2

RAW = +2

-2..1..0..1.:2

Es mag vielleicht verwundern, dass hier eine Überbelichtung anstelle – wie dies oft Praxis ist – eine Unterbelichtung angewendet wird. Wir nutzen jedoch die hellste Stelle und messen sie via Selektivmessung an. Es handelt sich hier also nicht mehr um ein durchschnittlich durchmischtes Motiv, sondern um einen partiellen Bereich, der als Highlight eingegrenzt wurde. Die mittlere Belichtungsstufe geht zudem da-

von aus, dass der angemessene Bereich einem 18-%-Grauwert entspricht, was bei sehr hellen Motivbereichen regelmäßig unzutreffend ist, da sie häufig gegen Weiß tendieren. Wie im nächsten Workshop gezeigt wird, unterscheiden sich die gezielten „Überbelichtungen" in Abhängigkeit vom gewählten Bildformat. Gegenüber JPEG lässt sich beim RAW-Format mithilfe eines RAW-Konvertierungsprogramms noch eine Belichtungsstufe mehr herauskitzeln.

3 Kameraschwenk und Lichtwertspeicherung

Schwenken Sie Ihre EOS 400D auf die hellste Motivstelle, sodass sie das obere und untere AF-Feld einfasst. Drücken Sie anschließend die Sterntaste, um den Lichtwert zu speichern, oder halten Sie alternativ die Abblendtaste durchgedrückt fest und schwenken Sie danach die Kamera zur gefälligen Komposition wieder zurück.

▲ Der Messwert wird entweder über die Sterntaste oder alternativ mittels festgehaltener Schärfentiefenprüftaste gespeichert.

4 Ergebniskontrolle

Das Bildergebnis sollte nun erneut mittels des internen Kameramonitors in Verbindung mit dem DISP.-Button überprüft werden. Es werden zwar insbesondere bei Verwendung des RAW-Formats gegebenenfalls noch Überstrahlungen durch die blinkende Anzeige bzw. durch rechts im Histogramm anschlagende Tonwerte signalisiert, jedoch lassen sie sich mithilfe des RAW-Konverters zurückkorrigieren. Der große Vorteil der hier vorgestellten Methode ist im Vergleich zur pau-

optimierter Bereich

▲ Das Bildergebnis zeigt jetzt deutlich mehr Zeichnung im Himmel, vor allem nahe der Sonne. Wir haben den Bodenbereich nachträglich noch aufgehellt, da er ansonsten zu stark abgedunkelt würde.

schalen Belichtungsminuskorrektur nicht nur die Optimierung der Spitzlichter, sondern dass mit ihr auch die Tiefen angehoben werden.

Wenn wenig Zeit für die Bildkontrolle bleibt

Nicht immer bleibt ausreichend Zeit, um das Bildergebnis direkt nach der Aufnahme auf dem Kameramonitor auf zu hohe Kontraste hin zu überprüfen. Daher sind ein wenig Sehtraining und einige Faustregeln nützlich, um die Szenerie schnell bezüglich kritischer Aspekte richtig einschätzen zu können.

Generell gilt bei der Landschaftsfotografie: Ist die Sonne direkt oder indirekt durch Wolkenschichten hindurch zu sehen, muss mit Überstrahlungen gerechnet werden. Im Makro- bzw. Nahbereich sind weiße Blüten generell kritisch, setzen Sie auch hier die Selektivmessung ein!

Kontraste nachträglich optimieren

Nicht immer lassen sich alle Aspekte vor Ort selbst bei Einsatz der Digitaltechnik mit ihren erweiterten Kontroll- und Eingriffsmöglichkeiten beherrschen. Dies gilt insbesondere bei Bewegtmotiven oder wenn Licht- und Wetterverhältnisse spontan genutzt werden müssen, um die Aufnahme schnell einzufangen. Hier bleibt oft zu wenig Zeit, um Einstellungen für Messmethode, Messwertspeicherung, Belichtungskorrektur und gleichzeitig die Komposition zu optimieren oder gegebenenfalls die Aufnahme zu wiederholen. Mit Problemen bei kontrastreichen Motiven und Überstrahlungen oder zeichnungslosen Dunkelfeldern hat also jeder Fotograf früher oder später zu kämpfen, selbst wenn sie mit Kameramitteln weitgehend hätten eingedämmt werden können. Was also tun, wenn im Nachhinein noch möglichst viel aus der Aufnahme herausgeholt werden soll?

▲ *Aus den dunklen Schattenpartien und harten Überstrahlungen im Himmel sollen via Software die maximalen Informationen rekons-*
truiert werden. Die Aufnahme wurde im RAW-Format gemacht und zeigt die Original-Kameraeinstellungen.

In diesen Fällen muss die Software ran. Idealerweise sollte dazu die Aufnahme im 12-Bit-RAW-Format vorliegen, da Helligkeits- und Farbinformationen gegenüber den 8-Bit-JPEG-Aufnahmen besser ausdifferenziert werden können und nachträgliche Korrekturen dadurch begünstigt werden.

Wir zeigen dazu ein über mehrere Blendenstufen überstrahlten Himmel, der nicht selektiv angemessen wurde und bei dem nachträglich möglichst viel von den Wolkenstrukturen allein mit Softwaremitteln restauriert werden soll. Dabei soll gleichzeitig der Bodenbereich nicht abgedunkelt werden, sondern noch eine Spur mehr Zeichnung und Leuchtkraft erhalten.

Highlight-Recovering via RAW-Konverter
RAW-Konverter verfügen häufig standardmäßig über Slider, mit denen sich sowohl die Tiefen anheben als

auch die zeichnungslosen Spitzlichter nachkorrigieren lassen. Sowohl im der EOS 400D beiliegenden Programm Digital Photo Professional 2.2 als auch im ZoomBrowser EX fehlen jedoch die Schieberegler, um vereinfacht Highlights nachträglich zu reduzieren.

Vom Workflow angenehmer sind daher alternative RAW-Konverter wie Adobe Camera Raw, Bibble Pro, DxO oder Adobe Lightroom (der beliebte RAW Shooter ist leider nicht mehr zur EOS 400D kompatibel).

Wir zeigen nachfolgend die Ergebnisse, die sich mit den vier externen Konvertern sowie mit dem der EOS 400D im Lieferumfang enthaltenen Digital Photo Professional erzielen lassen:

Den Dynamikumfang beherrschen

 **Adobe Lightroom**

Mit Adobe Lightroom Vers. 1.0 und den Korrekturen für Lichter und Tiefen rekonstruieren wir viele Details im Himmel, und auch im Bodenbereich lässt sich recht schnell die erwünschte Wirkung erzielen. Ein sehr befriedigendes Ergebnis, das sich mit wenigen Handgriffen realisieren lässt!

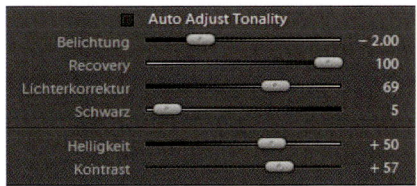

▲ *Die recht drastische Korrektur der Belichtung um –2 Stufen und 100 % Recovery wird bei Lightroom durch die Lichterkorrektur (Anhebung der Tiefen) ausgeglichen.*

 **DxO Optics Pro**

Mit DxO Optics Pro 4.0 erzielen wir im Himmel nicht ganz die Zeichnung von Lightroom, wenngleich das Recovering Wirkung zeigt und mehr Details als im Original hervorbringt. Gegenüber der automatischen Batchkonvertierung lässt sich mit den Reglern für das Highlight-Recovering und einer Anhebung der Tiefen im DxO Lighting-Modul noch deutlich mehr herausholen.

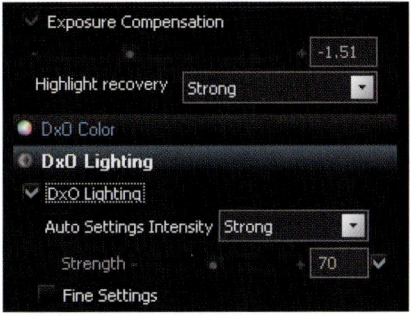

▲ *Durch den Regler für das Highlight recovery auf Strong lässt sich im Himmel mehr Zeichnung hervorholen. Die Tiefen werden dann im Lighting-Modul angehoben.*

 **Bibble Pro**

Bibble Pro V4.9 holt aus den überstrahlten Wolken von allen Konvertern die meiste Zeichnung heraus. Allerdings sind leichte Farbartefakte in einigen kleineren Wolkenfeldern der Tribut, wenn wie hier recht drastisch operiert wird. Bibble optimiert sein Highlight-Recovering durch Farbinterpolation aus den Nachbarbereichen, und dies kann solche Artefakte erzeugen.

▲ Nach der Korrektur der allgemeinen Belichtung um –1,43 Stufen und dem 100-%-Recovering mit Highlights restaurieren werden in Bibble die Tiefen über Fülllicht etwas angehoben.

▲ Auch hier wurde die allgemeine Belichtung (Exposure) reduziert, und die Tiefen wurden über Brightness angehoben. Beim Kontrast muss man – wie in allen Konvertern – den Kompromiss eingehen und ein etwas weicheres Bild in Kauf nehmen oder tiefere Schatten und Begrenzung der Spitzlichter akzeptieren.

ACR Adobe Photoshop CS2 **Adobe Camera Raw**

Adobes Camera Raw ist ein kostenloses Add-on für Photoshop CS2, das ab Version 3.6 auch die EOS 400D erkennt (Download unter *http://www.adobe. com/support/downloads/detail.jsp?ftpID=3536*).

Die Überstrahlungen in Sonnennähe lassen sich gut zurückdrehen, und auch die Bodenebene wird vernünftig aufgehellt. Alles in allem eine ausgewogene Leistung von ACR.

Canon Digital Photo Professional

Canons Digital Photo Professional 2.2 fehlt nach wie vor ein Slider, um Spitzlichter abzusenken. Das Tonmapping muss daher in der Gradationskurve (Register *RGB*) manuell vorgenommen werden.

Hier gelang es nicht überzeugend, die Überstrahlungen am Horizont ausreichend stark abzusenken. Unterm Strich ließen sich dennoch zusätzliche Informationen im Bild sichtbar machen, wenngleich der Komfort von Canons kostenloser Softwarezugabe bei dieser Aufgabenstellung nicht besonders hoch liegt.

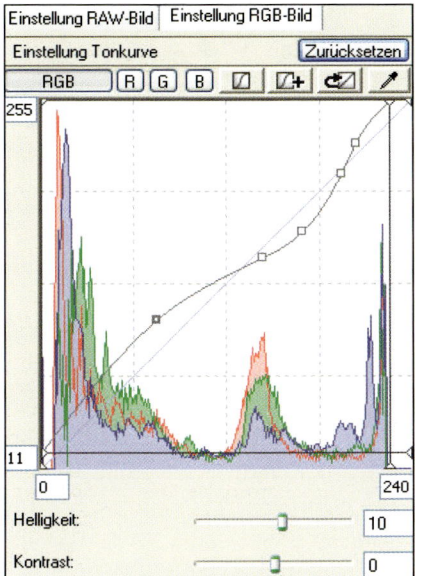

Die Gradationskurve musste bei Canons Digital Photo Professional herhalten, um Spitzlichter abzusenken und die Tiefen anzuheben. Dazu gehören Feingefühl und einige Versuche nach der Trial & Error-Methode.

Zum Vergleich soll noch die Photoshop CS2-Funktion *Tiefen/Lichter* anhand eines mit Presetwerten konvertierten JPEGs zeigen, wie viel Leistung mit ihr am 8-Bit-Bild realisiert werden kann.

Tiefen/Lichter
Adobe **Photoshop** cs2 **Tiefen/Lichter – Photoshop CS2**

Die geringste Wirkung zeigt die ansonsten jedoch sehr wirksame Photoshop-Funktion *Tiefen/Lichter* am JPEG-Bild. Eine Blendenstufe weniger Dynamik gegenüber der RAW-Bilddatei kann sie nicht kompensieren. Zudem sind im voll aufgelösten Bild Tonwertsprünge im Farbverlauf des Himmels enthalten. Dennoch, gegenüber dem Original ließen sich mehr Details sichtbar machen, sodass die Funktion sinnvoll ist.

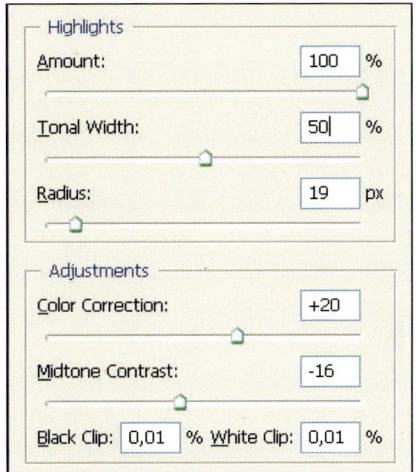

Der Slider für die Highlights wurde bis zum Anschlag gezogen. Um Fehlfarben zu vermeiden, bietet sich regelmäßig die Justierung der unteren Regler zur Farbkorrektur bzw. auch beim Mitten-Kontrast.

> **Weitere Infos zu den RAW-Konvertern**
> Sie finden in Kapitel 8.2 weitere Hinweise sowie einen Überblick über die Vor- und Nachteile verschiedener RAW-Konverter!

Optimierung durch überlagerte Aufnahmen

Ähnlich wie zwei Augen mehr als eines sehen können, gilt auch in der Fotografie: Zwei oder mehrere Aufnahmen verfügen über ein höheres Potenzial als eine einzige. So ist es kein Wunder, dass sich durch Kombination mehrerer Aufnahmen verschiedene Spezialbereiche in der Digitalfotografie etabliert haben. Beispielsweise Panorama- oder dreidimensionale Stereoaufnahmen basieren auf dieser Möglichkeit. Natürlich lassen sich mit der Methode auch Dynamikumfang und problematische Kontraste besser in den Griff bekommen. Die weiter unten im Detail besprochenen Techniken wie DRI (**D**ynamic **R**ange **I**ncrease) und HDR (**H**igh **D**ynamik **R**ange) nutzen dazu die Funktionalität der Softwaresuiten aus, um Spitzlichter oder zeichnungslose Tiefen noch störungsfrei in den sichtbaren Bereich zu befördern.

Doch bevor wir uns diesem Bereich widmen, besprechen wir die nächstliegende und simpelste Möglichkeit, um zwei Aufnahmen miteinander zu kombinieren. Dafür ist allerdings ein Bildbearbeitungsprogramm notwendig, das idealerweise mit Ebenenmaskierungen arbeitet, wie es z. B. die aktuellen Versionen von Corel PHOTO-PAINT, Ulead PhotoImpact oder auch die Freeware Gimp beherrschen.

Wir besprechen die Technik – neben den notwendigen EOS 400D-Kameraeinstellungen – schrittweise anhand des Platzhirsches Adobe Photoshop CS2.

Das Motiv zweifach aufnehmen

Wichtige Voraussetzung für die Kombination zweier Aufnahmen ist ein weitgehend statisches Motiv und der Stativeinsatz. Wichtig deshalb, damit durch bewegte Motive die Inhalte nicht zueinander verschoben oder überdeckt werden und Sie bei der Softwarenachbearbeitung vor unlösbaren Problemen stehen.

Das Stativ dient der exakt gleichen Ausschnittsbestimmung. Am besten verwenden Sie ergänzend einen Fernauslöser, damit Ihre EOS 400D nicht versehentlich durch Berührung z. B. beim manuellen Auslösen in ihrer fixen Position verändert wird.

Bevor Sie Ihre Kamera fest auf das Motiv einstellen, sollten Sie die Belichtungszeiten überprüfen und vormerken. Das funktioniert am besten über die Schwenktechnik in Verbindung mit dem zentralen AF-Feld. Schwenken Sie zunächst auf den hellsten Bereich unter Verwendung der Selektivbelichtungsmessmethode im Programm Av.

Wählen Sie via Hauptwahlrad ⬤ und dem festgehaltenen Av-Button Av⊞ eine (JPEG) oder zwei (RAW) Stufen über der mittleren Belichtungsstufe (zur Erinnerung: die hellste Stelle liegt regelmäßig über dem durchschnittlichen 18-%-Grauwert und würde sonst zu dunkel angemessen werden) und verfahren Sie gleichermaßen mit den dunkleren Motivbereichen.

Auch hier empfiehlt sich analog eine Unterbelichtung um eine Stufe, da eine Abweichung vom mittleren Grauwert auch für den dunklen Motivbereich bei der Selektivmessung nachkorrigiert werden sollte. Merken Sie sich beide angemessenen Zeiten, stellen Sie die EOS 400D vom Av-Programm auf das Programm M um und positionieren Sie die Kamera auf den gewünschten Ausschnitt.

Die jeweils vorgemerkte Zeit (und Blendenzahl) wird nacheinander im Programm M eingestellt, und die Kamera wird ausgelöst.

> **Die Belichtungsreihe optimieren**
> Nutzen Sie die Schwenktechnik in Verbindung mit dem zentralen AF-Feld (die Sucherfeldabdeckung und die Kontrasterkennung der seitlichen AF-Felder sind nicht immer optimal).
> Wählen Sie das Programm Av und messen Sie die hellste und dunkelste Stelle im Motiv an.
> Merken Sie sich die beiden angemessenen Zeiten (und die Blendenzahl) und stellen Sie die Kamera auf den endgültigen Ausschnitt ein.
> Übertragen Sie Zeiten und Blende ins Programm M und lösen Sie die EOS 400D jeweils aus.

Alternativ zur vorgestellten Technik können Sie auch eine Belichtungsreihe mit z. B. einer Stufe Über- und Unterbelichtung via Kameramenü (zweites Register, Funktion *AEB*) durchführen – Sie erreichen dabei aber kaum die Genauigkeit dieser Methode.

▲ *Erstaufnahme des kontrastreichen Motivs: Die angemessene Zeit für den Fensterbereich wird im Programm M ausgelöst.*

▲ *Zweite Aufnahme: Die für den dunkleren Bereich im Zimmer ermittelte Zeit wird ausgelöst (der digitale Bilderrahmen wurde angemessen), dabei überstrahlt der sonnenbeschienene Außenbereich.*

Die Aufnahmen überlagern

Öffnen Sie beide Bilder in Photoshop und kopieren Sie ([Strg]+[A] und [Strg]+[C]) die helle Aufnahme als neue Ebene über das dunkle Bild ([Strg]+[V]).

Fügen Sie über die *Ebenen*-Palette für die eingefügte Ebene eine Maske ein.

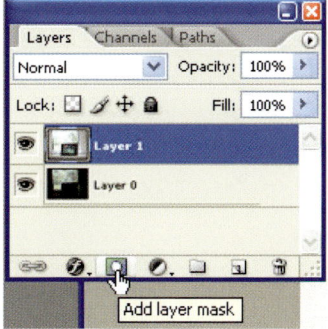

Wählen Sie anschließend den Pinsel (B) und malen Sie mit schwarzer Farbe den Fensterbereich sorgfältig aus. Die Maske ist normalerweise vorgewählt, sodass Sie nicht das eigentliche Bild einschwärzen, sondern nur die mit ihr verknüpfte Maske.

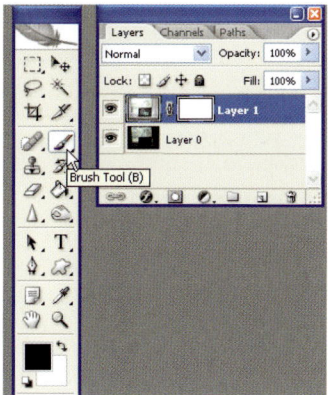

Feinabstimmung

Haben Sie versehentlich über den Rand gemalt, können Sie den Schritt mit weißer Farbe ganz simpel rückgängig machen. Dies ist u. a. ein großer Vorteil der Maskierung gegenüber alternativen Methoden.

Da hier ein recht einfacher geometrischer Bereich maskiert wird, kann auch das Zeichenstiftwerkzeug (P) verwendet und – nachdem der Bereich geschlossen und via [Strg]+[Enter] eine Auswahl erstellt wurde – mittels der Füllmethode und schwarzer Farbe ausgefüllt werden.

▲ Vorder- und Hintergrund wurden hier durch zwei überlagerte Aufnahmen im Kontrast optimiert. Die Arbeit zeigt in etwa – im Rahmen der Kompression – den realen optischen Eindruck.

Mehr Dynamik mit HDR und DRI

Nicht nur der Bildsensor hat Schwierigkeiten, bei hohen Kontrastumfängen überstrahlungsfrei abzubilden. Gleichermaßen im Boot sitzen die Wiedergabemedien wie Monitore oder Drucker. Wäre beispielsweise der 400D-CMOS-Sensor einer Gegenlichtsituation mit einem durchaus realistischen Kontrastumfang von 13 bis 15 Blendenstufen gewachsen und könnte die daraus resultierenden Daten verlustfrei verarbeiten, müssen dennoch die derzeit verfügbaren Ausgabemedien passen und den Dynamikbereich beschneiden. Gängige TFT-Monitore oder auch Beamer variieren laut Herstellerangaben und je nach Qualitätsstufe im Kontrastwiedergabevermögen von 350:1 bis 1000:1. Diese Verhältniszahlen lassen sich in den für Fotografen leichter zu handhabenden Wert der Blendenstufen durch Logarithmierung (bezogen

auf die Basis 2) umrechnen und entsprechen einem Kontrastumfang von rund 8,5 bis 10 Blendenstufen (Printmedien liegen mit 4 bis 5 Blendenstufen noch weiter darunter). Bildinformationen, die sich also im Bereich oberhalb der 10. Blendenstufe befinden, werden schlichtweg durch die Wiedergabemedien abgeschnitten und weisen die typische zeichnungslose weiße Fläche auf.

> **Begriffserläuterung Kontrastumfang**
> Unter dem Kontrast- oder auch Dynamikumfang wird das Verhältnis der Leuchtdichten zwischen der dunkelsten und der hellsten Motivstelle verstanden. Es ist vom Reflexionsvermögen des Materials und dem Beleuchtungsverhältnis der Szenerie abhängig.

Zwar bewegt sich auch die EOS 400D – zumindest theoretisch – mit etwa 9 Blendenstufen Kontrastwiedergabe innerhalb der Bandbreite elektronischer Ausgabemedien, jedoch lässt sich der Dynamikumfang additiv durch mehrere Aufnahmen erweitern und die im fiktiven Gegenlichtbeispiel angenommene Dynamik von 13 bis 15 Blendenstufen rechnerisch locker erreichen. Hierfür würden beispielsweise schon zwei Aufnahmen reichen, da 2 x 9 Blendenstufen einen Dynamikumfang von 18 Blendenstufen abdecken.

Den Kontrastumfang mit der Kamera selbst ermitteln

Der Kontrastumfang in Blendenstufen lässt sich leicht mithilfe der Kamera ermitteln, indem jeweils die hellste und die dunkelste Stelle mit der Selektivmessung angemessen wird. Verwenden Sie hierzu das Programm Av und achten Sie auf die automatisch ermittelte Zeitangabe im Display jeweils für die hellste und die dunkelste Motivstelle. Aus der Differenz beider Werte lässt sich der Dynamikumfang errechnen.

Nützlich ist dies für die Entscheidung, ob bei der Aufnahmesituation mit Überstrahlungen zu rechnen ist bzw. ob gegebenenfalls eine Belichtungsreihe erforderlich wird. So lassen sich – alternativ zur Verwendung des Histogramms bzw. der Überbelichtungswarnung auf dem Kameramonitor – schon vor der Aufnahme relevante Erkenntnisse zum Kontrastumfang gewinnen. Einen Kurzworkshop dazu finden Sie weiter unten.

Ebendieser Technik bedient man sich auch beim so genannten HDR (**H**igh **D**ynamik **R**ange), bei dem mehrere Aufnahmen additiv miteinander kombiniert werden und mittels 32-Bit-Datenvolumen ausreichend Ressourcen bereitgestellt werden, um die erweiterte Bandbreite an Tonwertinformationen unterzubringen. Photoshop bietet beispielsweise hierfür seit der Version 9 (CS2) ein Automatisierungsmodul, mit dem sich Aufnahmen einer Belichtungsreihe im 32-Bit-Format zu einer HDR-Aufnahme addieren lassen. Analog dazu, dass wir Radiowellen nicht direkt wahrnehmen, sondern erst wenn wir einen Transformator in Form eines Radios verwenden, bedient man die für den oberen und unteren Dynamikumfang blinden Ausgabemedien mithilfe des so genannten Tonmappings.

Dabei werden die zunächst unsichtbaren Daten komprimiert und in den Dynamikbereich gehoben, mit dem die derzeitigen Ausgabemedien umzugehen verstehen. Aus den 32-Bit-Dateien kann man z. B. 8-Bit-JPEG-Dateien mit 8 Blendenstufen Dynamikumfang generieren und erzielt damit in der Regel die uneingeschränkte Darstellungsmöglichkeit auf aktuellen Computermonitoren.

DRI oder HDR?

DRI (**D**ynamik **R**ange **I**ncrease) bezeichnet die Technik, bei der die Bilddaten einer Belichtungsreihe mithilfe der Software in den sichtbaren Bereich befördert werden. Es ist sozusagen der anwendergesteuerte Tonmapping-Prozess und hat weniger mit einem erweiterten Datenformat wie beim HDR zu tun. HDR (**H**igh **D**ynamik **R**ange) bezeichnet eine Aufnahme, die über einen Dynamikumfang verfügt, der in Teilbereichen für derzeitige Ausgabemedien unsichtbar ist. Sie wird z. B. von Photoshop mit 32 Bit unterstützt. Erst bei der Konvertierung nach 16 oder 8 Bit werden die zunächst unsichtbaren Informationen durch Kompression in den sichtbaren Dynamikbereich gehoben und erkennbar.

Die Kompression sorgt beim Tonmapping für eine höhere Informationsdichte im konvertierten Bild; nicht nur in die vormals überstrahlten Highlights lässt sich wieder Zeichnung hineinrechnen, sondern auch die detailarmen Dunkelbereiche werden wieder mit Informationen aufgefüllt.

Die Aufnahmen werden zwar beim Konvertieren ihres realen Dynamikumfangs beraubt, jedoch kann der Anwender selbst entscheiden, welche Bereiche letztlich sichtbar gemacht werden sollen. Ähnliches gilt ja bereits für Aufnahmen im 12-Bit-RAW-Format, bei denen der Anwender im Konverter deutlich mehr Spielraum für die finale Ausgabe zur Verfügung hat, als es das bereits komprimierte JPEG-Format mit seinen 8 Bit bietet.

Um die Theorie mit Leben zu füllen, stellen wir die Technik zu HDR und DRI nachfolgend in Workshops dar und weisen auf alternative Softwarelösungen hin.

Doch zunächst soll im Rahmen eines Kurzworkshop die Frage mit Kameramitteln geklärt werden, ob überhaupt ein hochkontrastreiches Motiv vorliegt, an dem eine Belichtungsreihe durchgeführt werden sollte.

Den Kontrastumfang überprüfen

Wählen Sie die Spotbelichtungsmessung ⊡ über die linke Pfeiltaste an der 400D.

Schalten Sie am Programmwahlrad ⊙- auf das Programm Av und stellen Sie die Offenblende (kleinstmögliche Blendenzahl) ein.

Schwenken Sie mit dem mittleren AF-Feld auf die hellste Stelle im Motiv und kontrollieren Sie die Zeit auf dem Display. Sollte die Zeit blinken, erhöhen Sie entweder die Blendenzahl oder reduzieren den ISO-Wert. Idealerweise sehen Sie einen Zeitwert von 4000 (= 1/4000 Sekunde) im Display. Merken Sie sich den Zeitwert.

Zielen Sie – ohne irgendwelche Änderungen an den Einstellungen vorzunehmen – mit dem mittleren AF-Feld auf die dunkelste Stelle im Motiv. Merken Sie sich den nächsten Zeitwert.

Dividieren Sie den Zeitwert für die hellste Stelle (also z. B. 4000) jeweils durch zwei, bis Sie in etwa den Wert für die dunkelste Motivstelle erreichen (die Normierung der Blenden- bzw. Zeitreihe arbeitet mit Rundungen, sodass die Division nicht ganz exakt den Wert erreichen mag). Die Anzahl der Divisionen ergibt den Dynamikumfang. Als Faustregel gilt: Liegt er über 3 Blenden- bzw. Zeitstufen, empfiehlt sich eine Belichtungsreihe mit anschließender Fusion z. B. via HDR oder DRI.

HDR mit Photoshop

Die HDR-Automatisierungsfunktion von Photoshop CS2 erfordert ein wenig Einarbeitungszeit, um mit ihr zufriedenstellende Ergebnisse aus einer Belichtungsreihe zu generieren. Dabei sind zwei Punkte entscheidend: Der Weißpunkt muss in Photoshop korrekt gesetzt und das 32-Bit-Format sollte feinfühlig mithilfe des Tonmappings auf 16 oder 8 Bit herunterkonvertiert werden. Wichtig ist natürlich auch das Ausgangsmaterial, bei dem zwischen den jeweiligen Aufnahmen keine höhere Belichtungsdifferenz als 3 Blendenstufen liegen sollte (andernfalls kommt es zu Tonwertsprüngen bzw. unrealistisch wirkenden Bildbereichen).

Die Aufnahmesituation erfassen

Die Nachtaufnahme vom Hamburger Planetarium ist in Teilbereichen – etwa oben im Emblem über der Bezeichnung bzw. unten auf den vier Säulen – überstrahlt.

Es wird daher eine Belichtungsreihe erforderlich. Zunächst wird mit der Selektivmessung (Sucherzentrum auf den hellsten Teil, den Säulenansatz) und mit zwei Stufen Überbelichtung im Programm Av angemessen. Die ermittelte Zeit lesen Sie vom Display ab und merken sie sich. Für die zweite Aufnahme schwenken Sie auf einen weniger beleuchteten Teil, belichten 2 Stufen unter (über die Av-Taste in Verbindung mit dem Hauptwahlrad) und merken sich diese zweite Belichtungszeit ebenfalls.

▲ Die Aufnahme enthält einige Überstrahlungen, daher empfiehlt sich eine HDR-Konvertierung.

Schwenken Sie auf das Motiv zurück, sodass es gut komponiert wird. Jetzt wird am Moduswahl das

Programm M gewählt und mit beiden Zeiten ausgelöst.

Das Stativ einsetzen
Verwenden Sie bei Belichtungsreihen stets ein Stativ, denn sämtliche Aufnahmen müssen denselben Ausschnitt (und die gleiche Schärfeebene) haben, ansonsten lassen sie sich später nicht mehr überlagern.

Abhängig vom Kontrastumfang empfehlen sich auch mehrere Aufnahmen, z. B. drei bis vier, damit später bei der HDR-Konvertierung keine Tonwertsprünge entstehen bzw. das fusionierte Motiv nicht unnatürlich wirkt. Für dieses Bild nutzten wir zwei Aufnahmen, wenngleich eine höhere Anzahl noch mehr Details hätte zeigen können.

Den Weißpunkt in Photoshop setzen

Die beiden Aufnahmen werden in Photoshop geöffnet und die Automatisierungsfunktion über den Menüpunkt *Datei/Automatisieren/Zu HDR zusammenfügen* gestartet.

Sie können im nun folgenden Dateidialog unten links das Kästchen *Quellbilder nach Möglichkeit automatisch ausrichten* aktivieren, um damit gegebenenfalls nicht ganz exakt positionierte Einzelaufnahmen aufeinander abzustimmen. Erfahrungsgemäß funktioniert dies aber eher schlecht als recht (und zeigt erneut, dass ein exakter Aufnahmeaufbau inklusive Stativ Voraussetzung für den Arbeitserfolg ist).

Setzen Sie im nachfolgenden Dialogfenster den Weißpunkt ganz nach rechts außen. Hier befinden sich im Histogramm die hellsten Bildtöne, die in aller Regel weiß sind.

Tonmapping anpassen

Um die Aufnahme ins 16- oder auch 8-Bit-Datenformat zu konvertieren, können Sie entweder direkt über dem Histogramm zum Setzen des Weißpunkts die Bit-

Sources:

EV +3

EV 0

Merge to HDR (33,3%)

Merged Result:

OK

Cancel

Bit Depth: 32 Bit/Channel

Set White Point Preview:

PLANETARIUM

33,3%

der Weisspunkt wird nach ganz rechts gezogen

▲ Nachdem die Aufnahmen in der Funktion Zu HDR zusammenfügen geladen wurden, empfiehlt es sich, den Weißpunkt ans äußerste rechte Ende zu ziehen.

Tiefe entsprechend verringern oder dies auch später nachträglich im Menü über *Bild/Modus* nachholen. In beiden Fällen öffnet sich das Dialogfeld *HDR Konvertierung*, in dem die Kompression in den sichtbaren Bereich erfolgt. Falls Sie die Aufnahme im 32-Bit-Format belassen, wird die Anzeige beschränkt dargestellt, da der Monitor den Kontrastumfang schlichtweg nicht darstellen kann.

Bewährt hat sich die Dialogfeldeinstellung *lokale Anpassung* mit dem unten einzublendenden Histogramm. Ziehen Sie hier mit der Maus das linke Kästchen bis zum Beginn des linken „Gebirges", um den Tonwertbereich zu optimieren. Auf Wunsch lassen sich weitere Anfasser durch Mausklick auf die Kurve generieren, und durch entsprechendes Ziehen nach unten lässt sich der Kontrast noch etwas optimieren. Alternativ kann auch die Methode zur Highlight-Kompression in manchen Fällen spontan brauchbare Ergebnisse erzielen.

◄ Das Ergebnis der HDR-Operation zeigt deutlich weniger Überstrahlungen und wirkt von der Belichtung ausgewogener als die Einzelaufnahmen.

Kontrastoptimierung mit DRI

Mit DRI (**D**ynamik **R**ange **I**ncrease) lassen sich ähnliche Ergebnisse wie mit HDR erzielen. Bevor Photoshop von Haus aus ab CS2 die HDR-Automatik implementierte, gehörte DRI zur Standardmethode für Kontrastoptimierungen. Etwas mühsamer ist DRI jedoch vor allem dann, wenn eine ganze Anzahl von Aufnahmen miteinander fusioniert werden sollen.

Wir wählen als Beispiel eine Strandszene mit Sandskulptur, die aufgrund der Gegenlichtsituation einen hohen Kontrastumfang aufweist. Das Endergebnis soll sowohl die Skulptur als auch den Sonnenuntergang plastisch zeigen. Eigentlich eine klassische Gegenlichtaufnahme, die den Blitzlichteinsatz herausfordert – hier soll jedoch das natürliche Licht via Belichtungsreihe zum Zuge kommen (beachten Sie jedoch den Infokasten!).

▲ *Die Selektivmessung auf die Sonne sorgt dafür, dass diese erste Aufnahme überstrahlungsfreie Bereiche speichert. Die Skulptur wird dabei natürlich zu dunkel wiedergegeben.*

Die Belichtungszeit wird jetzt um 3 Belichtungsstufen erhöht (also 9 Rasterpositionen nach rechts auf dem gezahnten Einstellrad einstellen) und erneut vom Stativ ausgelöst.

> **Streulichtprobleme bei Gegenlichtsituationen**
>
> In Gegenlichtsituationen sollte in der Regel das Blitzlicht eingesetzt werden. Das Motiv lässt sich zwar selektiv anmessen und damit ausreichend aufhellen, doch greift das Streulicht der dann überstrahlten Umgebung um sich und reduziert den Kontrast. Um die Aufnahme zu retten, ist einige manuelle Nacharbeit mit der Software notwendig.
>
> In klassischen DRI-Anwendungen beispielsweise in der blauen Stunde tritt dieses Problem weniger auf, da die künstlichen Lichter in der Regel weniger Power als die Sonne besitzen.

Das Motiv als Belichtungsreihe aufnehmen

Zunächst wird via Selektivmessung auf die Sonne im Programm Av unter Berücksichtigung von +2 Belichtungsstufen angemessen (+2 deshalb, da die Lichter deutlich über dem mittleren Grauwert liegen), um dann ins Programm M zu wechseln und Zeit und Blende zu übertragen.

▲ *Durch die zweite Aufnahme ist die Skulptur jetzt besser belichtet, während Wolkenfelder und Sonne jedoch überstrahlen.*

Die Aufnahmen als Ebenen überlagern

Beide Aufnahmen werden in Photoshop geladen, und über das dunklere Bild wird das länger belichtete, hellere Bild als neue Ebene eingefügt. Dies wird

z. B. über die Tastenkombination [Strg]+[A] (alles markieren) und [Strg]+[C] (in die Zwischenablage kopieren) sowie – nach Auswahl des dunkleren Bildes – über [Strg]+[V] (einfügen) bewerkstelligt.

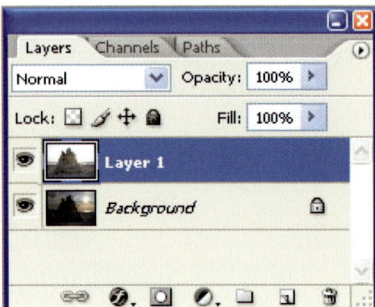

▲ Die hellere Aufnahme wird als neue Ebene eingefügt und ausgewählt.

Die Lichter selektieren

Mit der Taste [M] wird das Auswahlwerkzeug vorgewählt und mittels rechter Maustaste der Dialog *Farbbereich auswählen* geöffnet. Hier können Sie über das Auswahlfeld entweder mit *Lichter* oder auch *Aufgenommene Farben* operieren. Wir nutzen die erste Möglichkeit, um anschließend mittels Pipette die Lichter auszuwählen. Ein Radius von 140 Pixeln wählt in diesem Fall die hellen Bildpartien recht zielsicher aus. Schließen Sie den Dialog über *OK*.

Anschließend wird die Auswahl über den Befehl *Weiche Auswahlkante* geglättet. Dafür wählen wir mit der rechten Maustaste den Befehl aus und setzen einen Radius von 50 Pixeln. Der Radius für das Weichzeichnen der Auswahlkante ist vom Größenformat der Aufnahme abhängig und sollte individuell angepasst werden.

Alternativ zur weichen Auswahlkante lässt sich auch später der Gaußsche Weichzeichner auf die Ebenenmaske anwenden. Durch die direkte Vorschau kann das Weichzeichnungsergebnis dann gegebenenfalls besser beurteilt werden.

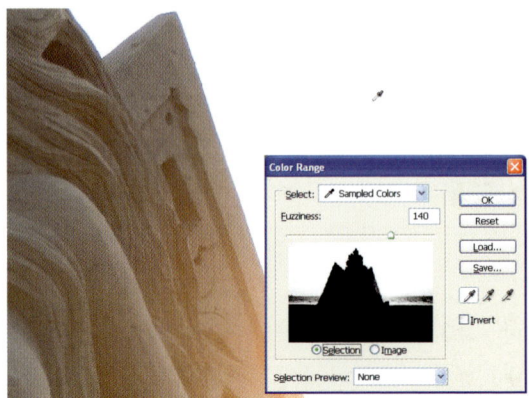

▲ Im Dialog Farbbereiche auswählen werden mittels Pipette die hellen Bildbereiche selektiert.

Ebenenmaske einfügen

Die erzeugte Auswahl wird jetzt mittels [Strg]+[Umschalt]+[I] invertiert, und in der *Ebenen*-Palette wird das Symbol für die Ebenenmaske angeklickt. Dadurch wird die Auswahl transparent, und der korrekt belichtete Hauseingangsbereich der darunterliegenden Ebene wird sichtbar.

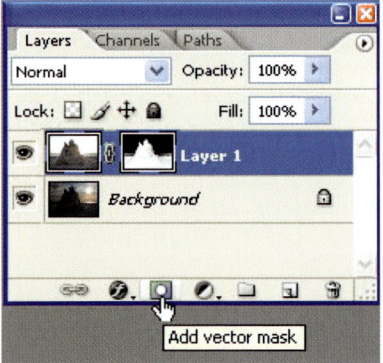

▲ Über das zweite Symbol von links im unteren Bereich der Ebenen-Palette wird eine Maske aus der Auswahl erzeugt.

Feintuning

Falls Sie am Bildergebnis noch Optimierungen, z. B. über die Funktion *Tiefen/Lichter* oder die Gradationskurve ([Strg]+[M]), oder gegebenenfalls Begradigungen von stürzenden Linien über den Filter

▲ *Die Sandskulptur des russischen Carving-Künstlers Pavel Zadnouk zeigt im DRI-Ergebnis auswogenere Kontraste als die beiden Einzelaufnahmen. Sowohl Skulptur als auch Sonnenuntergang wurden erfolgreich fusioniert. Um das Streulicht auf der Skulptur abzusenken, war allerdings noch etwas selektive Feinarbeit notwendig.*

Linsen-Korrekturen vornehmen möchten, sollte das Bildergebnis als separate Ebene eingefügt werden.

Alternativen zu Photoshop

Mithilfe des eigenständigen Programms Noise-Remove lassen sich ähnliche Ergebnisse erzielen wie mit der DRI-/HDR-Technik unter Photoshop. Das Programm ist Freeware und steht zum Download unter *http://www.stoske.de/digicam/Programme/noiseremove.html* bereit. Eine andere Alternative ist das kostenpflichtige Programm FixFoto, mit dem sich mindestens zwei Aufnahmen einer Belichtungsreihe kombinieren lassen und sich dadurch der Kontrast optimieren lässt: *http://www.j-k-s.com/*.

Dafür wählen Sie über die Tastenkombination Strg+A alles aus und kopieren inklusive der durchscheinenden Bildinformationen über die Tastenkombination Strg+Umschalt+C den Inhalt in die Zwischenablage. Dieser wird über Strg+V in einer neuen Ebene eingefügt und steht damit für weitere Optimierungen bereit.

Ohne diesen Step würden sich sonst nachfolgende Bearbeitungsschritte nur auf die obere Bildebene auswirken und ließen die durchscheinenden Inhalte unberücksichtigt.

Maximale Information durch Belichtungsreihensimulation

Haben Sie es mit Bewegtmotiven zu tun oder schlicht versäumt, eine Belichtungsreihe durchzuführen, können Überstrahlungen eine vielleicht unwiederbringliche Aufnahme wertlos machen. Es heißt also, das Maximum aus der RAW-Datei nachträglich herauszukitzeln.

Erste Anlaufstation sind dafür die Regler zum Highlight-Recovering, falls Ihr RAW-Konverter dieses anbietet. Canon Digital Professional unterstützt den User diesbezüglich leider nicht, daher lassen sich Konverter wie beispielsweise Adobe Lightroom komfortabler für das Highlight-Recovering einsetzen.

Den Reglern für das Highlight-Recovering sind jedoch Grenzen gesteckt. Wird dagegen die globale Belichtung herabgesetzt, zeigt sich in den vermeintlich überstrahlten Bereichen oft doch noch eine Restinformation, die sich aber schwer verwerten lässt, da der Regler linear auf die Gesamtdatei wirkt und übrige Bereiche zu stark abdunkelt.

Falls Sie Adobe Lightroom einsetzen, können Sie nachfolgende Technik getrost vergessen, denn dort konnten wir die Belichtung so gut allein mit den Reglern anpassen, dass sich ein Export einzelner Aufnahmen erübrigte.

Falls Sie mit der Gradationskurve und den Griffpunkten umzugehen verstehen, erübrigen sich ebenfalls die nachfolgenden Schritte.

Andernfalls jedoch bietet die Technik aufgrund ihrer Transparenz eine gute Hilfe, die wir anhand von Digital Photo Professional demonstrieren.

Datei in Digital Photo Professional öffnen

Diese RAW-Aufnahme von den Tafelbergen Venezuelas wirkt nicht nur flau, sondern zeigt im Wolkenbereich starke Überstrahlungen. Sie wird mit dem im Lieferumfang enthaltenen Digital Photo Professional im Bearbeitungsfenster geöffnet (per Klick in der Thumbnail-Übersicht auf den ganz linken Button).

Die Helligkeit reduzieren

Der Regler *Einstellung Helligkeit* wird bis zum linken Anschlag gezogen. Dadurch werden die Wolkenstrukturen etwas besser differenziert, der Vordergrund wird jedoch komplett abgedunkelt.

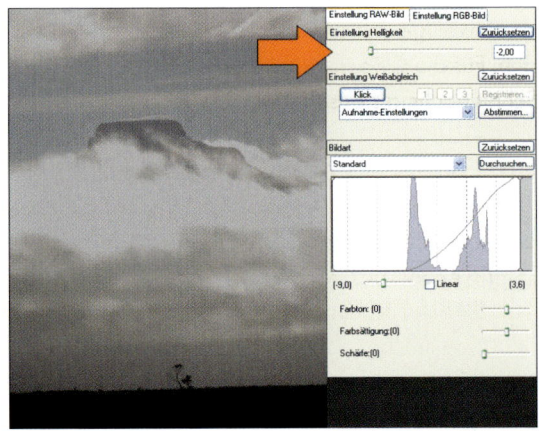

Den Kontrast erhöhen

Der Slider *Kontrast* im Register *Bearbeitung RGB-Bild* wird so weit nach rechts gezogen, bis die Bildwirkung gefällt. Dadurch werden zwar wieder ein paar Tonwertbeschneidungen in den Höhen und Tiefen hinzugefügt, in diesem Bildbeispiel ist die Gesamtwirkung jedoch vorteilhaft.

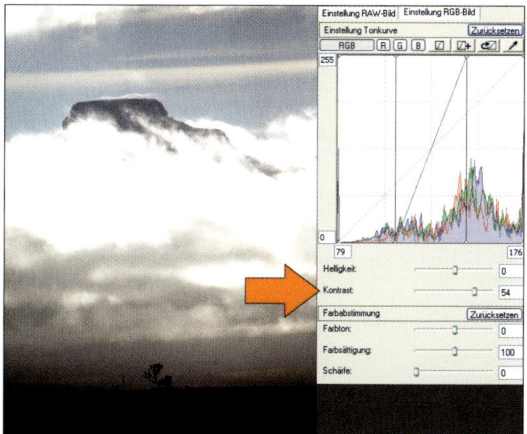

Bild exportieren

Vom Bearbeitungsfenster geht's ins Hauptfenster und dort im Menü zum Befehl *Konvertieren und Speichern*.

Das Originalbild wird exportiert

Da der Vordergrund durch die erfolgten Schritte zu stark verdunkelt wurde, wird er in den Originalzustand versetzt. Dafür kann im Bearbeitungsfenster der jeweilige Button *Zurücksetzen* verwendet werden. Für die Originaldatei wird der vorhergehende Schritt nochmals ausgeführt.

Ebenen in Photoshop überlagern

Öffnen Sie beide Exportdateien in Photoshop und kopieren Sie die zweite als neue Ebene über die erste (Strg+A und anschließend Strg+C, dann ins andere Bild wechseln und mit Strg+V einfügen).

Fügen Sie der obersten Ebene eine Maske wie oben gezeigt hinzu.

Bereiche maskieren

Malen Sie mit dem Pinsel und schwarzer Farbe in den Bereich, der von der unteren Ebene durchscheinen soll. Die schwarze Farbe übermalt dabei nicht das Bild, sondern definiert lediglich die Maskentransparenz.

Falls Sie versehentlich und ungewollt Bereiche übermalt haben, lässt sich dies mit der Pinselfarbe Weiß ganz simpel rückgängig machen.

Bildergebnis speichern

Sind Sie mit dem Ergebnis zufrieden, speichern Sie es über *Datei/Speichern unter* ab.

Eine Alternative zu dieser Technik bietet sich in der Anwendung von Gradationskurven bzw. recht simpel mit den Slidern in Adobe Lightroom (siehe das Schaubild „Alternative Bearbeitung" auf der folgenden Seite).

Alternative Bearbeitung

Adobe Lightroom

Digital Photo Professional

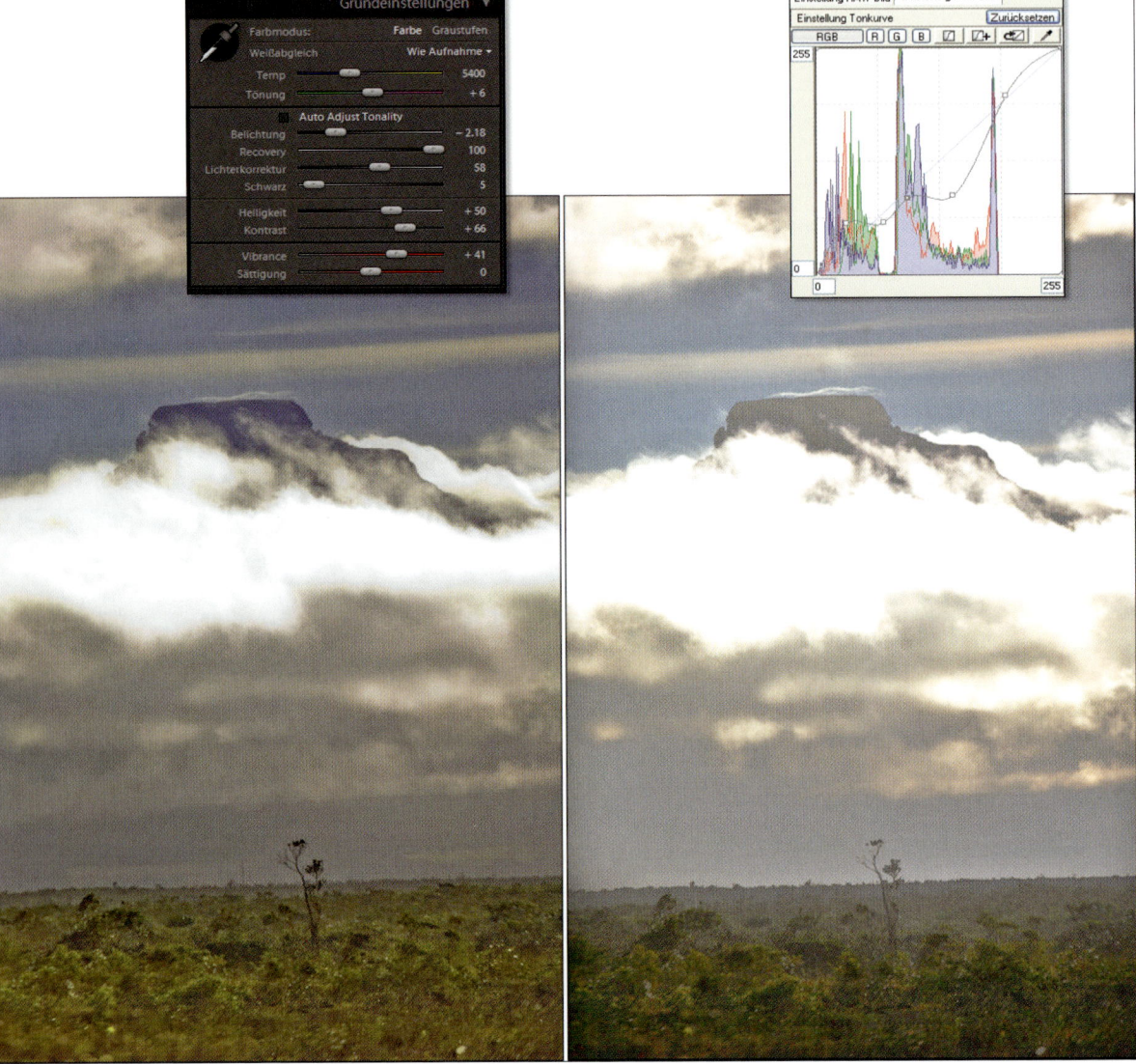

▲ Unter Adobe Lightroom bieten die Slider Belichtung, Recovery und Lichterkorrektur eine recht schnelle Möglichkeit, das erwünschte Ergebnis zu erzielen. Mit den Gradationskurven und ihren Griffpunkten unter Digital Photo Professional gehört schon etwas Feingefühl dazu, bis sich die erwünschten Kontraste herstellen lassen.

Den Dynamikumfang beherrschen

schiedliche Lichtstimmung im Laufe eines Tages oder setzt bewusst auf blauen oder bewölkten Himmel.

Bei Objekten im Nahbereich hingegen hat der Fotograf umfangreiche Möglichkeiten, die Beleuchtung des Objekts anzupassen. Viele dieser Anpassungen sind mit einfachen Hilfsmitteln, die in jede Fototasche passen, erreichbar.

In vielen Fällen geht es dabei um eine Kontrastminderung und somit eine Begrenzung des Dynamikumfangs. Dem 400D-Bildsensor wird damit ein bekömmlicher Kontrastumfang dargeboten, sodass keine Unter- bzw. Überbelichtungen riskiert werden.

Kontrastanpassung durch Nutzung des vorhandenen Lichts

Eine sehr effektive Möglichkeit der Kontrastanpassung ist die Nutzung des vorhandenen Umgebungslichts, was schon mit sehr einfachen Hilfsmitteln möglich ist.

Bei Landschafts- und Architekturaufnahmen bietet es sich an, die sogenannte blaue Stunde zu nutzen. Diese Zeit in den frühen Morgen- und späten Abendstunden, wenn die Sonne sehr niedrig oder sogar noch bzw. wieder unter dem Horizont steht, zeichnet sich durch eine besonders weiche Lichtstimmung aus. Durch die niedrig stehende Sonne ist genügend Licht für Aufnahmen vorhanden, ohne dass sich harte Schatten bilden.

Während der blauen Stunde hat der wolkenlose Himmel aufgrund der in der Atmosphäre reflektierten Sonnenstrahlen eine extrem tiefblaue Färbung, was Aufnahmen zu dieser Zeit eine ganz besondere Note verleiht. Auch tagsüber würde uns der Himmel übrigens so tiefblau erscheinen, würde die Sonne dieses Blau nicht überstrahlen oder Wolken den Himmel verdecken.

3.4 Streulicht und harte Kontraste beherrschen

Oft sind es Kleinigkeiten, die eine gelungene Aufnahme von einem geknipsten Bild unterscheiden. Hierzu gehört neben einer gelungenen Bildkompositionen, der geeigneten Wahl der Schärfentiefe und des Fokus vor allem auch die gezielte Ausleuchtung der Bildelemente.

Nicht immer kann der Fotograf die Beleuchtung der Szene jedoch direkt beeinflussen. Bei den im vorherigen Abschnitt besprochenen Landschaftsaufnahmen hat der Fotograf nur wenige Möglichkeiten, die Beleuchtung anzupassen, außer er nutzt die unter-

Insbesondere Gegenlichtaufnahmen überfordern nicht selten den Dynamikbereich der EOS 400D. Erst die Kombination aus mehreren unterschiedlich belichteten Aufnahmen erlaubt eine wirklichkeitsnahe Bilddarstellung.

▲ Der Einsatz eines Reflektors hilft, ein Objekt gleichmäßig auszuleuchten und so den Kontrastumfang zu reduzieren.

Nicht immer ist es jedoch möglich, mit der Aufnahme
bis zur blauen Stunde zu warten. In diesen Fällen
helfen bei kleindimensionierten Motiven im Nahbereich Reflektoren dabei, dunkle Partien im Bild aufzuhellen und so eine Kontrastangleichung durchzuführen. Solche Reflektoren sind im Fotofachhandel
erhältlich, zur Not tut es jedoch auch ein heller – am
besten weißer – Karton oder gar eine Plastiktüte. Reflektoren sollten dabei unbedingt eine strukturierte
Oberfläche aufweisen, sodass das einfallende Licht
diffus reflektiert wird. Bei der Verwendung von Spie-
geln als Reflektoren kommen schnell unerwünschte
Reflexe und Spiegelungen mit aufs Bild.

**Hohe Dynamik mit der Belichtungsreihe
einfangen**

Bilder mit sehr hohem Dynamikumfang und extremen Kontrasten lassen sich am besten mit der
Belichtungsreihe (siehe Kapitel 3.1) einfangen.
Die Einzelaufnahmen werden dann in der Bildbearbeitung zu einem hochdynamischen Bild zusammengesetzt (siehe Kapitel 3.3), sodass sich
eine natürliche Bildwirkung ergibt.

Der Nahbereich: künstliches Licht zur Kontrastanpassung

Im Nahbereich kann nicht nur mit Reflektoren gearbeitet werden, sondern insbesondere die Verwen-

dung künstlichen Lichts erweitert die Möglichkeiten
des Fotografen enorm, da man nicht mehr auf die
Umgebungshelligkeit angewiesen ist.

Im Studiobereich kommen hierzu meist spezielle
Lampen mit Tageslichtcharakter oder entsprechende
Blitzanlagen zum Einsatz. Etwas günstiger kann ein
kleines Heimstudio auch mit speziellen Leuchtstofflampen mit tageslichtähnlicher Farbtemperatur eingerichtet werden.

Allzweckwerkzeug Taschenlampe

Eine kleine Taschenlampe im Fotogepäck kann
nicht nur zur Ausleuchtung kleiner Gegenstände
nützlich sein. Nicht zu unterschätzen ist die Hilfe
durch eine Taschenlampe, wenn es darum geht,
nachts heruntergefallene Gegenstände wie kleine Schrauben oder Ähnliches wieder aufzufinden
oder die richtige Bedientaste der EOS 400D zu
erwischen. Nebenbei gibt eine kleine Taschenlampe auch ein leistungsfähiges Autofokushilfs-
licht ab.

Die Verwendung spezieller Lampen mit Tageslichtcharakter hat den Vorteil, dass der automatische Weißabgleich oder, besser, die Einstellung *Tageslicht*
verwendet werden kann. Beim Gebrauch normaler
Glühbirnen oder Leuchtstofflampen tritt sehr schnell
ein Farbstich auf. Bei Leuchtstoffröhren oder LED-
Beleuchtungen, die ja Linienstrahler sind und damit
kein kontinuierliches Spektrum abgeben, kann ein
solcher Farbstich teilweise gar nicht mehr korrigiert
werden.

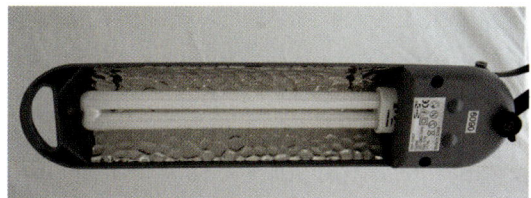

▲ Spezielle Leuchtstoffröhren mit Tageslichtcharakter stellen
eine einfache und kostengünstige Methode zur Ausleuchtung
kleinerer Objekte dar.

Für den Einsatz unterwegs bietet es sich an, zwei bis drei kleine Taschenlampen (natürlich mit frischen Batterien oder frisch geladenen Akkus) in der Fototasche mitzuführen. Zumindest bei kleineren Objekten gelingt auch schon mit dieser Ausstattung eine gute Ausleuchtung.

Mehr Kontrast durch Streulichtblenden

Oft wird die negative Wirkung von Streulicht auf Bildaufnahmen unterschätzt. In das Objektiv gelangendes Streulicht führt zu einer starken Kontrastminderung und damit zu flauen Bildern. Abhilfe schafft dabei die Verwendung einer zum Objektiv passenden Streulichtblende, sodass auch bei hellem Sonnenschein kontrastreiche Aufnahmen möglich werden. Aber nicht nur in hellem Sonnenschein, sondern auch bei diffusem Licht sorgt eine Streulichtblende für einen höheren Kontrast.

Falscher Begriff: Gegenlichtblende

Nicht selten wird umgangssprachlich der Begriff „Gegenlichtblende" verwendet. Eine solche Blende ist aber leider bis heute nicht erfunden, ein wirksames Mittel zur Vermeidung von Gegenlicht ist nur die Veränderung des Standorts des Fotografen. Die vor den Objektiven üblicherweise anzutreffenden Plastikteile verhindern das Eindringen von Streulicht in das Objektiv und heißen daher richtig „Streulichtblenden".

Für jedes Objektiv wird eine spezielle Streulichtblende benötigt. Diese muss auf die Brennweite, das Ge-

▼ Eine Streulichtblende verhindert nicht nur unerwünschte Reflexionen im Objektiv, sondern steigert vor allem den Bildkontrast deutlich.

mit Streu-
lichtblende

ohne Streu-
lichtblende

sichtsfeld und den Frontlinsendurchmesser des Objektivs abgestimmt sein. Wird bei der Gestaltung von Streulichtblenden auch die rechteckige Form des Sensors berücksichtigt, ergibt sich insbesondere bei weitwinkeligen Optiken die bekannte Tulpenform. Bei diesen Streulichtblenden ist eine genaue Ausrichtung auf den Sensor einzuhalten, sodass sie üblicherweise über ein Bajonett an der Objektivvorderseite angeschlossen werden.

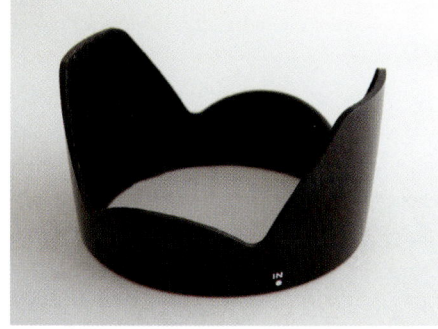

▲ *Streulichtblenden müssen optimal auf das Objektiv angepasst sein. Insbesondere bei Weitwinkelobjektiven wird beim Design der Streulichtblenden auch die Form des Sensors berücksichtigt, was zu der bekannten Tulpenform führt.*

Canon liefert leider zu seinen Objektiven (mit Ausnahme der L-Serie) häufig keine Streulichtblenden mit, sondern bietet diese als Sonderzubehör an. Es empfiehlt sich jedoch unbedingt, die zum Objektiv passende Streulichtblende zu verwenden. Unpassende Exemplare führen entweder zu Vignettierung oder lassen zu viel Streulicht in das Objektiv gelangen. In beiden Fällen kann die Leistungsfähigkeit des teuer erkauften Objektivs nicht ausgenutzt werden.

Kontrastoptimierung durch die Objektivwahl

Der Einfluss des Objektivs auf den Bildkontrast wird oft unterschätzt. Gerade Zoomobjektive mit ihren vielen Linsen im Strahlengang liefern oft ein weniger kontrastreiches Bild als entsprechende Festbrennweiten mit deutlich weniger optischen Elementen.

Auch die Qualität des verwendeten Glases und der Beschichtungen hat sehr großen Einfluss auf den Bildkontrast.

Dies betrifft ebenfalls die eventuell verwendeten Filter vor dem Objektiv. Selbst ein einfacher Klarglasfilter kann vor einem kontrastarken Objektiv schnell zu flauen Bilden führen. Es lohnt sich also, in gute Optiken zu investieren.

3.5 Lichtempfindlichkeit und ISO-Rauschen

Bei längeren Belichtungszeiten oder höheren ISO-Empfindlichkeiten tritt in Aufnahmen mit modernen Digitalkameras ein verstärktes Rauschen auf. Dieses Rauschen hat seine Ursache in der Kameratechnik und findet sich generell bei allen Sensortypen. Allerdings hat es Canon mit seinen CMOS-Sensoren geschafft, ein erfreulich günstiges Rauschverhalten zu erzielen. Da das Rauschen unter anderem auch von der Pixelgröße abhängig ist – kleinere Pixel neigen zu stärkerem Rauschen als große Pixel –, ist es besonders erfreulich, dass sich das Bildrauschen der EOS 400D mit ihren 10 Megapixeln in der gleichen Größenordnung bewegt, wie es beim Vorgängermodell EOS 350D zu beobachten war.

Rauschanteile

Das Rauschen der EOS 400D setzt sich dabei zusammen aus:

- dem Dunkelstrom,
- dem Offset,
- dem Ausleserauschen und
- dem Quantisierungsrauschen.

Der Dunkelstrom ist dabei abhängig von der Belichtungszeit und der Temperatur des Sensors. Mit steigender Belichtungszeit und steigender Temperatur nimmt auch der Dunkelstrom zu. Eine Faustregel besagt, dass sich etwa alle 7 Kelvin der Dunkelstrom verdoppelt. Der Dunkelstrom lässt sich allerdings durch eine Taktik aus dem Bild herausrechnen, indem lediglich die verrauschten Bildpunkte aufgezeichnet und nachträglich aus dem Original entzogen werden. Genau dies passiert auch bei der in der EOS 400D eingebauten Rauschreduzierung.

Der Offset wird durch die Kameraelektronik eingebracht, um beim Auslesen des Sensors negative Werte zu vermeiden. Dieser ist bis auf einen geringen Rauschanteil ebenfalls über ein Dunkelbild korrigierbar.

Das Ausleserauschen wird hauptsächlich durch den Ausleseverstärker bestimmt und hängt entscheidend von der gewählten ISO-Empfindlichkeit ab. Mit steigender ISO-Empfindlichkeitseinstellung steigt die Verstärkung und damit auch das Ausleserauschen.

Ein weiterer Rauschanteil ist das Quantisierungsrauschen, das sich insbesondere bei knapp belichteten Bildern bemerkbar macht. Das Quantisierungsrauschen rührt daher, dass die EOS 400D die Helligkeitswerte digital erfasst, also diskret abbildet. Ein Helligkeitswert von z. B. 62,5 kann dabei nicht abgebildet werden, die Kamera muss sich für einen der Werte 62 oder 63 entscheiden. Bei dieser Diskretisierung werden die Werte gerundet, was ein schon vorhandenes leichtes Rauschen deutlich verstärken kann.

Bei der EOS 400D macht sich vor allem das Ausleserauschen bemerkbar. Da dieses hauptsächlich von der gewählten ISO-Empfindlichkeit abhängig ist, lässt es sich durch die Wahl einer geringen Empfindlichkeit sehr gut minimieren. Insbesondere bei kurz belichteten Tageslichtaufnahmen mit ISO 100 oder ISO 200 ist selbst auf einfarbigen Flächen so gut wie kein Rauschen feststellbar.

Bei länger belichteten Aufnahmen, z. B. Available-Light-Aufnahmen, womöglich auch noch mit ISO 1600 aufgenommen, zeigt sich aber ein sehr deutliches Rauschen, das mit geeigneten Werkzeugen in der Bildbearbeitung jedoch erheblich reduziert werden kann (siehe Bild auf der gegenüberliegenden Seite).

ISO-Rauschen in der Praxis

Das Bildrauschen ist wie beschrieben in jeder Aufnahme anzutreffen. Sicherlich tritt es bei Langzeitbelichtungen mit hoher ISO-Empfindlichkeitseinstellung deutlicher zutage, aber auch auf manch „normaler" Aufnahme bei geringer ISO-Empfindlichkeit kann sich das Rauschen als störend bemerkbar machen. Insbesondere bei Actionaufnahmen und ungeblitzten Aufnahmen im Innenbereich kann auf größeren Flächen ein unschönes Farb- und Helligkeitsrauschen auftreten.

▲ Vor allem bei ISO 1600 zeigt sich das ISO-Rauschen auf dunklen Flächen. Werden kurze Belichtungszeiten benötigt, muss dieses Rauschen in Kauf genommen werden.

Mit einer Empfindlichkeitseinstellung von ISO 100 oder 200 gelingen mit der EOS 400D nahezu rauschfreie Aufnahmen. Man muss das ISO-Rauschen schon mit der Lupe suchen, wie hier im Inset der ISO 200-Aufnahme.

In der Praxis müssen Sie sich entscheiden, ob Sie mit geringer Empfindlichkeit und wenig Rauschen auskommen können oder ob Sie eine hohe Empfindlichkeit für kurze Belichtungszeiten benötigen. Die rauschfreiste Aufnahme mit unerwünschter Bewegungs- oder Verwacklungsunschärfe nutzt nichts, da Unschärfe nur begrenzt korrigierbar ist. Ein Rauschen hingegen kann mit dem richtigen Know-how jedoch auf akzeptable Werte reduziert werden – allerdings nur, wenn die Aufnahme nicht gleichzeitig stark unterbelichtet ist.

Wo immer möglich sollten Sie mit der EOS 400D mit ISO 100 arbeiten, um so wenig Rauschen wie möglich in den Bildern zu haben. Aber selbst, wenn Sie bis zu ISO 800 einstellen, werden Sie kein auffälligeres Rauschen feststellen. Erst bei ISO 1600 wird das ISO-Rauschen in den Bildern wirklich deutlich, den Einsatz von ISO 1600 sollten Sie daher nur dann in Erwägung ziehen, wenn dies wirklich notwendig ist und Sie das zusätzliche Rauschen akzeptieren können.

Die eingebaute Rauschreduzierung der EOS 400D

Die EOS 400D bringt zur Rauschreduzierung schon eine eingebaute Funktion mit. Diese kann bei Bedarf automatisch ein Dunkelbild anfertigen, das vom aktuellen Bild abgezogen wird, um das Rauschen zu vermindern. Eingestellt wird die Rauschreduzierung in den Individualfunktionen unter C.Fn-02 *Rauschred. bei Langzeitbelichtungen*.

Zur Auswahl stehen dabei die Einstellungen *Aus*, *Automatik* und *An*. Wird C.Fn-02 auf *Aus* gestellt, wird keinerlei Rauschreduzierung durchgeführt. In der Einstellung *An* wird zu jedem Bild mit einer Belichtungszeit größer oder gleich einer Sekunde ein zusätzliches Dunkelbild aufgenommen und von diesem abgezogen, um das Bildrauschen zu minimieren.

▲ Die interne Rauschreduzierung der EOS 400D wird mit der Individualfunktion 02 eingestellt.

In der Einstellung *Automatik* analysiert die EOS 400D das aufgenommene Bild und entscheidet bei Belichtungen ab einer Sekunde und länger selbstständig, ob eine Dunkelbildaufnahme benötigt wird oder nicht, und fertigt diese bei Bedarf an. Zunächst klingt diese Einstellung verlockend, in der Praxis kann sie aber ziemlich nerven. In der *Automatik*-Einstellung ist vor der Auslösung einer Aufnahme nicht klar, ob noch ein Dunkelbild gleicher Belichtungszeit folgt oder nicht, es kann also nicht geplant werden, wann die nächste Aufnahme folgen kann. Ob Sie sich nach einer Aufnahme überraschen lassen wollen, ob die EOS 400D ein zusätzliches Dunkelbild aufnimmt oder nicht oder ob Sie lieber nach jeder Aufnahme ein Dunkelbild abwarten, bleibt dabei ganz Ihnen überlassen.

Eine Rauschkorrektur empfiehlt sich auf jeden Fall bei extrem langen Belichtungszeiten und vor allem bei hoher Temperatur. In diesen Fällen können Sie die Rauschkorrektur auf „An" stellen, sodass zu jedem Bild ein passendes Dunkelbild aufgenommen wird und die Rauschkorrektur durchgeführt wird.

Bei gemäßigten Temperaturen kann der Dunkelbildabzug mehr zusätzliches Rauschen ins Bild bringen, als Dunkelstrom korrigiert wird. In diesem Fall ist das Bild bei eingeschalteter Dunkelbildkorrektur verrauschter als ohne. Daher können Sie bei geringen ISO-Emp-

ohne Rausch-
reduktion

mit Rausch-
reduktion

▲ Die Einstellungen der Individualfunktion C.-Fn 02 Rauschreduzierung bei Langzeitbelichtungen haben einen erheblichen Einfluss auf die Bildqualität.

findlichkeiten meist ohne Rauschreduzierung arbeiten, nur bei hoher ISO-Empfindlichkeit, insbesondere bei ISO 1600, empfiehlt sich auf jeden Fall der Einsatz der internen Rauschreduzierung.

ISO 25 mit der EOS 400D – ein Trick macht's möglich

Wird der Dynamikumfang des CMOS-Sensors der EOS 400D bei einer Aufnahme nicht vollständig benötigt, kann mit einem kleinen Trick unter Nutzung des RAW-Formats das Rauschen gegenüber ISO 100 nochmals deutlich reduziert werden.

Hierzu wird eine Aufnahme im RAW-Format um zwei Stufen überbelichtet, z. B. mithilfe der eingebauten Belichtungskorrektur. Diese Überbelichtung wird in der anschließenden Bearbeitung am PC wieder rückgängig gemacht, sodass sich letztlich ein korrekt belichtetes Bild ergibt.

Durch die gezielte Überbelichtung und eine anschließende Rücknahme im RAW-Konverter wird die Belichtungszeit zwar verlängert, jedoch senkt sich der Rauschpegel um zwei ISO-Wertstufen, sodass sich der Effekt ergibt, als wäre die Aufnahme mit ISO 25 belichtet worden.

Dieser Trick nutzt dabei aus, dass im RAW-Format der komplette Dynamikumfang des Sensors von bis zu 9 Bit abgebildet werden kann, in der weiteren Verwendung der Bilder aber meist 8 Bit ausreichend sind. Andererseits könnte das zusätzliche eine Bit an Informationen auch für eine höhere Bilddynamik genutzt werden, sodass für diesen Trick eine Abwägung zwischen Dynamikumfang und Rauschverhalten notwendig ist.

Übrigens, durch eine Überbelichtung um 1 Stufe mit anschließender Korrektur kann ebenfalls der Effekt von ISO 50 erzielt werden.

Rauschreduzierung mit Softwaretools

Auch bei Anwendung der eingebauten Rauschreduzierung oder des vorgenannten Tricks verbleibt insbesondere bei Langzeitbelichtungen mit der EOS 400D und bei höheren ISO-Empfindlichkeitseinstellungen ein Rauschen in den Bildern. Mithilfe geeigneter Softwaretools kann jedoch auch dieses Restrauschen noch minimiert werden. Eine vollständige Entfernung des Bildrauschens ist jedoch prinzipiell nicht möglich.

Neat Image beseitigt Bildrauschen

Unter *http://www.neatimage.com/* bietet der Hersteller ABSoft eine Freeware-Demoversion des Entrauschers Neat Image zum Download. Diese Version darf kostenfrei für nicht kommerzielle Zwecke eingesetzt werden, lässt aber gegenüber der empfehlenswerten Pro-Edition das Photoshop-Plug-in vermissen, und es werden nur 8-Bit-Bilddateien ausgegeben. Für eine professionelle Entrauschung ist daher unbedingt die 59,90 Dollar teure Pro-Edition oder die 74,90 Dollar teure Pro+-Edition zu empfehlen.

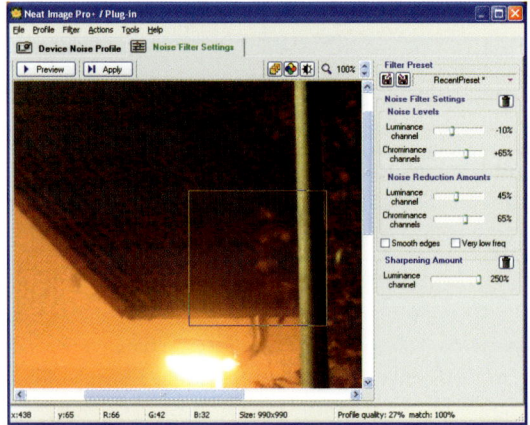

▲ Neat Image kann als Stand-alone-Programm verwendet werden oder als Filter in Photoshop.

Bei Neat Image kann entweder ein vordefiniertes Kameraprofil verwendet werden, eigene Kameraprofile können dabei problemlos erzeugt und abgespeichert werden, oder es wird ein Bildbereich zur Analyse markiert. Neat Image kann anhand der Bildanalyse die Entrauschungsparameter sehr gut festlegen, die besten Ergebnisse erhalten Sie jedoch, wenn Sie die Parameter anhand der Vorschau manuell feintunen.

Sollten Sie Adobe Photoshop oder ein anderes Bildbearbeitungsprogramm, das Adobe Photoshop-Plug-ins unterstützt, einsetzen, bietet Neat Image ein entsprechendes Filter-Plug-in, sodass die Bilder direkt im Bildbearbeitungsprogramm entrauscht werden können.

Helicon Filter bietet noch mehr

Deutlich mehr Funktionen als eine reine Entrauschung bietet der Helicon Noise Filter, der unter *http://heliconfilter.com/* heruntergeladen werden kann. Im Helicon Filter finden sich Funktionen zur Rauschreduzierung, Schärfung, Anpassung von Helligkeit und Farbe, zur Korrektur von Optikfehlern wie der Aberration oder der Verzeichnung sowie weitergehende Bildbearbeitungsfunktionen. Mit dieser Funktionsvielfalt kann der Helicon Filter für viele Anwendungen sogar als vollständiges Postprocessing-Werkzeug eingesetzt werden (siehe Abbildung auf der gegenüberligenden Seite).

Ebenso wie bei Neat Image gibt es vom Helicon Filter eine freie Version sowie verschiedene Lizenzversionen. Die Sharewareversion läuft 30 Tage mit der vollen Pro-Funktionalität und erlaubt anschließend, wenn kein Lizenzschlüssel eingegeben wurde, nur noch die Nutzung der freien Funktionen.

Insbesondere die 40 Dollar teure Pro-Version mit dem Photoshop-Plug-in ist wie bei Neat Image zu empfehlen.

Weitere Software-Tools zur Rauschreduzierung sind die Produkte Noise Ninja (*www.picturecode.com*) und Dfine (*www.niksoftware.com*), auf die hier nicht näher eingegangen werden kann.

Schwierige Fälle meisterhaft behandeln: Tipps und Tricks mit Adobe Photoshop

Eine optimale Entrauschung gelingt allerdings selten allein mit Werkzeugen wie Neat Image oder Helicon Filter. Dies liegt daran, dass jede Entrauschung auch zwangsläufig eine gewisse Weichzeichnung von Details mit sich bringt. In diesen Fällen bieten Bildbearbeitungsprogramme wie Adobe Photoshop sehr wertvolle zusätzliche Werkzeuge.

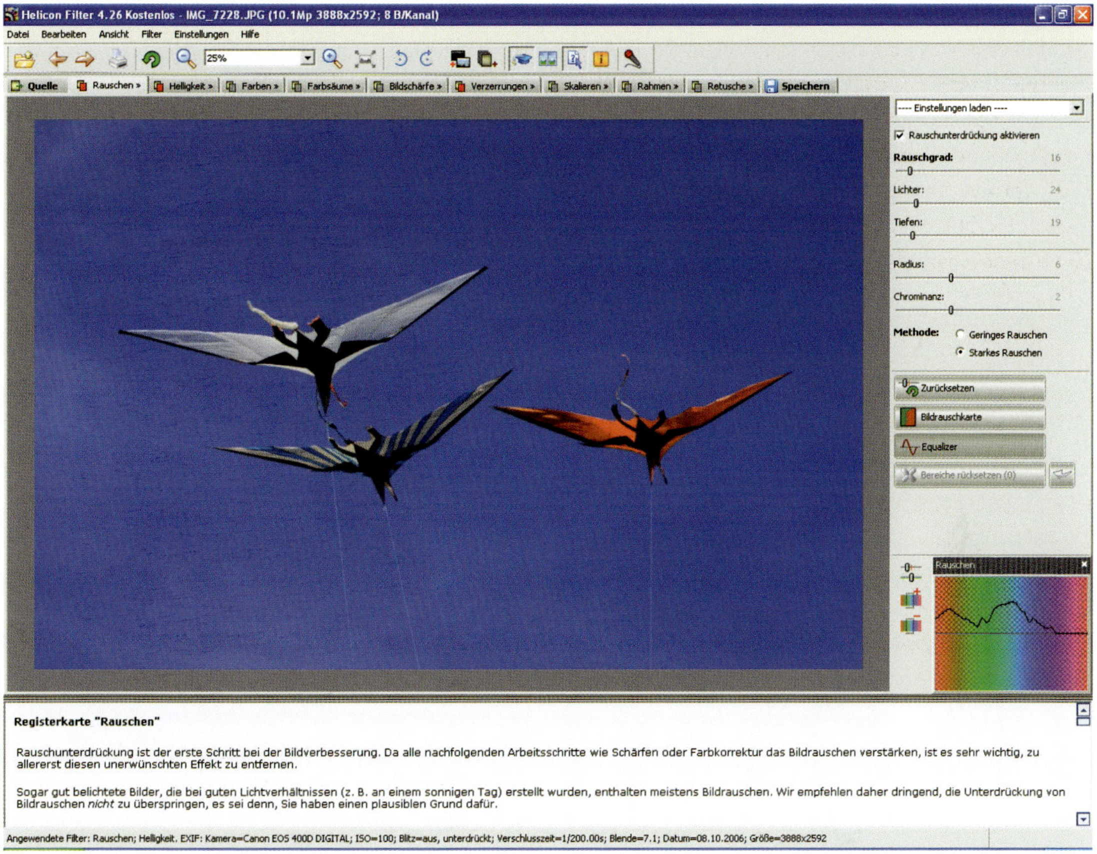

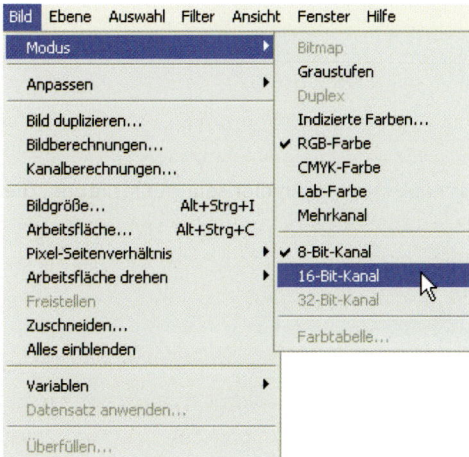

Helicon Filter 4.26 Kostenlos - IMG_7228.JPG (10.1Mp 3888x2592; 8 B/Kanal)

Datei Bearbeiten Ansicht Filter Einstellungen Hilfe

Quelle | Rauschen » | Helligkeit » | Farben » | Farbsäume » | Bildschärfe » | Verzerrungen » | Skalieren » | Rahmen » | Retusche » | Speichern

---- Einstellungen laden ----

☑ Rauschunterdrückung aktivieren

Rauschgrad: 16

Lichter: 24

Tiefen: 19

Radius: 6

Chrominanz: 2

Methode: ○ Geringes Rauschen ● Starkes Rauschen

Zurücksetzen

Bildrauschkarte

Equalizer

Bereiche rücksetzen (0)

Rauschen

Registerkarte "Rauschen"

Rauschunterdrückung ist der erste Schritt bei der Bildverbesserung. Da alle nachfolgenden Arbeitsschritte wie Schärfen oder Farbkorrektur das Bildrauschen verstärken, ist es sehr wichtig, zu allererst diesen unerwünschten Effekt zu entfernen.

Sogar gut belichtete Bilder, die bei guten Lichtverhältnissen (z. B. an einem sonnigen Tag) erstellt wurden, enthalten meistens Bildrauschen. Wir empfehlen daher dringend, die Unterdrückung von Bildrauschen *nicht* zu überspringen, es sei denn, Sie haben einen plausiblen Grund dafür.

Angewendete Filter: Rauschen; Helligkeit. EXIF: Kamera=Canon EOS 400D DIGITAL; ISO=100; Blitz=aus, unterdrückt; Verschlusszeit=1/200.00s; Blende=7.1; Datum=08.10.2006; Größe=3888x2592

▲ *Helicon Filter hat sich vom reinen Entrauschungswerkzeug zu einem nahezu vollständigen Bildbearbeitungswerkzeug entwickelt und bietet umfangreiche Bildkorrekturfunktionen.*

Meist sind es nur bestimmte Teilbereiche eines Bildes, die entrauscht werden müssen, insbesondere größere einfarbige Flächen. Hier hilft eine selektive Entrauschung, wie sie im Folgenden beschrieben wird.

1 Bild vorbereiten

Für optimale Ergebnisse sollten Sie bei der Entrauschung immer mit 16 Bit Farbtiefe arbeiten, auch wenn die Ausgangsdaten als 8-Bit-Datei vorliegen. Die höhere Bit-Tiefe erlaubt feinere Farbabstufungen, sodass sich weniger schnell Artefakte durch die Entrauschung einstellen. Ein 8-Bit-Bild wandeln Sie mit *Bild/Modus/16-Bit-Kanal* in eine 16-Bit-Darstellung um.

2 Den verrauschten Bildbereich auswählen

Wählen Sie mit dem Lassowerkzeug (oder einem anderen Auswahlwerkzeug) den zu entrauschenden Bereich aus.

3 Weiche Auswahlkante

Wählen Sie in Photoshop *Auswahl/Weiche Auswahlkante* ([Alt]+[Strg]+[D]) und legen Sie den Überblendungsbereich fest. Durch eine weiche Auswahlkante werden Ebenen bei der Überlagerung ineinander überblendet, sodass harte Übergänge vermieden werden. Experimentieren Sie hier mit den Werten, diese können sich je nach Bild deutlich unterscheiden. Als Anfangswert können Sie zunächst eine 20 Pixel weiche Auswahlkante ausprobieren.

4 Den verrauschten Bereich kopieren

Kopieren Sie den ausgewählten Bereich mit *Bearbeiten/Kopieren* ([Strg]+[C]) und *Bearbeiten/Einfügen* ([Strg]+[V]) in eine neue Ebene über das vorhandene Bild. Durch das Kopieren in eine neue Ebene bleiben die Originaldaten zunächst unangetastet, und Sie können jederzeit einen Vorher-Nachher-Vergleich durch Ein- und Ausblenden der neuen Ebene vornehmen. Außerdem können Sie so jederzeit zu den Originaldaten zurückkehren und einen neuen Versuch unternehmen.

5 Entrauschen der neuen Ebene

Die in Schritt 4 erzeugte Ebene können Sie nun vom Rauschen befreien. Photoshop CS2 gibt Ihnen dazu im Menü *Filter/Störungsfilter* verschiedene Möglichkeiten.

Hinter *Helligkeit interpolieren* verbirgt sich ein Medianfilter, der die Ebene weichzeichnet. Je größer der Radius gewählt wird, desto stärker ist die Weichzeichnung und damit die Rauschreduzierung. Üblicherweise sollten Sie hier Werte von wenigen Pixeln verwenden. Dieser Filter bietet sich vor allem für einfarbige strukturlose Flächen an. Bei strukturierten Flächen hat der Filter *Helligkeit interpolieren* eine zerstörende Wirkung.

Hinter *Staub und Kratzer* verbirgt sich vermutlich ebenfalls ein Medianfilter. Allerdings gibt es hier den zusätzlichen Parameter des Schwellenwerts, mit dem festgelegt werden kann, wie groß eine Struktur im Bild sein muss, damit diese weichgezeichnet wird. Dieser Filter dient zum Entfernen größerer Staubpartikel im Bild und weniger der Reduzierung des ISO-Rauschens.

Störungen entfernen und *Störungen reduzieren* sind relativ intelligente Rauschfilter. *Störungen entfernen* verfügt allerdings über keine Parameter, sodass Sie keinen Einfluss auf das Ergebnis nehmen können. Einen Versuch ist dieser Filter aber allemal wert, zudem können Sie mit *Bearbeiten/Rückgängig* ([Strg]+[Z]) den Filter jederzeit wieder ungeschehen machen.

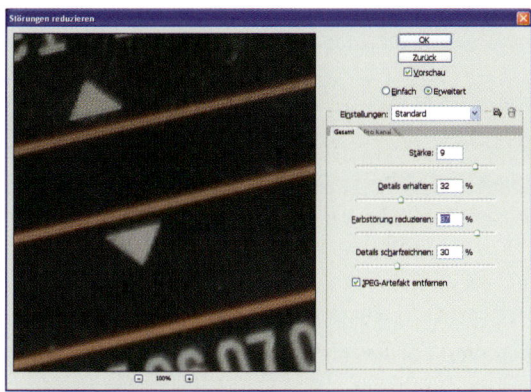

▲ *Störungen reduzieren ist der leistungsfähigste Rauschfilter in Photoshop CS2.*

Der Filter *Störungen reduzieren* zeichnet sich vor allem durch eine Unmenge einzustellender Parameter aus. Bei diesem Filter lohnt es sich, mithilfe der Vorschau an den Parametereinstellungen zu experimentieren, bis sich ein optimales Ergebnis der Rauschreduzierung einstellt.

Neben den in Photoshop CS2 eingebauten Rauschfiltern stellen sowohl Neat Image als auch der Helicon Filter passende Plug-ins bereit. Diese können in Photoshop CS2 direkt im Menü *Filter* aufgerufen werden, wobei sich auch bei diesen Filtern die hier

beschriebene Methode der selektiven Entrauschung anbietet.

6 Ebenen zusammenfügen

Ist die Entrauschung gelungen, können Sie mit *Ebene/Sichtbare auf eine Ebene zusammenfügen* ([Umschalt]+[Strg]+[E]) die beiden Ebenen wieder zu einer Ebene zusammenfügen.

Wiederholen Sie die Schritte 2 bis 6 für alle zu entrauschenden Bildbereiche und passen Sie die Parameter des Rauschfilters immer optimal auf den jeweiligen Bereich an.

7 Zurück zu 8 Bit

Mit *Bild/Modus/8-Bit-Kanal* können Sie das Bild wieder in eine 8-Bit-Darstellung umwandeln, sodass Sie das Ergebnis problemlos als Bitmap- oder JPEG-Datei speichern können.

3.6 Available Light dynamisch nutzen

Der Spruch „geht nicht gibt's nicht" aus der Werbung entspringt der Illusion grenzenloser Machbarkeit. Wir Fotografen werden jedoch oft mit dem Gegenteil konfrontiert, besonders wenn das Licht nicht dort liegt, wo es erwünscht ist. Problematisch wird die Angelegenheit bei Motiven, für die der kamerainterne Blitz oder auch externe Kompaktblitzgeräte zu wenig Power bringen, um z. B. geringes Umgebungslicht auszugleichen. Der Begriff vom Available Light deutet die Schwierigkeiten in solchen Situationen an: Der Fotograf muss sich den Gegebenheiten unterordnen und das vorhandene Licht nutzen. Typische Situationen sind Landschaftsaufnahmen, fehlende Ausleuchtung in der abendlichen Architekturfotografie oder auch Hallensportaufnahmen, bei denen der Einsatz eines externes Blitzgeräts die Akteure zu sehr ablenkt und von den Veranstaltern nicht zugelassen

▲ *Hier hilft ein Blitzgerät herzlich wenig: Bei Landschaftsaufnahmen mit relativ wenig Umgebungslicht wie hier im schattigen Bereich muss der Fotograf ISO-Wert-Optimierung, Bildstabilisator, lichtstarke Objektive oder ein Stativ einsetzen, um genügend Restlicht einzufangen und Verwacklungs- bzw. Bewegungsunschärfen zu minimieren. Aufnahme mit dem Sigma 14mm/2,8 bei ISO 800.*

wird. Der Fotograf muss sich also fügen und erhält als Lohn dieser Zwangsdisziplinierung durch die vorgegebene Lichtsituation jedoch meist natürlichere und weniger künstlich wirkende Bildergebnisse – vorausgesetzt, der EOS 400D-Fotograf weiß mit seiner Kamera und dem Ergänzungsequipment geschickt umzugehen. Nicht nur zu schwaches Licht, auch starke Kontraste z. B. in der Mittagssonne oder in Gegenlichtsituationen mit harten Licht- und Schattenfeldern stellen eine Herausforderung dar.

Den ISO-Wert maximieren

Sind die Umweltreize gering – sprich, die Strahlungsintensität zu schwach –, bieten sich einige Möglichkeiten, um kameraseitig für eine Sensibilisierung zu sorgen.

Ein Wert sollte dabei besonders ins Auge gefasst werden, mit dessen Hilfe sich die Sensorempfindlichkeit steigern lässt: der ISO-Wert. Mit ihm wird das Eingangssignal elektrisch verstärkt oder aber abgeschwächt. Die Regel lautet dabei:

Erhöhen Sie den ISO-Wert bis zur Obergrenze, bei der sich das Bildrauschen noch in tolerierbaren Grenzen hält.

> **Den ISO-Wert permanent im Visier**
> Von EOS-Fotografen lange gefordert und endlich von Canon realisiert: An der EOS 400D wird der ISO-Wert permanent auf dem LC-Display angezeigt – vorausgesetzt, Sie befinden sich in einem Kreativprogramm (in der Regel also Tv).

Den Dynamikumfang beherrschen

Der ISO-Wert sollte ständig kontrolliert werden – in dunkleren Locations lässt sich ein Wert von 800 oder auch 1600 kaum vermeiden.

▲ Diese seltene, bromelienartige Pflanze (Orectanthe septrum) konnte ohne Stativ bei bedecktem Himmel nur mit einem ISO-Wert von 800 scharf aus der Hand abgelichtet werden. Auf Blitzlicht wurde hier bewusst verzichtet, und das ISO-Rauschen fällt bei dem strukturierten Untergrund praktisch nicht ins Gewicht.

Generell lässt sich ein Wert um 400 als Standardeinstellung für die meisten Aufnahmesituationen empfehlen. Ist jedoch wenig Licht vorhanden, reicht ISO 400 oftmals nicht mehr aus – besonders dann nicht, wenn Bewegtmotive ins Spiel kommen oder aber eine große Schärfentiefe bei hoher Blendenzahl (typisch z. B. bei Landschaftsaufnahmen) gefordert wird. Selbst mit ISO 800 kann es eng werden, und es gilt hier abzuwägen, ob ISO 1600 trotz verhältnismäßig hohen Bildrauschens noch akzeptabel sein kann.

Haben Sie es mit recht strukturierten und wenig bekannten Motiven zu tun, sollten Sie nicht zögern und im Bedarfsfall den höchsten Wert einstellen. Vollkommen unkritisch sind z. B. Sand, ein mit Kleinpflanzen bewachsener Untergrund, Gebirge bzw. gemasertes Gestein oder auch Rindenstrukturen. Bei bekannteren Motiven – wie dies z. B. für Augenpartien oder auch Vogelgefieder gilt –, dürfte im Regelfall ISO 800 die Obergrenze darstellen.

▲ Die obere Pfeiltaste ist für den ISO-Wert zuständig, für lichtschwache Locations bietet sich ein Wert um ISO 800 an.

Stative und lichtstarke Objektive

Früher oder später wird jeder ernsthafte Fotograf die Vorteile eines Stativs entdecken. Zwar bieten optische Bildstabilisatoren (bei Canon IS, bei Sigma OS genannt) oft noch ein hohes Potenzial, um mit längeren Belichtungszeiten verwacklungsfrei aus der Hand fotografieren zu können; ein Stativ bietet darüber hinaus jedoch nicht nur die Möglichkeit, in aller Ruhe ein Motiv optimal zu komponieren oder die Bewegungsfreiheit des Fotografen während der Aufnahme zu erhöhen.

Der größte Vorteil eines Stativs dürfte die Möglichkeit sein, in schwach beleuchteten Locations mit erheblich längerer Verschlusszeit auszulösen. Hier gehen Available Light und Stativ regelmäßig eine enge Bindung ein.

▲ *Available Light bedeutet für den Fotografen, genau den Augenblick abzupassen, in dem Licht und Ausdruck eine ideale Verbindung eingehen – manchmal nur für einen Sekundenbruchteil.*

Lichtstarke Objektive sind auch in Zeiten der extrem rauscharm arbeitenden digitalen Spiegelreflexkameras gefragt. Der Grund liegt nicht nur in der Möglichkeit, ein Motiv besser vor dem Hintergrund freistellen zu können, sondern nach wie vor in der prinzipiellen Lichtknappheit, mit der Fotografen stets konfrontiert sind.

Besonders gilt dies dort, wo das vorhandene Licht genutzt werden muss oder soll. Denken wir an die Astrofotografie für Deep-Space-Objekte mit extrem lichtschwachen Galaxien oder an Aufnahmesituationen, in denen schnell bewegte Motive, z. B. beim Vogelflug oder auf der Rennstrecke, eingefangen werden sollen. Typisch sind auch Hallensportaufnahmen, bei denen die Akteure nicht geblendet werden dürfen und daher häufig nicht zusätzlich beleuchtet werden. Hier lassen sich künstliche Lichtquellen wie

▼ *Lichtstarke Objektive müssen nicht teuer sein, wie das hier an der EOS 400D angesetzte Canon 50mm/1,8 II in der 100-Euro-Preisklasse beweist. Damit kann vielfach auf den Stativeinsatz verzichtet werden.*

externe Blitzgeräte nicht oder oft nur mit unbefriedigenden Ergebnissen einsetzen, und lichtstarke Objektive sind häufig der einzige Ausweg aus dem Dilemma des zu knappen Umgebungslichts.

Vergleichen lässt sich die Situation mit einem Maler, dem zu wenig Farbe für sein Motiv zur Verfügung steht. Sein Vorrat mag zwar noch für die Grundierung der Leinwand reichen, jedoch fehlt ihm schließlich das Kontingent, um Details und Feinheiten auszuführen. Für den Fotografen hieße es, dass er zwar etwas auf den Bildsensor bringen wird, jedoch entweder zu dunkel oder unscharf.

Wir werden auf Einzelheiten lichtstarker Linsen noch in Kapitel 12 über Objektive und Zubehör bzw. im Rahmen des Kapitels 4.8 zu den Bewegtmotiven näher eingehen. An dieser Stelle mag der Hinweis genügen, dass lichtstarke Objektive ab einer durchgehenden Blende von 4,0 beginnen und für Einsteiger daher noch vielfach in erreichbarer Preisregion liegen. Hochambitionierte Fotografen optimieren ihr zugegebenermaßen hochpreisiges Fotoequipment jedoch mit Objektiven, die für Brennweiten von 400 mm und darunter mit einer durchgehenden Lichtstärke von 1:2,8 und niedriger arbeiten. Vielfach kann ein geplanter Ausbau in der Richtung auch mit einem Makroobjektiv beginnen, das typischerweise über eine Offenblende von 2,8 verfügt und sich auch für entferntere Motive sehr gut eignet.

Einstieg in die Welt lichtstarker Objektive

Wollen Sie nicht gleich Unsummen in lichtstarke und damit meist sehr teure Objektive investieren, sondern das Equipment schrittweise ausbauen, kann sich zunächst ein Makroobjektiv anbieten. Diese Spezialobjektive sind lichtstark, noch bezahlbar und nicht nur für den Mikrokosmos geeignet. Mit ihnen lassen sich außerdem z. B. Porträts und viele weitere Motivsituationen aus größerer Aufnahmeentfernung ablichten.

3.7 Tools und Kamerahilfen für kreative Langzeitaufnahmen

Es mag auf den ersten Blick befremdlich wirken, die dynamische Wirkung einer Bewegung in einem Standbild einfangen zu wollen. Doch mit der richtigen Aufnahmetechnik lassen sich Bewegungen mit der EOS 400D professionell im Bild festhalten.

Bei schnell bewegten Objekten wird dazu die Technik des Mitziehens angewandt. Mit viel Übung ist es durchaus möglich, die Kamera während einer Aufnahme dem Objekt nachzuführen, sodass das bewegte Objekt, z. B. ein Rennwagen, scharf abgebildet wird und der Bildhintergrund gleichzeitig eine charakteristische Unschärfe erhält.

In diesem Abschnitt wird jedoch eine andere Technik besprochen: die kreative Langzeitbelichtung. Bei sehr kurzen Belichtungszeiten werden Bewegungen eingefroren, was zu einer besonderen, aber auch meist eher unnatürlichen Abbildung führt. Bewusste Langzeitbelichtungen hingegen lassen Bewegungen durch das Bild fließen und erzeugen dadurch eine weiche, unserem Harmonie-Empfinden vielleicht etwas entgegenkommendere Bildwirkung.

Einstellungen für Langzeitbelichtungen bei Tageslicht

Um möglichst lange Belichtungszeiten zu erreichen, sollte die ISO-Empfindlichkeit auf die niedrigste Stufe von ISO 100 eingestellt werden. Diese Einstellung sorgt nicht nur für möglichst lange Belichtungszeiten, sondern führt gleichzeitig zu einem geringen Bildrauschen.

Als weitere Einstellung sollte die Blende möglichst weit geschlossen werden. Dies ist nur sinnvoll in der Zeitautomatik Av, der manuellen Einstellung M und der Programmautomatik P. Alle anderen Betriebsarten der EOS 400D sind für kreative Langzeitaufnahmen eher ungeeignet.

▲ Eine Einstellung von ISO 100 verhilft zu möglichst langen Belichtungszeiten.

Zusätzlich zu diesen Einstellungen gibt es einen kleinen Trick, um die mögliche Belichtungszeit noch weiter zu verlängern. Nutzen Sie das RAW-Format, das ja deutlich größere Belichtungsreserven aufweist als das JPEG-Format, und stellen Sie eine positive Belichtungskorrektur von 1 bis 2 Blendenstufen ein. In der späteren Bildbearbeitung am PC können Sie diese bewusste Überbelichtung beim Einlesen der RAW-Dateien wieder korrigieren, sodass Sie im Endeffekt eine länger und gleichzeitig korrekt belichtete Aufnahme vorliegen haben.

Bei der Histogrammanzeige in der Bildwiedergabe der EOS 400D werden Überbelichtungen allerdings

Den Dynamikumfang beherrschen

nur bezogen auf das 8-Bit-JPEG-Format angezeigt, sodass diese Anzeige für den beschriebenen Trick leider nur begrenzt hilfreich ist. Zur Sicherheit sollten Sie also unbedingt auch Aufnahmen anfertigen, die laut Histogrammkontrolle korrekt belichtet sind, es wäre ja schade, wenn die Belichtungsmessung die Situation zu dunkel eingeschätzt hätte und alle Aufnahmen einer Session überbelichtet sind.

Graufilter und Polfilter

Langen die Möglichkeiten der Kameraeinstellungen nicht aus, um ausreichend lange Belichtungszeiten zu erreichen, wie dies z. B. bei hellem Sonnenschein der Fall sein kann, helfen weitere Hilfsmittel: Grau- und notfalls auch Polfilter.

▲ Die Wirkung eines Polarisationsfilters wird über einen Drehring eingestellt. Im Gegensatz zu Neutralgraufiltern verändern Polfilter die Bildwirkung, sodass der Einsatz von Polfiltern geübt sein will.

Graufilter, oder genauer Neutralfilter, verändern die Farbwirkung des Bildes nicht, dämpfen aber das einfallende Licht. Graufilter gibt es in verschiedenen Stärken, z. B. 2-fach, 8-fach oder 16-fach. Für die meisten Anwendungen genügt ein 2-fach- und ein 4-fach-Graufilter, notfalls können diese ja auch gestackt werden und ergeben dann einen 8-fach-Graufilter.

Ein 2-fach-Graufilter reduziert das einfallende Licht dabei um die Hälfte, d. h., bei ansonsten gleichblei-

benden Einstellungen verdoppelt sich die notwendige Belichtungszeit – genau der Effekt, der für kreative Langzeitaufnahmen benötigt wird.

Da Filter zum Objektivdurchmesser passen müssen, hat nicht jeder Fotograf immer die passenden Graufilter im Fotogepäck. Notfalls kann aber auch ein Polfilter zur Verlängerung der Belichtungszeit eingesetzt werden. Da Polfilter aber einerseits eine eigene Wirkung auf das Bild und insbesondere auf die Farben haben, andererseits die erzielbare Lichtreduktion mit Polfiltern eher gering ist, sind diese, wenn es nur um die Verlängerung der Belichtungszeit geht, eher eine Notlösung als ein Ersatz für hochwertige Graufilter.

Bildstabilisator: Heilmittel gegen Verwacklungen?

Gerade bei längeren Belichtungszeiten kann es schnell zu unerwünschten Verwacklungen kommen. Aus der Analogfotografie stammt die Faustregel, dass Belichtungszeiten bis zum Kehrwert der Brennweite noch aus der Hand gehalten werden können. Bei einem 10-mm-Objektiv wäre das großzügig 1/10 Sekunde, bei 200 mm Brennweite geht noch maximal 1/200 Sekunde aus der freien Hand. Allerdings ist die EOS 400D mit ihren kleinen Pixeln deutlich empfindlicher als Analogfilm, was Verwacklungen betrifft, sodass in der Praxis auch schon bei kürzeren Belichtungszeiten deutliche Verwacklungen ein

▲ Insbesondere bei Gegenlichtaufnahmen und der Verwendung von Filtern vor dem Objektiv zeigen sich sehr schnell störende Reflexe im Objektiv. Abhilfe schafft das Weglassen von Filtern und die Verwendung eines möglichst reflexfreien Objektivs.

Bild ruinieren können. Das althergebrachte und immer noch beste Mittel gegen Verwacklungen ist der Einsatz eines wirklich stabilen Stativs bei gleichzeitiger Verwendung eines Fernauslösers.

Allerdings gilt Murphys Gesetz auch für die Fotografie: Immer dann, wenn man ein Stativ benötigen würde, hat man es garantiert nicht dabei. In solchen Fällen kann sich glücklich schätzen, wer ein Objektiv mit eingebautem Bildstabilisator einsetzt.

Diese bei Canon als IS (**I**mage **S**tabilizer) bezeichneten Objektive sind mit Giroskopen bestückt, die jede Bewegung des Objektivs registrieren und eine Linsengruppe entgegen der Bewegung verschieben. Durch diese Technik können mit den bildstabilisierenden Objektiven deutlich längere Belichtungszeiten mit der freien Hand gehalten werden als ohne Bildstabilisa-

tor. In der neusten Generation gibt Canon sogar einen Gewinn von 4 Blendenstufen, also eine viermal so lange mögliche Belichtungszeit, an.

▲ Im Gegensatz beispielsweise zu Sonys in die Kamera integrierte Super SteadyShot-Technik verbaut Canon den Stabilisator in den Objektiven und erzielt damit besonders bei langen Brennweiten oder beim stabilisierten Sucherblick Vorteile.

So nützlich der Bildstabilisator bei der freihändigen Fotografie ist, gefährlich ist dieser bei Aufnahmen mit einem Stativ. In diesem Fall wird die Kamera nicht bewegt, die hochempfindlichen Sensoren können jedoch trotzdem ein Signal anzeigen, und das Objektiv versucht, eine nicht vorhandene Bewegung zu korrigieren. Das Ergebnis sind trotz Stativ und Bildstabilisator verwackelte Aufnahmen. Daher sollte der Bildstabilisator bei Aufnahmen mit einem Stativ unbedingt abgeschaltet werden. Canons Bildstabilisatoren der neusten Generation sollen allerdings ein auf dem Stativ montiertes Objektiv erkennen und den Bildstabilisator darauf anpassen.

Natürliche Belichtungszeitverlängerung – die Dämmerung nutzen

Ganz ohne Tricks und Hilfsmittel können kreative Langzeitaufnahmen in der Morgen- oder Abenddämmerung angefertigt werden. In dieser Zeit steht wenig Umgebungslicht zur Verfügung, sodass sich automatisch längere Belichtungszeiten für eine korrekte Belichtung ergeben.

Neben längeren Belichtungszeiten bieten die Dämmerungszeiten, insbesondere die blaue Stunde, eine sehr weiche Lichtstimmung. Diese kommt daher, dass im Gegensatz zur Mittagszeit mit ihren kurzen und harten Schlagschatten die niedrig stehende Sonne zur Dämmerung zu langen weichen Schatten führt.

Insbesondere bei kreativen Langzeitbelichtungen, bei denen meist eine weiche Bildwirkung gewünscht ist, kann die richtige Wahl des Aufnahmezeitpunkts darüber entscheiden, ob eine mittelmäßige Aufnahme oder ein Kunstwerk entsteht.

▲ In der Dämmerung werden automatisch längere Belichtungszeiten benötigt, sodass diese Flamme gleichzeitig mit dem sie umgebenden Stein abgebildet werden konnte.

4

Perfekte Bildschärfe realisieren

Eine geringe Fehlbelichtung kann bei den Bildern der EOS 400D problemlos ausgeglichen werden, ein nur leicht daneben liegender Fokus kann dagegen eine Aufnahme komplett ruinieren.

Dieses Kapitel gibt Ihnen das notwendige Wissen und hilfreiche Tipps, um auch in schwierigen Situationen mit der EOS 400D den Fokus immer perfekt zu treffen.

4.1 Bildschärfe als wichtiges Bildkriterium

Eine gekonnte Bildgestaltung zeichnet sich unter anderem durch den perfekten Einsatz von Schärfe und Unschärfe aus. Insbesondere wenn bei lichtstarken Objektiven durch die Wahl einer offenen Blende Objekte vom Hintergrund freigestellt werden sollen, ist es wichtig, den Fokus exakt auf den richtigen Punkt zu legen, sodass ein Objekt scharf abgebildet wird und gleichzeitig der Hintergrund in Unschärfe verschwimmt. Gleiches gilt auch für Makroaufnahmen, bei denen es eine wahre Kunst ist, die Schärfe perfekt einzustellen.

Die EOS 400D unterstützt den Fotografen durch ein effizientes 9-Punkt-Autofokussystem. Allerdings ist dieses Autofokussystem keine wirkliche Vollautomatik, sondern der Fotograf ist auch bei der EOS 400D gefordert, dieses System gekonnt einzusetzen.

Bei Aufnahmen kann es unabhängig vom Autofokus aber leicht passieren, dass sich eine unerwünschte Unschärfe in Form der Verwacklungs- oder Bewegungsunschärfe einstellt. Normalerweise ruinieren diese Unschärfen ein ansonsten perfektes Bild, in Ausnahmefällen können diese Unschärfen aber auch für kreative Aufnahmen genutzt werden.

▲ Bei einem defokussierten Bild ist die Unschärfe in alle Richtungen gleichmäßig.

Verwacklungs- und Bewegungsunschärfe

Eine Verwacklungsunschärfe im Bild entsteht durch die Eigenbewegung der Kamera während der Belichtung. Aus der Analogfotografie gibt es die Faustregel, dass Aufnahmen mit Belichtungszeiten bis zum Kehrwert der Brennweite noch verwacklungsfrei aus der Hand gehalten werden können. Mit einem 50-mm-Objektiv könnten Sie also nach dieser Regel bis zu 1/50 Sekunde freihändig fotografieren. Natürlich ist dies nur ein Richtwert, der sehr stark auch von Ihrer ruhigen Hand abhängt.

Da eine Verwacklungsunschärfe durch eine ungewollte Kamerabewegung entsteht, ist diese normalerweise nicht gerichtet, sondern wirkt sich in allen Richtungen in etwa gleich aus. Daraus resultiert ein insgesamt unscharfes Bild.

▲ Die ungerichtete Verwacklungsunschärfe entsteht durch eine ungewollte Bewegung der Kamera während der Belichtung. Die Unschärfe ergibt sich durch zufällig in verschiedene Richtungen verschobene „Doppelbilder".

Einen anderen Hintergrund hat die Bewegungsunschärfe, die normalerweise nicht durch die Kamerabewegung, sondern durch die Bewegung eines Objekts im Bildfeld entsteht. Stellen Sie sich einfach eine Langzeitbelichtung in der späten Abenddämmerung vor, bei der sich Personen im Bildfeld bewegen. Sie werden die Passanten kaum dazu bringen, zehn Sekunden absolut bewegungslos zu verharren.

Im Gegensatz zur Verwacklungsunschärfe kann eine Bewegungsunschärfe jedoch oft auch als kreatives Stilmittel eingesetzt werden. Die beschriebene Dämmerungsszene kann durch die Bewegungsunschärfe der Passanten ungleich dynamischer wirken als eine Aufnahme, bei der alle Personen tatsächlich stillzustehen scheinen.

Verwacklungsunschärfe vermeiden

Mit einigen einfachen Tricks lässt sich eine unerwünschte Verwacklungsunschärfe vermeiden. Dazu muss nur die Kamera während der Belichtung still gehalten werden.

- Versuchen Sie bei Belichtungszeiten länger als der Kehrwert der Brennweite möglichst nicht freihändig aufzunehmen. Nutzen Sie stattdessen ein Stativ oder eine stabile Unterlage. Zur Not können Sie sich auch an einer Wand abstützen.
- Steht kein Stativ oder eine andere Abstützung zur Verfügung, öffnen Sie die Blende bis hin zur Offenblende oder erhöhen die ISO-Empfindlichkeit. Die EOS 400D liefert so rauscharme Bilder, dass selbst ISO 800 problemlos eingesetzt werden kann. Atmen Sie während der Aufnahme gleichmäßig aus, dies hilft Ihnen, die Kamera ruhiger zu halten.
- Setzen Sie, wann immer möglich, ein stabiles Stativ oder ein Objektiv mit Bildstabilisator ein – aber nie beides gleichzeitig!
- Verwenden Sie bei Stativaufnahmen einen Fernauslöser und die Spiegelverriegelung, um Verwacklungen durch den Druck auf den Auslöser und den Spiegelschlag zu vermeiden. Wenn kein Fernauslöser zur Verfügung steht, nutzen Sie stattdessen die Selbstauslöserfunktion der EOS 400D.

- Ein lichtstarkes Objektiv hilft Ihnen auch bei schlechten Lichtverhältnissen, noch kurze Belichtungszeiten zu erreichen.

▲ Durch die Bewegung von Objekten im Bildfeld entsteht die Bewegungsunschärfe. Diese betrifft nur die bewegten Objekte und ist im Gegensatz zur Verwacklungsunschärfe gerichtet.

Bewegungsunschärfe gekonnt vermeiden

Da die Bewegungsunschärfe durch bewegte Objekte im Bildfeld entsteht, hilft gegen diese Form der Unschärfe nur der Einsatz möglichst kurzer Belichtungszeiten. Um diese zu realisieren, empfehlen sich die folgenden Tipps:

- Nutzen Sie die Blendenautomatik Tv der EOS 400D und geben Sie eine möglichst kurze Belichtungszeit vor, sodass die Blende auf dem LC-Display nicht blinkt (ansonsten kommt es zu einer Unterbelichtung). In allen anderen Automatikfunktionen wählt die EOS 400D die Belichtungszeit automatisch, sodass Sie nur in der Blendenautomatik direkt die Belichtungszeit vorgeben können.
- Erhöhen Sie bei Bedarf die ISO-Empfindlichkeit, um kürzere Belichtungszeiten realisieren zu können.
- Die Grundlage kurzer Belichtungszeiten ist die Verwendung eines lichtstarken Objektivs.

- Entfernen Sie alle Filter vor dem Objektiv. Selbst ein Klarglasfilter kostet – wenn auch wenig – wertvolles Licht.
- Durch Mitzieheffekte lassen sich Bewegungsunschärfen des Hauptmotivs effektiv vermeiden.

Die Schärfentiefe – das Mittel zur gezielten Unschärfe

Werden Verwacklungs- und Bewegungsunschärfen auch oft als störend empfunden, so ist der gekonnte Einsatz der Schärfentiefe – oder besser der „Unschärfentiefe" – ein wesentliches Gestaltungsmerkmal in der Fotografie.

Hierbei wird ausgenutzt, dass abhängig von Brennweite und Blende nur ein bestimmter Entfernungsbereich vom Objektiv scharf abgebildet wird. Bildelemente, die außerhalb dieses Bereichs liegen, sind auf der Aufnahme unscharf, was z. B. einen störenden Hintergrund optisch verschwinden lässt.

Um sinnvoll mit der Schärfentiefe arbeiten zu können, sind allerdings lichtstarke Objektive Voraussetzung. Die häufig anzutreffenden günstigen, aber lichtschwachen Objektive mit Anfangsblenden von f/3,5 oder noch langsamer lassen viel zu wenig Spielraum für ein kreatives Arbeiten mit der Schärfentiefe. Dies ist ein Grund, warum viele professionelle Optiken Offenblenden von f/2,8 oder noch schneller aufweisen. Insbesondere Porträtobjektive werden meist mit sehr schnellen Öffnungsverhältnissen gebaut, da in dieser Form der Fotografie der gekonnte Einsatz der Schärfentiefe besonders wichtig ist.

Gerade beim Freistellen von Objekten und Personen zeigen sich deutliche Unterschiede zwischen den verschiedenen Objektiven. Selbst bei gleicher Brennweite und Blende unterscheiden sich die Bilder verschiedener Objektive teils deutlich. Dies rührt daher, dass die Form der Blende im Objektiv dafür verantwortlich ist, wie die Unschärfe im Bild wirkt. Optimal

sind kreisförmige Blenden, die aber nur sehr aufwendig und teuer zu fertigen sind. Daher werden in den meisten Fotoobjektiven Irisblenden eingesetzt, bei denen die Blende durch einzelne Lamellen realisiert wird. Je mehr Blendenlamellen ein Objektiv besitzt, desto näher kann die Blende der optimalen Kreisform kommen, und desto gefälliger wird der unscharfe Bildbereich abgebildet.

Die Bildwirkung kontrollieren mit der Schärfentiefevorschau

Die EOS 400D arbeitet, wie alle gängigen Spiegelreflexkameras, mit einer sogenannten Offenblendenmessung. Dies bedeutet, dass zur Belichtungsmessung, Fokussierung und Wahl des Bildausschnitts das Objektiv voll aufgeblendet ist und nur zur eigentlichen Belichtung die Blende auf die eingestellte Blende, die sogenannte Arbeitsblende, abgeblendet wird. Dadurch ist es zunächst nicht möglich, die Schärfentiefe durch einen Blick durch den Sucher vor der Aufnahme zu kontrollieren. Die EOS 400D verfügt jedoch über eine Schärfentiefenprüftaste, mit der das Objektiv jederzeit auf die eingestellte Arbeitsblende abgeblendet werden kann und eine Vorschau der Schärfentiefewirkung möglich ist.

4.2 Die passende Autofokusbetriebsart einstellen

Für ein perfektes Bild ist der perfekte Fokus eine wichtige Voraussetzung. Früher war dazu notwendig, das Objektiv manuell mit einem Blick durch den Sucher zu fokussieren. Dies war, insbesondere bei lichtstarken Optiken, die nur einen geringen Schärfentiefebereich besitzen, nicht immer einfach. Die EOS 400D setzt – wie viele moderne Kameras – die Priorität nicht mehr auf die manuelle Fokussierung. Wer sich noch an alte manuelle Spiegelreflexkameras erinnert, wird feststellen, dass der Sucher der EOS 400D keinen Schnittbildindikator mehr aufweist. Dieser wurde bei modernen Spiegelreflexkameras zugunsten eines helleren und gleichmäßigeren Sucherbildes aufgegeben, schließlich kann die Kamera ja mit dem 9-Punkt-Autofokussystem perfekt fokussieren.

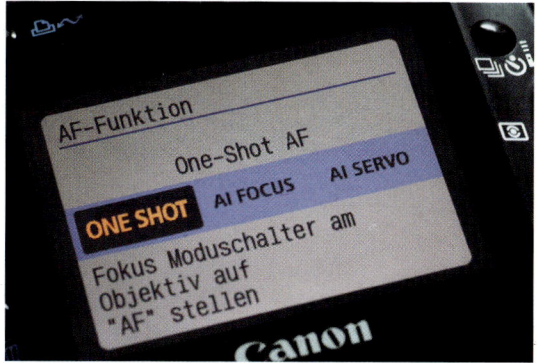

▲ Wurde vergessen, das Objektiv auf Autofokus einzustellen, weist die EOS 400D den Anwender bei der Auswahl der AF-Betriebsart darauf hin.

Dennoch, ganz ohne Vorgaben funktioniert das Autofokussystem auch in der EOS 400D nicht optimal. Meist ist es vorteilhaft, das zu verwendende Autofokusmessfeld fest vorzugeben, statt auf die automatische Auswahl der EOS 400D zu vertrauen. Auch ist es wichtig, die richtige Betriebsart zu wählen, die hauptsächlich vom zu fotografierenden Objekt abhängt.

Für unbewegte Motive: One Shot

Die präziseste und am besten zu kontrollierende Autofokusbetriebsart der EOS 400D nennt sich One Shot. Dabei fokussiert die Kamera immer dann, wenn der Auslöseknopf halb durchgedrückt wird. In dieser Autofokusbetriebsart bestimmt der Fotograf, wann und – falls vorgewählt – auf welches Messfeld fokussiert wird.

Die Betriebsart One Shot ist hauptsächlich für unbewegte Objekte gedacht, z. B. in der Makrofotografie. Aber auch bei Personen, die sich nur wenig bewegen, kann One Shot noch sehr gut eingesetzt werden.

AI Servo – der Nachführautofokus

Ganz anders verhält sich die EOS 400D in der Autofokusbetriebsart AI Servo. Um sich schnell bewegende Objekte aufnehmen zu können, fokussiert die Kamera in dieser Betriebsart ständig nach und ist sogar in der Lage, über die neun Autofokussensoren die Bewegung eines Objekts im Bildfeld zu verfolgen und die Schärfe entsprechend nachzuführen.

Allerdings steigt durch den ständigen Einsatz des Fokussiermotors der Energieverbrauch der EOS 400D deutlich an. Insofern will der Einsatz der Betriebsart AI Servo gut überlegt sein.

Die künstliche Intelligenz der EOS 400D

Die EOS 400D nutzt Methoden der künstlichen Intelligenz (AI = Artificial Intelligence), um die Bewegung von Objekten zu erkennen. Dabei ist die EOS 400D speziell auf Objekte, die sich auf die Kamera zubewegen, ausgelegt und kann deren Bewegung mittels des Predictive Autofocus vorhersagen und den Fokus entsprechend vorstellen. Allerdings kann die EOS 400D nicht zwischen bewegten Objekten und unbeabsichtigten Kamerabewegungen unterscheiden und stellt in beiden Fällen den Fokus nach.

AI Focus – für Spontanbewegungen

Vergleicht man die Vor- und Nachteile von One Shot und AI Servo, könnte man auf die Idee kommen, dass eine Mischung aus beiden gar keine schlechte Idee wäre. Damit könnte einerseits bei unbewegten Objekten präzise fokussiert werden, und dennoch könnten plötzliche Bewegungen gut eingefangen werden. Die EOS 400D verfügt tatsächlich über eine solche Mischbetriebsart, den AI Focus. Solange sich im Bildfeld nichts bewegt, verhält sich die EOS 400D in dieser Betriebsart wie im Modus One Shot. Sobald sich jedoch das Objekt im Bild rührt, startet die Fokusnachführung wie im Modus AI Servo.

4.3 Kontrolle der Bildschärfe

Ein unscharfes Foto lässt sich nachträglich in der Softwarenachbearbeitung nur innerhalb sehr enger Grenzen korrigieren. Hier gilt es – wie für praktisch alle übrigen Qualitätskriterien –, sich bereits während der Aufnahmesituation die maximal mögliche Detailzeichnung zu sichern. Neben einem sorgfältigen Aufbau und der optimalen Kamerakonfiguration kommt der unmittelbaren Bildkontrolle daher eine erhebliche Bedeutung zu.

Ins Bild einzoomen

Die offensichtlichste Möglichkeit einer unmittelbaren Bildkontrolle besteht im Einzoomen auf die 100-%-Vorschau am kcamerainternen Monitor. Nachdem die Playtaste gedrückt wurde, lässt sich über die Vergrößerungstaste recht schnell die höchste Zoomstufe erreichen. Am besten halten Sie die Vergrößerungstaste permanent gedrückt, bis der Zoom anhält und die maximale Auflösung am Monitor erreicht wurde. Details der Randbereiche lassen sich über die Pfeiltasten ansteuern. Doch warum erst die Playtaste drü-

cken, wenn es auch schneller geht? Im Prinzip würde es reichen, nur die Vergrößerungstaste durchzudrücken. Canon hat sich dieses Anwenderwunschs angenommen und zumindest einen Kompromiss an der EOS 400D umgesetzt. Anstelle der Playtaste ist jetzt die Printtaste 🖨~ innerhalb der Bildrückschauzeit unten zu halten und dabei gleichzeitig der Vergrößerungsbutton 🔍 zu bedienen. Das geht etwas flotter als der Umweg über die Playtaste, wenngleich diese Lösung nicht besonders elegant erscheint.

> **Ohne CF-Card Bilder betrachten**
> Anders als an den Vorgängermodellen können Sie an der EOS 400D auch ohne eingelegte CF-Card Bilder längere Zeit betrachten und in sie hineinzoomen. Nützlich ist dies, um z. B. schnell eine Einstellung zu testen, während die CF-Card im Cardreader des PCs Bilddaten überträgt oder an der mobilen Datenstation Aufnahmen gesichert werden.
> Voraussetzung ist die aktivierte Menüeinstellung *Auslö.m/o Card* und eine direkt nach der Auslösung festgehaltene Printtaste.

▲ *Werden die Printtaste (links) und gleichzeitig die Vergrößerungstaste (rechts) heruntergedrückt und gehalten, kann man sich den Umweg über die Playtaste zum Einzoomen sparen. Dieser Weg erfordert zwar die Bedienung zweier Tasten gleichzeitig, ist jedoch schneller als der herkömmliche Weg (über die Playtaste).*

Klarsicht auf den internen Monitor

Besonders bei hellem Umgebungslicht wie etwa an einem sonnigen Tag ist das TFT-Bild nicht immer optimal zu erkennen. Die Kamera kann natürlich mit der Hand abgeschattet werden, oder aber Sie nutzen eine Monitorblende, die mittlerweile auch für die EOS 400D am Markt verfügbar ist (manchmal lassen sich auch Monitorblenden, die für die EOS 30D/5D angeboten werden, nutzen).

Die Helligkeit des kcamerainternen Monitors lässt sich zusätzlich über den Menüpunkt *LCD-Helligkeit* anpassen. Gewöhnlich ist der vorletzte, rechte Markierungspunkt die Minimaleinstellung, um ein gutes Kontrastverhältnis sicherzustellen. Vergessen Sie nicht, diesen Menüpunkt später in dunkleren Umgebungen gegebenenfalls wieder zurückzustellen, damit nicht unnötig Akkupower vergeudet wird.

▲ Eine Monitorblende kann den Kontrast bei einfallendem Licht etwas verbessern. Gleichzeitig dient sie – zugeklappt – auch als Displayschutz gegen Kratzer.

Parfokale Objektive nutzen

Sie können nicht nur nach der Aufnahme am kamerainternen Monitor zur Kontrolle der Bildschärfe einzoomen – es funktioniert bereits vorher. Voraussetzung sind sogenannte parfokale Zoomobjektive, die in allen Brennweitenbereichen die gleiche Scharfstellung beibehalten. Wollen Sie beispielsweise eine Aufnahme mit einem Zoomobjektiv 28-75mm bei 28 mm

durchführen, können Sie zunächst in die Endbrennweite wechseln und dort aufgrund der höheren Vergrößerung das Motiv exakter beurteilen. Haben Sie also bei 75 mm scharf gestellt, wird anschließend die Zielbrennweite (hier 28 mm) gewählt und ausgelöst. Ob Ihre Zoomobjektive parfokal arbeiten, können Sie recht simpel ermitteln:

Stativ einsetzen

Um die Parfokalität Ihres Zoomobjektivs festzustellen, sollten Sie möglichst ein Stativ einsetzen und ein Motiv mit gutem Kontrastverhältnis anvisieren. Ersteres stellt sicher, dass Sie zwischen dem Brennweitenwechsel nicht versehentlich die Motivdistanz verändern, und Letzteres sorgt für einen zuverlässigeren Autofokusbetrieb.

Endbrennweite und AF-Betrieb einstellen

Wählen Sie zunächst die Endbrennweite Ihres Zoomobjektivs und schalten Sie es in den AF-Betrieb. Stellen Sie scharf, sodass der interne Signalton der EOS 400D dies quittiert. Stellen Sie gegebenenfalls im dritten Punkt des Kameramenüs den *Piepton* auf *An*.

▲ Stellen Sie zunächst auf die Endbrennweite und den AF-Betrieb ein.

Startbrennweite und MF-Betrieb wählen

Wählen Sie die kleinste Brennweite an Ihrem Zoomobjektiv und stellen Sie den AF-Schalter am Objektiv in die Position MF.

Wenn Sie jetzt den Auslöser halb durchdrücken, sollte der Signalton zur Bestätigung der Scharfstellung erneut ertönen. In diesem Fall haben Sie ein parfokales Objektiv und können es als Lupe nutzen.

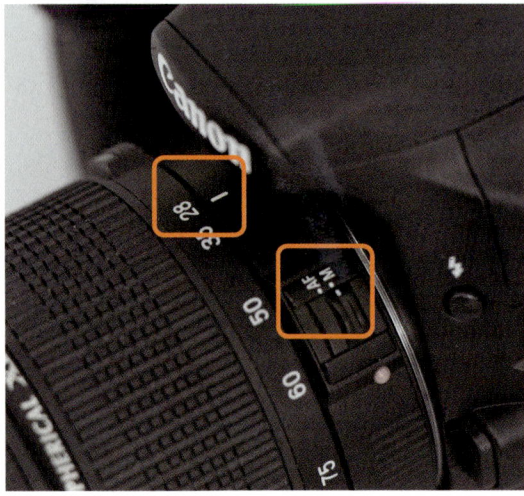

▲ *Im dritten Schritt werden Startbrennweite und MF-Modus eingestellt.*

Vorsicht Falle bei Zwischenringen

Die Parfokalität geht bei Einsatz von Zwischenringen regelmäßig verloren, da solche Objektive auf ein spezielles Auflagemaß (Distanz von Rücklinse zu Bildsensor) abgestimmt sind. Sie müssen in diesem Fall auf das Einzoom-Feature parfokaler Objektive leider verzichten.

Mit dem Notebook die Schärfe kontrollieren

Trotz des vergrößerten TFT-Monitors an der EOS 400D wäre ein noch größeres Display zur Beurteilung der Schärfe hilfreich. Haben Sie beispielsweise ein Notebook und scheuen bei Außenaufnahmen nicht den Transport, steht Ihnen damit ein hervorragendes Mittel zur Sicherung der Auflösungsqualität Ihrer Aufnahmen zur Verfügung. Canon unterstützt Sie bei der Fernbedienung bzw. dem Bilddatentransfer zudem mit dem im Lieferumfang enthaltenen Programm EOS Utility. Mehr Details zur Direktverbin-

▼ *Mit dem Notebook und direkt verbundener EOS 400D lässt sich die Bildschärfe optimal kontrollieren.*

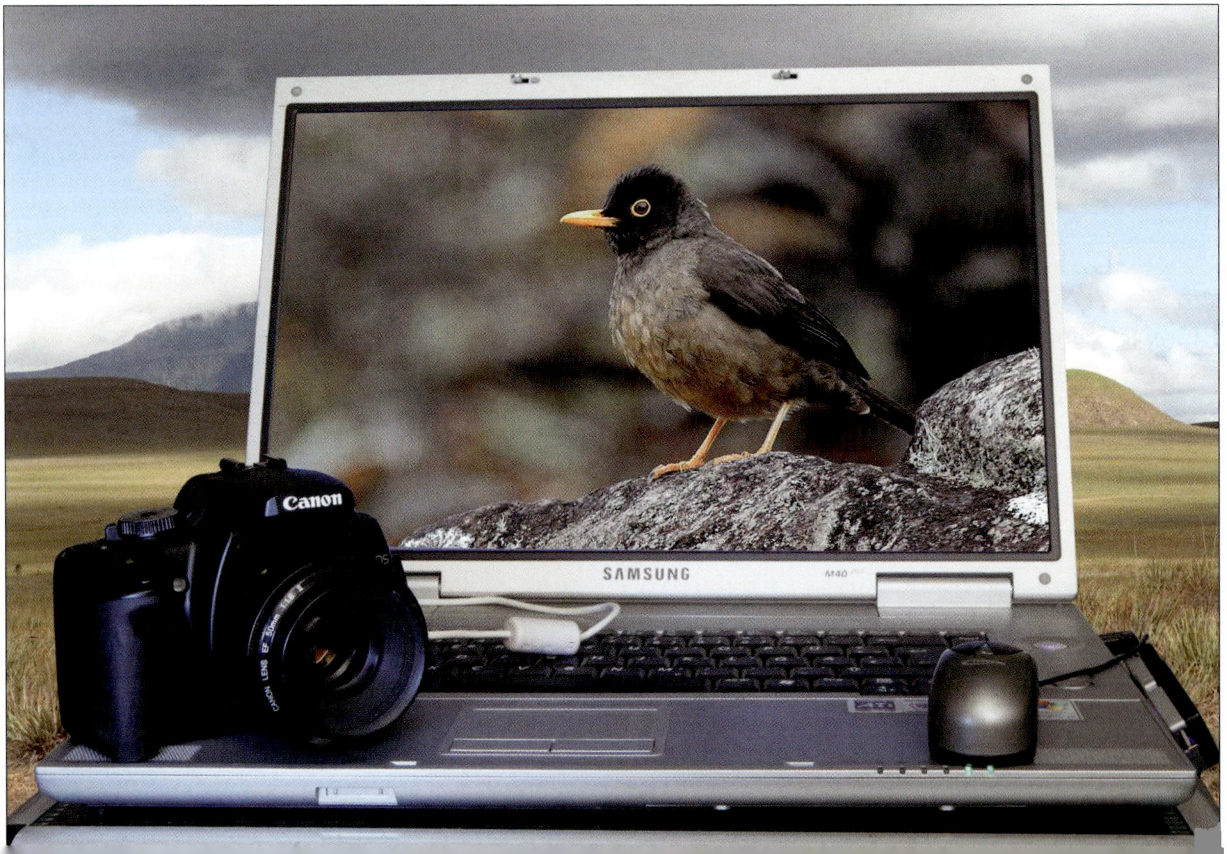

dung von Kamera und Notebook (bzw. PC) gibt es in Kapitel 6.10. Über Tools zur Erhöhung der Bildschärfe erfahren Sie detailliert im Abschnitt 4.9.

4.4 Sicher scharf stellen bei wenig Licht

Eine besondere Herausforderung ist immer wieder die Fokussierung bei schwierigen Lichtverhältnissen. Der Autofokussensor der EOS 400D benötigt bei ISO 100 und 23 °C eine Helligkeit von –0,5 bis 18 LW, um korrekt messen zu können, sodass schon in der Dämmerung die Benutzung des Autofokus immer schwieriger wird, weil immer weniger ausreichend helle und kontrastreiche Objekte zur Fokussierung zur Verfügung stehen.

Beleuchtete Motivdetails anvisieren

Eine einfache Methode, auch bei schwierigen Lichtverhältnissen den Autofokus sicher einsetzen zu können, ist die Nutzung heller Objekte. Diese müssen bei Verwendung der Fokusspeicherung nicht mal im Aufnahmebildfeld liegen. So kann z. B. eine Straßenlaterne in der Nähe des Objekts sehr gut zur Fokussierung der EOS 400D eingesetzt werden.

Dabei ist zu beachten, dass das Autofokusmessfeld fest vorgegeben sein muss, da sich die EOS 400D ansonsten nicht entscheiden kann, welches Messfeld das richtige ist. Stellen Sie am besten das mittlere Autofokusmessfeld ein. Dieses verfügt über einen Kreuzsensor, der sowohl vertikale wie auch horizontale Kontraste zur Fokussierung nutzen kann. Alle anderen Fokusmessfelder verfügen dagegen lediglich über Liniensensoren, sodass diese nur entweder vertikale oder horizontale Kontraste erkennen können.

Ganz nebenbei ist der Kreuzsensor im mittleren Autofokusmessfeld auch noch etwa eine Blendenstufe empfindlicher als die Liniensensoren in den anderen

Messfeldern und kann daher auch in dunkleren Situationen noch eingesetzt werden.

▲ Um für dieses Bild die automatische Fokussierung nutzen zu können, wurde eine der Leuchten im mittleren Bildbereich fokussiert.

Anzeigen und Messfelder sind nicht immer deckungsgleich

Die im Sucher angezeigten Messfeldrahmen stimmen meist nicht 100 % exakt mit den Sensoren überein. Dies liegt daran, dass die Sensoren im Kameraboden eingebaut und die Rahmen in das Display eingeätzt sind. Probieren Sie daher mit Ihrer Kamera an einem hellen Objekt wie einer Straßenlaterne aus, wo genau die Sensoren bezogen auf die angezeigten Messfeldrahmen liegen.

Selbst in schwierigen Situationen wie dieser Feuerwerksaufnahme kann der Autofokus der EOS 400D eingesetzt werden. Dabei sollte aber unbedingt der mittlere Kreuzsensor fest eingestellt sein und auf einen hellen Bereich fokussiert werden.

Probleme bei völlig dunklen Motiven umgehen

Schwierig wird die Fokussierung dann, wenn keine hellen Lichtquellen mehr zur Verfügung stehen, zum Beispiel bei der Aufnahme des Nachthimmels, bei nächtlichen Landschaftsaufnahmen oder bei Locations, die durchgängig sehr schwach beleuchtet sind.

Im Nahbereich das Autofokushilfslicht nutzen

▲ Das eingebaute Blitzgerät der EOS 400D kann zur Unterstützung der Fokussierung bei geringem Umgebungslicht Hilfsblitze abgeben.

Bei Objekten im Nahbereich bringt schon die EOS 400D das passende Hilfsmittel mit: das Autofokus-(AF-)Hilfslicht. Bei ausgeklapptem Blitz und Autofokusbetrieb leuchtet der Blitz zur Fokussierung stroboskopartig auf und erhellt nahe Objekte. Noch besser als der eingebaute Blitz funktionieren externe Blitz-

geräte, die meist ein leistungsfähigeres AF-Hilfslicht mitbringen. Das rote Hilfslicht externer Blitzgeräte projiziert zudem ein dezentes, mit Mustern versehenes Rotlicht und ist bei kontrastarmen Flächen praktisch.

Taschenlampen und andere künstliche Lichtquellen

Die Reichweite des AF-Hilfslichts der EOS 400D und der externen Blitzgeräte beträgt nur wenige Meter, sodass in vielen Situationen dieses nicht ausreichend ist. Hinzu kommt, dass im extremen Nahbereich, z. B. bei Makroaufnahmen, das AF-Hilfslicht häufig durch das Objektiv abgeschattet wird.

Mit einer einfachen Taschenlampe, die locker in jedes Fotogepäck passt, kann diese Abschattung vermieden und das gewünschte Objekt zur Fokussierung ausgeleuchtet werden. Stärkere Taschenlampen erlauben es auch, weiter entfernte Objekte zur Fokussierung zu nutzen.

▲ Eine kleine Taschenlampe – hier mit Rotfilter – ist ein nützliches Werkzeug und sollte in keiner Fotoausrüstung fehlen.

Zusätzlich können Taschenlampen auch zur Ausleuchtung kleiner Objekte bei Nacht oder zur Aufhellung bei Gegenlichtsituationen tagsüber eingesetzt werden.

Daher sollten eine oder zwei Taschenlampen im Fotogepäck nie fehlen. Bei Nachtaufnahmen bietet es sich an, für eine Taschenlampe einen Rotfilter bereitzuhalten, um diese zur Kameraeinstellung einsetzen zu können. Rotlicht stört die Dunkeladaption des Auges deutlich weniger als Weißlicht, reicht aber zur Fokussierung und zur Bedienung der EOS 400D meist völlig aus.

Hyperfokaldistanz als Scharfstellhilfe nutzen

Nicht immer soll der Fokuspunkt bei Nachtaufnahmen auf nahe Objekte gelegt werden. Bei größeren Objektentfernungen wie bei Landschaftsaufnahmen oder Aufnahmen des nächtlichen Sternenhimmels helfen auch keine noch so hellen Taschenlampen bei der Fokussierung. In diesen Fällen hilft oft die Kenntnis der Hyperfokaldistanz. Diese beschreibt die Fokuseinstellung, bei der ein möglichst großer Tiefenbereich bis hin zum Unendlichen scharf abgebildet wird. Das Objektiv wird dann auf die Hyperfokaldistanz eingestellt und der gesamte Bereich von der halben Hyperfokaldistanz bis unendlich wird scharf abgebildet.

> **Unendlichfokussierung mit L-Objektiven**
> Moderne Autofokusobjektive verfügen über keinen Unendlichanschlag mehr, damit sie zusätzlichen Spielraum zum Temperaturausgleich gewinnen. Canons L-Objektive weisen stattdessen eine Unendlichmarkierung auf, bei der die Einstellung des Objektivs auf unendlich bei gemäßigten Temperaturen sehr einfach möglich ist.
>
>

Die Hyperfokaldistanz ist abhängig von der Brennweite, der Blende und dem Zerstreuungskreisdurchmesser und errechnet sich nach der Formel

$$b^2 / f * z$$

wobei b = Brennweite, f = Blende und z = Zerstreuungskreisdurchmesser (0,019 mm für die EOS 400D) ist.

> **Näherungswerte für die Hyperfokaldistanz**
> In der Praxis kann statt mit aufwendigen Berechnungen meist auch mit Näherungswerten sehr erfolgreich gearbeitet werden.
>
> | Objektiv | Hyperfokaldistanz |
> | --- | --- |
> | Weitwinkel | 6 m |
> | Normalobjektiv | 12 m |
> | leichtes Tele (f ~ 100 mm) | 120 m |
> | Tele (f ~ 300 mm) | 1.200 m |

4.5 Wann die Spiegelvorauslösung (SVA) wichtig wird

Unschärfen durch Verwackler sind ein Übel, das man mit einer kurzen Belichtungszeit, dem Stativ oder dem Bildstabilisator bekämpft. Verwacklungsunschärfen, die durch Betätigen des Auslöser entstehen, lassen sich durch Einsatz eines Fernauslösers oder der Selbstauslöserfunktion ausmerzen. Doch es verbleibt eine Erschütterung, die ebenfalls zu weniger detaillierten Aufnahmen führt und zum Problemfall werden kann: Der Spiegel im Gehäuse schwingt unmittelbar vor der Aufnahme zurück, um den Bildsensor freizulegen, und versetzt den Body dadurch kurzzeitig in Schwingungen.

Um dieses Problem zu umgehen, hat Canon der EOS 400D den Individualparameter 07 (dort etwas holprig bzw. missverständlich als Spiegelverriegelung bezeichnet) spendiert. Wird er aktiviert, klappt bereits vor der Aufnahme der Spiegel im Body zurück. Damit wird jedoch der Blick durch den Sucher verdunkelt und die Serienbildfunktion blockiert. Außerdem erfordert er das zweimalige

Den Selbstauslöser beschleunigen

Erst nach 10 Sekunden löst die EOS 400D im Selbstauslösermodus aus (wird über den Button ISO/Drive angewählt). Diese Zeit ist etwas zu lang, wenn man den Selbstauslöser anstelle eines Fernauslösers verwenden möchte, um Verwacklungsunschärfen zu reduzieren. Wird jedoch die Spiegelvorauslösung aktiviert (Parameter 07 auf 1), verkürzt sich automatisch die Vorlaufzeit von 10 auf 2 Sekunden!

Durchdrücken des Auslösers. Dieser Einschränkungen wegen ist es ratsam, ihn nur von Fall zu Fall einzusetzen und nicht permanent zu aktivieren.

Zeitfenster der Erschütterungen

Das Ausmaß der Erschütterung wirkt sich nicht konstant auf alle Brennweitenbereiche und auch nicht innerhalb jeder gewählten Belichtungszeit aus. Kennen Sie die optimale Kombination aus Brennweite und Zeit, bleiben Ihnen die genannten Einschränkungen

▼ *Der Schärfegrad einer Aufnahme sinkt bei größerer Brennweite ohne aktivierte Spiegelvorauslösung zwischen 0,3 und 1/25 Sekunde deutlich ab. Erst Aufnahmen ab 4 Sekunden und länger oder unterhalb von 1/100 Sekunde bleiben von Erschütterungen durch den Spiegelschlag weitgehend unbeeinflusst. Der Schärfegrad ist hier eine subjektive Einschätzung von 5 = scharf bis 0 = wenig scharf und ist vom jeweils eingesetzten Objektiv abhängig. Das Unschärfeverhältnis bleibt jedoch vom eingesetzten Objektiv unabhängig.*

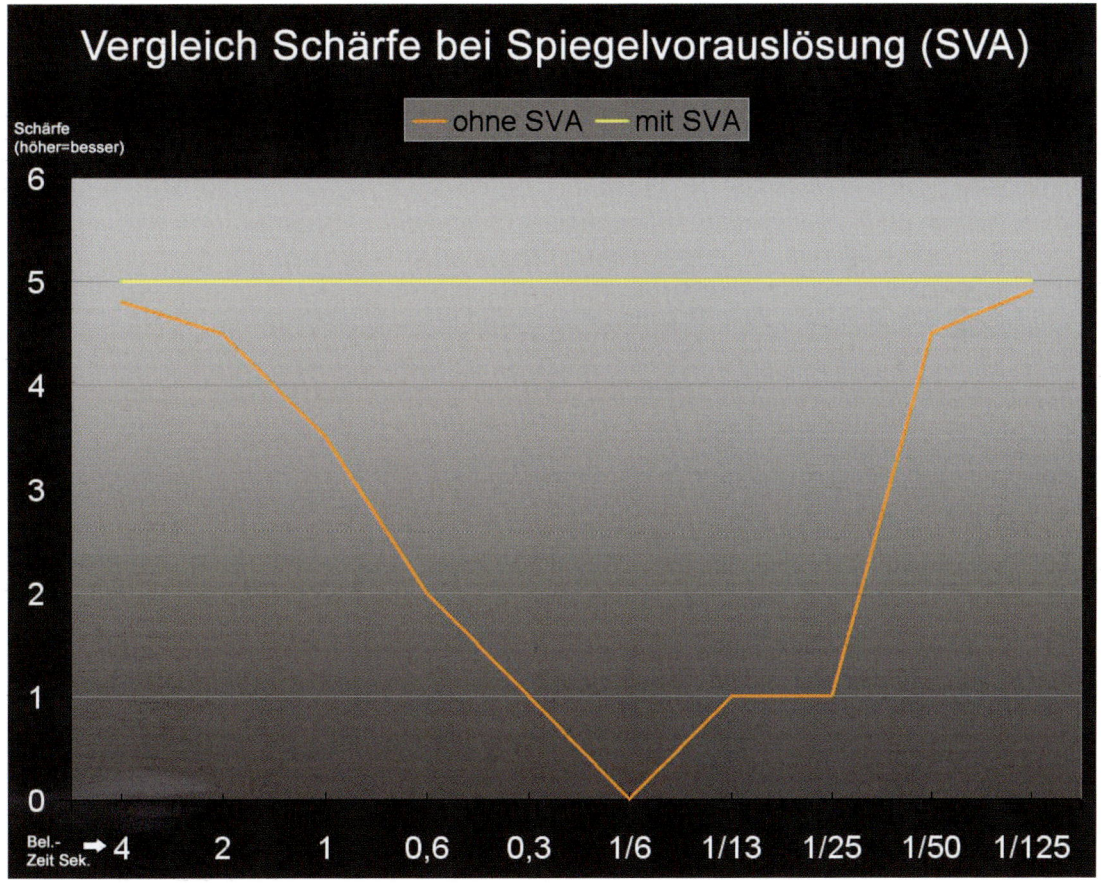

Vergleich Bildschärfe
mit und ohne Spiegelvorauslösung

Belichtungs-zeit	mit SVA	ohne SVA
2 Sek.		
1/6 Sek.		
1/25 Sek.		
1/50 Sek.		

▲ *Der Vergleich dieser 100 % aufgelösten Ausschnitte zeigt, dass ohne Spiegelvorauslösung bei 1/6 Sekunde (200 mm Brennweite) besonders hohe Unschärfen zu verzeichnen sind.*

Perfekte Bildschärfe realisieren

erspart, und Sie können vielfach auf die Spiegelvorauslösung verzichten.

Die Zeit, die der Spiegelschlag das Gehäuse in Schwingungen versetzt, lässt sich rein rechnerisch ermitteln. Im Serienbildmodus schwingt der Spiegel dreimal pro Sekunde vor und zurück. Die einzelne Schwingdauer beträgt also rund 1/6 Sekunde. Leerlaufzeiten und Ausschwingphase kompensieren sich in etwa, sodass Aufnahmen mit 1/6 Sekunde aller Wahrscheinlichkeit nach besonders unscharf werden. Experimentell bestätigt sich die besonders kritische Zeit: Aufnahmen in diesem Zeitbereich zeichnen sich durch die vergleichsweise höchsten Unschärfen aus.

Wird die Belichtungszeit verkürzt oder weiter verlängert, sinkt der Anteil an Verwacklungsunschärfen durch den Spiegelschlag proportional ab. Bei längeren Belichtungszeiten ≥ 4 Sekunden ist der Unschärfeanteil praktisch nicht mehr nachweisbar. Belichtungszeiten kürzer als 1/50 Sekunde schneiden sich aus dem unscharfen Zeitfenster nur eine kleine Scheibe heraus, sodass auch hier praktisch keine Nachteile durch Unschärfen zu erwarten sind. Einfluss nimmt jedoch auch die eingesetzte Brennweite des Objektivs.

Brennweite und SVA

Je größer die eingesetzte Objektivbrennweite, umso stärker wirken sich Unschärfen durch Verwackler aus. Die Faustformel, nach der sich noch unverwackelte Aufnahmen aus der Hand aufnehmen lassen, ist bekanntlich der Kehrwert der Brennweite in Sekunden (es lassen sich also bei 50 mm noch bei 1/50 Sekunde und kürzer scharfe Aufnahmen realisieren). Dieses Prinzip gilt auch für den Spiegelschlag: Je länger die Brennweite, umso ungünstiger wirken sich die Schwingungen auf die Aufnahme aus. Dabei verhält es sich ähnlich wie mit einem Hebel, der mit

zunehmender Länge eine umso größere Hebelwirkung zeigt. Experimentell lässt sich ermitteln, dass Unschärfen ab Brennweiten oberhalb von 100 mm augenscheinlich werden. Bei angesetzter Telebrennweite sollte also ab Belichtungszeiten unter 1 Sekunde oder länger als 1/100 Sekunde der Individualparameter 07 auf 1 gestellt werden.

▲ Ohne aktivierte Spiegelvorauslösung zeigt die untere Aufnahme bei 200 mm und 1/6 Sekunde erheblich mehr Unschärfen als oben bei gleicher Belichtungszeit, jedoch mit 70 mm Brennweite aufgenommen.

Faustregel für die SVA
Um sich die Zeiten und Brennweiten leicht einzuprägen, merken Sie sich die Zahl 100. Brennweiten oberhalb von 100 mm sind für den Spiegelschlag anfällig. Bei Belichtungszeiten, die länger als 1/100 Sekunde andauern, treten die Unschärfen durch den Spiegelschlag ebenfalls auf (bis etwa 2 Sekunden).

SVA und Aufnahmen aus der Hand

Die Spiegelvorauslösung ist für Aufnahmen aus der Hand weitestgehend irrelevant. Der Unschärfeeffekt durch den Spiegelschlag zeigt sich erst ab Brennweiten oberhalb von 100 mm und Belichtungszeiten, die länger als 1/100 Sekunde dauern. Nach der Faustformel sind jedoch Aufnahmen zumindest ohne Bildstabilisator aus der Hand praktisch nicht mehr verwacklungsfrei für diese Kombination zu handhaben, sodass sie allein durch die Handverwackler schon unscharf würden.

Die kritische Zeit um 1/6 Sekunde herum ist auch mit Einsatz eines Bildstabilisators oberhalb von 100 mm Brennweite in den meisten Fällen nicht mehr verwacklungsfrei aus der Hand erreichbar (moderne Bildstabilisatoren können in der Regel bis zu 3 Blendenstufen kompensieren; für z. B. 300 mm wäre also verwacklungsfrei ohne IS 1/300 Sekunde erforderlich; zieht man drei Blendenstufen ab, wäre noch immer rund 1/10 Sekunde recht unkritisch für den Spiegelschlag).

Kombination Bildstabilisator (IS) und SVA

Wird das Stativ eingesetzt, kann ein aktiver Bildstabilisator hilfreich sein, da er den Spiegelschlag etwas

▼ *Die schärfste Stativaufnahme gelingt in der Kombination IS aus, SVA ein. Am Stativ löst die Variante IS ein, SVA aus höher auf als IS ein und SVA ein. Prämisse: Eine lange Brennweite und ein Belichtungszeitfenster für den kritischen Spiegelschlag werden gewählt. Aufnahme mit dem Canon 300mm/4,0 L IS USM bei 1/6 Sekunde.*

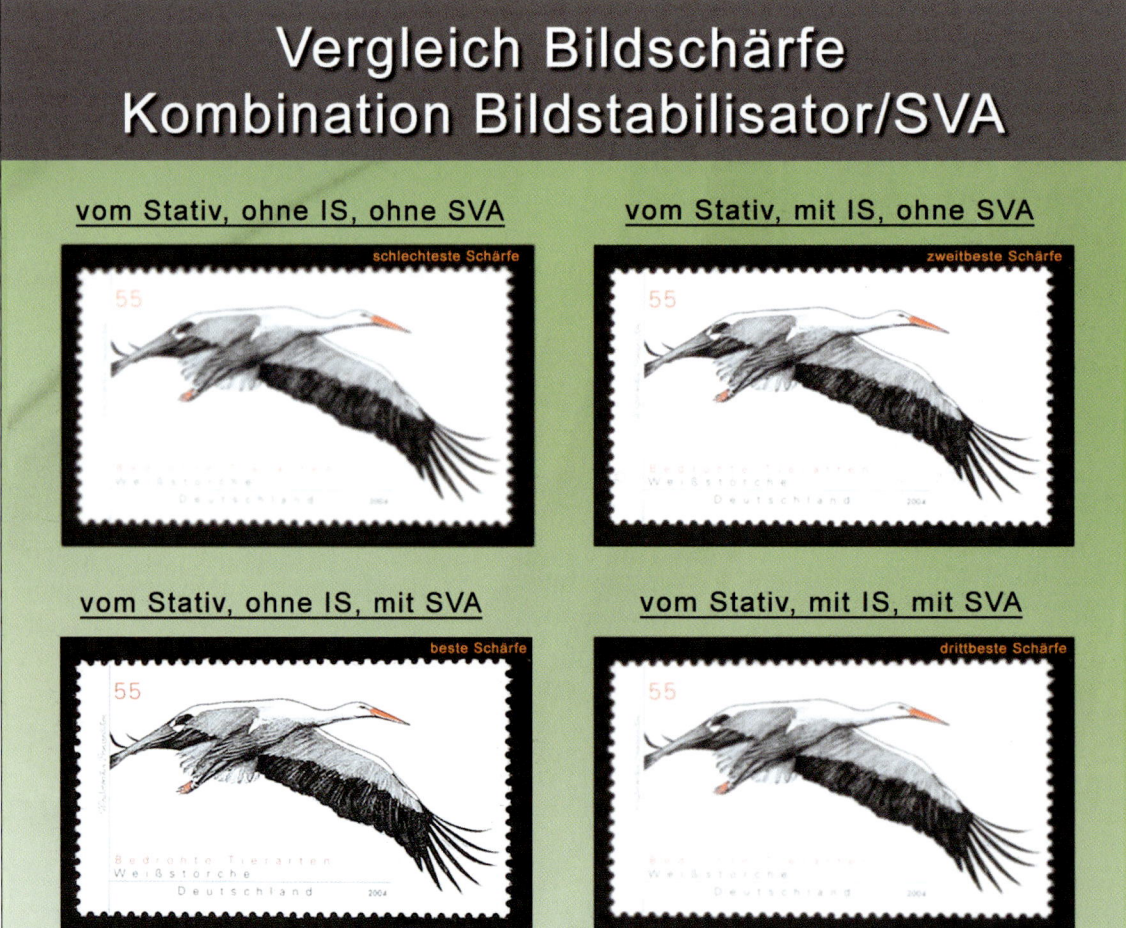

abdämpft. Der IS ist jedoch hauptsächlich für Aufnahmen aus der Hand optimiert, und sein Giroskop sorgt für Eigenbewegungen, die am Stativ für leichte Unschärfen sorgen (Ausnahme: Bildstabilisatoren neuster Generation erkennen die Stativmontage und schalten sich ab).

Es empfiehlt sich daher, lieber auf den Bildstabilisator am Stativ zu verzichten, wenn die Spiegelvorauslösung aktiviert wird. Sollen jedoch Serienbilder aufgenommen werden, ist der aktive Bildstabilisator am Stativ im für den Spiegelschlag anfälligen Zeitfenster durchaus empfehlenswert, wenngleich Canon in der Bedienungsanleitung zu IS-Objektiven meist davon abrät.

4.6 Lösungen bei Autofokusproblemen

Die Vorteile des Autofokus liegen nicht nur in der Einstellgeschwindigkeit, sondern – ein korrekt justiertes System vorausgesetzt – oft auch in der Genauigkeit beim Scharfstellen. Canon hat bereits 1987 die Vorzüge erkannt, und anstatt den Antriebsmotor ins Kameragehäuse zu verbauen, wurde er auf den Objektivtubus verlagert. So sorgt ein individuell auf das Gewicht der zu verschiebenden Linsengruppen maßgeschneiderter Motor für die optimale Geschwindigkeit im jeweiligen Objektiv.

Mit dem Siegeszug des Autofokus gingen weitere Designveränderungen an Objektiven und am Kamerainnenleben einher. Die Schnittbildindikatoren, wie sie bei manuellen Spiegelreflexkameras als Fokussierhilfe im Sucher üblich waren, verschwanden zum Großteil ebenso wie die meisten manuellen Objektive vom Markt.

Das Prinzip hinter dem Autofokus

Der Glaube an nahezu uneingeschränkte Möglichkeiten durch die neue Technik brachte verschiedene

Systeme auf den Markt, wobei sich an den Canon-Kameras das Phasendetektionsprinzip durchsetzte. Dieses passive System – im Gegensatz zu rein kontrastbasierten oder aktiven Systemen mit Aussendung eines Messleitstrahls – zerlegt das Bild in zwei Teilbilder, die auf je einen Sensor geleitet werden. Auch wenn noch keine Scharfstellung erzielt wurde, misst das System den Kontrast des Motivs und ermittelt den Abstand der höchsten Kontrastberge im Wellenmuster.

Der Abstand der Wellenkämme wird mit einem fest einprogrammierten Idealwert abgeglichen und die Längendifferenz in Form von Steuersignalen an das Objektiv zur Scharfstellung übertragen.

Gegenüber den rein kontrastbasierten Fokussystemen beispielsweise der digitalen Kompaktkameraklasse ist diese phasenbasierte Fokussierung durch Direktansteuerung deutlich schneller, da nicht mehr die gesamte Fokussierstrecke durchfahren werden muss, bis der höchste Kontrast ermittelt wurde.

▲ Die Autofokussensoren sitzen unten im Body der 400D und erhalten das Licht vom Hinterspiegel, noch bevor der Rückschwingspiegel zum Auslösen hochklappt. Ermöglicht wird dies durch eine teildurchlässige Fläche im Rückschwingspiegel (60 : 40 % teildurchlässig).

Autofokus mit Phasendifferenz

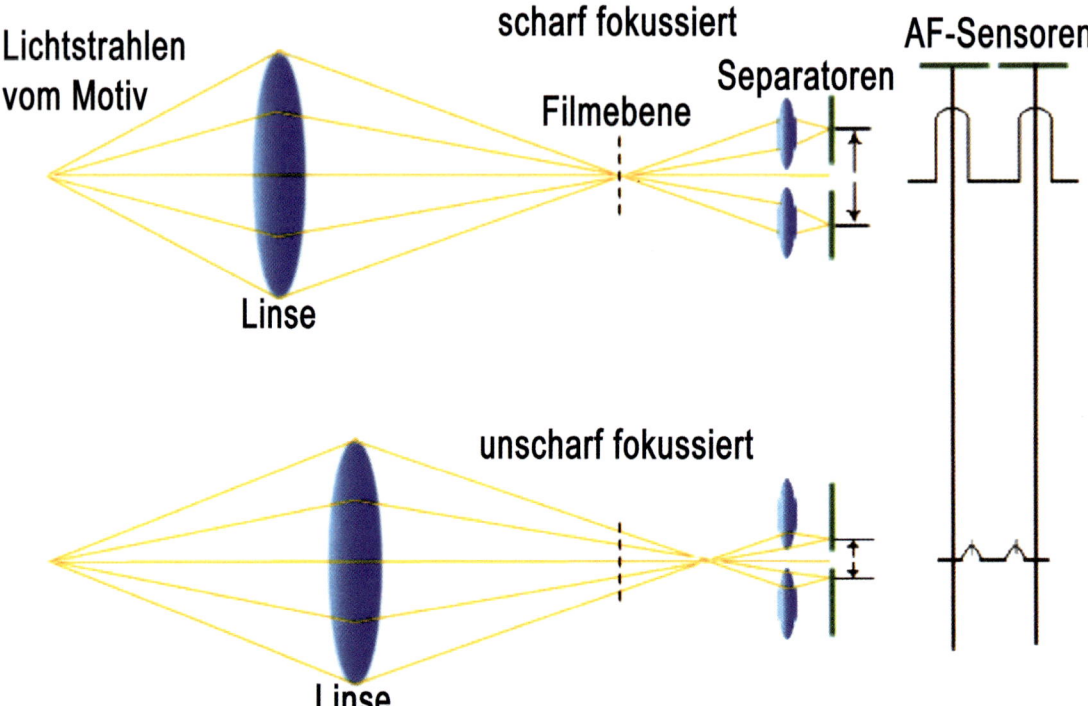

Lichtstrahlen vom Motiv

Linse

scharf fokussiert

Filmebene

Separatoren

AF-Sensoren

unscharf fokussiert

Linse

▲ *Prinzip der Phasendetektion: Zwei Separatorlinsen splitten das Bild in zwei Teile. Bei gleicher Helligkeitsverteilung erkennt der AF-Sensor auf Scharfstellung.*

Problemfälle inklusive

Regelmäßige Muster, zu wenig Umgebungslicht oder kontrastarme Motive können das Autofokussystem jedoch aus dem Takt bringen. Der Objektivtubus pumpt in solchen Fällen ziellos vor und zurück, bis die EOS 400D schließlich aufgibt und zudem den Auslöser blockiert. Kein Grund, dem AF-System enttäuscht den Rücken zuzukehren. Oft finden sich Lösungen aus dem Scharfstelldilemma; manchmal – beispielsweise bei Dejustierungen – führt der Weg jedoch gegebenenfalls in die Canon-Vertragswerkstatt,

Regelmäßige Muster vermeiden

Gleichmäßige Muster fallen quasi durch die Maschen des Autofokussystems. Auf den CMOS-AF-Sensor wird ein Wellenmuster projiziert, das vom einge-

▲ *Natürliche Motive bieten – trotz mancher Symmetrien wie bei dieser Blüte – genügend Varianzen, sodass sie dem Autofokusmodul in der Regel keine Probleme bereiten. Zäune oder gleichmäßige Fassaden sind dagegen schwierigere Motive, bei denen der Autofokus manchmal nicht scharf stellen kann.*

Perfekte Bildschärfe realisieren

speisten Vergleichssignal als Scharfstellungsoptimum interpretiert wird. Folglich stoppt der Autofokus auch in Positionen, die nicht den höchsten Schärfegrad aufweisen. Typische Fälle sind regelmäßig gestaltete Fassaden, Fensterfronten oder Zäune. Hier hilft nur der manuelle Fokus, den Sie über den AF-Schalter am Objektiv erreichen.

Umgang mit den AF-Feldern

Vorausgesetzt, Sie befinden sich in einem der Kreativprogramme, lassen sich über die Taste zur AF-Messfeldwahl ⊞ rechts oben am Body entweder alle AF-Messfelder oder bestimmte – wie etwa das zentrale AF-Feld – für die Scharfstellung auswählen.

> **Schärfe bei außermittigen AF-Feldern**
> Sie finden in Kapitel 3.2 im Abschnitt „Schärfe und Licht bei außermittigen AF-Feldern optimieren" Tipps und eine Step-by-Step-Anleitung zur praktischen Verwendung der AF-Felder.

Liegt keine Tiefe im Motiv vor, weil Sie beispielsweise ein Bild an der Wand abfotografieren, können Sie ohne Weiteres sämtliche AF-Felder aktivieren, und die EOS 400D sucht sich selbstständig ausreichend kontrastreiche Motivdetails aus der Gesamtszenerie. Haben Sie es jedoch – wie es meist der Fall ist – mit einem räumlichen Motiv zu tun, wählt die Kamera ein beliebiges Detail, das womöglich nicht Ihren Vorstellungen vom idealen Scharfstellpunkt entspricht. Um diesem Problem aus dem Weg zu gehen, nutzen ambitionierte Anwender regelmäßig das zentrale AF-Feld.

Dieses Feld ist als Kreuzsensor ausgelegt, besonders lichtempfindlich und kommt daher auch noch mit recht schwachem Umgebungslicht zurecht. Canon hat an der EOS 400D die Auswahl der AF-Felder vereinfacht. Sie lassen sich jetzt auch direkt über die Pfeiltasten ansteuern, wenn die Individualfunktion 01 mit dem Wert 4 vorbelegt wird. Dabei kann es jedoch

zu Konflikten mit den übrigen – ansonsten den Pfeiltasten zugeordneten – Funktionen kommen. Wir zeigen daher anhand eines Workshops den optimalen Umgang mit dieser Schnellzugriffsmöglichkeit:

Step by Step: Direktsteuerung der AF-Felder über die Pfeiltasten

Per Direktzugriff können Sie mit den Pfeiltasten die AF-Felder erheblich schneller als über die ansonsten dafür vorgesehene AF-Messfeldwahltaste nutzen:

Individualfunktion konfigurieren

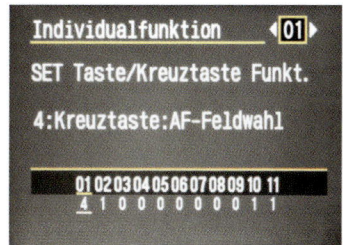

Wählen Sie am Moduswahlrad 🔅- ein Kreativprogramm (in der Regel dürfte Av geeignet sein). Drücken Sie die MENU-Taste und wählen Sie im ganz rechten Register den dritten Menüpunkt *Individualfunktionen (C.Fn)* aus. Steuern Sie über die Pfeiltasten oder das Hauptwahlrad die Individualfunktion 01 an. Wechseln Sie in die Auswahl mit der SET-Taste und wählen Sie dort den Menüpunkt *4: Kreuztaste:AF-Feldwahl* an. Bestätigen Sie die Eingabe mit der SET-Taste.

Die Pfeiltasten zur AF-Feldwahl nutzen

eingeblendete Zeit

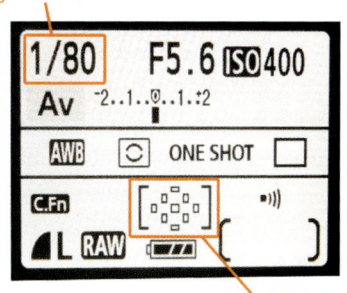

Messfeld-Info

Sie können jetzt über die Pfeiltasten das aktive Auto-fokusfeld (im Sucher durch die eingeblendeten Recht-ecke repräsentiert) direkt ansteuern. Die Vorwahl wird Ihnen auf dem LC-Display auf der Messfeldinfo (s. o.) angezeigt. Wichtig: Nur solange die Belich-tungszeit eingeblendet wird (s. o.), sind die Pfeiltas-ten für die AF-Feldwahlsteuerung verwendbar. Nach 4 Sekunden erlischt sie wieder, und die Pfeiltasten er-halten ihre Ursprungsfunktion zurück. Wollen Sie die Belichtungszeit wieder einblenden, tippen Sie den Auslöser kurz an. Um zwischen allen und einzelnen AF-Feldern zu wechseln, drücken Sie – anstelle der Pfeiltasten – den Button zur AF-Messfeldwahl 🔳.

▲ Sobald die Belichtungszeit auf dem LC-Display erloschen ist (wird oben links eingeblendet), lassen sich die Pfeiltasten mit den gewohnten Funktionen wieder nutzen. Um die Direktsteu-erung für die AF-Feldwahl zu reaktivieren, reicht ein Antippen des Auslösers.

Probleme mit den Zeilensensoren umgehen

Die AF-Felder haben in ihrem rechteckigen Erschei-nungsbild eine Bedeutung. Im Zentrum steckt der quadratisch markierte Kreuzsensor, der sowohl ho-rizontale als auch vertikale Linien erkennen kann und damit die meisten Kontraste erfasst. Die außer-mittigen AF-Felder stehen oder liegen als Rechtecke und verfügen lediglich über einen Zeilensensor. Da-mit erkennen sie entweder horizontale oder aber vertikale Kontrastlinien. Dies führt häufiger als beim zentralen Kreuzsensor zu Problemen bei der Scharf-stellung. Insbesondere im Umfeld des Menschen und seiner Vorliebe für gerade Linien versagen die peri-pheren AF-Felder gern einmal.

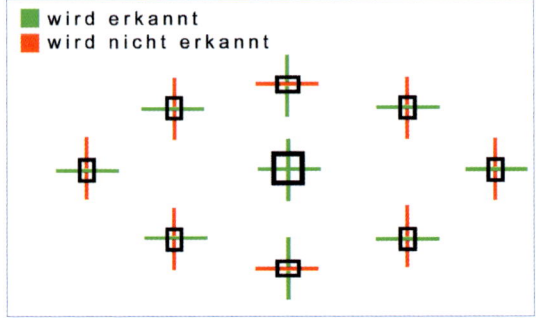

▲ Die außermittigen AF-Sensoren erkennen entweder nur hori-zontale oder nur vertikale Linien.

Die jeweils drei ganz linken und rechten AF-Felder stehen aufrecht und können nur gegen diese Richtung verlaufende Kontrastlinien erkennen. Oberhalb und unterhalb des zentralen AF-Felds liegen die AF-Recht-ecke flach. Sie erkennen nur – gegen diese Richtung verlaufende – senkrechte Kontraste.

▲ Mit solch geraden Linien wie den Schubladengriffen kommen die oberen und unteren AF-Felder nicht klar. Um sie dennoch erfolgreich einzusetzen, kann die Kamera z. B. ins Hochfor-mat geschwenkt oder das zentrale AF-Feld verwendet wer-den.

Treten Probleme mit den peripheren AF-Feldern auf, weil die Kontraste nicht entgegengesetzt zur Morphologie des Rechtecks verlaufen, können Sie Ihre EOS 400D beispielsweise ins Hochformat oder umgekehrt – falls die Anmessung im Hochformat Probleme bereitet – ins Querformat schwenken und erneut den Auslöser halb durchdrücken. Die Messung sollte jetzt keine Schwierigkeiten mehr bereiten. Alternativ können Sie auch mit dem zentralen AF-Feld arbeiten und anschließend einen Kameraschwenk durchführen. Im Nahbereich können hierbei jedoch leicht Verschwenkungsunschärfen entstehen.

Hilfe bei Front- und Backfokusproblemen

Die Begriffe Back- bzw. Frontfokus geistern zeitweise durch die einschlägigen Internetforen und versetzen die Fotografengemeinde in Aufregung. Der Alarm zieht manchmal so weite Kreise, dass ein Kameramodell wie beispielsweise die EOS 10D seinerzeit in Verruf kam, generell Probleme im Autofokusbetrieb zu haben. Neidvoll werden dann die Blicke auf die vermeintlich problemfreien Schwestermodelle geworfen, bis die Meinungswelle auch diese erfasst und ein Heer von Canon-Usern loszieht, um das eigene Schmuckstück auf Herz und Nieren – Front- und Backfokus – zu prüfen.

Der Auslöser dieser zeitweiligen Massenhysterie ist allerdings nicht ausschließlich gruppenpsychologischer Natur, sondern die Wurzel des Übels kann auch physikalische Gründe haben.

Dann nämlich, wenn Sie bei besten Lichtbedingungen von Ihrer Fototour heimkehren und bei der Auswertung feststellen müssen, dass ein Großteil der Aufnahmen im Autofokusbetrieb aufgrund mangelnder Detailschärfe unbrauchbar sind. In diesem Fall heißt es Ursachenanalyse zu betreiben, bei der wir Ihnen nachfolgend die brauchbarsten Methoden vorstellen.

Grundvoraussetzungen für den Autofokustest

Um den Autofokus gewissenhaft zu testen, muss zweifelsfrei festgestellt werden, dass die Problemursachen nicht in Verwacklungs- oder Bewegungsunschärfen zu finden sind.

Checkliste zur Testvorbereitung

Zur Testdurchführung benötigen Sie:

- ein stabiles Stativ,
- einen Fernauslöser (alternativ kann der Selbstauslöser aktiviert werden),
- bei größeren Brennweiten ausreichend Platz in windgeschützten Innenräumen, um die Mindestdistanz zur Fokussierung einhalten zu können, sowie
- eine plane Testvorlage.

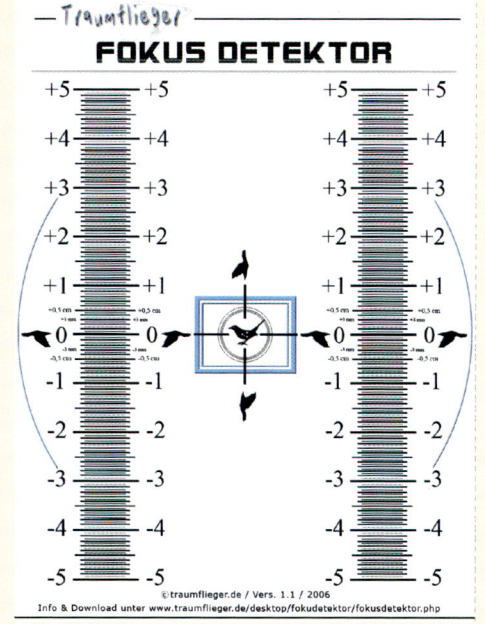

▲ Eine alternative und schnelle Testmöglichkeit für den Autofokus ist ein spezielles Chart, das Sie unter http://www.traumflieger.de/desktop/fokusdetektor/fokusdetektor.php herunterladen können.

Wichtigste Voraussetzung für die vorgestellten Testverfahren sind daher ein stabiles Stativ und ein Fernauslöser (alternativ kann auch der Selbstauslöser benutzt werden), mit denen ein unbewegliches Testmotiv in windgeschützten Innenräumen abgelichtet wird. Zusätzlich sollten Sie die Spiegelvorauslösung aktivieren, um Erschütterungen durch den Spiegelschlag auszuschließen (Individualeinstellungen, Parameter 7 auf 1).

> **Warum der Autofokus versagt**
>
> Die Genauigkeit des Autofokus hängt von verschiedenen Faktoren ab. Liegen jedoch die Grundvoraussetzungen wie ausreichende Beleuchtung und ein kontrastreiches Motiv vor, spielt die geringe Schärfentiefe bei großen Brennweiten besonders im Nahbereich bei Offenblende eine wichtige Rolle. Hier kann die Fräsung im Schneckengang des Objektivs nicht fein genug sein bzw. etwas Spielraum haben, sodass es zu einer Fokussiervarianz kommt, die teilweise Ungenauigkeiten nach sich zieht.
>
> Ein weiteres Problem kann aufgrund von leichten Dejustierungen im Objektiv oder Kameragehäuse (die Position des Hinterspiegels hat sich gegebenenfalls etwas verschoben) auftreten, die von den Canon-Werkstätten entweder manuell oder über den USB-Bus durch angepasste Offsetwerte über eine spezielle Software korrigiert werden.

Step by Step: So wird der Autofokus am besten getestet

Canon empfiehlt eine simple Testmethode, bei der ein Motiv zunächst im Autofokusbetrieb und anschließend manuell fokussierend abgelichtet wird. Ergibt sich bei der manuellen Methode eine höhere Auflösung, ist der Fehler beim Autofokus lokalisiert – zumindest theoretisch, doch dazu weiter unten mehr.

Wir stellen Ihnen hier diese Canon-Testmethode Schritt für Schritt vor:

Kameraeinstellungen

Stellen Sie folgende Parameter an der Kamera ein:

- Wählen Sie am besten das Kreativprogramm Av aus, um die übrigen Parameter am schnellsten einstellen zu können.
- Stellen Sie auf ISO-Wert 100 ein, damit kein Bildrauschen in höheren Wertebereichen das Ergebnis verfälscht.
- Aktivieren Sie das mittlere Autofokusfeld, um gegebenenfalls Fehlfokussierungen in der Testumgebung zu vermeiden.
- Stellen Sie die kleinstmögliche Blendenzahl an der Kamera ein, um durch eine möglichst geringe Schärfentiefe Abweichungen besser aufzudecken.
- Wählen Sie das große JPEG-Bildformat (fein) oder das RAW-Format, um bei der Qualitätsbeurteilung genügend Reserven zu haben.
- Aktivieren Sie die Spiegelvorauslösung, um Verwacklungsunschärfen auszuschließen.
- Wählen Sie den Selbstauslösermodus an, falls Ihnen kein Fernauslöser zur Verfügung steht.

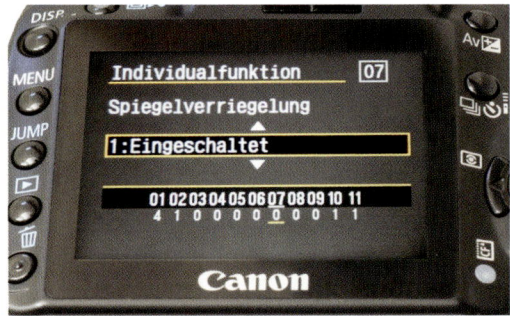

▲ *Um Verwacklungsunschärfen beim Test auszuschließen, wurde hier der Individualparameter 07 auf 1 gestellt.*

Motivvorlage wählen und Kamera ausrichten

Wichtig ist eine korrekt ausgerichtete Kamera sowie ein planes, kontrastreiches Motiv:

- Wählen Sie am besten ein Motiv, das klein genug ist, auch bei höchster Betrachtungsstufe am Monitor genügend differenziert wirkt, ausreichend Kontrast aufweist und plan aufliegt. Ideal ist hier z. B. eine Briefmarke, die Sie auf einen kleinen Holzblock oder einen festen Buchdeckel aufkleben.

- Um Verwacklungsunschärfen zu vermeiden, sollten Sie unbedingt ein Stativ einsetzen und die Kamera parallel zum Motiv ausrichten.
- Steht Ihnen ein Fernauslöser zur Verfügung, bietet sich der Einsatz alternativ zum Selbstauslösermodus an.
- Sorgen Sie für eine gute, gleichmäßige Ausleuchtung, damit der Autofokus ausreichend Lichtkontraste auswerten kann.
- Achten Sie darauf, dass Ihr Testmotiv frei platziert ist und keine anderen Umgebungsdetails bei nicht exakter Scharfstellung in den Fokus kommen. Dies hilft vor allem, um – wie im nächsten Schritt erläutert – die Auflösungsqualität anhand der Dateigröße erkennen zu können.
- Gehen Sie möglichst dicht an das Motiv heran, ohne dass die Nahdistanz des Objektivs unterschritten wird. So wird der Schärfentiefebereich in Verbindung mit der bereits genannten Offenblendeinstellung sehr flach, und Abweichungen lassen sich besser erkennen.

im Internet gemacht wird, in denen dann lediglich von einer einzigen oder sehr wenigen Aufnahmen Qualitätsrückschlüsse gezogen werden. Am besten gehen Sie folgendermaßen vor:

- Machen Sie eine Reihe von Aufnahmen. Bewährt hat sich, jeweils wenigstens drei Testaufnahmen sowohl im Autofokusbetrieb als auch manuell fokussiert durchzuführen.
- Fokussieren Sie für jede einzelne Aufnahme aus einer Unschärfe heraus, damit sichergestellt ist, dass der Autofokus auch wirklich greift.
- Lassen Sie sich beim manuellen Fokussieren nicht durch das gegebenenfalls aktivierte optisch-akustische Signal zur Scharfstellindizierung irritieren, sondern achten Sie nur auf Ihren Seheindruck.
- Blinzeln Sie beim manuellen Fokussieren einmal kurz vor der Aufnahme, um eine getrübte Sicht durch Tränenflüssigkeit zu vermeiden.
- Lassen Sie den Testaufbau zunächst unverändert, denn gegebenenfalls bietet es sich an, ihn nach der Auswertung genauso zu wiederholen.

▲ Als höchst praktisch kann sich so ein kleiner Testblock erweisen: Auf einer Schatulle wird beispielsweise eine Briefmarke plan aufgeklebt. Sie können ihn auch für zukünftige Tests immer wieder verwenden und, falls Ihr Objektiv aus der Werkstatt kommt, Kontrollaufnahmen damit vornehmen.

Das Motiv aufnehmen

Um Auswertungssicherheit bei den Vergleichsaufnahmen zu erhalten, sollten Sie mehrere Aufnahmen machen – zu wenige Aufnahmen sind ein Fehler, der übrigens gern in privaten Objektivtestberichten

▲ Die beiden Briefmarken wurden fehlerhaft aufgestellt. Bei der rechten Aufnahme liegt die Schärfe lediglich im oberen Bereich, und die zweite Aufnahme zeigt nur Details im linken Bereich. Beide Fälle müssen im Test vermieden werden: Testmotiv und Kamera sollten planparallel zueinander ausgerichtet sein.

Die Testaufnahmen auswerten

Die Testaufnahmen sollten Sie am besten bei 100-%-Ansicht am Computermonitor miteinander vergleichen. Vorausgesetzt, Sie haben das Motiv frei vor einem neutralen Hintergrund platziert, lässt sich die höchste Auflösung anhand der Dateigröße schnell erkennen.

Auswahl der jeweils am höchsten aufgelösten Testaufnahme anhand der Dateigrösse

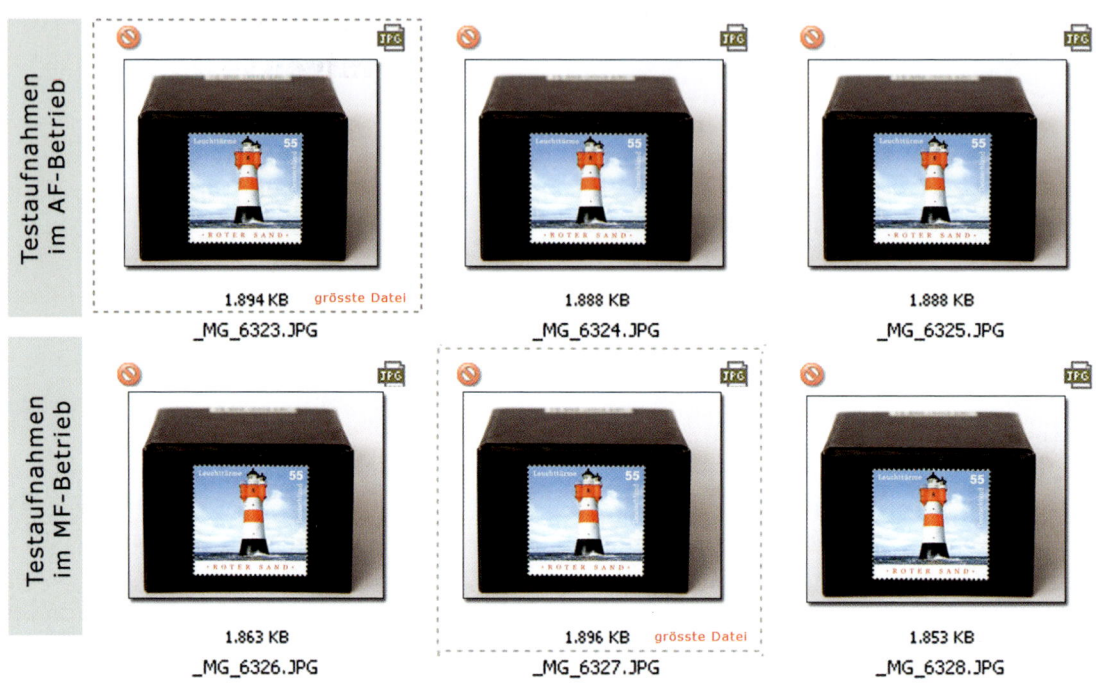

▲ Die jeweils größte Datei sowohl im MF- als auch im AF-Betrieb sind nahezu identisch bezüglich der KByte-Größe. Ein sicheres Indiz dafür, dass hier kein Front- oder Backfokus vorliegt. Ist jedoch die Datei im MF-Betrieb generell deutlich größer, deutet dies auf Autofokusprobleme hin.

- Wählen Sie die jeweils größte Bilddatei aus der Reihe mit den im Autofokusbetrieb bzw. manuell aufgenommenen Testfotos aus und vergleichen Sie diese miteinander.
- Lassen Sie sich nicht durch die gegebenenfalls leicht abweichende Dateigröße irritieren, sondern kontrollieren Sie diese rein visuell (kleine Abweichungen haben nicht immer eine erkennbare optische Auswirkung).
- Ergeben sich größere Qualitätsabweichungen der AF-Aufnahmen zu den manuell fokussierten Testbildern, sollten Sie die Testreihe wiederholen, um mehr Sicherheit zu gewinnen.
- Falls sich die Ergebnisse bestätigen und die automatisch fokussierten Aufnahmen auch bei Wiederholung des Tests deutliche Qualitätseinbußen

zeigen, ist dies ein Fall für die Canon- bzw. Fremdherstellervertragswerkstatt.
- Ergeben sich bei Testwiederholung von der ersten Testreihe abweichende Ergebnisse, liegt dies wahrscheinlich an der bauartbedingten Ungenauigkeit des Objektivs (der Schneckengang löst nicht fein genug auf bzw. hat minimales Spiel und verursacht eine Fokusvarianz). Dies dürfte bei einer Reklamation nicht die besten Erfolgsaussichten haben.

Der Servicefall bei Autofokusproblemen

Die Hersteller akzeptieren natürlich nur Garantiearbeiten für die hauseigenen Objektive, sodass Sie der Canon-Werkstatt auch nur Canon-Objektive übersenden können. Doch bevor Sie Ihr Problemobjektiv mit den beigefügten Beweisaufnahmen und der Garantiekarte an die Werkstatt schicken, sollten Sie vorher überprüfen, ob die Fehlerursache nicht vielleicht in der Kamera selbst zu finden ist.

Autofokusprobleme können auch in der Kamera liegen

Häufig gab es schon Fälle, bei denen auf dem Reparaturbericht zu lesen war: „Kein Problem gefunden, bitte Kamera einsenden." Sie können sich also die Wartezeit bis zur Aufforderung sparen und selbst überprüfen, ob Ihre 400D bzw. die Objektivkombination an den Fokussierproblemen schuld ist.

Testen Sie auch die übrigen Objektive

Das geht allerdings nur eingeschränkt und auch nur dann, wenn Ihnen mehrere Objektive zur Verfügung stehen, die Sie ebenfalls gründlich testen sollten. Stellt sich dabei heraus, dass bei allen übrigen Tests gleichermaßen Fokussierprobleme auftreten, sind entweder alle Objektive nachzujustieren oder höchstwahrscheinlich nur die Kamera selbst.

> **Welche Werkstatt ist zuständig?**
> Sie können Kamera und Objektive entweder direkt zu Canon nach Willich senden oder sich an eine der Canon-Vertragswerkstätten in Ihrer Nähe wenden.
> Informationen zu den Adressen und Reparaturbegleitschreiben finden Sie im Internet unter http://www.canon.de/support/serviceangebote/serviceangebote_cci/reparatur_service/index.asp.
> Für Probleme mit Sigma- oder Tamron-Objektiven finden sich auf der Website http://www.sigma-foto.de bzw. http://www.tamron.de unter der Rubrik Service die entsprechenden Informationen.

In diesem Fall sollten Sie wenigstens die Kamera und ein problematisches Objektiv in die Servicewerkstatt geben oder aber die Kamera zusammen mit ihrer gesamten Objektivausstattung, was natürlich auch eine Frage der Transport- und Verpackungskosten sein kann.

4.7 Schärfeleistung von Objektiven testen

Falls Sie zwischendurch 1–2 Stunden Zeit und Muße haben, nehmen Sie sich doch einmal Ihre Objektive vor und testen Sie die Abbildungsleistung. Dabei lässt sich die Erkenntnis gewinnen, welches Ihrer Objektive am besten arbeitet und ab welcher Blendenzahl und Brennweite das Objektiv die höchste Auflösung zeigt. Der Test ist gleichzeitig ein perfektes Foto- und Kameratraining. Sie durchlaufen hier einen kompletten Workflow und können davon auch in anderen Aufnahmesituationen profitieren.

Wird der Test gewissenhaft durchgeführt, erhalten Sie Aufnahmen, die qualitativ den in den einschlägigen Internetforen gezeigten Testbildern in der Regel deutlich überlegen sind. Als Testmotiv wären alle möglichen unbewegten Vorlagen wie Häuserfassaden, Briefmarken oder Schriftzüge bzw. der auf der hinteren Innenseite des Buchcovers abgedruckte Siemensstern geeignet. Es wird hier indessen ein Fünf-

Euro-Schein vorgeschlagen. Neben der einheitlichen und hochaufgelösten Druckqualität spricht auch seine weite Verbreitung zu seinen Gunsten. So können Sie Ihre Testergebnisse mit Bekannten austauschen und die Testaufnahmen fremder Objektive schnell zum Vergleich heranziehen. Im Internet unter www. traumflieger.de/5-euro-test.php finden Sie Referenzaufnahmen vom Fünf-Euro-Schein und können die eigenen Ergebnisse damit vergleichen und auf Wunsch auch dort veröffentlichen.

Testergebnisse veröffentlichen
Unter www.traumflieger.de/objektivtest.php können Sie Ihre Testergebnisse veröffentlichen und anderen damit Tipps und Orientierung beim Objektivkauf geben.

Das Testmotiv

Als Testvorlage wird ein möglichst knitterfreier Fünf-Euro-Schein verwendet, der am besten plan auf einem Hardcover-Buchdeckel mit Tesafilm (lässt sich rückstandsfrei wieder entfernen) befestigt wird. Sie können die Vorlage so bequem auf einem Tisch aufstellen und die Kamera optimal dazu ausrichten.

Das Zielmotiv ist ein zu 100 % aufgelöster Ausschnitt des Fünf-Euro-Scheins am rechten Rand der Rückseite. Dieser Ausschnitt wird bei verschiedenen Blendenstufen und Brennweitenbereichen stets in derselben Größe abgelichtet. Das erleichtert die brennweiten- und objektivübergreifende Vergleichbarkeit der Testaufnahmen.

▲ Dieser Ausschnitt vom Fünf-Euro-Schein wird aufgenommen und dient späteren Vergleichen bei 100 % aufgelöstem Monitorbild.

Der Test im Detail

Bevor Sie den Auslöser durchdrücken, werden etwas Platz, gute Lichtverhältnisse und geeignete Kameraeinstellungen benötigt. Ohne eine sorgfältige Planung des Testaufbaus wäre ansonsten kein Verlass auf die Ergebnisse. Es empfiehlt sich daher, die Einstellungen in Ruhe vorzunehmen.

Platzbedarf und Lichteinfall

Der Abstand zur Testvorlage ändert sich je nach getesteter Brennweite. Soll etwa ein 300-mm-Objektiv untersucht werden, sind 4,20 Meter Abstand nötig, bei einem 50-mm-Objektiv sind nur rund 70

◀ Der Fünf-Euro-Schein wird am besten mit Tesafilm auf einem Buchcover angebracht. Schlagen Sie den Schein wie abgebildet um, sodass höchstens 1/3 der Fläche zu sehen ist (um bundesbankrechtlichen Vorschriften zur Reproduktion von Banknoten zu entsprechen).

cm notwendig. (ca. 1,40 m je 100 mm Brennweite, kann jedoch je nach Objektiv variieren). Planen Sie also zunächst entsprechenden Platz ein. Achten Sie auf einen gleichmäßigen Lichteinfall ohne direktes Gegenlicht. In letzterem Fall würde sonst Streulicht das Testergebnis verfälschen und den Schärfeeindruck absenken.

Stativ und Fernbedienung verwenden

Setzen Sie ein Stativ ein. Es ist unbedingte Voraussetzung, selbst wenn gute Lichtverhältnisse vorliegen. Nur so lässt sich die Kamera plan zur Vorlage ausrichten und der Ausschnitt exakt bestimmen.

Verwenden Sie außerdem – soweit vorhanden – einen Fernauslöser, um versehentliche Verwackler zu reduzieren, die beim Durchdrücken des Auslösers entstehen können, bzw. auch um die Kameraposition nicht zu verändern. Steht Ihnen kein Fernauslöser zur Verfügung, lässt sich alternativ der Selbstauslösermodus ⏱ an der Kamera benutzen (zu erreichen über die Bildfrequenztaste ⏱ᐧ).

Kamerasetup einstellen

Das Kamerasetup wird so gewählt, dass sich die Blendenstufen bequem einstellen lassen und sich eine aussagefähige Bildqualität erzielen lässt. Mit einheitlichen Werteparametern können Sie zum Beispiel auch später noch Ihre zuvor durchgeführten Tests mit anderen Objektiven wiederholen und sie auch mit anderen Fotografen austauschen. Achten Sie bei den folgenden Anweisungen bezüglich der Menüoperationen darauf, dass die Werteingabe mit der SET-Taste abgeschlossen wird.

Moduswahlrad und Menü

1

Wählen Sie das Programm AV mit dem Moduswahlrad an.

▼ *Stativ und Fernbedienung (alternativ auch der Selbstauslösermodus) sind Voraussetzung, um zuverlässige Testergebnisse zu erzielen.*

2

Stellen Sie im Menü im ersten Register unter *Qualität L-fein* ◢L ein (das alternative RAW-Format wäre zwar auch denkbar, aber die Auswertungsergebnisse hingen dann vom jeweils eingesetzten RAW-Konverter ab und wären schwer vergleichbar).

3

Wählen Sie im zweiten Register den Menüpunkt *Bildstile* aus und stellen Sie dort den Wert *Standard* ein (hier befinden sich die Parameter für Kontrast, Farbton etc. in 0-Stellung. Der Schärfeparameter ist dort auf in der Praxis bewährte +3 voreingestellt).

▲ *Der Bildstil Standard eignet sich gut für den Schärfetest, da die Parameter sehr moderat voreingestellt sind. Zudem ermöglicht er durch die einheitliche Implementierung auch kameraübergreifende Vergleiche (z. B. mit der EOS 30D/5D).*

4

Wechseln Sie im Menü zum rechts außen stehenden Register und steuern Sie dort den Menüpunkt *Individualfunktionen (C.Fn.)* an. Wählen Sie dort die Individualfunktion 07 aus und stellen Sie den Wert auf *1: Eingeschaltet.* Sie haben damit die Spiegelvorauslösung aktiviert, sodass der Schwingspiegel bereits vor der eigentlichen Aufnahme hochklappt und keine Verwacklungsunschärfen verursacht (bei Einsatz eines Fernauslösers den Auslöser zur Aufnah-

me zweimal drücken). Damit sind die wesentlichen Operationen am Moduswahlrad und im Menü abgeschlossen. Es folgen noch ein paar Kleinigkeiten, die mithilfe der Buttons auf der rechten Kamerarückseite konfiguriert werden.

Button-Konfiguration

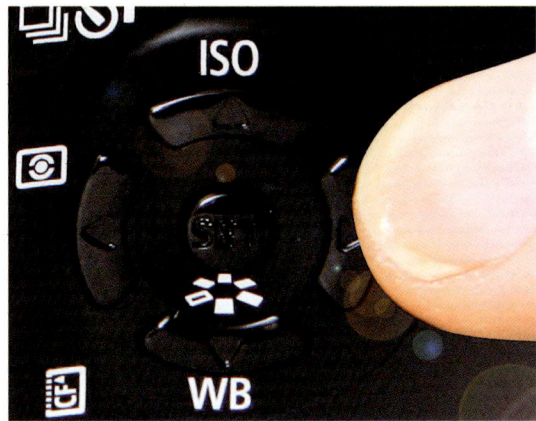

▲ *Mit den Pfeiltasten lassen sich wichtige Einstellungen zügig und auch ohne abschließenden Druck der SET-Taste durchführen.*

1

Stellen Sie mit der ISO-Taste einen ISO-Wert von 100 ein. Hierdurch wird Bildrauschen vermieden, das ansonsten die Auflösung beeinträchtigen würde.

2

Wählen Sie über die AF-Taste den Modus One Shot aus. Die beiden anderen Betriebsarten eignen sich eher für Bewegtmotive.

3

Mit dem WB-Button wird der Weißabgleich voreingestellt. Wählen Sie bei Kunstlicht die Glühlampe, ansonsten bei natürlichem Tageslicht AWB.

Perfekte Bildschärfe realisieren

4

Für die Messmodustaste empfiehlt sich die Einstellung auf Selektivmessung . Das führt aufgrund des sehr kleinen Zielausschnitts beim Fünf-Euro-Schein nicht in jedem Fall zu einer optimalen Belichtungsermittlung, ist aber in der Regel die beste Wahl.

5

Mit der Autofokusmessfeld-Wahltaste wählen Sie das zentrale Messfeld an. So wird sichergestellt, dass die Kamera nicht versehentlich auf ein Detail im Umfeld scharf stellt.

6

Schlussendlich stellen Sie am Objektiv noch die AF/MF-Taste in den AF-Betriebsmodus.

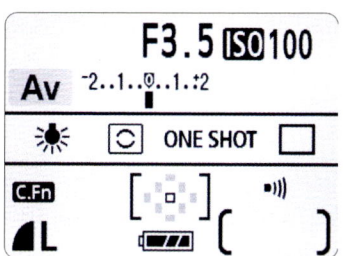

▲ *Ist alles korrekt eingestellt, sollte Ihr LC-Display – ggf. bis auf die F-Zahl, Glühbirne, Fernbedienungsicon – die oben stehenden Werte und Symbole anzeigen.*

Ausrichten und Zielausschnitt bestimmen

Um Unschärfen durch Verschwenken zu vermeiden, sollte die Kamera planparallel zum Testmotiv ausgerichtet werden. Außerdem ist die Entfernung so zu wählen, dass sich eine definierte Abbildungsgröße des Fünf-Euro-Ausschnitts erzielen lässt. Letztere ist – wie bereits angesprochen – von der zu testenden Brennweite abhängig.

Wir empfehlen bei Zoomobjektiven die Bildschärfe für drei Brennweiten zu testen: die Startbrennweite, eine mittlere Brennweite und die Endbrennweite. Die mittlere Brennweite lässt sich durch die Formel **Startbrennweite + (Endbrennweite – Startbrennweite) / 2** errechnen. Für das Kitobjektiv EF-S 18-55mm ergäben sich also die Brennweiten 18 mm, 55 mm und 38 mm (18 mm + (55 mm – 18 mm) / 2).

1

Verwenden Sie zum Ausrichten eine ggf. vorhandene Wasserwaage am Stativ oder stellen Sie die Kamera direkt vor dem Fünf-Euro-Schein auf und richten Sie sie auf Sicht horizontal und vertikal gerade aus.

2

Entfernen Sie die Kamera vom Motiv je nach zu testender Brennweite. Für 100 mm sind etwa 1,40 m Abstand zu wählen, bei 50 mm wären es entsprechend ca. 70 cm.

3

Kontrollieren Sie durch den Sucher, ob das Motiv horizontal und vertikal gerade ausgerichtet ist.

> **Kamera fest fixieren**
> Nachdem der Ausschnitt korrekt eingestellt wurde, sollte die Kamera fest fixiert werden. Dies gilt besonders dann, wenn Sie einen Kugelkopf einsetzen. Da Sie später noch an Kamera und Objektiv Bedienschritte durchführen, darf sich hierbei die Kameraposition nicht mehr verändern.

4

Nutzen Sie das zentrale, im Sucher eingeblendete AF-Feld und stellen Sie die Entfernung der Kamera so ein, dass die 5 und die Buchstaben RO von ihm umschlossen werden und scharf erscheinen (Achtung: nicht die Brennweite, sondern die Motiventfernung ändern!).

▲ Um die Kamera exakt auf den Ausschnitt einzupassen, wird das zentrale AF-Sucherfeld so ausgerichtet, dass es die Buchstaben RO und die 5 umschließt.

> **Was tun, wenn die Distanz zu gering zum Scharfstellen ist?**
> Bei einigen wenigen Objektiven ist die Mindestdistanz zu hoch, um auf den Fünf-Euro-Ausschnitt scharf zu stellen. Dies kann z. B. beim Canon 70-200/2,8 bzw. 4,0 mit 1,50 m Mindestdistanz in den Brennweiten von 70 mm auftreten. Erhöhen Sie in diesem Fall die Startbrennweite auf etwa 105 mm.

Schärfenreihe durchführen

Sie könnten jetzt die Aufnahmen im Autofokusbetrieb durchführen, doch auf den Autofokus ist nicht immer hundertprozentig Verlass. Es empfiehlt sich daher, ein zwar etwas aufwendigeres, aber sinnvolles Prozedere voranzustellen. Dabei wird durch eine Schärfenreihe die maximal erzielbare Auflösungsleistung festgestellt.

1

Fokussieren Sie zunächst via halb durchgedrücktem Auslöser im AF-Betrieb auf das Motiv, sodass es scharf gestellt ist, und lösen aus.

2

Stellen Sie den AF/MF-Schalter am Objektiv in die Position MF. Drehen Sie am Objektiv den Einstellring (Achtung: nicht die Brennweite ändern) in die ganz

rechte Position, wechseln Sie die Betriebsart am Objektiv wieder zurück auf AF und lösen aus.

3

Wiederholen Sie das Verfahren, nur dass diesmal der Einstellring nach ganz links gedreht wird (zunächst Schalter auf MF, nach links drehen, dann zurück auf AF), und lösen Sie aus.

▲ Falls die Testaufnahmen zu dunkel oder zu hell geworden sind, korrigieren Sie die Helligkeit über das Hauptwahlrad ⬛, während Sie die AV-Taste **Av⬛** durchgedrückt halten.

Ihnen liegen jetzt drei Aufnahmen vor, die im Autofokusbetrieb aufgenommen wurden. Kopieren Sie diese von der CF-Card auf den Computer und wählen Sie diejenige aus, die Ihnen bei 100-%-Ansicht am Computermonitor am schärfsten erscheint. Diese Aufnahme dient als Referenz und es wird versucht, die Bildschärfe durch manuelles Fokussieren zu übertreffen:

1

Stellen Sie den AF/MF-Schalter am Objektiv in die Position MF.

2

Drehen Sie den Einstellring so, dass ein scharfes Bild im Sucher erscheint, und lösen Sie aus.

▲ *Für die Schärfenreihe wird die höchste Schärfe zum Schluss manuell mittels Einstellring ermittelt. Dabei befindet sich die Schalterstellung am Objektiv in der Position MF. Ein eventuell vorhandener Bildstabilisator sollte während der gesamten Testreihe ausgeschaltet sein.*

3

Transferieren Sie diese Aufnahme auf den Computer und vergleichen Sie sie mit dem zuvor im Autofokusbetrieb ermittelten schärfsten Bild.

4

Ist die manuell fokussierte Aufnahme schärfer, dann haben Sie diesen Abschnitt erfolgreich abgeschlossen, falls die Aufnahme weniger scharf ist als die im AF-Betrieb aufgenommene, dann wiederholen Sie die vorhergehenden Schritte 1–3 so lange, bis eine zumindest gleich scharfe Aufnahme erreicht wird.

Reihe mit verschiedenen Blendenstufen aufnehmen

Der Aufbau ist jetzt sauber kalibriert und Sie können die Testreihe mit verschiedenen Blendenstufen durchführen. Die Schalterstellung am Objektiv befindet sich weiterhin in der MF-Position bei unveränderter Scharfstellung. Es empfehlen sich fünf Einzelaufnahmen mit einem Abstand von je einer Blendenstufe.

1

Starten Sie die Testreihe, indem Sie das Hautwahlrad ganz nach links drehen, bis die F-Zahl den kleinstmöglichen Wert annimmt (das Moduswahlrad befindet sich in der Position AV). Lösen Sie aus.

2

Erhöhen Sie die Blendenzahl via Rechtsdreh um drei Rasterpositionen am Hauptwahlrad (falls die Individualfunktion 06 auf 1/2 eingestellt sein sollte, wären es zwei Rasterpositionen). Damit wird die F-Zahl um eine ganze Blendenstufe erhöht (z. B. aus f2,8 wird f4,0, aus f5,6 wird f8,0). Lösen Sie erneut aus.

3

Erhöhen Sie die F-Zahl 3-mal um eine Blendenstufe (drei Rasterpositionen) und lösen jeweils aus. Insgesamt liegen Ihnen dann fünf Aufnahmen mit einem Abstand von einer Blendenstufe vor.

> **Aufnahmebeispiele**
> Für das Canon EF-S 18-55mm/3,5–5,6 liegen Ihnen nach dem kompletten Test folgende 15 Aufnahmen vor:
>
> Brennweite 18 mm: f3,5/f5,0/f7,1/f10/f14
> Brennweite 38 mm: f5,0/f7,1/f10/f14/f20
> Brennweite 55 mm: f5,6/f8,0/f11/f16/f22
>
> Für eine Festbrennweite wie z. B. beim Canon 300mm/4,0 L IS USM wären es folgende fünf Testbilder:
>
> Brennweite 300 mm: f4,0/f5,6/f8,0/f11/f16

Testaufnahmen auswerten

Jetzt liegt eine ganze Anzahl von Testaufnahmen vor, die verglichen und ausgewertet werden sollten. Um die Testbilder nach Schärfegraden zu ordnen, können Sie sich selbst ein System ausdenken und z. B. die Zahlen von 1 (unscharf) bis 5 (sehr scharf) verwenden. Alternativ und noch feiner abgestuft stehen Ihnen Vergleichsaufnahmen mit Linienangaben unter folgender Internetadresse zur Verfügung: *www.traumflieger.de/5-euro-test.php.*

Für die Auswertung ist eine Tabellenkalkulation wie z. B. Microsoft Excel nützlich. Dort lassen sich als Überschrift die Blendenstufen und Brennweitenbereiche und darunter im Gitter die Schärfewerte eintragen und ggf. auf Wunsch auch grafisch auswerten. Auch hier finden Sie unter der oben genannten Adresse eine Excel-Tabelle zum kostenlosen Download.

▲ Vergleichsaufnahmen mit Schärfewertangaben (Auflösung in Linien je 1.000 Pixel Bildhöhe nach ISO 12233) finden Sie unter www.traumflieger.de/5-euro-test.php. Sie können so Ihre eigenen Ergebnisse vergleichen und schnell einen passenden Wert zuordnen. Sie finden unter der gleichen Adresse auch eine Excel-Vorlage, um die Werte aufzubereiten, und einen Link, um die eigenen Ergebnisse ggf. zu veröffentlichen.

Wenn Sie die Schärfewerte aus der Onlinereferenztabelle entnehmen, dann gilt Folgendes als Orientierung: Objektive, die bei Offenblende (kleinste F-Zahl) Werte von 650 (Linien je 1.000 Pixel Bildhöhe) und mehr bringen, zählen zu sehr hochauflösenden Linsen.

Objektivbezeichnung:	Canon 18-55mm							
				Blende				
Brennweite	3,5	5	5,6	8	11	16	22	32
18mm	590	610	630	650	630	560	470	
38mm		560	630	670	570	470	370	270
55mm			550	610	590	470	370	250

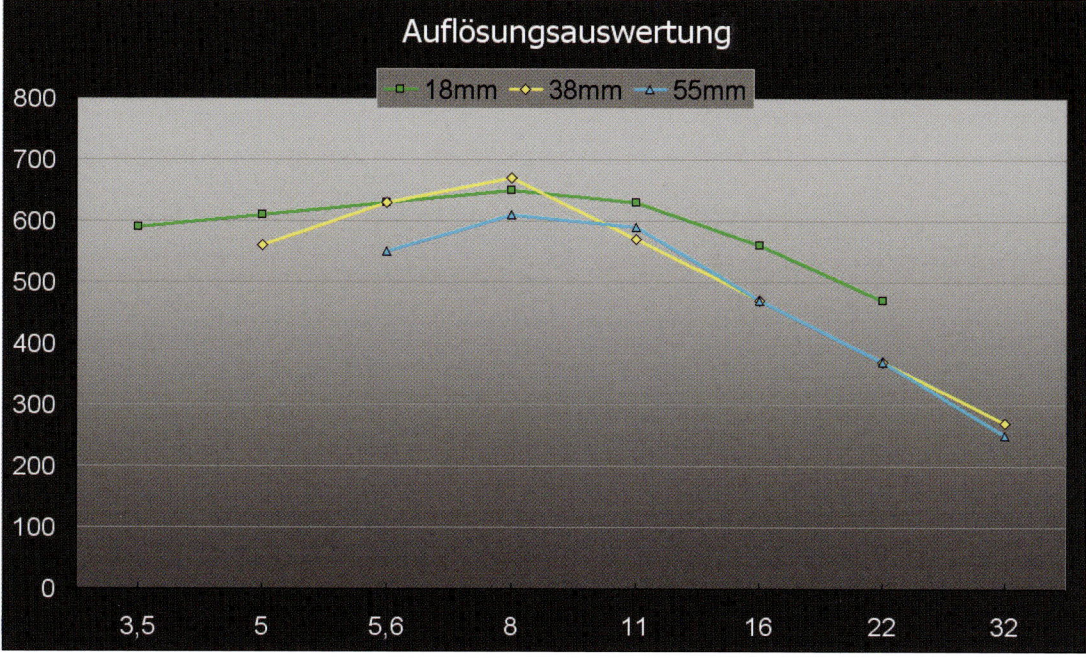

▲ Um die Testdateien auszuwerten, hilft eine Excel-Tabelle. Mit ihr lässt sich zudem ein übersichtliches Diagramm erzeugen.

Mit Offenblendwerten um 600 lässt sich jedoch auch noch sehr gut fotografieren. Erfahrungsgemäß sind die Auflösungswerte nicht nur bei Offenblende bzw. – durch Beugungsunschärfen – ab etwa Blende 16 geringer als etwa bei f8, sondern sie sinken auch mit steigender Brennweite. Es empfiehlt sich daher, die Objektive nach Gruppen aufzuteilen und die Abbildungsleistung z. B. nach Weitwinkel, Normalbrennweite und Teleobjektiv separat zu klassifizieren.

Weitere Testkriterien beachten

In diesem Abschnitt wurde ein Verfahren zur Ermittlung der Auflösung im Bildzentrum der Objektive beschrieben. Daneben sind für die Praxis auch die Randbereiche der Linse relevant. Um diese jedoch auszumessen, wäre ein wesentlich umfangreicherer Testaufbau notwendig, der sich in der Regel nur in einem speziell ausgerüsteten Teststudio realisieren lässt (z. B. muss der Lichteinfall über den gesamten Sensorbereich gleichmäßig verteilt sein, auch die Kalibrierungsarbeiten bei der Kameraausrichtung sind dann noch umfassender). Neben der Auflösung zählen weitere Merkmale zu den Qualitätskriterien eines Objektivs, die in diesem Abschnitt aus Gründen des Umfangs ebenfalls unberücksichtigt bleiben. Hier seien z. B. die chromatischen Aberrationen (Farbränder um Konturen herum), Vignettierung (Randabdunklung), Verzeichnung, Streulichtempfindlichkeit, Rückspiegelungen des Sensors (Geisterbilder) genannt, die ebenfalls Einfluss auf die Abbildungsleistung nehmen.

▲ *Bei diesem Revierstreit zwischen einem älteren und einem jungen Höckerschwan wurde die Belichtung zuvor auf das Weiß des Gefieders angemessen und fest im Programm Tv eingestellt. Dadurch konnte mit einer konstanten Belichtungszeit gearbeitet werden, ohne dass die Belichtungsmessung gegebenenfalls durch unterschiedliche Hintergrundhelligkeit irritiert wurde. Die Aufnahme stammt von Thomas Götzfried und wurde mit dem Canon EF 600mm/4,0 L USM bei f5,6, ISO 800 und 1/500 Sekunde aufgenommen. Die Arbeit belegte den ersten Platz im Traumflieger-Fotowettbewerb „Mein bestes Flugfoto 2006".*

4.8 Bewegtmotive optimal einfangen

Wenn Sie schon einmal versucht haben, mit Ihrer Kamera ein Motiv einzufangen, das sich schnell bewegt, dürfte Ihnen ebenso schnell klar geworden sein, dass darin eine nicht unerhebliche Herausforderung liegt. Dabei spielt neben der Geschwindigkeit natürlich auch die Motivgröße und die Entfernung eine Rolle, denn ein D-Zug, den Sie mit dem Weitwinkelobjektiv in voller Fahrt aus weiter Ferne aufnehmen, stellt ein weniger problematisches Bildelement dar als z. B. ein Fußballspieler, den Sie während eines Fallrückziehers in voller Lebensgröße optimal abpassen wollen. Noch schwieriger wird es, wenn z. B. ein kleiner Singvogel im Flug abgelichtet werden soll.

Ein fast unmögliches Unterfangen oder eben ein Glücksfall. Wenngleich das Glück einem manch gelungenen Schnappschuss bescheren mag, unterstützt die EOS-DSLR-Technik den ambitionierten Fotografen nicht unerheblich, und mit einem gewissen Maß an Übung lassen sich fortgeschrittene Techniken anwenden, die aus Ihrer EOS 400D ein Sportgerät machen.

Actionfotografie

Ein Workshop soll anhand actionreicher Flugaufnahmen zeigen, wie sich mehr aus Ihrer Kamera herausholen lässt. Solche Motive finden sich vielfach in unmittelbarer Nachbarschaft wie beispielsweise in Ihrem Garten oder bei einem Rundgang durch

Perfekte Bildschärfe realisieren

▲ *Eine lichtstarkes Objektiv mit genügend Brennweite ist der richtige Partner für Ihre EOS 400D bei Actionaufnahmen. Es muss natürlich nicht gleich ein 600mm/4,0 L USM-Objektiv sein, mit dem Thomas Götzfried hier seine EOS 400D verkoppelt hat – als Einstieg wäre beispielsweise auch ein Canon 70-200/4,0, gegebenenfalls kombiniert mit einem 1,4x-Telekonverter, eine gute Idee!*

einen Park. Die Anwendung lässt sich natürlich auf viele weitere Bewegtmotive übertragen.

Kamera vorbereiten

Bevor es in die Natur geht, wird die Kamera vorbereitet. Dazu gehören natürlich nicht nur ein vollgeladener Akku, ein oder zwei mit ausreichend Speicherplatz versehene CF-Cards, eine möglichst lichtstarke und ausreichend große Brennweite, sondern auch die Parameter-Presetwerte sollten auf die Situation vor Ort optimal angepasst werden.

- Als Speicherformat wird RAW vorgewählt, damit haben Sie für Computernacharbeiten ausreichend Spielraum, insbesondere erhöht sich der Dynamikumfang des CMOS. Um jedoch flexibel reagieren zu können, wird die SET-Taste so vorbelegt, dass ein schneller Bildformatwechsel auf L-fein möglich ist (Individualparameter 01 auf 1).

- Ist mit Sonnenschein und guten Lichtverhältnissen zu rechnen, wird ISO 400 vorgewählt, bei bewölktem Himmel ein Wert von ISO 800. Dies stellt einen guten Kompromiss zwischen Bildrauschen und kurzen Belichtungszeiten dar.

- Als Programm wählen Sie Tv. Stellen Sie je nach Motiv eine Zeit zwischen 1/500 und 1/1600 Sekunde ein. Mit letzterer Zeit können selbst schnelle Flüge noch scharf eingefangen werden, und die EOS 400D passt den Blendenwert dynamisch an. Ist ausreichend Licht vorhanden, erhöht sie den Blendenwert automatisch, und die Schärfentiefe erhöht sich. Alternativ lässt sich auch das Programm M mit einer fest eingestellten Belichtungszeit verwenden, wenn Sie zuvor Gelegenheit

▲ Um ein kleines Insekt wie diese Spalten-Wollbiene (Anthidium punctatum) scharf im Flug abzulichten, gehört schon etwas Glück und Ausdauer dazu . Die von Jörg Kammel stammende Arbeit belegte den zweiten Platz im Traumflieger-Fotowettbewerb 2006 und wurde mit 1/1000 Sekunde bei f 5,6 aufgenommen.

hatten, das Motiv bei relativ konstantem Umgebungslicht anzumessen.

- Die Selektivmessung ⊡ bietet sich an, da es in der Regel um die korrekte Belichtung eines eher kleinen Bildausschnitts geht.
- Über die Bildfolgetaste 🖵⏱ℹ wird der High-Speed-Serienbildmodus vorgewählt, um die wenigen Sekunden einer Flugsequenz optimal abdecken zu können.
- Der Weißabgleich wird für das optional verwendbare JPEG-Bildformat auf AWB voreingestellt (im RAW-Format lässt sich der Parameter nachträglich verändern).
- Falls Sie nicht im schattigen Wald arbeiten, werden die Belichtungsstufen bei Verwendung des RAW-Formats und guten Lichtverhältnissen um eine ganze Blendenstufe nach oben gesetzt!

An der EOS 400D haben Sie damit immer noch eine Blendenstufe Dynamikreserve. Durch nachträgliches Aufhellen in der Bildbearbeitung würde sonst Bildrauschen das Ergebnis verschlechtern.

- Mittels der AF-Taste wird One Shot vorgewählt. Es kann natürlich auch AI Focus oder AI Servo verwendet werden.

Der Servo-Modus verlangsamt allerdings den Autofokus erheblich, da er permanent nachführt. Testen Sie am besten, mit welcher Betriebsart Sie besser klarkommen. Während der Flugsequenz wird hier die manuelle Nachfokussierung etwas favorisiert und nur optional auf den Autofokusbetrieb zurückgegriffen. Einzelheiten werden dazu weiter unten beschrieben.

- Testen Sie einmal aus, ob Sie mit dem Individualparameter 04 in Einstellung 3 klarkommen. Damit

Perfekte Bildschärfe realisieren

wird die Autofokusfunktion auf die Sterntaste gelegt. Der Auslöser hat hier nur noch die Funktion der Belichtungsmessung und der Verschlussauslösung. Details dazu erfahren Sie weiter unten.

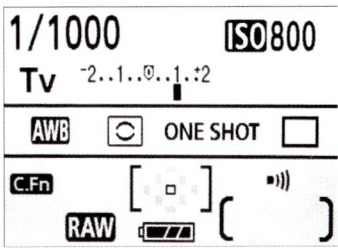

▲ Empfehlenswerte Einstellungen der EOS 400D für die Actionfotografie.

Objektiveinstellungen

Abhängig vom verwendeten Objektiv lassen sich auch hier einige Vorbereitungen treffen.

- Stellen Sie es in die Betriebsart AF.
- Aktivieren Sie einen gegebenenfalls vorhandenen Bildstabilisator (alternativ leistet ein Einbeinstativ

▲ Beispielhafte Objektiveinstellung am Canon 300mm/4,0 L IS USM: IS eingeschaltet, Fokussierbereich auf 3 m eingeschränkt, AF/MF-Schalter auf AF.

gute Dienste). Seine Deaktivierung kann zwar minimale Schärfevorteile bringen, jedoch hilft er Ihnen mit einem beruhigten Sucherbild bei der Motivjagd.

- Wählen Sie – falls vorhanden – die größere Fokussierbereichsbegrenzung, damit der Autofokus beim Lauf in die Unschärfe kleinere Wege zurücklegen muss.

Fokussieren

Solange sich z. B. Vögel ruhig auf Ästen oder am Boden aufhalten, ist der Autofokus aufgrund seines Geschwindigkeitsvorteils erste Wahl – vorausgesetzt, Sie müssen nicht durch Hindernisse, wie Astgewirr, hindurchfokussieren. Auch für Flugaufnahmen von gemächlich über den Himmel gleitenden und ausreichend großen Fliegern stellt er eine gute Wahl dar, denn in der Regel arbeitet er noch genauer als die manuelle Scharfstellung. Schwierigkeiten bereiten allerdings Situationen, in denen ein verhältnismäßig kleiner Flieger den Himmel kreuzt. Versuchen Sie ihn im Autofokusbetrieb zu erwischen, sind die Chancen relativ gering, ihn exakt mit den Messfeldern zu erfassen, zumal dem mittleren Messfeld der Vorzug gegeben werden sollte, da es normalerweise genauer und schneller arbeitet, als es die peripheren Messfelder tun. Nicht viel einfacher wird es allerdings, wenn Sie hier manuell fokussieren, denn aufgrund der Geschwindigkeit bleibt meist sehr wenig Zeit, um die Lage visuell korrekt einzuschätzen und am Objektiv die Schärfe einzustellen.

4 – 3, die flexible Methode

Eine praktikable Lösung liegt hier im goldenen Mittelweg, der mit beiden Methoden flexibel arbeitet und bei dem kameraseitig insbesondere der Individualparameter 04 mit der Einstellung 3 zum Zuge kommt und die Sterntaste mit der Fokussierung belegt wird.

▼ *Schräg einfallendes Licht erzeugt meist nur geringe Schatten. Vormittags bzw. am Spätnachmittag ist daher die beste Zeit, um Naturaufnahmen wie diesen Entenerpel perfekt einzufangen. Die Arbeit stammt von Ralf Lock und wurde mit 300 mm Brennweite + 1,4x-Telekonverter bei 1/800 Sekunde, ISO 400 und f5,6 abgelichtet.*

▲ *Diese beiden Aufnahmen ließ sich Heinz Waldukat auf der Greifvogelschau im Rahmen der Photokina 2006 nicht entgehen. Auch in zoologischen Gärten oder Wildgehegen werden solche Flugschauen häufiger gezeigt – eine tolle Möglichkeit, um zu Flugaufnahmen aus nächster Nähe zu kommen.*

Zu den genannten Problemen gesellt sich meist die weitere Schwierigkeit, dass ein fliegendes Motiv – so es einmal im Autofokusbetrieb erfasst wurde – sehr schnell aus dem Messfeldbereich hinausgleiten kann und das Objektiv in komplette Unschärfe läuft. Die Zeit zur Neufokussierung wird kaum mehr einzuholen sein – ärgerlich, wenn Ihnen dadurch eine attraktive Flugszene entwischt ist.

▼ *Die guten Lichtverhältnisse ließen ISO 200 bei 1/1000 Sekunde Belichtungszeit für diese enge Verbindung zwischen Mensch und Gans zu. Aufgrund des relativ niedrigen ISO-Werts konnten die Unterseiten der Gänse noch weitgehend rauschfrei mit der Software aufgehellt werden. Den französischen Naturforscher nahm Axel Pfaff mit seiner Canon FDSLR mit f5,6 bei 183 mm auf.*

Autoabschalten verlängern

Die EOS 400D lässt sich ja in Bruchteilen von Sekunden über den Auslöser aktivieren, nachdem sie aus Akkuspargründen z. B. nach einer Minute in den Sleep-Modus fällt. Durch die Tastentrennung von Autofokussierung und Auslösen werden Sie dieser Möglichkeit allerdings beraubt, da in der Regel zunächst die Sterntaste für die Autofokussierung bedient wird und diese keine Wirkung zeigt, da die Kamera sich nur über den Auslöser aktivieren lässt. Es empfiehlt sich daher, die Kamera in einen längeren oder permanenten Wachmodus zu versetzen. Alternativ müssen Sie immer daran denken, zuerst die Auslösertaste zum Wecken zu drücken.

Parameterwerte für das Licht kontrollieren

Nicht immer ist die Schärfe bei schnell bewegten Motiven das Problem, auch fehlt häufig die Zeit, um die Lichtsituation korrekt einschätzen zu können.

Wir befinden uns hier zwar im Kapitel über die Bildschärfe, dennoch sollen die weiteren Parameterwerte im Rahmen des Workshops nicht zu kurz kommen. Für Details beachten Sie jedoch die Verweise auf

▼ Für einen relativ langsamen Flieger wie einen Helikopter empfiehlt sich eine nicht zu kurze Belichtungszeit. Dadurch verschwimmen die Rotorblätter und die Aufnahme wirkt dynamischer. Diese Aufnahme entstand, nachdem Autor Stefan Gross für eine Fotoexpedition auf dem venezuelanischen Tafelberg Auyantepui abgesetzt wurde, mit 1/200 Sekunde und dem Canon 17-40mm/4,0 L USM.

die übrigen Kapitel. Mag der mittlere Grauwert und damit die mittlere Belichtungsstufe vielleicht noch für gemischte Bodenmotive gelten, irritiert ein Kameraschwenk gen Himmel die Belichtungsmessung, da dieser häufig viel heller als der 18-%-Grauwert der Kameraeichung ist.

Sie müssten also stets den Hintergrund im Auge behalten, um die veränderten Lichtverhältnisse zu kontrollieren. Einen Dreh am Hauptwahlrad ⚙ in Verbindung mit dem Av-Button zur Nachjustierung der Belichtungsstufen kann man sich aber in der Regel sparen, wenn das RAW-Format mit seiner deutlich besseren Dynamik gegenüber dem JPEG-Format eingesetzt wird. Sind Sie es gewohnt, lieber leicht unterzubelichten, um ausgefressene Lichter zu vermeiden, bietet das RAW-Format an der EOS 400D immerhin 2 Blendenstufen Reserve, sodass bei Korrektur um 1 Blendenstufe nach oben noch genügend Luft besteht und helle Hintergründe das Hauptmotiv nicht zu stark abdunkeln.

Wann Sie auf die permanente +1-Belichtungskorrektur verzichten sollten
Wenig Licht, schnelle Motive und lichtschwächere Objektive sind nicht immer leicht unter einen Hut zu bringen. Falls Sie weder mit Schönwetter noch einer schnellen Linse gesegnet sein sollten, verzichten Sie lieber auf die permanente Belichtungskorrektur um +1 Belichtungsstufe und passen sie je nach Lichtsituation flexibel an.

Reihenaufnahmen und dynamischer Bildformatwechsel
Die EOS 400D unterscheidet bei der Anzahl der Reihenbilder zwischen JPEG- und RAW-Format. Wenngleich die zehn RAW-Aufnahmen im Vergleich zur EOS 350D mit ihren fünf Aufnahmen eine satte Steigerung bedeuten, bietet das JPEG-Format immerhin durchschnittlich 27 Aufnahmen in Folge. Hier gilt es abzuwägen, ob die Vorteile des RAW-Formats u. a. aufgrund des höheren Dynamikumfangs und

der nachträglichen Korrekturmöglichkeiten im RAW-Konverter genutzt werden sollen oder das JPEG-Bildformat mit seiner höheren Serienbildfrequenz favorisiert wird.

Programmwahl bei Bewegtmotiven
Das Programm Av errechnet zur eingestellten Blendenzahl die passende Belichtungszeit automatisch und wird von vielen Fotografen bevorzugt verwendet. Auch für Motive, die sich schnell bewegen, kann der Einsatz von Av empfehlenswert sein. Hier bietet es sich regelmäßig an, mit der Offenblende zu arbeiten und nur dann weiter abzublenden (eine höhere Blendenzahl einzustellen), wenn genügend Licht vorhanden ist, um den Bereich der Schärfentiefe zu erhöhen.
Sind Sie jedoch auf ein spezielles Bewegtmotiv aus, empfiehlt sich, wie im Workshop erwähnt, das Tv-Programm. Beim Vogelflug liegen Sie beispielsweise mit einer Belichtungszeit von 1/800 bis 1/1600 Sekunde in der Regel im grünen Bereich. Durch eine fest vorgewählte Zeit im Tv-Programm wird bei ausreichend Licht eine höhere Blende flexibel zugewiesen. Dadurch verbessert sich die Abbildungsleistung vieler Objektive, und die Chance steigt, dass der Flieger im Bereich der Schärfentiefe platziert ist. So lässt sich mit dem Tv-Programm Zeit beim Kamerahandling gegenüber dem Programm Av einsparen.

Mit dem JPEG-Bildformat lässt sich ähnlich einer Videokamera eine Flugsequenz in längerer Folge aufnehmen, wobei durch mehr Zwischenbewegungen und größere Bildauswahl eine reichhaltigere optionale Bildauswahl gegenüber dem RAW-Format begünstigt wird. Auch hier bietet es sich an – ähnlich wie beim dynamischen Wechsel der Fokussiermethode von automatischer zur manuellen Methode mittels Sterntaste –, sich von Fall zu Fall flexibel zu entscheiden. Die EOS 400D unterstützt Sie darin optimal, indem die SET-Taste mittels Individualparameter 01 für den Bildformatwechsel vorbelegt werden kann. So lässt sich mit einem simplen Druck auf die SET-Taste und dem Betätigen der Pfeiltaste schnell das Format wechseln.

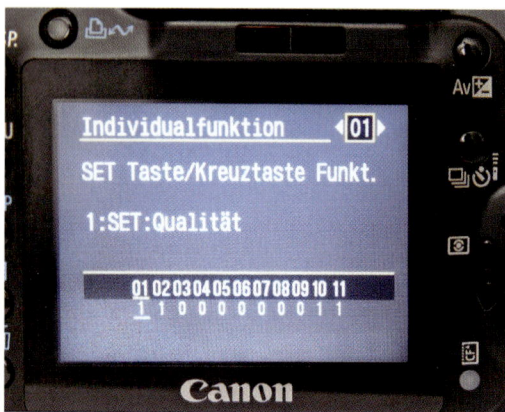

▲ Via Individualparameter 01 lässt sich die SET-Taste für den Bildformatwechsel belegen. Für Serienbildaufnahmen kann mit ihr im Kurzzugriff zwischen 10 RAWs und 27 JPEGs zügig gewechselt werden.

4.9 Schärfetest mit dem Siemensstern im Buchdeckel

Wir stellen Ihnen – ähnlich dem Verfahren im Abschnitt 4.7 – eine Testmöglichkeit vor, wie sich die Schärfeleistung Ihrer Objektive ermitteln lässt. Diesmal geben wir jedoch eine Anleitung, wie sich der auf der Innenseite des Buchdeckels vorhandene Siemensstern dafür nutzen lässt.

Gegenüber dem „5-Euro-Test" ist der Aufwand geringer, da Sie zur Testmotiv-Vorbereitung lediglich das 400D-Profihandbuch aufzustellen brauchen. Der Fotograf muss sich jedoch auch hier um einen sorgfältigen Aufbau kümmern, wenn die Bildergebnisse aussagekräftig sein sollen. Dazu gehören eine saubere Ausrichtung der Kamera, konstante Lichtverhältnisse, ein Stativ und die richtigen Kameraparameter.

▼ Der Testaufbau mit dem Siemensstern im Buchdeckel sollte sorgfältig vorbereitet werden. Kunstlichteinsatz (am besten bei dunkler Umgebung abends oder mit zugezogenen Vorhängen), ein Stativ, Fernauslöser und eine exakte Kameraausrichtung sind Voraussetzung, um sinnvolle Aussagen zur Auflösungsleistung der Objektive zu ermöglichen.

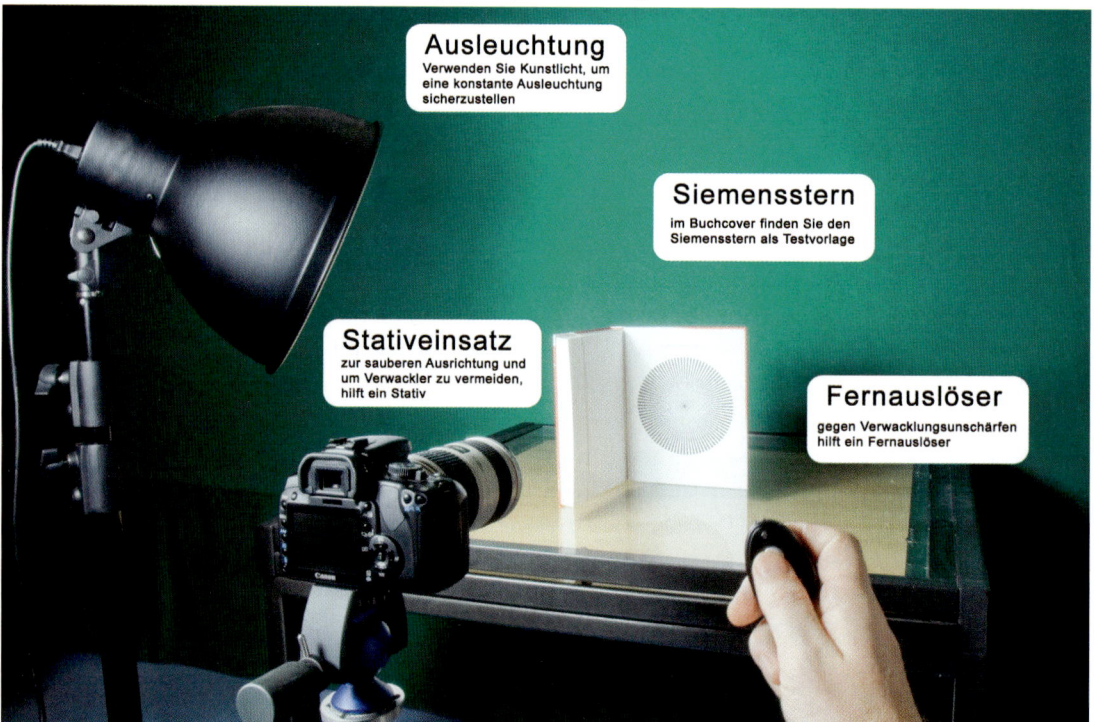

Soll später mit anderen Objektiven der Test wiederholt werden, ist eine sorgfältige Dokumentation des Aufbaus wichtig, da sich die Auswertung ansonsten bei geändertem Testaufbau mit vorhergehenden Tests nicht mehr vergleichen lässt.

Der Sinn und Zweck eines Schärfetests dürfte besonders bei neuen Objektiven auf der Hand liegen: Sind Sie mit der Abbildungsleistung nicht einverstanden, können Sie innerhalb von 14 Tagen bei Internetkäufen die Ware wieder zurücksenden bzw. ggf. bei einem ortsansässigen Händler anfragen, ob eine Rücknahme auf Kulanzbasis möglich ist.

Darüber hinaus ist die Kenntnis der Auflösungsleistung nützlich, um zu entscheiden, ob sich die Schärfe ggf. durch Abblenden steigern lässt.

Abweichungen im Nahbereich

Die hier vorgestellte Methode zur Schärfeermittlung bezieht sich auf den Nahbereich – das muss nicht gleichzeitig auch eine zutreffende Aussage für weiter entfernte Motive ergeben. Testen Sie ergänzend auch ruhende Motive, die weiter entfernt sind, um die Abbildungsleistung des Objektivs noch umfassender einschätzen zu können.

Kameraeinstellungen wählen

Verwenden Sie für alle Aufnahmen stets gleichbleibende Kameraeinstellungen. So lassen sich auch zu einem späteren Zeitpunkt noch Objektive in den Vergleichstest mit einbeziehen.

Es empfehlen sich folgende Einstellungen:

- Programmwahlschalter auf Av stellen, um schnell einen Blendenwechsel vornehmen zu können.
- Nicht über- oder unterbelichten, sondern die Belichtungsstufenanzeige auf die Hauptmarkierung setzen.
- ISO 100.

- Aktivierte Spiegelvorauslösung (Individualparameter 7 auf den Wert 1)
- Umschaltung des Objektivs auf den MF-Schalter (die Scharfstellung erfolgt manuell, da das Muster des Siemenssterns den Autofokus irritiert).
- Größte JPEG-Bilddatei (L-fein) wählen.
- Parameter für Schärfe, Kontrast, Farbsättigung und Farbton jeweils 0.

Kamera positionieren und Bildausschnitt wählen

Entscheidend für untereinander vergleichbare Aufnahmen ist eine stets gleiche Wahl des Bildausschnitts, um – im Gegensatz zu Formatangleichungen über die Software – nur optische Aspekte und identische Bildgrößen in den Vergleichstest einfließen zu lassen. Dies wird für unterschiedliche Brennweiten über die Entfernung zum Motiv angeglichen. Wollen Sie z. B. 50 mm mit 300 mm vergleichen, versechsfacht sich die Entfernung bei letztgenannter Brennweite.

Es lassen sich bei dem begrenzten Platz in Innenräumen allerdings schwer sämtliche Brennweitenbereiche unter einen Hut bringen, zumal die Nahdistanz einiger Objektive eine beliebig dichte Motivplatzierung teilweise unmöglich macht.

Weiterhin darf außer dem Siemensstern nichts vom Umfeld auf dem Testbild aufgenommen werden, da unterschiedliche Brennweiten sich zwar bei Distanzveränderung nicht auf das Motiv selbst, aber auf den Hintergrund auswirken (der Bildwinkel im Hintergrund schrumpft bei größeren Brennweiten zusammen) und ggf. andere Umgebungsdetails in den Fokus geraten könnten.

Den Ausschnitt wählen

Als guter Kompromiss hat sich ein Ausschnitt bewährt, bei dem im Sucher der Stern genau links und rechts in der Mattscheibe eingepasst wird:

▲ *Gleich, welche Brennweite Sie wählen, versuchen Sie den Siemensstern über Distanzveränderungen so einzupassen, dass er links und rechts mit dem Sucherfenster abschließt und das zentrale AF-Feld exakt die Mitte einpasst.*

So können Sie z. B. auch noch 400-mm-Brennweiten mit einer Entfernung von etwa 4 Metern i. d. R. gut im Zimmer austesten.

Die Kamera ausrichten

Achten Sie weiterhin darauf, dass die Kamera parallel und waagerecht zum Motiv auf dem Stativ ausgerichtet wird, was sich am besten über eine Wasserwaage erreichen lässt, bzw. auf Sicht, indem Sie zunächst mit der Kamera sehr dicht an den Siemensstern heranrücken.

▲ *Um die Kamera waagerecht und parallel zur Testvorlage auszurichten, wird sie zunächst dicht an den Siemensstern herangerückt.*

Schärfe und Belichtung einstellen

Schärfenreihe vor dem eigentlichen Test anfertigen

Wenngleich der Siemensstern die ideale Testvorlage ist, um die Schärfe manuell exakt einzustellen, wirken sich kleine Ungenauigkeiten – ähnlich dem Prinzip der stillen Post – auf die komplette Blendenreihe aus. Testen Sie daher am besten zunächst einmal, ob sich der höchste Schärfeeindruck in einer entsprechend großen Datei widerspiegelt. Die Bildschärfe und Dateigröße sind voneinander abhängig: je höher die Dateigröße, umso mehr Bilddetails werden eingefangen.

Am besten machen Sie einige Aufnahmen bei leicht unterschiedlicher, manueller Scharfstellung und lesen auf dem Kameramonitor der EOS 400D die jeweilige Dateigröße ab (über die Play-Taste, falls die Dateigröße nicht eingeblendet wird, einfach den Disp.-Button zweimal drücken), bis Sie nach einigen Versuchen keine größere Datei mehr erreichen. Später können Sie dann am Computer die jeweils größte Datei in die finale Auswertung übernehmen.

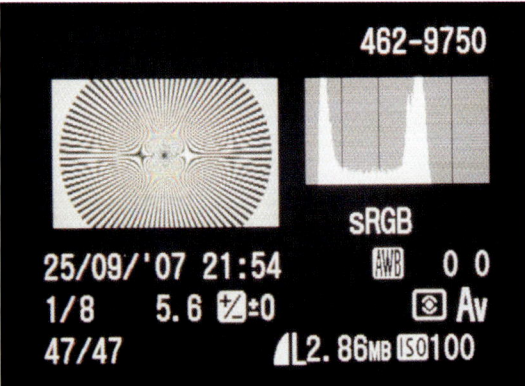

Ein kleiner Tipp: Lassen Sie sich nicht vom optisch-akustischen Scharfstellungsindikator irritieren, er arbeitet bei Motiven mit gleichmäßigem Muster nicht zuverlässig (daher wird der Test auch nur mit manueller Scharfstellung durchgeführt).

Einheitliche Belichtungszeit festlegen

Die Belichtungszeit muss für alle Objektive in den jeweiligen Blendeneinstellungen identisch sein, sonst ergeben sich abweichende Schärfeeindrücke und nicht miteinander vergleichbare Dateigrößen. Wählen Sie am besten die Raumbeleuchtung so, dass sich eine Belichtungszeit von 1/8 Sekunde für die Blende 5,6 bei mittlerer Belichtungsstufe ergibt. Diese Referenzeinstellung dient als Abgleich für alle weiteren Objektive.

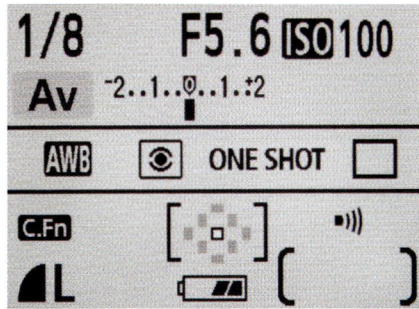

▲ Als Referenz für alle Objektive sollte eine einheitliche Belichtungszeit gewählt werden. Am sorgen Sie für eine Raumbeleuchtung, bei der sich für die Blende 5,6 eine Belichtungszeit von 1/8 Sekunde ergibt.

▾ Die Testauswertung für das Canon 24-105/4,0 L IS USM zeigt für die Offenblende eine etwas kleinere Datei mit 3,40 MByte. Um eine Stufe auf f5,6 abgeblendet steigt die Dateigröße und Detailschärfe auf 3,80 MByte an. Mit f8 ergeben sich kaum noch Verbesserungen (3,82 MByte).

Canon 24-105 4,0 L IS USM

F 4,0
Dateigrösse: 3,40 MB

F 5,6
Dateigrösse: 3,80 MB

F 8,0
Dateigrösse: 3,82 MB

Bilddateien auswerten

Wurde der Testaufbau sorgfältig durchgeführt, stehen Ihnen für Ihre Objektive jetzt eine Reihe von vergleichbaren Bilddateien zur Verfügung, deren Schärfe sich in der Dateigröße widerspiegelt. Je größer der KByte-Wert, umso höher liegt die Auflösungsqualität.

> **Referenzaufnahme für spätere Testaufnahmen anfertigen**
> Falls Sie sich eine kleine Infodatenbank über Ihre Objektive anlegen wollen und Tests in zeitlich größeren Abständen durchführen möchten, bietet es sich an, sich auf ein Referenzfoto zu beziehen und die Testumgebung so herzurichten, dass Sie die gleiche Dateigröße mit dem Referenzobjektiv erreichen.

Es bietet sich an, die Bilddateigrößen in eine Tabellenkalkulation zu übertragen und dort grafisch aufzubereiten. Ausgedruckt und in die Fototasche gelegt, kann ein Blick das Gedächtnis auffrischen und in manchen Situationen von praktischem Nutzen sein, wenn es auf größte Bildschärfe ankommt. Ein entsprechend vorbereitetes Worksheet für MS-Excel können Sie kostenlos downloaden unter *http://www.traumflieger.de/freeware.php*.

4.10 Zubehör für bessere Bildschärfe

In vielen Fällen werden Sie allein mit Kameramitteln nicht genügend Bildschärfe realisieren können. Zubehör wie Fernauslöser, Stativ, Bildstabilisatoren, externe Lichtquellen und Winkelsucher sind häufig unverzichtbare Helfer. Wir zeigen einige Tools, die sich in der Praxis bewährt haben.

Schärfetool Notebook

Die EOS 400D lässt sich mit einem Notebook via mitgeliefertem USB-Anschlusskabel direkt verbinden.

Sie können auf dem großen Display nicht nur die Schärfe deutlich besser ablesen, sondern auch über das im Lieferumfang enthaltene Programm EOS Utility – Fernaufnahme viele Kameraparameter vom Notebook aus steuern.

Damit braucht die Kamera – nach der Erstausrichtung – nicht mehr berührt zu werden. Eine sorgfältig eingestellte Kameraposition wird daher nicht mehr in ihrer Position verändert. Sie können z. B. die Schärfentiefe direkt vom Notebook durch eine höhere Blendenzahl erhöhen.

Bei Motiven insbesondere im Bodenbereich ist die Kombination aus Notebook und EOS 400D eine äußerst praktische Lösung, um mehr Bildschärfe zu erzielen. Sie erfahren in Kapitel 6.10 mehr zu diesem Thema.

Schärfetool Makroschlitten

Ein Makro- bzw. Einstellschlitten verändert die Position von Kamera und Objektiv im Millimeterbereich. Sie können damit via Rändelschrauben den Abstand zum Motiv extrem genau bestimmen und sind nicht auf die ungenauere Einstellung via Autofokus oder mithilfe des Einstellrings am Objektiv angewiesen – empfehlenswert besonders bei unbewegten Motiven im Makrobereich.

Vierwegemakroschlitten bewähren sich darüber hinaus bei der Stereo- bzw. Panoramafotografie, da sie sich nicht nur in die Tiefe, sondern auch vertikal verstellen lassen.

Schärfetool Stativ

Nicht nur um die ärgerlichen Verwackler bei Schnappschüssen zu reduzieren, sondern vor allem für detaillierte Langzeitaufnahmen gehört ein Stativ unbedingt ins Fotogepäck.

Im bodennahen Bereich empfehlen sich vor allem Stative, die sich im Idealfall auf 0 cm spreizen lassen oder über eine quer einsteckbare Mittelsäule verfügen (wie z. B. beim Manfrotto 190ProB oder 458B). Stative sind ein Schärfetool, dienen aber auch der entspannten Bildkomposition! Mehr dazu in Kapitel 12.2.

Schärfetool Aufhellreflektor

Mithilfe von Aufhellreflektoren lassen sich Motive gezielt aufhellen. Ein sonniger, klarer Himmel wirft schnell Schatten, Unterseiten z. B. von Früchten oder Pilzen, aber auch von Gesichtern, werden oft zu dunkel.

Die Reflektoren dienen dann nicht nur der Angleichung von zu hohen Kontrasten, sondern reduzieren auch die Belichtungszeit. Verwacklungsunschärfen werden durch sie minimiert.

Schärfetool Taschenlampen

Im Nah- und Makrobereich sind Taschenlampen ein wahrer Segen, denn gegenüber dem alternativen Blitzlicht lässt sich die Bildwirkung direkt am Motiv betrachten.

LED-Taschenlampen werfen meist ein etwas kühles Licht, sind aber extrem energiesparend. Optimal sind Taschenlampen, die via Umschalter auch eine optionale Warmlichtquelle wie z. B. eine Xenon-Glühbirne ansteuern.

Die Taschenlampen dienen zum einen der Aufhellung, um Lichtakzente zu setzen und um die Belichtungszeit zu verkürzen, und sorgen damit für mehr Bildschärfe. Hilfreich sind sie darüber hinaus, um das Sucherbild aufzuhellen, wenn es zur Beurteilung der Schärfentiefe via Schärfentiefenprüftaste zu duster wird.

Schärfetool Fernbedienung

Mit einer Kamerafernbedienung ist es ähnlich wie mit der unverzichtbaren Kombination aus Fernbedienung und Fernsehgerät. Der Bewegungsfreiraum wird erheblich erweitert.

Im Unterschied zum reinen TV-Komfort verbucht die Fernbedienung jedoch für die Bilderergebnisse bei der Fotografie Vorteile durch einen höheren Grad an Bildschärfe. Ursache sind schlicht die kleinen, oftmals unmerklichen Verwackler, die durch Betätigen des Auslösers an der Kamera beim Durchdrücken entstehen.

Bei Wind sind kabellose Infrarotfernbedienungen noch praktischer, da sich keine Böen im Kabel verfangen und so Verwackler weiter reduziert werden.

Schärfetool Winkelsucher

In unbequemen oder gar vermeintlich unmöglichen Aufnahmepositionen erleichtert nicht nur ein Winkelsucher das Fotografenleben, er ist dann absolut notwendig, um keine Blindaufnahmen machen zu müssen.

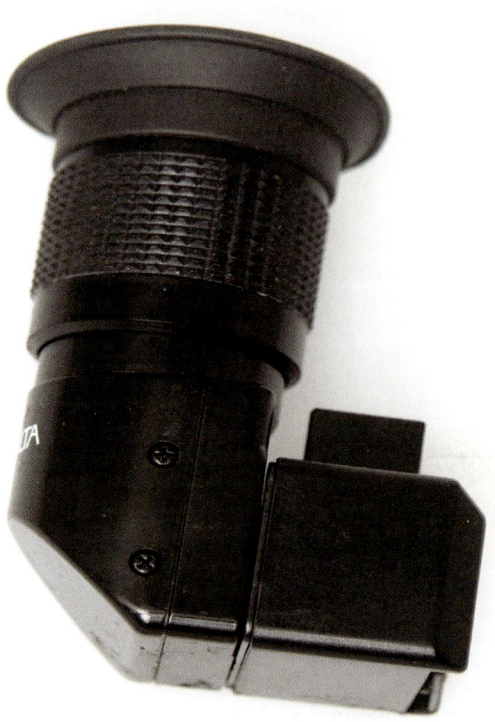

Optional bieten manche Modelle eine zweifache Vergrößerungsoption. Damit wird zwar das Sucherbild an den Rändern ganz leicht abgedunkelt, dennoch hilft es, um optisch die Schärfe noch besser beurteilen zu können. Es ist praktisch eine Art Lupe.

Schärfetool lichtstarke Objektive und optisches Zubehör

Feind Nummer eins bei Unschärfen sind schnelle Bewegungen oder zu geringes Umgebungslicht. Hier helfen lichtstarke Objektive – am besten gepaart mit einem Bildstabilisator. Letzterer verhindert zwar keine Bewegungs-, dafür jedoch Verwacklungsunschärfen. Beides vereint hat allerdings seinen Preis.

Das aktuelle Canon 70-200/4,0 L IS USM oder gar die 2,8er-Version kostet immerhin deutlich über 1.000 Euro. Auch das Canon 17-55/2,8 IS liegt in ähnlichen Regionen.

Verzichten Sie auf den Bildstabilisator, lassen sich einige hundert Euro einsparen – vielleicht können Sie sich stattdessen mit einem Einbeinstativ anfreunden.

Unschärfen aufgrund zu hoher Nahdistanz fallen schnell auf, da der Autofokus nicht mehr greift. Hier helfen Zwischenringe weiter, die beispielsweise Canon bzw. Kenko auch mit Blenden- und Autofokussteuerung anbieten. Mehr zu Objektiven findet sich in Kapitel 12.1.

Schärfetool Beanbag

Soll es flach auf den Boden oder etwa an einen Hang oder eine Böschung gehen, ist der Stativeinsatz unbequem oder – bei Platzmangel – gar unmöglich.

Ein alternatives Ministativ hält meist nicht das Gewicht der Body-Objektiv-Kombination, sodass sich für diese Fälle ein Beanbag bewährt hat. Dabei handelt es sich um ein mit Naturmaterialien wie z. B. Erbsen, Reis oder Kirschkernen gefülltes Kissen, das durch den grobkörnigen Inhalt die Ausrichtung der Kamera sehr bequem macht.

Schärfetool Reinigungstuch

Es mag banal klingen, aber falls Sie kein Mikrofaser- oder Ledertuch in Ihrer Fototasche mitführen, dürfte die Bildqualität frühmorgens durch Tau oder bei Nieselregen auf der Frontlinse leiden.

Bei bewölktem Wetter sollte es daher stets griffbereit in der Tasche liegen. Ersatzweise kann auch eine Streulichtblende weiterhelfen.

Einsatz von Blitzlicht finden Sie im folgenden Kapitel 5.

Schärfetool Blitzlicht

Die hohe Leistung von externen Blitzlichtgeräten kann – zumindest im Nahbereich – Bewegungsunschärfen und auch Verwackler kompensieren. Selbst wenn Sie eine längere Verschlusszeit wählen, verringert sich die Unschärfe allein durch das Blitzlicht, da es überproportional stark in die Gesamtbelichtung eingeht.

Bei Aufnahmen im Nah- bzw. Makrobereich lässt sich mit Kompaktblitzgeräten zudem eine erheblich größere Schärfentiefe erzielen. Infos rund um den

5

Blitzlichteinsatz an der EOS 400D

Ohne Licht wäre die Fotografie nicht denkbar – fehlt es in der natürlichen Umgebung, hilft der Blitzlichteinsatz.

Damit kommt jedoch eine neue Lichtquelle ins Spiel und mit ihr eine Menge an Know-how, die der ambitionierte EOS-Fotograf nutzbringend anwenden kann.

Dass einseitig und kühl aufgeblitzte Motive nicht notwendigerweise Ergebnis des Blitzlichteinsatzes sein müssen, welches Kompaktblitzgerät ideal für Ihre EOS 400D ist und wie kreative Blitztechniken Ihr Repertoire bereichern können, erfahren Sie in diesem Kapitel.

5.1 Crashkurs Blitzfotografie

Ohne Blitzlicht ist ernsthafte Fotografie kaum möglich. Damit verhält es sich ähnlich wie mit dem Stativ: Ambitionierte Fotografen haben eines im Gepäck, weil das Umgebungslicht oft nicht ausreicht, um scharfe Aufnahmen zu realisieren. Oder ein Stativ wird notwendig, um dem hohen Dynamikumfang einer Aufnahmesituation gerecht werden zu können (Stichwort: DRI). Gleiches gilt im Prinzip für das Blitzlicht. Wir geben Ihnen in diesem Abschnitt zunächst einen generellen Überblick über die Notwendigkeit, die Möglichkeiten sowie die Vor- und Nachteile des Blitzlichteinsatzes an Ihrer EOS 400D.

Hilfe bei Gegenlicht

Ohne zusätzliche Lichtquelle gerät der EOS-Fotograf z. B. schnell in Gegenlichtsituationen. Hier reicht der Dynamikumfang des Bildsensors nicht an unsere visuellen Wahrnehmungsfähigkeiten heran. Das Ergebnis sind entweder stark unterbelichtete Partien oder ausgefressene Lichter, die uns vor Ort vis-à-vis zunächst unproblematisch erscheinen. Der Blitzlicht-einsatz hilft einem hier für ein ausgewogenes Kontrastverhältnis.

> **Bei Sonne an den Blitz denken**
> Es empfiehlt sich, generell diese Faustregel zu beherzigen: Sobald direktes Sonnenlicht in der Umgebung auftritt, sollte der Blitzlichteinsatz in Erwägung gezogen werden. Dies gilt selbst für Situationen, bei denen die Sonne kein direktes Gegenlicht erzeugt (Stichwort: Schatten aufhellen).

Mehr Bildschärfe durch den Blitz erzielen

Bewegungs- oder Verwacklungsunschärfen sind eine Folge zu langer Belichtungszeiten. Bei wenig Umgebungslicht benötigt die EOS 400D häufig zu lange Verschlusszeiten, um ein Motiv unverwackelt bzw. scharf abzulichten. Ein Ausweg ist das zugeschaltete Blitzlicht.

Schatten aufhellen

Harte Schlagschatten lenken schnell vom eigentlichen Motiv ab. Durch geschickten Einsatz des Blitz-

▼ Links ist die Gegenlichtsituation ohne Blitzlicht kaum zu beherrschen, das Gesicht wird zu dunkel (oder bei Selektivmessung ergäben sich Probleme mit Streulicht). Rechts mit Blitzlicht wird das Gesicht gut aufgehellt und im Bild nach vorne gebracht.

▲ Ist der Hintergrund ungeeignet oder lenkt zu sehr vom Hauptmotiv ab (linke Aufnahme), kann er selbst bei Tage durch Einsatz von Blitzlicht (rechtes Bild) weggeblitzt werden. Er taucht dann in Dunkelheit ab, da das Blitzlicht die maßgebende Lichtquelle wird und nur das Hauptmotiv erfasst.

lichts können sie abgemildert und das Motiv damit klarer herausgestellt werden. Zur Anwendung kommt diese Technik, wenn das Umgebungslicht – wie etwa bei Sonnenschein – sehr hell strahlt und die Schattenfelder durch das Blitzlicht aufgehellt werden.

▲ Bei Schattenfeldern wie im oberen Bild kann das Blitzlicht den harten Kontrast angleichen und die Schatten – wie unten – aufhellen.

Spitzlichter setzen

Ein weiterer Vorteil des Blitzlichts sind die Spitzlichter, die sich in den Augen widerspiegeln. Dadurch wirken Porträtaufnahmen vitaler.

Kreativ blitzen

Nicht nur zur Angleichung von Kontrasten ist der Blitz hilfreich. Mit seiner Hilfe lassen sich spezielle Effekte erzielen, um etwa ein Motiv vor dem Hintergrund freizustellen oder um mithilfe von Farbfiltern beispielsweise einen grauen Himmel blau einzufärben. Darüber hinaus lässt er definierte Lichtverhältnisse zu, die für Reproduktionen bzw. bei zeitlich auseinanderliegenden Serienaufnahmen für mehr Konsistenz sorgen.

Vergleich interner und externer Blitz

Der in die EOS 400D eingebaute Blitz ist in vielen Fällen hilfreich, jedoch leuchtet er mit seiner Leitzahl von 13 nicht besonders weit. Auf Entfernungen von 3 bis 4 m sorgt er noch für Aufhellungen; größere Personengruppen, Gebäude oder sonstige weiter entfernte Motive vermag er allerdings nicht mehr zu erfassen. Externe Kompaktblitzgeräte sind dafür besser geeignet. Blitzleitzahlen ab 40 und mehr sor-

▲ Für Blitzliebhaber mit schmalem Budget: Für die EOS 400D gibt es ein externes Blitzgerät für 40 Euro, das sich zudem noch kabellos auslösen lässt. Infos unter http://www.traumflieger.de/slaveflash.php.

gen für die nötige Power, um bis zu 30 m und weiter zu leuchten. Ein wesentlicher Nachteil des internen Blitzes ist die fehlende Schwenk- und Neigefähigkeit. Mit ihm lässt sich das Licht nur direkt auf das Motiv werfen. Dadurch wirkt dieses recht kühl und einseitig ausgeleuchtet. Harte Schlagschatten sind ein weiteres Problem, mit dem der interne Blitz mangels Schwenkfähigkeit z. B. gegen die Zimmerdecke zu kämpfen hat. Diese Schwierigkeiten lassen sich mit einem externen Blitzgerät besser lösen.

Die Möglichkeit des entkoppelten Blitzens, um den Blitz etwa seitlich vom Motiv zu platzieren, ist ebenfalls externen Geräten vorbehalten. Abschattungen durch eine zu lange Baulänge des Objektivs im Nahbereich können mit dem internen Blitzgerät problematisch werden. Mit Makroringblitz, aber auch mit externen Kompaktblitzgeräten lassen sich diese Ab-

schattungen besser vermeiden. Auch der unschöne „Rote-Augen-Effekt" tritt bei Einsatz des internen Blitzes eher auf, da die Leuchtrichtung auf einer Achse zum Motiv liegt. Externe Geräte – selbst wenn sie lediglich auf die EOS 400D aufgesteckt werden – heben die Achse von Leuchtcharakteristik und Motiv besser auf, sodass die Netzhaut das Blitzlicht seitlich reflektiert und der Rote-Augen-Effekt abgemildert wird bzw. ganz verschwindet.

Vorteile externer Blitzgeräte

Gegenüber dem internen Blitz haben externe Kompaktblitzgeräte einige Vorteile:

- Durch eine höhere Leitzahl können auch weiter entfernte Motive oder größere Personengruppen ausgeleuchtet werden.
- Durch Schwenk- und Neigefähigkeiten kann das Licht gegen die Zimmerdecke oder auch

▲ Bereits durch Nutzung eines Kabels (Off Camera Shoe Cord 2) in Verbindung mit einem externen Blitzgerät lässt sich ein Motiv seitlich ausleuchten. Eine Möglichkeit, die der interne Blitz verwehrt. Eine kostengünstigere Alternative finden Sie unter www.traum-flieger.de/slaveflash.php.

(im Hochformat) gegen den Boden gelenkt werden. So können harte Schlagschatten bzw. eine einseitige Ausleuchtung vermieden werden.

■ Durch von der EOS 400D entkoppeltes Blitzen lässt sich die Lichtquelle auch seitlich vom Motiv platzieren. Im Verbund mit weiteren Blitzgeräten kann das Licht modelliert werden.

■ Bauartbedingte Objektivabschattungen treten – wie beim internen Blitz – im Nahbereich in der Regel nicht auf.

■ Rote-Augen-Effekte werden abgemildert bzw. treten gar nicht erst auf.

5.2 Basics der EOS 400D-Blitzlichtfotografie

Wir werden auf Feinheiten und Ausnahmefälle in späteren Abschnitten detaillierter eingehen, zunächst sollen Grundregeln für den Umgang mit dem Blitz dargestellt werden. Zum Verständnis der Blitzlichtfo-

tografie an der EOS 400D sollten Sie drei wesentliche Dinge verinnerlichen:

Keine Belichtungszeitverkürzung

In den meistgenutzten Kreativprogrammen Av und Tv dient der zugeschaltete Blitz lediglich Aufhellzwecken. Dies führt meist zu einer ausgewogenen Mischung aus Blitz- und Umgebungslicht. Dabei verkürzt sich nicht etwa die Verschlusszeit, sondern sie bleibt unverändert (es ergeben sich zwar leichte Belichtungszeitveränderungen, doch die sollen an dieser Stelle unberücksichtigt bleiben).

Problem: In typischen Blitzlichtsituationen wie etwa in schlecht beleuchteten Innenräumen ist damit die Zeit oftmals zu lang, um eine scharfe Aufnahme nach der Faustregel aus der Hand durchzuführen. Dies kann zu Irritationen führen, da ja oftmals das Blitzlicht zugeschaltet wird, um keine Verwackler zu kassieren.

▲ Beide Aufnahmen wurden mit zugeschaltetem Blitz aus der Hand durchgeführt. Links im Programm Av wird 1 Sekunde lang Umgebungslicht eingefangen, die Aufnahme ist stimmungsvoll und noch relativ scharf. Um keine Verwackler zu kassieren, wurde rechts im Programm M 1/25 Sekunde eingestellt Der Blitz wird zur recht stimmungslosen Hauptlichtquelle, wenngleich die Aufnahme eine Idee schärfer ist.

Lösung: Nutzen Sie das Programm Av trotz der langen Belichtungszeit in dunkleren Umgebungen. Der Blitz hat zwar nur eine Aufhellfunktion, dennoch nimmt er einen stärkeren Einfluss, als es vielleicht den Anschein haben mag. Sie können ohne Weiteres Belichtungszeiten von 1 Sekunde und länger durchführen und dennoch eine einigermaßen scharfe Aufnahme erzielen. Ursache dafür ist der Aufhellblitz, der mit rund 1/1000 Sekunde überproportional stark in die Gesamtbelichtung eingeht und durch diese kurze Zeit die Motive einfriert. Sie werden zwar einen leichten Schleier durch die Unschärfe des Umgebungslichts erkennen, doch ist sie oft nicht sehr auffällig.

Alternative: Wechseln Sie ins Programm M und stellen Sie dort eine Belichtungszeit ein, die zu keinen Verwacklungen bzw. Bewegungsunschärfen führt. Wählen Sie zusätzlich die gewünschte Blende und lösen Sie aus. Ein typisches Beispiel hierzu: Brennweite 24 mm, erwünschte Blende 8,0:

1

Wählen Sie am Moduswahlrad ⊙- das Programm M. Drehen Sie am Hauptwahlrad 🕳 so weit, bis 1/25 am Monitor links oben angezeigt wird. Dies ist für 24 mm nach der Faustformel die Zeit, um ohne Verwackler aus der Hand zu fotografieren (entspricht dem Kehrwert der Brennweite). Da 1/24 Sekunde nicht verfügbar ist, wird die nächstkürzere 1/25 Sekunde gewählt. Drehen Sie erneut am Hauptwahlrad 🕳 und halten Sie gleichzeitig die Av⚡-Taste fest, bis oben in der Mitte auf dem Monitor F8.0 angezeigt wird.

 2

Drücken Sie die Blitztaste vorne links am Gehäuse der 400D, sodass der Blitz ausklappt. Richten Sie die Kamera auf Ihr Motiv und lösen Sie aus.

Überbelichtungsgefahr

Im Normalfall können Sie mit zugeschaltetem Blitzlicht keine kürzeren Zeiten als 1/200 Sekunde durchführen. Diese Zeit wird durch die Verschlusssynchronzeit fest vorgegeben.

Problem: Bei Verwendung des Programms Av führt dies recht häufig zu versehentlich überbelichteten Aufnahmen. Typisch ist eine solche Fehlbelichtung für Gegenlichtaufnahmen bei Tageslicht, die oft eine kürzere Verschlusszeit erforderlich machen; bei diesen ist die EOS 400D jedoch auf die 1/200 Sekunde zwangsverpflichtet und damit nimmt zu viel Umgebungslicht auf.

Lösung: Die EOS 400D verfügt zwar – wie ihre größeren Geschwistermodelle EOS 30D etc. – über keine Safety-Shift-Funktion, Sie können jedoch durch Reduzierung des ISO-Werts bzw. Erhöhung der Blendenzahl die Belichtungszeit manuell reduzieren. Falls Sie ein externes Blitzgerät einsetzen, aktivieren Sie dort die Kurzzeitsynchronisation. Sie lässt sich am externen Kompaktblitz oftmals über die Taste H erreichen. Wird sie aktiviert, ist das Synchronzeitlimit aufgehoben, und die EOS 400D lässt sich mit bis zu 1/4000 Sekunde auslösen. Die Lichtleistung des Blitzes wird zwar herabgesetzt, doch sind Sie nicht der Gefahr versehentlicher Überbelichtungen durch das Umgebungslicht ausgesetzt.

▲ Durch aktiviertes Blitzlicht in den Kreativprogrammen passieren schnell versehentliche Überbelichtungen besonders in Gegenlichtsituationen. Dieser Fink lässt sich immerhin noch als High-Key-Aufnahme verwenden.

Amateurhaft

In den meisten Automatikprogrammen klappt der interne Blitz automatisch bei zu wenig Umgebungslicht aus. Er nutzt dann regelmäßig eine Verschlusszeit von 1/60 Sekunde und verwendet den Blitz als Hauptlichtquelle.

Problem: Solche Aufnahmen sehen manchmal amateurhaft aus – eben typische Blitzlichtfotos, die als solche schnell zu erkennen sind.

Lösung: Verzichten Sie am besten auf die Automatikprogramme, um die nicht immer überzeugende 1/60 Sekunde im Blitzbetrieb zu umgehen. Setzen Sie stattdessen das Programm Av ein und nutzen Sie die automatische Schärfung durch den Aufhellblitz (wie unter oben beschrieben). Für spontane Aufnahmesituationen, die Ihnen wenig Zeit für die Kameraeinstellung lassen, bietet das Programm P gegebenenfalls eine praktikable Lösung. Sie können alternativ auch Belichtungszeit und Blende im Programm M einstellen.

▲ Wählen Sie an externen Blitzgeräten wie etwa dem Canon Speedlite 580 EX die Taste H, um kürzer als die 1/200 Sekunde Synchronzeit zu belichten.

▲ Trotz einer Belichtungszeit von 4 Sekunden im Programm Av wirkt die (Stativ-)Aufnahme bei zugeschaltetem Blitz nicht besonders unscharf. Der Aufhellblitz friert dabei die Bewegungen klammheimlich mit rund 1/1000 Sekunde ein.

Grundlegende Blitztechniken

Wird das Blitzlicht zur Hauptlichtquelle, sind harte Schlagschatten vorprogrammiert. Zur Hauptlichtquelle wird der Blitz, wenn kein oder wenig Umgebungslicht eingefangen wird.

Setzen Sie also die Kreativprogramme Av oder Tv ein, wird das Umgebungslicht eingesammelt, und der Blitz dient nur Aufhellzwecken. Tiefdunkle und harte Schlagschatten treten bei diesen Programmen in der Regel also nicht auf bzw. werden nicht durch das Blitzlicht verursacht.

Wollen Sie jedoch nur angedeutete oder gänzlich schattenfreie Aufnahmen realisieren, empfiehlt sich der Einsatz eines externen Blitzgeräts. Dieses sollte dann gegen eine helle Fläche wie z. B. die Zimmerdecke mittels Schwenkreflektor gerichtet werden, um eine weiche Abstrahlcharakteristik des Lichts zu erzielen.

Die Lichtmischung optimieren

Trotz fortschrittlicher E-TTL II-Technologie entspricht die Mischung von Umgebungs- zu Blitzlicht nicht immer den Vorstellungen. Es bestehen verschiedene Eingriffsmöglichkeiten, mit denen sich dieses Mischverhältnis in den Kreativprogrammen M/Av/Tv optimieren lässt:

- Durch die Blitzbelichtungskorrektur an der EOS 400D.
- Durch Ändern der allgemeinen Belichtungskorrektur an der EOS 400D (Hauptwahlrad in Verbindung mit der Av-Taste).
- Durch Veränderung der Blitzlichtstärke am externen Blitzgerät.
- Durch vor das Blitzgerät gesetzte Diffusoren (z. B. Bouncer, Taschentuch) oder eine ausgezogene Weitwinkelstreuscheibe.

Um erstgenannte Möglichkeit zu demonstrieren, wird die Lichtmischung auf einer Orchidee durch Blitzlichteinsatz verbessert: Ohne Blitzlichteinsatz wirkt die Orchidee (siehe Abbildung auf der gegenüberliegenden Seite) etwas fade; die Blüten kommen nicht voll zur Geltung. Wir schalten daher im Programm Av das Blitzlicht hinzu.

▲ Links: ohne Blitz, Mitte: Aufhellblitz im Programm Av, rechts: Blitz im Automatikprogramm (Blitz wird zur Hauptlichtquelle mit 1/60 Sekunde). Beim mittleren Bild führt der Blitz zwar zu einem Schlagschatten, doch ist er nicht so stark ausgeprägt wie auf dem rechten Bild.

Blitzlichteinsatz an der EOS 400D

ohne Blitzlicht

Die Lichtsituation hat sich durch den Blitzeinsatz verbessert, doch die Schatten an der Wand lenken etwas ab. Daher wird die Blitzstärke über die Blitzbelichtungskorrektur herabgesetzt.

▲ Die Blitzbelichtungskorrektur erreichen Sie im Menü unter dem zweiten Register (Voraussetzung: Sie haben ein Kreativprogramm eingestellt). Schneller im Zugriff sind Sie mit der Individualfunktion 01 – 4. Damit lässt sich die Blitzbelichtungskorrektur auf die SET-Taste legen!

mit Blitzlicht /
Schlagschatten

mit Blitzlicht /
ohne Schatten

Die Schlagschatten sind jetzt durch die reduzierte Blitzleistung weitgehend verschwunden, und die Blüten kommen besser als in der Aufnahme ohne Blitz zur Geltung. Um die Lichtvarianz im Hintergrund zu steigern, wurde ergänzend ein zweites Blitzlicht rechts unten platziert.

Kameraschwenk und Blitz

Bei Neubestimmung eines Ausschnitts durch Kameraschwenk drücken Sie vor dem Schwenk die Sterntaste. Dadurch wird der Vorblitz rechtzeitig ausgelöst und das Hauptmotiv korrekt angemessen.

Lichtmischung bei Canon Speedlites

Die Blitzbelichtungskorrektur funktioniert mit dem internen Blitz erwartungsgemäß. Wird jedoch ein externes Canon Speedlite-Blitzgerät wie das 430 EX oder 580 EX aufgesetzt, tritt ein Phänomen im Zusammenhang mit dem ISO-Wert auf.

▲ Ein Bouncer (salopp auch als Joghurtbecher bezeichnet) wie hier auf dem Canon Speedlite 580 EX macht nicht nur das Licht weicher, sondern lässt sich auch verwenden, um die Blitzlichtstärke herabzusetzen.

Normalerweise nimmt der ISO-Wert keinen Einfluss auf das Lichtmischungsverhältnis von Umgebungs- und Blitzlicht. Canon Speedlites weichen von dieser Regel jedoch ab: Je höher der gewählte ISO-Wert, umso stärker wird die Gesamtlichtsituation durch das Blitzlicht dominiert. Zudem wirkt bei hohen ISO-Werten die Blitzbelichtungskorrektur nur noch geringfügig.

Dieses – von Canon übrigens bestätigte – Verhalten ist etwas irritierend und raubt der EOS 400D zumindest in höheren ISO-Wertebereichen ein wenig die Blitzkorrekturfunktionalität. Die Lichtmischung lässt sich in hohen ISO-Wertebereichen natürlich auch mit Speedlites beeinflussen, jedoch muss der Fotograf auf externe Hilfsmittel wie Bouncer oder Diffusoren zurückgreifen oder die Blitzstärke am Speedlite manuell reduzieren.

Entscheidungshilfe beim Kauf externer Kompaktblitzgeräte

Die Vorteile externer Geräte gegenüber dem internen Blitz haben wir im Blitz-Crashkurs bereits aufgezeigt. Falls Sie die Anschaffung eines solchen Kompaktgeräts erwägen, erhalten Sie in diesem Abschnitt einen Überblick über die wichtigsten Features.

Dabei gehen wir auf die jeweiligen Vor- und Nachteile von drei der beliebtesten Blitzgeräte ein:

- Sigma EF-500 DG Super (kurz Sigma)
- Canon Speedlite 430 EX (kurz 430 EX)
- Canon Speedlite 580 EX (kurz 580 EX)

Ersteindrücke und Ausstattung

Das Sigma wirkt gegenüber den Speedlites etwas klobiger, und es fühlt sich auch etwas weniger wertig an. Die Verarbeitungsqualität zeigt sich z. B. in den roten Kappen für das Einstelllicht, die beim Sigma schlicht aufgesteckt ist, während zumindest das 580 EX hierfür zwei Kreuzschlitzschrauben vorgesehen hat. Die Speedlites punkten auch beim Schwenken des Reflektors, der weicher als beim Sigma glei-

▲ Drei populäre Blitzgeräte für die EOS 400D (von links nach rechts): Sigma EF-500 DG Super, Canon Speedlite 430 EX und Canon Speedlite 580 EX.

tet, bevor er die nächste Einrastposition erreicht. Die Blitzköpfe lassen sich beim Sigma und dem 430 EX um 270 Grad schwenken, während das 580 EX gar 360 Grad zulässt. Sigma und 580 EX lassen sich für Nahaufnahmen um –7 Grad neigen, wohingegen das 430 EX bei 0 Grad maximal parallel zum Horizont zeigt. Der Blitzkopf lässt sich – wie bei allen Modellen – auch beim 430 EX senkrecht aufstellen, sodass der Blitz z. B. über die Decke reflektiert werden kann.

Während alle drei Modelle über eine ausziehbare Weitwinkelstreuscheibe verfügen und damit einen Winkel von 14 mm (Sigma 17 mm) ausleuchten, verfügt einzig das 580 EX über eine zusätzliche Catch-Licht-Folie, die zusätzliche Spitzlichter bei Porträts erzeugen soll. Die Batteriefächer werden seitlich aufgeklappt und nehmen jeweils 4 AA-Batterien auf. Das 580 EX hätte durchaus ein zweites Scharnier für die extralange Fachabdeckung spendiert bekommen dürfen, denn es lässt sich so nur etwas hakelig

öffnen, während die beiden anderen Geräte damit keine Probleme haben.

▲ Das Speedlite 580 EX verfügt über eine Buchse zur externen Stromversorgung sowie eine Schraubkupplung zur Montage einer seitlichen Blitzschiene. Das 430 EX kommt lediglich mit der Schraubkupplung daher, und dem Sigma fehlen beide Ausstattungsmerkmale.

Mit Alkalibatterien lassen sich – je nach Blitzstärke – am 430 EX 200 bis 1.400 und am 580 EX 100 bis 700 Blitze auslösen. Sigma gibt die Blitzzahl pauschal mit ca. 220 an.

Alle drei Modelle werden mit einem Standfuß und einer Schutzhülle ausgeliefert. Während das Sigma mit einer griffigen Tasche aus Kunstfasern daherkommt, lassen sich die Speedlites weicher in Kunststofftaschen betten.

▲ Das 580 EX verfügt neben einem großen, beleuchteten Display auch über ein Daumenrad zur Werteveränderung. Ist dies etwas schwergängig und klein geraten, so punkten das 580 EX sowie auch das 430 EX gegenüber dem Sigma mit dem Extra-Umschalter für den Master-Slave-Betrieb (430 EX nur Slave).

Bei den Speedlites sind die Tasten zur Funktionssteuerung recht weit ins Gehäuse eingelassen und so schwerer zu ertasten als beim Sigma. Insbesondere die halbrunden Plus-/Minustasten zur Werteveränderung liegen am 430 EX so tief im Gehäuse, dass deren Bedienung unkomfortabel ist. Stattdessen glänzt das 580 EX mit einem Einstellrad. Es ist jedoch recht schwergängig und etwas klein geraten, sodass auch hier haptische Vorteile durch separate Bedienelemente im Vergleich zum Sigma verspielt werden.

Boden machen die Speedlites jedoch beim Extra-Umschalter für den Slavebetrieb wieder gut. Das Sigma muss hingegen erst über mehrfachen Druck der Mode-Taste in den Master- bzw. Slave-Mode versetzt werden und ist hierdurch etwas weniger intuitiv zu bedienen. An den Speedlites gleichfalls lobenswert ist die Extrataste für die High-Speed-Synchronisation, um die Blitzsynchronzeit von 1/200 Sekunde unterschreiten zu können. Beim Sigma ist diese Funktion hinter der Plus- bzw. Minustaste versteckt, die ausschließlich im E-TTL-Modus den hierfür notwendigen FP-Mode aktiviert.

Anschaffungspreis und Leuchtweite
Im Anschaffungspreis liegen Sigma und 430 EX mit ca. 200 Euro auf ähnlichem Niveau, während das 580 EX mit knapp den doppelten Anschaffungskosten zu Buche schlägt.

Die Blitzleitzahl spiegelt sich in der Modellbezeichnung wider: Das 430 EX verfügt über eine Leitzahl von 43 und das 580 EX über 58. Das Sigma sortiert sich im Mittelfeld ein mit einer Leitzahl von 50.

> **Bedeutung der Blitzleitzahl**
> Die Leitzahl eines Blitzgeräts gibt die Leistungsstärke an. Canon gibt die Leitzahl für den internen Blitz mit 13 bei ISO 100 in Metern an. Dies bedeutet, dass der Blitz 13 m weit leuchtet. Allerdings ist dies ein idealer Wert, der sich auf eine angenommene Blende von 1,0 bezieht. Um die tatsächliche Leuchtweite zu ermitteln, ist die Leitzahl durch die Arbeitsblende zu dividieren. Mit dem Kitobjektiv Canon 18-55mm lässt sich z. B. bei 18 mm und der Offenblende 3,5 ein

Motiv in 3,70 m (13 / 3,5) noch ausreichend beleuchten.

Externe Kompaktblitzgeräte verfügen über wesentlich höhere Leitzahlen, jedoch sind sie nicht direkt mit dem internen Blitz vergleichbar, da diese Angaben auf einen eingeschränkten Leuchtwinkel bei 105 mm bezogen sind. Es handelt sich jedoch auch hier um Meterangaben, die sich auf ISO 100 und eine angenommene Blende von 1,0 beziehen.

Formel: Leitzahl = Entfernung / Arbeitsblende

Wird der ISO-Wert erhöht, multipliziert sich die Leuchtweite für jede Stufe um die Wurzel aus 2.

ISO 100 = Entfernung / Arbeitsblende * 1

ISO 200 = Entfernung / Arbeitsblende * 1,41

ISO 400 = Entfernung / Arbeitsblende * 2

ISO 800 = Entfernung / Arbeitsblende * 2 * 1,41

Mit dem 430 EX lassen sich bei dem Standard-ISO-Wert von 400 und einem lichtstarken Objektiv mit f=2,8 bei 105 mm noch Motive in rund 30 m Entfernung ausleuchten. Die lichtstärkeren Modelle wie das Sigma bzw. das 580 EX leuchten noch 5 (Sigma) bzw. 10 m (580 EX) weiter und überbrücken Entfernungen von 35 bzw. 41 m.

Vergleicht man diese Werte mit dem eingebauten Blitz der EOS 400D, wird deutlich, dass dieser – unter Verzicht auf einen Motorreflektor zur Anpassung des Leuchtwinkels – mit 9 m Leuchtweite deutlich im Hintertreffen liegt.

Spezialfeatures

Eines der wichtigsten Features ist die Master-Slave-Fähigkeit, mit der sich ein oder mehrere Blitzgeräte kabellos auslösen lassen. Die EOS 400D ist – wie dies für alle anderen Canon-DSLRs gilt – leider nicht in der Lage, von sich aus via Infrarot ein externes Blitzgerät anzusteuern, sodass diese Aufgabe ein

Blitzgerät (oder alternativ der Transmitter ST-E2) im Masterbetrieb übernehmen muss. Im Unterschied zu Sigma und 580 EX lässt sich das 430 EX nicht als Master betreiben, sondern nimmt ausschließlich als Slave Steuerungsbefehle entgegen. Damit lässt es sich zwar kabellos auslösen, ist dafür jedoch auf ein Mastergerät angewiesen.

▲ Um das Sigma via Lichtsensoren erfolgreich anzusteuern, ist es in den Nicht-TTL-Slave-Mode – wie auf dem Monitor zu sehen – durch einen fünffachen Mode-Tastendruck zu versetzen. Die Blitzstärke muss außerdem auf wenigstens die Hälfte reduziert werden (SEL-Taste zweimal drücken und Korrektur über die Minustaste), damit es sich nicht bereits durch den Vorblitz erschöpft.

Das Sigma verfügt als einziges Gerät außerdem über die Möglichkeit der Ansteuerung via Lichtsensoren, sodass es sich auch ohne ein separates Mastergerät entkoppelt von der EOS 400D auslösen lässt. Dafür dient ihm der interne 400D-Blitz, der das Sigma antriggert (um das Sigma erfolgreich auszulösen, lesen Sie den Tippkasten!).

Im Gegensatz zum Sigma verfügen die Speedlites über eine Reihe von Individualfunktionen, die sich durch zweisekündigen Druck auf die C.Fn-Taste erreichen lassen:

Individualfunktionen Canon Speedlite 580 EX

Funktions-nummer	Beschreibung	Wertebereich/Hinweis
C.Fn-01	automatischer Abbruch von FEB	0 oder 1 (Belichtungsreihe lässt sich abbrechen, wenn das Blitzgerät eingesetzt wird)
C. Fn-02	FEB-Sequenz	0 oder 1, Reihenfolge der Belichtungssequenz lässt sich ändern (zuerst dunkler oder zuerst Normalbelichtung)
C. Fn-03	Blitzmessungsmodus	0 oder 1, E-TTL II oder TTL (dient der Kompatibilität und sollte für die EOS 400D auf 0 stehen)
C. Fn-04	automatische Ausschaltzeit für Slave	0 oder 1, 60 Min. oder 10 Min. (bei längeren Setups ohne Auslösung lassen sich hier Stromspareffekte erzielen)
C. Fn-05	Abbrechen der automatischen Ausschaltung der Slave-Einheit	0 oder 1, 1 Stunde oder 8 Stunden (kann am Master eingestellt werden)
C. Fn-06	Modellierungsblitz	0 oder 1 (bei 0 lässt sich bei Druck der Schärfentiefenprüftaste an der 400D ein stroboskopartiges Blitzlicht abfeuern, um die Schärfentiefe zu überprüfen)
C. Fn-07	Blitzauflademethode bei Verwendung einer externen Stromversorgung	0 oder 1, Aufladung mit Speedlite und externer Versorgung oder Aufladung nur mit externer Stromversorgung
C. Fn-08	Schnellblitz bei Reihenaufnahmen	0 oder 1 (bei 1 soll sich die Aufladezeit für Reihenaufnahmen verringern)
C. Fn-09	Prüfauslösung mit Autoflash	0 oder 1 (bei 0 erfolgt die Testauslösung nur bei 1/32 Blitzleistung)
C. Fn-10	Modellierungsblitz mit Auslöseknopf für Prüfblitze	0 oder 1 (der Testbutton am 580 kann bei 1 auch einen Stroboskopblitz abgeben)
C. Fn-11	automatische Einstellung für Bildgröße der Kamera	0 oder 1 (bei 0 wird der ausgeleuchtete Bildkreis an die Sensorgröße der Kamera angepasst, diese Einstellung ist für die EOS 400D zu empfehlen)

Funktions-nummer	Beschreibung	Wertebereich/Hinweis
C. Fn-12	AF-Hilfslicht AUS	0 oder 1 (das Hilfslicht ist i. d. R. eine gute Fokussierhilfe bei wenig Umgebungslicht, kann aber manchmal störend wirken und lässt sich hier an- oder abschalten)
C. Fn-13	Einstellmethode für die Blitzbelichtungskorrektur	0 oder 1, entweder über Wahlrad mit SET-Taste oder nur über Wahlrad
C. Fn-14	Aktivierung der automatischen Ausschaltung	0 oder 1 (bei 0 schaltet sich das Speedlite nach etwa 3 Min. automatisch ab, ist aus Stromspargründen empfehlenswert, zumal es bei Betätigen des Auslösers automatisch wieder geweckt wird)

Individualfunktionen Canon Speedlite 430 EX

Funktions-nummer	Beschreibung	Wertebereich/Hinweis
C.Fn-01	Aktivierung der automatischen Ausschaltung	0 oder 1 (bei 0 schaltet sich das Speedlite nach etwa 3 Min. automatisch ab, ist aus Stromspargründen empfehlenswert, zumal es bei Betätigen des Auslösers automatisch wieder geweckt wird)
C. Fn-02	automatische Ausschaltzeit für Slave	0 oder 1, 60 Min. oder 10 Min (dient Stromspargründen, wenn das Speedlite als Slave eingesetzt wird, i. d. R. dürfte Option 1 mit 10 Min. empfehlenswert sein)
C. Fn-03	automatische Einstellung für Bildgröße der Kamera	0 oder 1 (bei 0 wird der ausgeleuchtete Bildkreis an die Sensorgröße der Kamera angepasst, diese Einstellung ist für die EOS 400D zu empfehlen)
C. Fn-04	AF-Hilfslicht AUS	0 oder 1 (das Hilfslicht ist i. d. R. eine gute Fokussierhilfe bei wenig Umgebungslicht, kann aber manchmal störend wirken und lässt sich hier an- oder abschalten)
C. Fn-05	Modellierungsblitz	0 oder 1 (bei 0 lässt sich bei Druck der Schärfentiefenprüftaste an der 400D ein stroboskopartiges Blitzlicht abfeuern, um die Schärfentiefe zu überprüfen)
C. Fn-06	LCD-Anzeige für Antippen des Auslösers	0 oder 1, Anzeige des max. Blitzbereichs oder Anzeige der Blende

Man kann geteilter Meinung bezüglich der großen Anzahl an Individualfunktionen im 580 EX sein. Ob in der Praxis beispielsweise C.Fn-05 wirklich genutzt wird, mag dahingestellt bleiben. Interessant schien uns C.Fn-08, um für Reihenaufnahmen den Schnellblitz zu aktivieren. Leider brachte er bei unserem Test zumindest im Slavebetrieb und trotz reduzierter Leistung keine höhere Blitzauslösefolge als im deaktivierten Zustand.

E-TTL II wird von allen drei Geräten unterstützt. Damit verbunden ist die Auswertung von Entfernungsinformationen zur Mittlung von Lichtreflexionen. Da nicht alle Objektive diese Entfernungsdaten bereitstellen, kommt E-TTL II auch ohne diese Werte aus, sodass – wie noch bei E-TTL – das rückgespiegelte Blitzlicht z. B. in Fensterscheiben oder hellen Materialen zu keinen Blitzleistungseinbrüchen führt.

▲ Das Speedlite 430 EX verfügt – wie die beiden anderen Geräte – über ein beleuchtetes Display. Mithilfe der C.Fn-Taste lassen sich die Individualfunktionen erreichen, bei denen die C.Fn-03 vom Presetwert 0 auf 1 umgestellt werden sollte.

Canons Speedlites übertragen darüber hinaus bei Einstellung des Weißabgleichs auf AWB oder Blitz die Farbtemperatur und passen den Leuchtwinkel

via aktivierter Individualfunktion (C-Fn 03 beim 430 EX, C-Fn 11 am 580 EX) an den gecroppten Bildsensor der EOS 400D an. Funktionen wie das Blitzen auf den ersten oder zweiten Vorhang, die Blitzbelichtungskorrektur, das Einstelllicht zur Unterstützung des Autofokusbetriebs bei geringem Umgebungslicht oder die Kurzzeitsynchronisation werden von allen Modellen unterstützt. Stroboskopblitze beispielsweise zur Dokumentation von Bewegungsabläufen werden hingegen nur vom Sigma bzw. dem 580 EX geboten.

Fazit

Alle drei Blitzgeräte sind für die EOS 400D aufgrund der E-TTL II-Unterstützung und ihrer Lichtstärke empfehlenswert.

Bei der Verarbeitung und in Teilbereichen der Haptik punkten die Speedlites. Das kompakte Format und die sehr übersichtliche Gestaltung der Bedienungshandbücher von Canon sind ebenfalls Pluspunkte gegenüber Sigmas zwar vollständigem, jedoch etwas unhandlichem Format. Daneben ist die Blitzfolge der Speedlites höher, da der Ladevorgang schneller als beim Sigma erfolgt. Letzteres verbucht jedoch Vorteile durch die Möglichkeit der entkoppelten Ansteuerung via Lichtsensor bzw. auch durch Unterstützung von drei Gruppen in der Mastersteuerung (Canon unterstützt zwei).

Da sich alle drei Geräte als Slave ansprechen lassen und sie auch im Master-Slave-Verbund untereinander kompatibel sind, spricht nichts gegen einen späteren Ausbau einer Multiblitzlösung, ganz gleich, mit welchem Gerät Sie zunächst beginnen.

> **Marktübersicht Blitzgeräte für Canon**
> Eine Marktübersicht mit tabellarischer Feature-Liste und weiteren Blitzgeräten finden Sie unter *http://www.traumflieger.de/kamerazubehoer/DSLR_Zubehoer.php#übersicht_blitzgeräte.*

5.3 Blitzgeräte für die EOS 400D

Um mit der EOS 400D Aufnahmen zu blitzen, muss es nicht immer gleich ein teurer Zusatzblitz sein. Gerade wenn es um kleines Fotogepäck geht, können Sie in vielen Situationen auch schon mit dem eingebauten Blitzgerät der EOS 400D auskommen. Selbst die Blitzleistungskorrektur oder eine Synchronisation auf den zweiten Verschlussvorgang sind mit dem eingebauten Blitzgerät realisierbar.

Wesentlich mehr Lichtleistung und wichtige Einstellungsmöglichkeiten wie ein schwenkbarer Blitzreflektor bleiben jedoch externen Zusatzblitzgeräten vorbehalten. Neben Canon bieten auch einige Dritthersteller für die EOS 400D passende Blitzgeräte an. In diesem Abschnitt möchten wir Ihnen einige zur EOS 400D passende Blitzgeräte im Vergleich vorstellen.

Das eingebaute Blitzgerät der EOS 400D

▲ Das eingebaute Blitzgerät der EOS 400D ist besser als sein Ruf.

Externe Kompaktblitzgeräte beanspruchen nicht nur zusätzlichen Platz und Gewicht, sondern können auch einmal versehentlich vergessen werden. Diese Nachteile bringt das interne Blitzlicht natürlich nicht mit..

Die recht achsennahe Montage des internen Blitzgerätes kann jedoch schneller zum Rote-Augen-Effekt führen. Die EOS 400D bietet zwar eine Funktion an, bei der vor einer Blitzaufnahme erst eine Hilfsleuchte angeht, damit sich bei den angeblitzten Personen die Pupillen verengen, aber diese Funktion ist nur bedingt brauchbar. Gegen den Rote-Augen-Effekt hilft immer noch am besten ein externes Blitzgerät, das möglichst weit von der optischen Achse entfernt sitzt und zudem auch noch indirektes Blitzen erlaubt. Ein anderer Trick gegen den Rote-Augen-Effekt sind Streuscheiben, die vor den Blitz gesetzt werden und das Licht stark streuen.

Eingebautes Blitzgerät der EOS 400D	
Leitzahl bei ISO 100	13
AF-Hilfslicht	ja
Schwenkreflektor	nein
Zoomreflektor	nein (17 mm)
Übertragung der Farbtemperatur	nein
E-TTL II	ja
FP Kurzzeitsynchronisation	nein
FE Blitzbelichtungsspeicher	ja
Stroboskopblitz	nein
Einstelllichtfunktion	nein
Masterfunktion	nein
Slavefunktion	nein

Ein Grund, externe Blitze einzusetzen, ist auch, dass diese den Akku der EOS 400D nicht belasten, sondern ihre eigene Stromversorgung mitbringen.

Original-Canon-Systemblitzgeräte

Passend zu digitalen Spiegelreflexkameras mit E-TTL II-Blitzsteuerung bietet Canon die Blitzgeräte der EX-Serie an.

Das kleinste dieser Blitzgeräte, das 220 EX, ist nur wenig leistungsstärker als das eingebaute Blitzgerät, bietet jedoch zusätzlich noch die FP Kurzzeitsynchronisation und sitzt etwas weiter von der optischen Achse entfernt, sodass der berüchtigte Rote-Augen-Effekt wirkungsvoller vermindert wird. Verglichen mit den größeren Systemblitzgeräten 430 EX und 580 EX ist das 220 EX extrem kompakt, sodass dieses auch in kleinem Fotogepäck einen Platz findet.

Canon 200 EX	
Leitzahl bei ISO 100	22
AF-Hilfslicht	ja
Schwenkreflektor	nein
Zoomreflektor	nein
Übertragung der Farbtemperatur	nein
E-TTL II	ja
FP Kurzzeitsynchronisation	ja
FE Blitzbelichtungsspeicher	ja
Stroboskopblitz	nein
Einstelllichtfunktion	nein
Masterfunktion	nein
Slavefunktion	nein

Für professionelle Blitzfotografie finden sich im Canon-Programm die Systemblitzgeräte 430 EX und 580 EX, die beide eine respektable Blitzleistung und viele wertvolle Zusatzfunktionen wie einen Zoom- und Schwenkreflektor bieten. Der Zoomreflektor sorgt dafür, dass der ausgeleuchtete Bereich der Objektivbrennweite zumindest bis 105 mm angepasst wird und so eine optimale Ausnutzung der Blitzleistung möglich ist. Dem indirekten Blitzen kommt das

Speedlite 430 Ex/580 EX durch integrierte Schwenk- und Neigefunktionalität entgegen.

Canon 430 EX	
Leitzahl bei ISO 100	43
AF-Hilfslicht	ja
Schwenkreflektor	ja (vertikal)
Zoomreflektor	24 bis 105 mm, 14 mm mit Streuscheibe
Übertragung der Farbtemperatur	ja
E-TTL II	ja
FP Kurzzeitsynchronisation	ja
FE Blitzbelichtungsspeicher	ja
Stroboskopblitz	nein
Einstelllichtfunktion	ja
Masterfunktion	nein
Slavefunktion	ja

Das 580 EX ist das leistungsfähigste Gerät, kostet allerdings auch fast das Doppelte des 430 EX, sodass sich die Anschaffung eher bei intensiver Blitzlichtfotografie empfiehlt. Für die gelegentliche Nutzung ist das 430 EX sicherlich ausreichend.

Canon 580 EX	
Leitzahl bei ISO 100	58
AF-Hilfslicht	ja
Schwenkreflektor	ja (horizontal und vertikal)
Zoomreflektor	24 bis 105 mm, 14 mm mit Streuscheibe
Übertragung der Farbtemperatur	ja
E-TTL II	ja

Canon 580 EX	
FP Kurzzeitsynchroni-sation	ja
FE Blitzbelichtungs-speicher	ja
Stroboskopblitz	1 bis 199 Hz
Einstelllichtfunktion	ja
Masterfunktion	ja
Slavefunktion	ja

Blitzgeräte von Drittanbietern

Insbesondere Sigma und Metz bieten für die EOS 400D passende Blitzgeräte an. Da diese Hersteller – im Gegensatz zu Canon – meist nur wenige Informationen zum Übertragungsprotokoll zwischen Kamera und Blitzgerät vorliegen haben, sind sie darauf angewiesen, dieses Protokoll mittels Re-Engineering zu ermitteln und nachzubauen. Durch diese Vorgehensweise werden evtl. besondere Funktionen der Canon-Kameras oder neue Kameramodelle nicht korrekt unterstützt.

Geräte von Drittherstellern immer auf Kompatibilität prüfen

Bevor Sie sich für das externe Blitzgerät eines Drittherstellers entscheiden, sollten Sie sich unbedingt darüber informieren, ob der Hersteller dieses an die EOS 400D angepasst hat. Lassen Sie sich von Ihrem Händler garantieren, dass das Blitzgerät für die EOS 400D geeignet ist, und vereinbaren Sie ein Umtauschrecht. Da die Hersteller oft die in den Blitzgeräten verwendete Software anpassen, ohne die Produktbezeichnung zu verändern, sind auch Aussagen in Internetforen immer mit Vorsicht zu genießen. Sowohl Metz (www.metz.de) als auch Sigma (www.sigma-foto.de) stellen auf ihren Webseiten gut gepflegte Kompatibilitätslisten bereit.

Aus der Vielzahl der am Markt verfügbaren Blitzgeräte, selbst wenn man Sonderblitzgeräte für die Makrofotografie unberücksichtigt lässt, kann für die EOS 400D hier nur eine Auswahl vorgestellt werden (Metz empfiehlt sechs Blitzgeräte aus seinem Programm, bei Sigma sind es zwei Blitzgeräte). Da die Blitzhersteller ständig ihre Modelle überarbeiten und neue Modelle auf den Markt bringen, sollten Sie sich vor einem Kauf unbedingt auf der Webseite der Hersteller nach aktuellen Modellen umsehen.

Wenngleich Canon-Blitzgeräte keine Kompatibilitätsprobleme haben, können Drittanbieter-Produkte aufgrund eines teilweise sehr guten Preis-Leistungs-Verhältnisses sicherlich eine ernst zu nehmende Alternative sein.

Metz mecablitz 58 AF 1 C

▲ Der Metz mecablitz 58 AF 1 C (Quelle: www.metz.de).

Eine interessante Neuerung bei Blitzgeräten führt Metz mit dem 58 AF 1 C ein. Dieses Aufsteckblitzgerät für Canon-Kameras verfügt über eine eingebaute USB-Buchse, sodass Softwareupdates für diesen Blitz über das Internet heruntergeladen und direkt in den Blitz eingespielt werden können. Damit ist der 58 AF 1 C auch für zukünftige Kameragenerationen gerüstet.

▲ Über den eingebauten USB-Anschluss kann der Metz meca-blitz 58 AF 1 C über das Internet auf den neusten Stand gebracht werden (Quelle: www.metz.de).

Als weitere Besonderheit verfügt der 58 AF 1 C über zwei Blitzreflektoren, sodass mit geringer Leistung direkt und gleichzeitig mit hoher Leistung indirekt geblitzt werden kann. Hierzu ist der Hauptreflektor des Blitzes sowohl vertikal als auch horizontal schwenkbar.

Metz bietet neben dem speziell für Canon-Kameras ausgelegten 58 AF 1 C auch den schon etwas älteren 54 MZ-4(i) an, der nicht speziell an eine Kamera angepasst ist, sondern über einen austauschbaren SCA-Adapter an die Kamera angeschlossen wird. Bei zukünftigen Kameras kann der 54 MZ-4(i), auch bei geändertem Blitzprotokoll oder einem Systemwechsel, durch einen einfachen Austausch des SCA-Adapters weiterverwendet werden. Die Variante mit SCA-Adapter bietet sich ebenfalls an, wenn Sie mehrere Kameras einsetzen, die unterschiedliche Blitzansteuerungen aufweisen. Dann benötigen Sie nur ein Blitzgerät und passen dieses mittels des SCA-

Adapters jederzeit schnell an die gerade verwendete Kamera an.

Metz 58 AF 1 C	
Leitzahl bei ISO 100	58
AF-Hilfslicht	ja
Schwenkreflektor	ja (vertikal und horizontal)
Zoomreflektor	ja (ab 18 mm, max. 105 mm)
Übertragung der Farbtemperatur	nein
E-TTL II	ja
FP Kurzzeitsynchronisation	ja
FE Blitzbelichtungsspeicher	ja
Stroboskopblitz	ja
Einstelllichtfunktion	ja
Masterfunktion	unbekannt
Slavefunktion	ja

Sigma EF-500 DG (SUPER)

Obwohl Sigma auf seiner Internetseite zur Zeit der Erstellung dieses Buches die EOS 400D noch nicht aufführt, kann davon ausgegangen werden, dass die Blitzgeräte EF-500 DG und EF-500 DG SUPER auch mit der EOS 400D erfolgreich eingesetzt werden können.

Die beiden von Sigma angebotenen Blitzgeräte unterscheiden sich vor allem in der Blitzleistung, aber auch in kleineren Merkmalen wie dem Stroboskopblitz und der Master-Slave-Funktion.

Das Sigma EF-500 DG SUPER EO-TTL II passt perfekt zur EOS 400D und unterstützt alle wichtigen Blitzfunktionen. Zusammen mit weiteren Sigma-Blitzgeräten kann das 500 DG SUPER zum drahtlosen Blitzsystem ausgebaut werden.

Ein weiterer Vorteil ist die Möglichkeit, das Sigma drahtlos via Lichtsensoren auszulösen. Dafür kann der interne Blitz der EOS 400D genutzt werden. Damit der Blitz jedoch auch auf dem Bild zu sehen ist, muss die Leistung des Sigma manuell auf die Hälfte reduziert werden.

▲ Der EF-500 DG SUPER von Sigma ist eine preisgünstige Alternative zu den Canon-Blitzgeräten (Quelle: Sigma (Deutschland GmbH).

Sigma EF-500 DG SUPER	
Leitzahl bei ISO 100	50
AF-Hilfslicht	ja
Schwenkreflektor	ja (vertikal)
Zoomreflektor	28 bis 105 mm
Übertragung der Farbtemperatur	nein
E-TTL II	ja
FP Kurzzeitsynchronisation	ja
FE Blitzbelichtungsspeicher	ja
Stroboskopblitz	1 bis 199 Hz
Einstelllichtfunktion	ja
Masterfunktion	ja
Slavefunktion	ja

▲ Das Blitzgerät Sigma EF 500 DG SUPER besitzt einen vertikal und horizontal schwenkbaren Reflektor für indirektes Blitzen.

Das EF-500 DG SUPER als Slave mit dem eingebauten Blitz der EOS 400D

Um das EF-500 DG SUPER als Slaveblitz mit dem eingebauten Blitzgerät der EOS 400D einzusetzen, muss es manuell eingestellt werden. Da das Sigma-Blitzgerät schon auf den Vorblitz der EOS 400D auslöst, darf die Blitzleistung nicht über 1/2 liegen, damit für den Hauptblitz noch genug Reserven vorhanden sind. Da bei dieser Methode die Blitzbelichtungsmessung der EOS 400D nicht funktionieren kann, ist eine manuelle Vorgabe von Belichtungszeit und Blende an der EOS 400D notwendig.

5.4 Master/Slave im Verbund

Die Malerei mit dem Licht wird reichhaltiger, wenn der Fotograf auf mehrere Lichtquellen zurückgreifen kann.

Bei Einsatz eines Blitzgeräts müssen Sie sich in der Regel mit dem Umgebungslicht arrangieren, damit einseitig ausgeleuchtete Motive und die damit einhergehende flache Bildwirkung vermieden wird. Fehlt das Umgebungslicht oder liegt es nicht ideal, empfiehlt sich der Einsatz mehrerer Blitzgeräte.

Da Canon das drahtlose Blitzen nicht durch die EOS 400D direkt unterstützt, muss die Steuereinheit von einem masterfähigen Blitzgerät oder dem Transmitter ST-E2 übernommen werden.

Der sogenannte Masterblitz löst die im Verbund angeschlossenen Geräte (sogenannte Slaves) aus und überträgt an diese zuvor mithilfe des Vorblitzes Informationen über die gewählten Kameraeinstellungen.

Damit ist das kabellose Blitzen sehr komfortabel, weil nicht mehr die Blitzgeräte einzeln konfiguriert, sondern zentral vom Masterblitz gesteuert werden.

Canon gibt die Übertragung der Steuersignale für Innenräume mit 15 m und im Freien mit 8 m an. Dies sind jedoch nur grobe Richtwerte, denn entscheidend für die Reichweite ist der direkte Sichtkontakt des Blitzsensors.

Der Sensor ist bei Canon Speedlites unterhalb des Blitzkopfes montiert. Dadurch lässt sich der Kopf zum Motiv schwenken und gleichzeitig der Sensor zum Mastergerät drehen. Draußen haben wir so Reichweiten von 37 m erzielt.

Die Stärke des Blitzlichts lässt sich für die Slaves separat regeln. Dafür werden sie am jeweiligen Gerät im Optionsmenü verschiedenen Gruppen zugeordnet.

Wird ein Canon-Gerät als Master eingesetzt, unterstützt dieses im E-TTL-Betrieb in der Regel nur die Gruppen A und B. Das Blitzstärkeverhältnis lässt sich dort mit einer Varianz von 3 Blendenstufen (von 1:8 bis 8:1) einstellen.

Der jeweiligen Gruppe können auch mehrere Geräte zugeordnet sein, sodass z. B. ein Blitz der Gruppe A deutlich heller blitzt, während zwei weitere der Gruppe B ihr Licht mit verminderter Power abfeuern.

Den Transmitter ST-E2 einsetzen

Um den Masterblitz selbst von der EOS 400D getrennt betreiben zu können, empfiehlt sich der Einsatz des Transmitters ST-E2. Ansonsten können Sie z. B. bei Einsatz von zwei Blitzgeräten lediglich eines entkoppelt im E-TTL-Betrieb nutzen und verpflichten sich, den Master auf der EOS 400D aufzustecken. Die ausschließlich seitliche Platzierung ist vor allem dann nützlich, wenn ein recht nah am Motiv liegender Hintergrund ausgeblendet werden soll.

► Der Transmitter ST-E2 ersetzt einen Masterblitz und löst Blitzgeräte als Slaves aus. Durch seine relativ kompakten Ausmaße und sein leichtes Gewicht findet er in der Fototasche meist noch ein Plätzchen.

Sigma nutzt zur Gruppenzugehörigkeit anstelle der Buchstaben A und B die Zahlenwerte von 1 bis 3 und verwaltet somit noch eine Gruppe mehr.

Neben der Gruppenzuordnung besteht die Möglichkeit, Master und Slaves verschiedenen Kanälen zuzuordnen. Damit lässt sich verhindern, dass sich mehrere Fotografen ins Gehege kommen.

Sensor

Um die Reichweite zu erhöhen, sollte beim kabellosen Blitzen ▸ der Sensor des Slaves immer in Richtung Kamera bzw. Mastergerät zeigen. Dies lässt sich durch einen Schwenk des Blitzkopfes erreichen, sodass der Blitzkopf das Motiv anstrahlt und der Sensor zum Master zeigt.

▾ *Der Transmitter ST-E2 verfügt im Prinzip über die gleichen Optionen wie Masterblitzgeräte. Unter anderem ist im kabellosen Betrieb auch Kurzzeitsynchronisation möglich.*

Steuerung der Blitzstärke für die Gruppen A und B

Aktivierung der Blitzstärkensteuerung

Kurzzeit-synchroni-sation

Kanal-Wahl

Button für Test-licht

Bereit-schafts-anzeige

Master/Slave in der Praxis

Nachfolgend zeigen wir einige kommentierte Beispiele aus dem Praxiseinsatz.

Vielleicht finden Sie darunter Anregungen und entwickeln Ideen für eigene Projekte.

▾ *Bei Tageslicht entdeckte der Autor Stefan Gross eine recht unscheinbare Gruppe Flaschenboviste. Klarer Fall für den Einsatz einer Gruppe von Blitzgeräten, um den Untergrund wegzublitzen.*

Blitzlichteinsatz an der EOS 400D

▲ Das Ergebnis: Die Sporenwolke der Flaschenboviste wurde per „Handschlag" ausgelöst und visualisiert.

Die Zunderschwämme wurden mithilfe des Blitzes bis zum oberen Stamm ausgeleuchtet. Ein eingesetztes Weitwinkel und die leichte Schräge im Bild erhöhen die Spannung zusätzlich.

▲ Eine Gruppe von Tintlingen wurde mithilfe von drei Blitzgeräten ausgeleuchtet. Ziel war es, das Lichtshaping zu definieren und das Umgebungslicht dezent abzudämpfen.

▼ Das Ergebnis der „Operation Tintlinge" – Canon 17-40mm, 0,8 Sekunden, f22.

6

Individualfunktionen und das optimale Kamerasetup

Ihre EOS 400D lässt sich mit einigen wenigen Einstellungen sehr detailliert an Ihre persönlichen Vorlieben anpassen. In diesem Kapitel erfahren Sie, mit welchen Einstellungen Sie das Optimum aus Ihrer EOS 400D herausholen können.

6.1 Optionen und Grenzen der Motivprogramme

Die Motivprogramme der EOS 400D wenden sich an Einsteiger in die Fotografie und sollen diesen helfen, auch ohne langwieriges Einarbeiten sofort mit der EOS 400D loslegen zu können. Dementsprechend werden in den Motivprogrammen aber nahezu alle Einstellungen fest vorgegeben oder automatisch ermittelt, sodass der Fotograf kaum Möglichkeiten hat, kreativ einzugreifen.

In den Motivprogrammen sind insbesondere das Rohdatenformat RAW und die Individualfunktionen nicht verfügbar. Die Belichtungsmessmethode, der Bildstil und die Autofokusbetriebsart sind je nach Motivprogramm festgelegt.

Einschränkungen der Motivprogramme	
Funktion	Einschränkungen
Dateiformat	nur JPEG, RAW/RAW+JPEG nicht verfügbar
ISO-Empfindlichkeit	automatisch ISO 100 bis 400 (ISO 800 und 1600 nicht verfügbar)
Bildstil	festgelegt je nach Motivprogramm
Farbraum	sRGB (Adobe RGB nicht verfügbar)
Weißabgleich	automatische Einstellung (manueller Weißabgleich nicht verfügbar)
Autofokusbetriebsart	festgelegt je nach Motivprogramm
AF-Messfeldwahl	automatisch (keine Vorgabe möglich)
Belichtungsmessmethode	fest auf Mehrfeldmessung eingestellt
Belichtungskorrektur	nicht verfügbar

Einschränkungen der Motivprogramme	
Belichtungsreihe	nicht verfügbar
Antriebsmodus	festgelegt je nach Motivprogramm
Blitzfunktion	automatisch oder abgeschaltet, je nach Motivprogramm
Individualfunktionen	nicht verfügbar
Schärfentiefenprüftaste	nicht aktiviert
Sensorreinigung	automatisch, manuelle Sensorreinigung nicht verfügbar

Die Vollautomatik

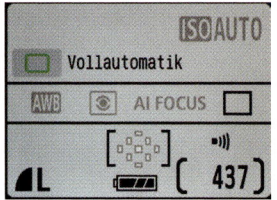

Die nahezu vollständige Automatisierung bietet die Vollautomatik. In dieser Betriebsart kann der Fotograf noch das Bildformat aus den zur Verfügung stehenden JPEG-Formaten auswählen, alle anderen wichtigen Funktionen sind festgelegt oder werden automatisch ermittelt.

Die Vollautomatik ist ein absolutes Einsteigerprogramm und verwehrt dem Fotografen wesentliche Gestaltungsmerkmale. Die Vollautomatik eignet sich bestenfalls für Schnappschüsse, da – im Gegensatz zum Modus P – der Blitz bei Bedarf automatisch ausklappt. Häufig ist allerdings dafür die Programmautomatik P aus den Kreativprogrammen geeignet.

Porträt

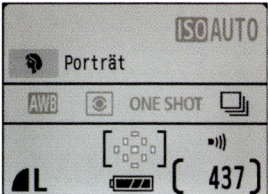

Im Porträtprogramm versucht die EOS 400D die Blende möglichst weit zu öffnen, um eine geringe Schärfentiefe zu erzielen. Dieser Effekt ist vor allem bei Porträtaufnahmen gewünscht, daher der Name dieses Motivprogramms.

Allerdings ist das Porträtprogramm genauso einschränkend wie die Vollautomatik. Für Porträtaufnahmen empfiehlt sich die Zeitautomatik Av aus den Kreativprogrammen, in der durch die Vorgabe einer möglichst offenen Blende der gleiche Effekt wie im Porträtprogramm erzielt werden kann, der Fotograf aber deutlich mehr Kontrolle über die Bildgestaltung hat.

Landschaft

Im Gegensatz zum Motivprogramm Porträt wird im Programm Landschaft eine möglichst hohe Schärfentiefe angestrebt. Daher versucht die EOS 400D, die Blende möglichst weit zu schließen.

Auch Landschaftsaufnahmen lassen sich besser mit dem Kreativprogramm Zeitautomatik Av einfangen. Dort kann der EOS 400D eine möglichst weit geschlossene Blende vorgegeben werden, um eine große Schärfentiefe zu erzielen.

Nahaufnahme

Bei Nahaufnahmen, insbesondere im Makrobereich, werden eher mittlere Blendeneinstellungen benötigt, um sowohl das gewünschte Objekt scharf abzubilden als auch gleichzeitig den Hintergrund unscharf erscheinen zu lassen. Genau dies versucht die EOS 400D in diesem Motivprogramm.

Nachteilig an diesem Programm ist u. a., dass der eingebaute Blitz automatisch zugeschaltet wird. Gerade im Makrobereich wird dieser aber häufig durch das Objekt oder die Streulichtblende abgeschattet, sodass es schnell zu Fehlbelichtungen kommen kann. Da außerdem im Motivprogramm Nahaufnahme beispielsweise die Schärfentiefenprüftaste außer Funktion ist, sind Fotografen bei Makroaufnahmen mit der Zeitautomatik Av oder der manuellen Einstellung M deutlich besser beraten.

Sport

Das Sportprogramm soll den Fotografen beim Einfangen schnell bewegter Szenen unterstützen. Hierzu versucht die EOS 400D die Belichtungszeiten so kurz wie möglich zu wählen. Wesentlich mehr Kontrolle über die Bildgestaltung und vor allem die gezielte Vorgabe einer Belichtungszeit ermöglicht die Blendenautomatik Tv aus den Kreativprogrammen. Dort können dann auch die für bewegte Motive des Öfteren benötigten hohen Empfindlichkeiten ISO 800 und ISO 1600 angewählt werden.

Nachtporträt

Für Nachtaufnahmen wird meist eine längere Belichtungszeit gewählt, teilweise kombiniert mit Blitzlicht. Allerdings wird für diese Art von Aufnahmen eine deutlich bessere Kontrolle über Belichtungszeit, Blendeneinstellung, ISO-Empfindlichkeit und die Blitzsteuerung benötigt, sodass für diese Fälle die manuelle Einstellung M die wesentlich bessere Wahl ist.

Blitz Aus

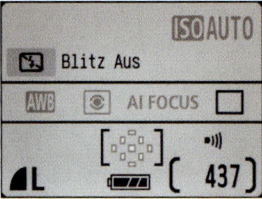

Ein etwas seltsames Motivprogramm ist das Programm Blitz Aus. Prinzipiell verhält es sich wie die Vollautomatik, allerdings wird im Gegensatz zur Vollautomatik der Blitz nicht verwendet. Insgesamt wenden sich die Motivprogramme an Einsteiger in die Fotografie mit einer digitalen Spiegelreflexkamera. Für erste Gehversuche mögen sie dabei noch tauglich sein, aber wirkliche kreative Bildgestaltung ist mit den Motivprogrammen nicht möglich. Daher empfiehlt es sich, von vornherein die wesentlichen Zusammenhänge zwischen Blende und Belichtungszeit sowie deren Auswirkung auf das Bild kennenzulernen und direkt auf die Kreativprogramme mit allen ihren Möglichkeiten zu setzen.

6.2 Die Kreativprogramme im Detail

Die Kreativprogramme Programmautomatik P, Blendenautomatik Tv, Zeitautomatik Av, Schärfentiefeautomatik A-DEP und die manuelle Einstellung M erlauben den vollen Zugriff auf alle Kamerafunktionen der EOS 400D. Dabei behält der Fotograf die volle Kontrolle über die Kamera und kann seine Gestaltungswünsche mit der EOS 400D umsetzen. Hierzu gehört auch, dass der interne Blitz in den Kreativprogrammen nicht automatisch ausgeklappt wird.

Soll der Blitz oder die durch ihn ermöglichte Autofokushilfe verwendet werden, muss er zunächst durch einen Druck auf die Blitztaste aktiviert werden. Wird der Blitz nicht mehr benötigt, genügt ein einfaches Einklappen des Blitzes, um diesen wieder stillzulegen. Im Folgenden werden die Kreativprogramme kurz vorgestellt, um Ihnen einen Überblick über die Leistungsfähigkeit der einzelnen Programme zu geben und zu zeigen, in welchen Fällen diese besonders geeignet sind.

Programmautomatik P

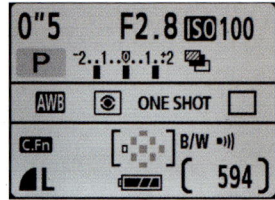

Die Programmautomatik ist eine Art Vollautomatik, allerdings mit deutlich erhöhten Eingriffsmöglichkeiten. Zunächst ermittelt die EOS 400D in der Programmautomatik automatisch eine passende Kombination aus Belichtungszeit und Blende und berücksichtigt dabei auch die Objektivbrennweite, um Verwacklungen zu vermeiden. Mit dem Wahlrad kann dann allerdings eine Programmverschiebung erzwungen werden, sodass alle Kombinationen aus Belichtungszeit und Blende, die zur aktuellen Belichtungsmessung passen, abrufbar sind. Die Programmautomatik trifft in vielen Situationen eine gute Belichtungseinstellung und ist daher ein brauchbares Schnappschussprogramm.

Blendenautomatik Tv

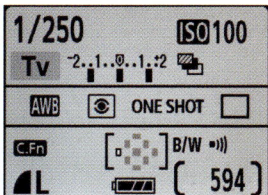

In der Blendenautomatik (Tv steht für **T**ime **V**alue) wird die Belichtungszeit vorgegeben, und die EOS 400D ermittelt mit der aktuell eingestellten Belichtungsmessmethode eine geeignete Blendeneinstellung. Die Blendenautomatik ist immer dann die Betriebsart der Wahl, wenn es auf die Vorgabe und Einhaltung einer bestimmten Belichtungszeit ankommt. Dies ist z. B. in der Sportfotografie bei schnell bewegten Objekten oder auch bei kreativen Langzeitbelichtungen der Fall.

Zeitautomatik Av

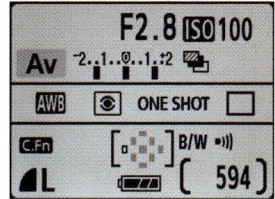

Die Vorgabe einer Blende und damit eine direkte Vorgabe der gewünschten Schärfentiefe erlaubt die Zeitautomatik Av (Av steht für **A**perture **V**alue). Zu der vorgegebenen Blende ermittelt die EOS 400D automatisch die passende Belichtungszeit. Kommt es kurzzeitig darauf an, eine möglichst kurze oder lange Belichtungszeit vorzugeben, kann dies in der Zeitautomatik durch die Vorgabe einer möglichst offenen oder möglichst geschlossenen Blende erreicht werden, ohne in die Blendenautomatik Tv umschalten zu müssen. Da die Blendeneinstellung aufgrund der Auswirkung auf die Schärfentiefe eine der wichtigsten Einstellungen in der Bildgestaltung ist, wird die Zeitautomatik Av von vielen Fotografen als Standardeinstellung für die meisten Situationen eingesetzt.

Schärfentiefeautomatik A-DEP

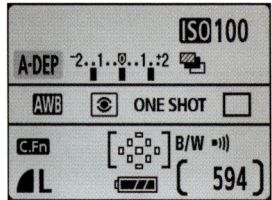

Eine besondere Art der Automatik ist die Schärfentiefeautomatik A-DEP. Diese funktioniert prinzipbedingt allerdings nur beim Einsatz von Autofokusobjektiven.

In dieser Betriebsart ermittelt die EOS 400D für alle aktiven Autofokusmessfelder die Objektentfernung anhand der Objektivdaten und stellt die Blende dann so ein, dass alle von Autofokusmessfeldern erfassten Objekte scharf abgebildet werden.

Die Schärfentiefeautomatik ist ausgezeichnet für Gruppenaufnahmen geeignet, sie kann aber auch sehr gut für Landschaftsaufnahmen eingesetzt werden, wenn wenig Zeit zur Bildgestaltung zur Verfügung steht. Allerdings muss bei der Anwendung der Schärfentiefeautomatik penibel auf die Autofokusmessfelder geachtet werden, damit diese auch die gewünschten Bildbereiche erfassen. Viele misslungene Aufnahmen mit der Schärfentiefeautomatik resultieren daraus, dass die Autofokusmessfelder nicht die gewünschten Details erfassen. Anstelle der Schärfentiefeautomatik A-DEP verwenden Sie besser die Zeitautomatik Av, bei Bedarf unter Berücksichtigung der Hyperfokaldistanz.

Manuelle Einstellung M

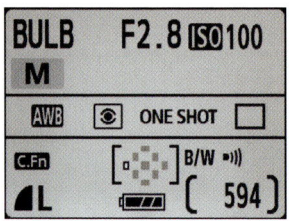

Insbesondere in Grenzsituationen, wenn extrem kurze oder lange Belichtungszeiten benötigt werden, kommen die Belichtungsautomatiken der EOS 400D an ihre Grenzen. In diesem Fall hilft nur noch die manuelle Vorgabe von Belichtungszeit und Blende. Die Dauerbelichtung bei der EOS 400D kann sogar nur in der manuellen Einstellung verwendet werden.

Da die anderen Automatikfunktionen der EOS 400D ständig ihre Werte anpassen, ist eine weitere Verwendung der manuellen Einstellung die Erstellung von Aufnahmeserien, bei denen eine gleichbleibende Belichtung wichtig ist.

6.3 Neue Möglichkeiten durch Picture Styles

Wie schon bei der EOS 30D, der EOS 5D und zuvor bei der EOS 1D Mark II N werden bei der EOS 400D die Bildeinstellungen nicht mehr über Parametersets, sondern über die neuen Bildstile (Picture Styles) eingestellt.

▲ Die Bildstile erlauben die flexible Einstellung der Parameter für die JPEG-Erzeugung in der EOS 400D.

Die Bildstile umfassen alle Einstellungsmöglichkeiten für die Umwandlung der Sensorrohdaten in farbinterpolierte Bilder. Daher wirken sich die Bildstile in der EOS 400D auch nur auf Bilder aus, die im JPEG-Format gespeichert werden. Mit der mitgelieferten Software können die Bildstile aber auch auf RAW-Dateien angewendet werden.

▲ *Mit dem Bildstil Monochrom lassen sich Bilder künstlich altern. Derselbe Effekt gelingt aber auch in der Bildbearbeitung durch Verringerung der Farbsättigung. Diesen Bildstil sollten Sie nur einstellen, wenn Sie die Bilder direkt unbearbeitet aus der EOS 400D übernehmen wollen.*

Bei der Umwandlung der Sensorrohdaten in ein JPEG-Bild müssen die reinen Helligkeitswerte der einzelnen Sensorpixel in ein Farbbild umgerechnet werden. Dazu wird die sogenannte Farbinterpolation eingesetzt.

Des Weiteren müssen die farbinterpolierten Bilder noch geschärft werden, um ein ansehnliches Resultat zu erhalten. Die EOS 400D erlaubt zusätzlich noch, Parameter für den Kontrast, die Farbsättigung und den Farbton einzustellen. Je nach eingestelltem Bildstil können dabei verschiedene Bildwirkungen realisiert werden. Allerdings lassen sich die Auswirkungen der Bildstile bei JPEG-Bilddaten nachträglich via externer Software nur in sehr eingeschränktem Rahmen ändern.

> **Flexibel und sicher gleichzeitig – RAW+JPEG Large**
>
> Besonders sicher können Bildstile genutzt werden, wenn als Aufnahmedateiformat RAW+JPEG Large gewählt ist. In diesem Fall stehen die mit dem Bildstil manipulierten JPEGs sofort zur Verfügung, und im Falle eines Falles kann jederzeit auf ein unbearbeitetes Rohdatenbild zurückgegriffen werden.

Wird also der Farbton verstellt, entstehen farbstichige Bilder, die nur noch bedingt in der Bildbearbeitung korrigiert werden können. Bei Verwendung des Schwarz-Weiß-Styles sind die Farbinformationen zudem unwiederbringlich verloren.

Festgelegter Picture Style in den Motivprogrammen

In den Motivprogrammen kann der Bildstil nicht frei gewählt werden, er ist fest mit dem Programm verbunden. Dazu hat Canon mit Porträt und Landschaft passende Bildstile definiert.

Motivprogramm	Bildstil
Vollautomatik	Standard
Porträt	Porträt
Landschaft	Landschaft
Nahaufnahme	Standard
Nachtaufnahme	Standard
Sportaufnahme	Standard
Blitz Aus	Standard

Mehr Freiheiten in den Kreativprogrammen

In den Kreativprogrammen können die Bildstile frei gewählt und sogar selbst parametrisiert werden. Hierzu gibt es die drei anwenderdefinierten Bildstile. Als Parameter stehen dabei Kontrast, Schärfung, Farbton und Farbsättigung zur Verfügung. Alternativ kann in den Bildstilen ein Schwarz-Weiß-Modus definiert werden, wobei durch geeignete Einstellungen Filtereffekte aus der Schwarz-Weiß-Fotografie nachgebildet werden können.

▲ Der Bildstil Monochrom erzeugt Effekte wie bei der Verwendung von Farbfiltern in der Schwarz-Weiß-Fotografie.

Zusätzliche Picture Styles aus dem Internet

Zusätzliche fertige Bildstile können von einer speziellen Canon-Internetseite heruntergeladen werden. Diese Bildstile können dann entweder im ZoomBrowser EX oder in Digital Photo Professional zum Umwandeln von Rohdatenbildern eingesetzt werden. Zusätzlich können diese Bildstile bei Bedarf mit dem EOS Utility in die EOS 400D geladen werden, sodass diese auch unabhängig von einem PC zur Verfügung stehen.

Neue Bildstile in die EOS 400D übertragen

Da die Originalanleitung dieses Thema etwas stiefmütterlich behandelt, erhalten Sie im Folgenden eine ausführliche Anleitung.

1 Picture Style herunterladen

Canon stellt auf der Internetseite *http://www.canon. co.jp/Imaging/picturestyle/index.html* weitere Informationen zu den Picture Styles und auch einige Bildstile zum Download zur Verfügung. Diese sollten beim Download mit der Dateiendung *.pre* gespeichert werden.

2 Kamera anschließen und EOS Utility starten

Im nächsten Schritt verbinden Sie die EOS 400D über das USB-Kabel mit dem PC und schalten die Kamera ein. Anschließend starten Sie das mit der EOS 400D mitgelieferte EOS Utility.

3 Einstellungen auswählen

Im EOS Utility starten Sie nun die Kamerafernsteuerung. Im unteren Fensterbereich klicken Sie auf das Kamerasymbol, um in die Einstellungen zu gelangen.

In diesen Aufnahmeeinstellungen wechseln Sie in den Punkt *Bildstil* und wählen dort den Menüpunkt *Einstellungen*.

4 Bildstil in die EOS 400D übertragen

Im Einstellungsdialog wählen Sie einen der anwenderdefinierten Bildstile *Anw. Def. 1* bis 3, der überschrieben werden soll. Klicken Sie nun auf die Schaltfläche *Öffnen* und wählen Sie den in Schritt 1 auf die Festplatte gespeicherten Bildstil aus. Klicken Sie dann auf *Anwenden*, um den Bildstil in die EOS 400D zu übertragen.

5 Wählen Sie den Bildstil in der EOS 400D aus

Wählen Sie im Aufnahmemenü der EOS 400D den soeben hochgeladenen anwenderdefinierten Bildstil als aktuellen Bildstil aus.

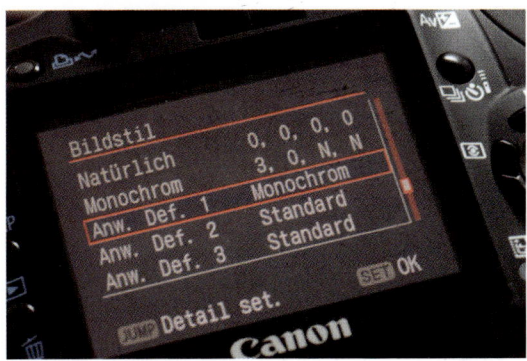

▲ Auswahl eines anwenderdefinierten Bildstils im Aufnahmemenü der EOS 400D.

Nun steht Ihnen der gewählte Bildstil als anwenderdefinierter Bildstil in der EOS 400D immer zur Verfügung.

6.4 Bildgrößenwahl

Die EOS 400D bietet zwei grundverschiedene Dateiformate, das Rohdatenformat RAW und das Farb-

bildformat JPEG, an. Bei der Wahl des JPEG-Formats können zusätzlich Bildgröße und Bildqualität eingestellt werden.

▲ In den Kreativprogrammen kann neben den verschiedenen JPEG-Formaten auch das Rohdatenformat RAW ausgewählt werden.

Der Grund für diese Auswahl ist, dass Bildgröße und Komprimierung einen nicht unwesentlichen Einfluss auf die Bildqualität, die Dateigröße, die Speicherzeit und die maximale Anzahl an Aufnahmen bei höchster Bildfolgefrequenz haben. Insofern kann über die Qualitätseinstellung ein Kompromiss zwischen möglichst hoher Bildqualität auf der einen Seite und möglichst vielen Bildern pro Speicherkarte und möglichst vielen Bildern bei höchster Aufnahmefrequenz auf der anderen Seite gewählt werden. Die EOS 400D bietet für das JPEG-Format die folgenden Bildgrößen an:

Bildeinstellung	Bildgröße in Pixel
S	1.936 x 1.288
M	2.816 x 1.880
L, RAW	3.888 x 2.592

Bei der höchsten Auflösung von 10,1 Megapixeln kann ein Bild der EOS 400D bei 300 dpi Druckqualität auf eine Fläche von 33 x 22 cm, also etwas größer als DIN A4, ausbelichtet werden. In der Praxis lassen sich jedoch oft auch mit 200 dpi noch ansehnliche Druckergebnisse erzielen, sodass noch

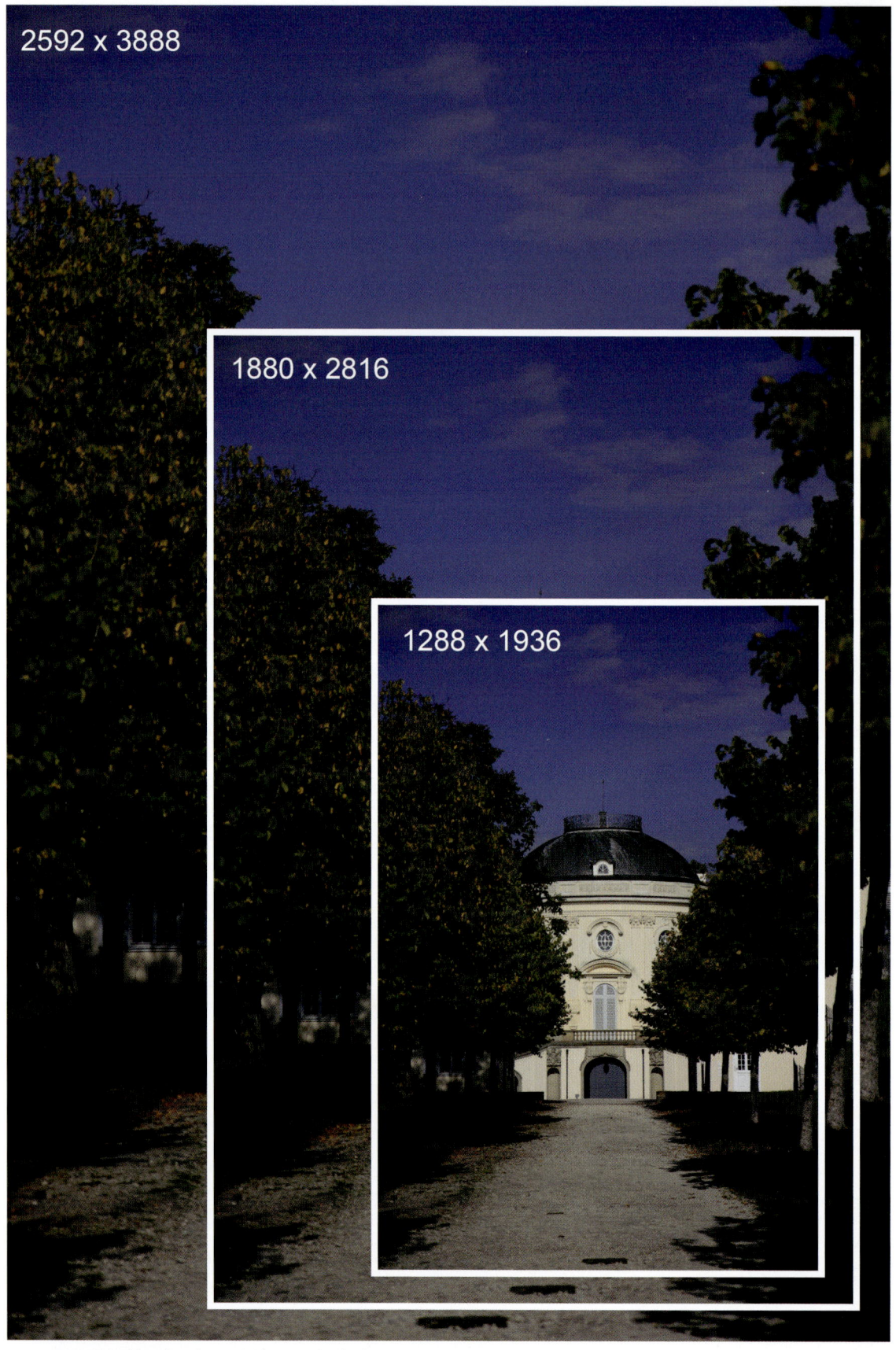

2592 x 3888

1880 x 2816

1288 x 1936

▲ Die drei Bildgrößen der EOS 400D im Vergleich.

wesentlich größere Ausdrucke aus den Bilddateien der EOS 400D ohne sichtbare Vergrößerungsartefakte möglich sind. Sollen die Bilder nur für eine Internetpräsentation verwendet werden, ist sogar die kleinste Auflösung S von 1.936 x 1.288 mit der Komprimierungsstufe Normal mehr als ausreichend, zumindest wenn keine nachträgliche Ausschnittbestimmung erfolgen soll. Normalerweise empfiehlt es sich, die EOS 400D auf JPEG Large oder, noch besser, RAW + JPEG Large einzustellen und eine ausreichend große Speicherkarte einzusetzen. Details und Ausschnittvergrößerungen stellen dann kein Problem

mehr dar und Verkleinern können Sie die Bilder am PC immer noch. Verschenken Sie also nicht das Potenzial der EOS 400D und gönnen Sie sich lieber eine zusätzliche Speicherkarte.

6.5 Parametervergleich Schärfung/Kontrast zu den Möglichkeiten via Software

Die EOS 400D bietet eine einstellbare Schärfung bei der Erzeugung von JPEG-Bildern an. Da eine

▼ Wegen der Farbfiltermatrix vor dem CMOS-Sensor müssen bei der EOS 400D – wie bei allen anderen digitalen Farbkameras auch – die Bilddaten nach der Farbinterpolation hochgerechnet werden. Durch eine Schärfung werden dabei die Kanten zwar verbessert, pixelscharfe Kanten ergeben sich aber nicht.

solche Schärfung aber auch in der Nachbearbeitung am PC erfolgen kann, stellt sich die Frage, welche Variante die bessere Wahl ist und warum überhaupt die Kamera eine Schärfung vornimmt. Um dies zu verstehen, ist es notwendig, sich mit der Art und Weise, wie die EOS 400D Farbbilder erzeugt, auseinanderzusetzen. Vor dem CMOS-Sensor der EOS 400D befindet sich ein Farbfilterarray, sodass jedes Pixel nur einen ausgewählten Bereich des visuellen Spektrums sieht.

So sind ein Viertel der Pixel mit einem Rotfilter, ein Viertel mit einem Blaufilter und die Hälfte aller Pixel mit einem Grünfilter versehen. Die Filter sind dabei in der sogenannten Bayer-Matrix angeordnet, sodass in jedem 2-x-2-Block jeweils ein rotempfindliches, ein blauempfindliches und zwei grünempfindliche Pixel vorhanden sind. Um aus diesen Informationen ein Farbbild zu erzeugen, muss eine Farbinterpolation durchgeführt werden, wodurch ein Bild entsteht, bei dem für jedes Pixel die Farbinformation für den Rot-, Grün- und Blaukanal vorliegt.

▲ Die Farbfiltermatrix vor den Pixeln erlaubt der EOS 400D, mit einer Aufnahme alle drei Farbkanäle aufzuzeichnen und dabei eine hohe Auflösung zu erreichen.

Betrachtet man den Aufbau der Sensorrohdaten genauer, zeigt sich schnell, dass die Grüninformation streng genommen mit der Hälfte der Sensorauflösung vorliegt und die Auflösung der Rot- und Blaudaten nur ein Viertel der Sensorauflösung beträgt. Ein aus diesen Daten berechnetes Farbbild kann also gar nicht die Originalauflösung des Sensors besitzen. Spezielle Tricks in der Farbinterpolation können eine etwas höhere Auflösung als hier beschrieben herausholen, aber bei Weitem nicht die Sensorauflösung.

Nun scheint es bei Digitalkameraherstellern aber üblich zu sein, dass die Ausgabebildgröße in etwa der Pixelzahl des Sensors entsprechen muss. Daher werden die farbinterpolierten Bilder auf eine passende Auflösung hochgerechnet, d. h. vergrößert. Da dabei aber nur die Pixelzahl und nicht die wahre Auflösung ansteigt, erscheinen solche hochgerechneten Bilder weich gezeichnet, also unscharf. Um diesen Effekt zu kompensieren und ansehnliche Bilder zu erzeugen, müssen also farbinterpolierte Bilder, zumindest wenn sie in die Sensorauflösung hochgerechnet werden, nachträglich geschärft werden. Genau aus diesem Grund verfügt die EOS 400D über die Schärfungseinstellung in den Bildstilen.

Übrigens, die beschriebene Methode funktioniert in der Praxis hervorragend. Bei normalen Tageslichtaufnahmen ist der Auflösungsverlust nicht feststellbar, und die großen Bilder der EOS 400D können problemlos verwendet werden.

Der Schärfungsparameter der EOS 400D beginnt aus den oben geschilderten Gründen daher auch nicht bei null Schärfung, sondern bei einer minimalen Schärfung. Werden nun JPEGs in der Bildbearbeitung am PC weiter geschärft, kann es schnell passieren, dass eine Überschärfung eintritt und sich unerwünschte Moirémuster bilden. Daher sollte bei Verwendung von JPEGs die Schärfung in der EOS 400D eingestellt werden und auf eine Nachschärfung weitgehend verzichtet werden.

Die optimale Schärfungseinstellung

Wenn die Schärfung schon während der Aufnahme richtig eingestellt sein soll, was sind dann die optimalen Werte?

Einerseits gibt es Aufnahmen, bei denen üblicherweise eher wenig geschärft wird. Insbesondere bei Porträtaufnahmen wird sehr wenig geschärft, teilweise sogar absichtlich weich gezeichnet. Eine zu hohe Schärfung bei Porträtaufnahmen lässt Hautunebenheiten und Flecke unschön in den Vordergrund treten und sollte daher vermieden werden. Bei diesen Aufnahmen sollte also die geringstmögliche Schärfung in der EOS 400D eingestellt sein.

▲ Die kamerainterne Schärfung lässt sich mit den Bildstilen auswählen und in den anwenderdefinierten Bildstilen vorgeben. Auch wenn es am kleinen Monitor der EOS 400D gut aussieht, wählen Sie keine zu hohe Schärfung, da ansonsten Artefakte im Bild auftreten, die nicht mehr zu korrigieren sind.

Andererseits wird bei der Architekturfotografie oder bei der Fotografie technischer Anlagen meist sehr viel Wert auf eine hohe Schärfe gelegt. Allerdings darf das Bild dabei nicht überschärft werden, da sich ansonsten schnell dunkle Ränder um scharfe Kanten bilden, die das Bild verunstalten. Manche Fotografen setzen allerdings eine bewusste Überschärfung als Stilmittel ein, in diesem Fall sollte diese aber unbedingt in der Nachbearbeitung erfolgen, sodass Sie eine bessere Kontrolle über die Schärfung haben. Bei diesen Aufnahmen ist eine mittlere Schärfeeinstellung sinnvoll. Eine zu hohe Schärfung führt unter Um-

ständen zu Schärfungsartefakten und Moiré-Effekten. Besser noch, Sie verwenden das RAW-Format und haben die Schärfung dann am PC unter Kontrolle, wo Sie an einem großen Monitor die Wirkung der Schärfung deutlich besser beurteilen können als am Display der EOS 400D.

6.6 Farbraumeinstellungen und Farbtemperaturwahl

Durch die Farbinterpolation bei der JPEG-Erzeugung entstehen Farbbilder, die digital gespeichert werden müssen. Dazu ist es notwendig, die Farbinformation geeignet zu kodieren, im Fall der EOS 400D im RGB-Format (**R**ot, **G**rün, **B**lau). Dieses Format kann man sich wie ein dreidimensionales Koordinatensystem vorstellen, wobei jede Achse für eine der drei Primärfarben steht und ein Farbpunkt durch die Anteile der Primärfarben beschrieben wird.

▲ Die Farbraumeinstellung verbirgt sich im Aufnahmemenü 2 und erlaubt die Einstellung von sRGB oder Adobe RGB.

Nun gibt es aber nicht das eine RGB-Format, sondern es gibt verschiedene RGB-Farbräume, die sich in der Anzahl darstellbarer Farbnuancen unterscheiden. Für die EOS 400D sind dabei nur der sRGB- und der Adobe RGB-Farbraum interessant, da nur diese von der Kamera unterstützt werden. Meist wird für Aufnahmen der sRGB-Farbraum verwendet. Dieser wurde eigentlich als Farbraum für die Anzeige an Röhrenmonitoren entwickelt, hat sich aber als Standard auch für Digitalkameras und andere Geräte durchgesetzt.

Der alternative Adobe RGB-Farbraum ist deutlich umfangreicher als der sRGB-Farbraum und wurde speziell für die professionelle Bildbearbeitung entwickelt. Adobe RGB spielt seine Vorteile vor allem bei der professionellen Arbeit bis zur Druckvorstufe aus, da die dabei notwendige Wandlung in den CMYK-Farbraum (**C**yan, **M**agenta, **Y**ellow, Blac**k**) mit dem größeren Adobe RGB-Farbraum deutlich farbgetreuer durchgeführt werden kann.

Wollen Sie Ihre Bilder lediglich am PC-Monitor betrachten, im Internet bereitstellen oder ausbelichten lassen, ist sRGB der wesentlich unkompliziertere Farbraum. Insbesondere Internetausbelichtungsdienste haben sich auf sRGB-Bilder eingerichtet und können diese heute farbgetreu ausbelichten. Ein weiterer Vorteil des sRGB-Formats ist, dass dieses mit jedem Bildbearbeitungsprogramm bearbeitet werden kann, zur Arbeit mit Adobe RGB hingegen benötigen Sie unbedingt ein professionelles Bildbearbeitungsprogramm wie Adobe Photoshop. Adobe RGB hingegen wäre die richtige Wahl für alle Fotografen, die bis in die Druckvorstufe gehen. Diese verwenden aber besser das RAW-Format und müssen sich daher an der EOS 400D nicht mit der Farbraumeinstellung beschäftigen, da die Rohdaten erst am PC farbinterpoliert werden und der Farbraum auch nachträglich im RAW-Konverter bestimmt werden kann.

6.7 Professioneller Weißabgleich

Die Wahl des geeigneten Farbraums ist meist nur einmal notwendig, die Einstellung eines passenden Weißabgleichs muss aber bei jeder Aufnahme neu erfolgen. Der Weißabgleich bestimmt dabei, wie stark die drei Einzelfarben Rot, Grün und Blau bei der Interpolation des Farbbildes gewichtet werden. Das Gewichtungsverhältnis der Farben zueinander ist da-

bei einerseits von den Farbfiltern und andererseits von der Umgebungsbeleuchtung abhängig. Um den Weißabgleich einfach anpassen zu können, verfügt die EOS 400D über die Voreinstellungen Tageslicht, Schatten, Wolkig, Kunstlicht (Glühlampen), Leuchtstoffröhre sowie Einstellungen für den eingebauten Blitz oder externe Blitzgeräte.

Noch komfortabler und oft sogar genauer als die Vorgaben ist der automatische Weißabgleich, bei dem die EOS 400D die Aufnahme analysiert und selbstständig den Weißabgleich festlegt. Sie können sich daher i. d. R. auf den AWB verlassen und brauchen nicht ständig das Weißabgleichprogramm zu verstellen. In Kunstlichtsituationen bzw. bei Blitzlichteinsatz empfehlen sich jedoch manchmal die dafür vorgesehenen Weißabgleichprogramme.

> **Keine Probleme mit dem Weißabgleich – das RAW-Format**
> Ein falscher Weißabgleich kann bei JPEG-Bildern nur noch teilweise in der Bildbearbeitung korrigiert werden. Wesentlich sicherer fahren Sie mit der Verwendung des RAW-Formats. Dabei wird der Weißabgleich erst im RAW-Konverter durchgeführt, und Sie können problemlos mit verschiedenen Einstellungen experimentieren, bis Sie mit dem Ergebnis zufrieden sind.

In besonders kniffligen Situationen kann der Weißabgleich anhand einer speziellen Aufnahme manuell festgelegt werden. Hierzu nehmen Sie eine weiße oder neutralgraue, d. h. nicht farbstichige, Fläche auf. Vermeiden Sie dabei unbedingt Über- oder Unterbelichtungen, da ansonsten der Weißabgleich nicht funktioniert. Mit der Funktion *Man. Weißabgl.* im Kameramenü 2 können Sie dann die EOS 400D anweisen, den Weißabgleich anhand Ihrer Referenzaufnahme zu ermitteln. Stellen Sie nun den Weißabgleich auf die manuelle Weißabgleichseinstellung, und schon können Sie selbst in schwierigen

Situationen Bilder mit einem perfekten Weißabgleich aufnehmen.

1 Referenzaufnahme erstellen

Nehmen Sie eine gleichmäßig ausgeleuchtete farbneutrale, also weiße oder neutralgraue Fläche auf. Überprüfen Sie mit der Histogrammfunktion, ob das Histogramm gut ausgenutzt wird, ohne dass sich Überbelichtungen zeigen. Sollte die Aufnahme über- oder unterbelichtet sein, wiederholen Sie sie mit angepassten Parametern.

2 Manuellen Weißabgleich starten

Rufen Sie im Kameramenü 2 die Funktion *Man. Weißabgl.* auf. um einen manuellen Weißabgleich durchzuführen.

3 Referenzbild auswählen

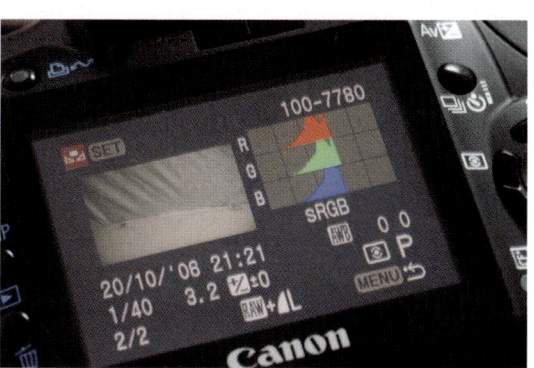

Wählen Sie mit den Kreuztasten die in Schritt 1 aufgenommene Referenzaufnahme aus und bestätigen Sie diese mit der SET-Taste.

Wenn die Weißabgleichseinstellung noch nicht auf manuell eingestellt ist, zeigt die EOS 400D einen entsprechenden Hinweis an.

4 Weißabgleich auf Preset stellen

Beenden Sie das Menü und rufen Sie mit der unteren Kreuztaste die Weißabgleichseinstellung auf. Wählen Sie als Weißabgleich die Einstellung für den manuellen Weißabgleich, um alle weiteren JPEG-Aufnahmen mit dem soeben gesetzten Weißabgleich aufzunehmen.

Sie können jederzeit mit den Weißabgleichseinstellungen wieder zu einer der vordefinierten Weißabgleichseinstellungen oder zum automatischen Weißabgleich wechseln oder einen neuen manuellen Weißabgleich durchführen.

6.8 Farbkorrekturen im Workflow

Ist eine Aufnahme trotz der richtigen Weißabgleichseinstellung oder gar trotz des automatischen Weißabgleichs noch farbstichig, kann dies – in Grenzen – in der Bildbearbeitung korrigiert werden. Im Folgenden erfahren Sie, wie Sie farbstichige Bilder in Adobe Photoshop CS2 korrigieren, in anderen Bildbearbeitungsprogrammen sind meist ähnliche Funktionen verfügbar.

Der erste Versuch sollte grundsätzlich die automatische Farbkorrektur sein. Diese befindet sich im Menü *Bild/Anpassen/Auto-Farbe*. Bei vielen Bildern liefert diese Funktion eine hervorragende, neutrale Farbwiedergabe, bei manchen Bilder versagt sie aber auch völlig. In diesem Fall sollte die Farbkorrektur wieder rückgängig gemacht werden.

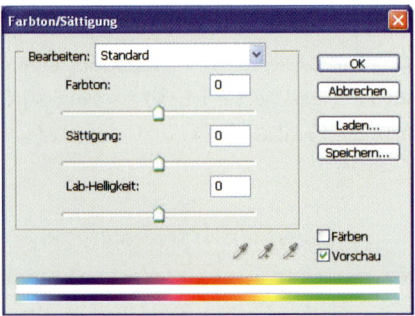

▲ Mit Farbton/Sättigung lassen sich Farbstiche in Photoshop feinfühlig entfernen.

Der zweite Ansatz ist meist die Farbtonkorrektur im Menü *Bild/Anpassen/Farbton/Sättigung* (Strg+U). In diesem Dialog können Sie den Farbton und die Sättigung für alle Farbkanäle gemeinsam oder einzeln für jeden Farbkanal einstellen.

Deutlich mehr Kontrolle über den Weißabgleich haben Sie bei der Verwendung der Tonwertkorrektur im Menü *Bild/Anpassen/Tonwertkorrektur*. Hier können Sie Schwarz- und Weißpunkt sowie den Graupunkt für jeden Farbkanal einzeln beeinflussen. Zur Kontrolle des Weißabgleichs können Sie mit der Infopalette und einer 5-x-5-Pipette in schwarzen, weißen oder neutralgrauen Bildbereichen kontrollieren, ob dort alle Farbkanäle in etwa den gleichen Wert aufweisen.

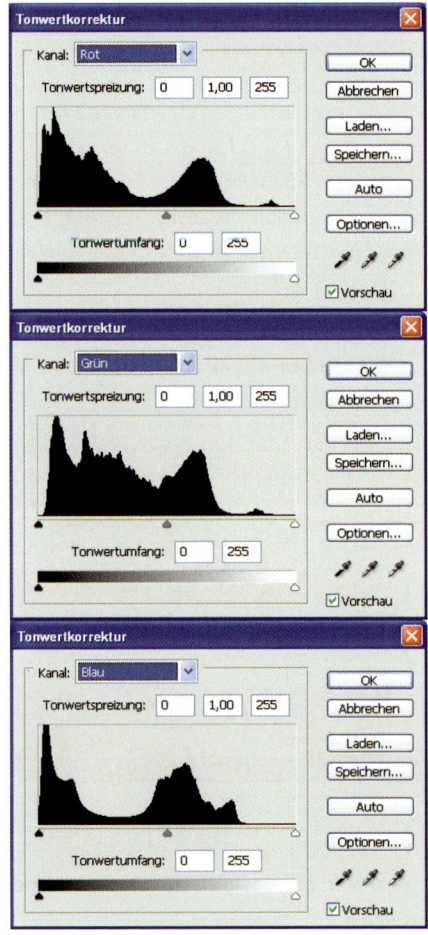

▲ Die Tonwertkorrektur und die Gradationskurven lassen sich in Photoshop auch auf einzelne Farbkanäle anwenden. Damit ist eine sehr genaue Farbkorrektur möglich.

Ganz ausgefeilt ist der Weißabgleich mit den Gradationskurven. Mit dieser im Menü *Bild/Anpassen/ Gradationskurven* befindlichen Einstellung können Sie sogar nicht lineare Verläufe für die einzelnen Farbkanäle definieren.

Allerdings erfordert der Einsatz der Gradationskurven für die einzelnen Farbkanäle sehr viel Übung.

6.9 Individualfunktionen: Einsatz und konkrete Empfehlungen

Mit den Individualfunktionen lässt sich die EOS 400D an die Vorlieben des Fotografen anpassen. Die Einstellungen der Individualfunktionen, die nur in den Kreativprogrammen genutzt werden können, bleiben auch nach dem Abschalten der EOS 400D gespeichert.

C.Fn-01: SET Taste/Kreuztaste Funkt.

Mit dieser Individualfunktion wird das Verhalten der Kreuztasten und der SET-Taste in der Aufnahmebetriebsart eingestellt.

Die Aufnahmebetriebsart ist der Modus der Kamera, wenn der Auslöser angetippt wurde und die Belichtungsmessung aktiv ist.

Einstellung	Beschreibung
0:SET:Bildstil	Drücken der SET-Taste ruft das Menü zur Einstellung des Bildstils auf.
1:SET: Qualität	Drücken der SET-Taste ruft das Menü zur Einstellung der Bildqualität auf.
2:SET: Blitzbe.Korr.	Drücken der SET-Taste ruft das Menü zur Blitzbelichtungskorrektur auf.
3:SET: Wiedergabe	Drücken der SET-Taste startet die Bildwiedergabe.
4:Kreuztaste: AF-Feldwahl	Drücken der Kreuztasten erlaubt die manuelle Vorgabe eines Autofokusmessfelds. Mit der AF-Wahltaste kann die automatische Messfeldwahl aktiviert werden.

Die Einstellungen 0 bis 2 dienen zum Schnellaufruf eines Menüs. Die Einstellung *3:SET:Wiedergabe* ist nicht besonders sinnvoll, da die Bildwiedergabe jederzeit direkt mit der Wiedergabetaste gestartet werden kann. Es empfiehlt sich, die Blitzkorrektur auf die SET-Taste zu legen, wenn häufig geblitzt wird. Gleiches gilt für die Qualität (bei erwünschtem Wechsel von JPEG-RAW).

Das 9-Punkt-Autofokussystem der EOS 400D ist sehr leistungsfähig, allerdings kommt es nicht selten vor, dass die Automatik das falsche Autofokusmessfeld auswählt. Ist die Individualfunktion C.Fn-01 auf *4: Kreuztaste:AF-Feldwahl* gestellt, kann in diesem Fall mit den Kreuztasten manuell ein Autofokusmessfeld fest vorgegeben werden.

Bei Belegung der SET-Taste mit der AF-Feldwahl können Sie innerhalb von vier Sekunden die Pfeiltaste zur Auswahl des Autofokusfeldes nutzen. Wollen Sie die ursprüngliche Funktion verwenden, warten Sie, bis die Belichtungswertanzeige im Display erlischt.

C.Fn-02: Rauschred. bei Langzeitbel.

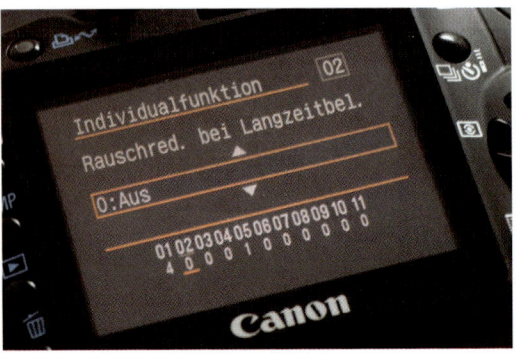

Das unvermeidliche Bildrauschen bei Langzeitbelichtungen kann durch die in der EOS 400D eingebaute Rauschreduzierung vermindert werden.

Einstellung	Beschreibung
0:Aus	Es findet keine Rauschreduzierung statt.
1:Automatisch	Die EOS 400D entscheidet nach einer Bildanalyse, ob ein Dunkelbild benötigt wird oder nicht.
2:An	Zu jeder Langzeitbelichtung wird direkt nach der Aufnahme ein gleich lang belichtetes Dunkelbild aufgenommen, und damit wird die Rauschreduzierung durchgeführt.

Diese Individualfunktion sollte normalerweise abgeschaltet sein, um nicht unerwartet auf das Ende einer Dunkelbildaufnahme warten zu müssen. Nur bei Bedarf sollte die Rauschreduzierung aktiviert werden, dann aber unbedingt mit der Einstellung 2:An. Näheres zur Rauschreduzierung finden Sie in Kapitel 3.5.

C.Fn-03: Av-Blitz.Syn.Zeit

Die EOS 400D verfügt über eine Blitzsynchronzeit von 1/200 Sekunde, d. h., kürzere Belichtungszeiten im Blitzbetrieb sind nur mit speziellen Blitzgeräten möglich.

Mit dieser Individualfunktion kann eingestellt werden, ob in der Zeitautomatik (Blendenvorgabe) Av bei Blitzbetrieb immer 1/200 Sekunde Belichtungszeit eingestellt wird oder ob die EOS 400D auch längere Belichtungszeiten verwenden darf. Diese Individualfunktion hat nur eine Auswirkung in der Betriebsart Zeitautomatik Av.

Einstellung	Beschreibung
0:Automatisch	Die EOS 400D darf auch Belichtungszeiten länger als 1/200 Sekunde in der Zeitautomatik einstellen.
1:1/200Sek. (fest)	In der Zeitautomatik wird bei Blitzbetrieb immer eine Belichtungszeit von 1/200 Sekunde eingestellt.

Die feste Einstellung der Belichtungszeit auf 1/200 Sekunde erlaubt es, die EOS 400D im Blitzbetrieb auf eine kurze Belichtungszeit zu fokussieren und die Belichtung über den Blitz zu regeln. So lassen sich Verwacklungen wirkungsvoll vermeiden. Normalerweise können Sie diese Individualfunktion auf 0:Automatisch belassen.

C.Fn-04: Auslöser/AE-Speicherung

Da nicht immer Fokussierung und Belichtungsmessung am gleichen Punkt sinnvoll sind und diese auch nicht immer mit dem gewünschten Bildfeld in Einklang zu bringen sind, können Belichtung und Fokussierung an einzelnen Objekten gemessen und gespeichert werden.

Einstellung	Beschreibung
0:AF/AE-Speicherung	Standardeinstellung. Mit einem halb durchgedrückten Auslöser oder mit der Sterntaste können Belichtung und Fokussierung gespeichert werden. Eine getrennte Speicherung von Belichtung und Fokussierung ist nicht möglich.
1:AE-Speicherung/AF	Mit dieser Einstellung können Fokussierung und Belichtung getrennt eingestellt werden. Mit der Sterntaste wird die Fokussierung gespeichert, und durch den halb durchgedrückten Auslöser wird die Belichtung gespeichert.
2:AF/AF. Spei.keine AE-Spei.	Im AF-Modus AI Servo kann die Fokussierung durch Drücken der Sterntaste kurzzeitig unterbrochen werden. Eine Belichtungsspeicherung ist nicht möglich.
3:AE/AF, keine AE-Spei.	Im AF-Modus AI Servo kann mit der Sterntaste die Schärfenachführung gestartet und gestoppt werden. Eine Fokus- oder Belichtungsspeicherung ist nicht möglich.

C.Fn-05: AF-Hilfslicht

Die Canon EOS 400D kann bei schlechten Lichtverhältnissen mit dem eingebauten Blitzgerät Hilfsblitze zur Unterstützung der Fokussierung abgeben. Bei Verwendung eines externen Blitzgeräts kann dieses entsprechend einen – meist roten – Autofokushilfsstrahl aussenden.

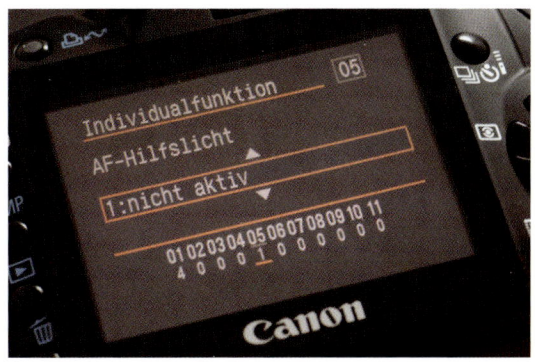

Einstellung	Beschreibung
0:	aktiv
1:n	icht aktiv
2:	Nur bei ext. Blitz aktiv

Da die Autofokushilfsblitze oft als störend empfunden werden, bietet es sich an, diese Individualfunktion auf die Einstellung 2 zu konfigurieren, sodass bei der Verwendung eines externen Blitzgeräts das AF-Hilfslicht zur Verfügung steht, im Betrieb ohne externes Blitzgerät jedoch keine störenden Hilfsblitze ausgesandt werden.

C.Fn-06: Einstellstufen

An der EOS 400D können Belichtungszeit und Blende nicht kontinuierlich ausgewählt werden, sondern die möglichen Werte folgen der Abstufung in der

Blendenreihe. Diese Individualfunktion erlaubt es auszuwählen, ob die möglichen Werte in Schritten von 1/2 oder 1/3 Blendenstufe angeboten werden.

Einstellung	Beschreibung
0:1/3-Stufe	Belichtungswerte können in Stufen von 1/3 LW ausgewählt werden.
1:1/2-Stufe	Belichtungswerte können in Stufen von 1/2 LW ausgewählt werden.

Bei der Arbeit mit den Automatikfunktionen der EOS 400D sollte 1/3 Stufe ausgewählt werden, um die feinstmögliche Abstufung der Belichtungseinstellung auszunutzen. Nur bei intensiver manueller Vorgabe von Blende oder Belichtungszeit kann es sich anbieten, hier 1/2 Stufe einzustellen, um schneller zwischen verschiedenen Einstellungen wechseln zu können.

C.Fn-07: Spiegelverriegelung

Die EOS 400D verfügt über eine Spiegelvorauslösung, um Verwacklungen durch den Spiegelschlag zu vermeiden.

Bei eingeschalteter Spiegelverriegelung klappt der erste Druck auf den Auslöseknopf den Spiegel nach oben, und erst nach einem zweiten Druck auf den Auslöseknopf wird die Aufnahme ausgelöst.

Einstellung	Beschreibung
0:Ausgeschaltet	Der Spiegel wird gleichzeitig mit der Öffnung des Verschlusses hochgeklappt.
1:Eingeschaltet	Der Spiegel wird hochgeklappt, und der Verschluss wird erst mit Verzögerung geöffnet.

Normalerweise sollte die Spiegelverriegelung ausgeschaltet sein und nur bei Bedarf aktiviert werden. Warum Canon diese Funktion in den Individualeinstellungen versteckt, wird wohl das Geheimnis des Herstellers bleiben (mehr dazu im Kapitel 4.5).

C.Fn-08: E-TTL II

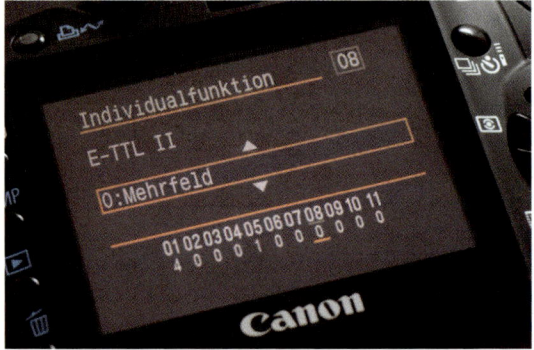

Einstellung	Beschreibung
0:Mehrfeld	Die Blitzleistung wird mittels Mehrfeldmessung ermittelt.
1:Mittenbetont	Die Blitzleistung wird mittels mittenbetonter Integralmessung ermittelt.

Fortgeschrittene Fotografen bevorzugen sicherlich Einstellung 2, da damit eine bessere Kontrolle über die Blitzbelichtung möglich ist.

C.Fn-09: Verschluss-Synchronisation

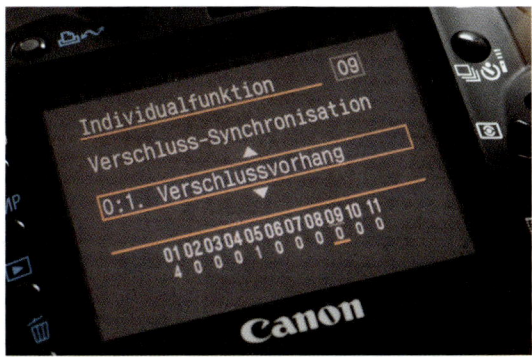

Die EOS 400D kann im Blitzbetrieb den Blitz auf den ersten oder den zweiten Verschlussvorgang synchronisieren. Je nach Einstellung sind dabei verschiedene Effekte bei der Blitzlichtfotografie möglich.

Einstellung	Beschreibung
0:1. Verschluss-vorhang	Der Blitz wird auf den ersten Verschlussvorgang gezündet, die Aufnahme wird nach dem Blitz noch fortgesetzt.
1:2. Verschluss-vorhang	Der Blitz wird auf den zweiten Verschlussvorgang gezündet. Die Aufnahme ist mit der Blitzauslösung beendet.

Wenn Sie bei Langzeitbelichtungen einen Aufhellblitz einsetzen, wirken Bewegungsunschärfen natürlicher, wenn Sie die EOS 400D auf den zweiten Verschlussvorgang synchronisieren.

Diese Einstellung hat sich auch für Porträtaufnahmen bewährt, da die Porträtierten in der Regel so lange still halten, bis das Blitzlicht gezündet ist. Beim Blitzen auf den ersten Verschlussvorgang entsteht schneller Unruhe, bevor die eigentliche Aufnahme beendet wurde.Näheres zur Synchronisation des Blitzes finden Sie in Kapitel 5.

C.Fn-10: Lupenfunktion

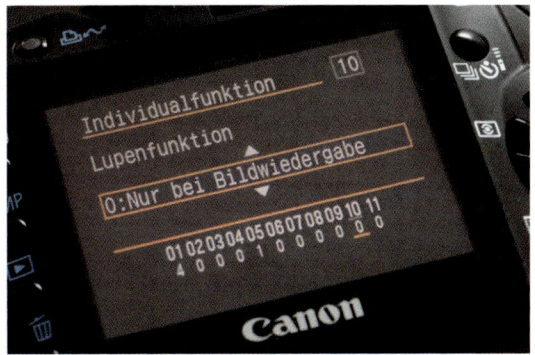

Bei der Bildanzeige der EOS 400D kann mit den Lupentasten eine vergrößerte Darstellung angewählt werden. Mit der Individualfunktion C.Fn-10 kann eingestellt werden, ob diese vergrößerte Darstellung auch bei der Rückschau direkt nach einer Aufnahme möglich ist oder nur in der Bildwiedergabe.

Einstellung	Beschreibung
0:Nur bei Bildwieder-gabe	Die Lupenfunktion steht nur in der Bildwiedergabe zur Verfügung.
1:Sofortbild u. Wieder-gabe	Die Lupenfunktion steht sowohl bei der Bildwiedergabe wie auch bei der Rückschau zur Verfügung.

C.Fn-11: LC-Display bei Kamera Ein

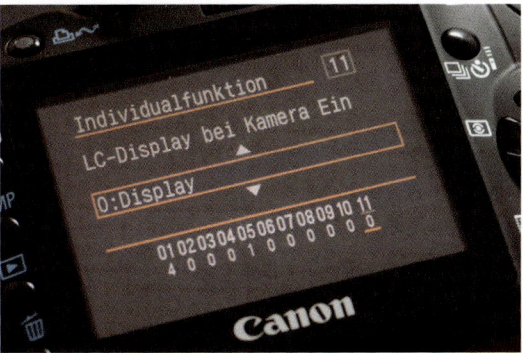

Mit dieser Funktion kann eingestellt werden, ob beim Anschalten der EOS 400D automatisch das Einstellungsdisplay angezeigt wird oder ob der letzte Zustand vor dem Abschalten verwendet wird.

Einstellung	Beschreibung
0:Display	Beim Einschalten der EOS 400D wird immer das Display angezeigt.
1:Beibehalten bei Kamera Aus	Entsprechend der Einstellung beim Abschalten der EOS 400D wird beim Einschalten das Display angezeigt oder nicht.

Sinnvoll ist es, diese Individualfunktion auf *0:Display* zu belassen, sodass nach dem Einschalten der EOS 400D sofort auch die Displayanzeige verfügbar ist.

6.10 Direktkopplung von Notebook und Kamera

Canon hat die EOS 4000D mit einer Software gebundelt, die im professionellen Bereich gern und häufig genutzt wird. Das beigefügte Programm Camera Window bietet nämlich die Möglichkeit, nicht nur die Kamera weitgehend vom Rechner aus fernzusteuern, sondern ermöglicht darüber hinaus auch die direkte Bildkontrolle unmittelbar nach der Aufnahme am großen Display des Computers. Mobil wird die Angelegenheit, wenn Kamera und Notebook via USB-Kabel miteinander verbunden werden, sodass Sie ein optimales Controlling-Instrumentarium für Outdooraufnahmen oder in weitläufigen Räumlichkeiten bzw. Studios nutzen können.

Das Notebook lässt sich beispielsweise auch als Monitor für Porträtaufnahmen nutzen, sodass die Porträtierten praktisch sofort nach Auslösen über das Arbeitsergebnis im Bilde sind. Selbstredend werden Schaulustige gut unterhalten, wenn Sie beispielsweise draußen ein paar Makroaufnahmen machen und dem staunenden Publikum das überraschend großformatige Bildergebnis sofort präsentieren. Professioneller ist es zudem, bei Kundenaufträgen mit dem Notebook aufzukreuzen, um vor Ort via Monitoring dynamisch in den laufenden Workflow eingreifen zu können.

▼ *Notebook und Kamera sind hier via USB-Kabel miteinander verbunden. Wenige Sekunden nach Auslösen steht das Bildergebnis bei dieser Produktaufnahme auf dem großen TFT-Monitor des Notebooks zur Verfügung.*

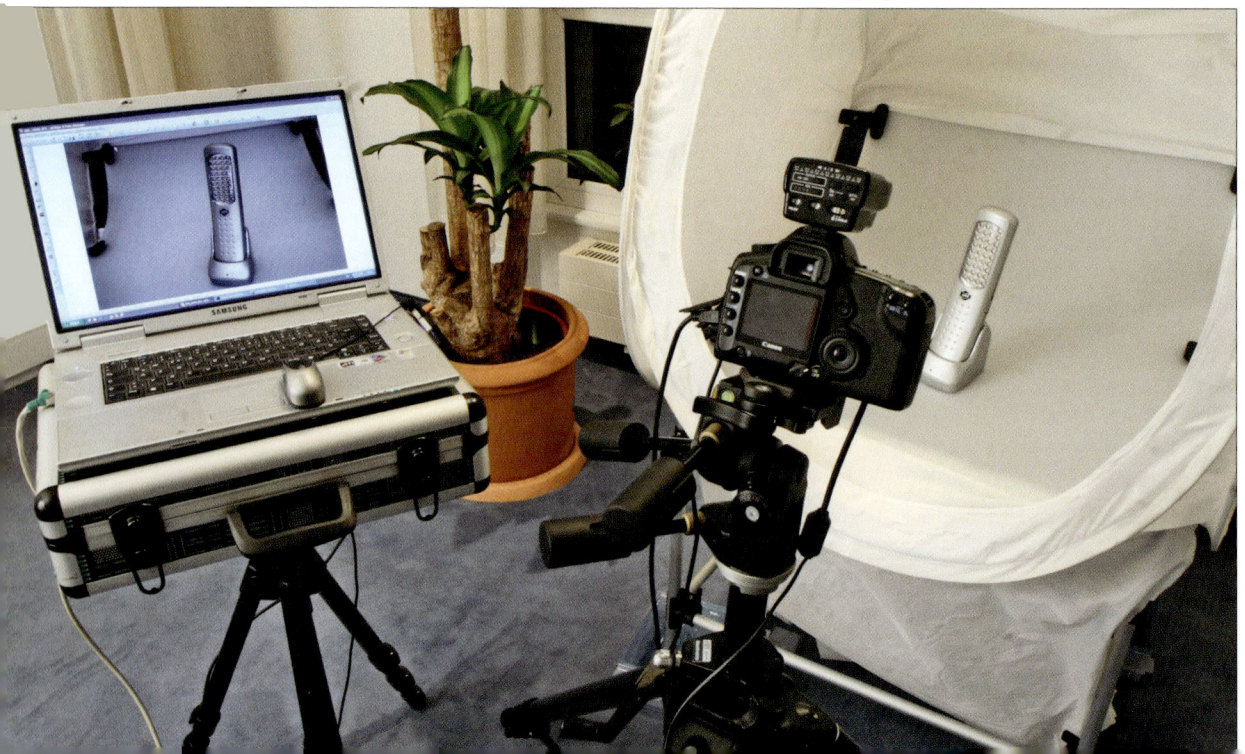

Der Autor Stefan Gross nutzt im Studio zum Beispiel ein Notebook, das mit einer Workstation im Netzwerk verbunden ist. Je nach Bedarf lässt sich das Notebook als Monitor flexibel im Raum positionieren. Schnelle Änderungen der Blende bzw. Zeit können vorgenommen werden, um dann gleich an der Workstation mit großem TFT-Monitor den Feinschliff vorzunehmen – die Aufnahmen stehen auch dort in Sekundenschnelle via Netzlaufwerk zur Verfügung.

Einen Überblick über die Vorteile können Sie dem Infokasten entnehmen. Letztlich macht die Fotografie noch mal um Längen mehr Freude mit einem direkt verkoppelten Notebook.

Vorteile einer Direktverbindung von Notebook und Kamera

- Fernsteuerung der 400D hinsichtlich Blende, Zeit, ISO-Wert etc. Dadurch ergeben sich keine Verwackler bzw. Positionsveränderungen am Stativ, die ansonsten durch Werteveränderung direkt an der Kamera schnell vorkommen können.
- Eingebaute Timerfunktion, um z. B. Langzeitstudien wie einzelne Wachstumsstadien einer Pflanze exakt zu erfassen oder um im Astrobereich Mehrfachaufnahmen mit definierter Zeitvorgabe vorzunehmen.
- Großformatige Bildkontrolle unmittelbar nach der Aufnahme, da der Monitor am Notebook erheblich höher auflöst als das kamerainterne TFT-Display.
- Durch Datendirektübertragung wird keine CF-Card in der 400D benötigt. Damit ist der Speicherplatz nur durch die Festplatte des Notebooks limitiert.
- Professionelles Auftreten bei Kundenaufträgen mit der Möglichkeit der Direktpräsentation der laufenden Arbeit.
- Möglichkeit der RAW-Konverter-Anbindung. Dadurch kann gleich nach der Aufnahme das Endergebnis eingestellt werden. Fragen, ob

z. B. genügend Zeichnung in Höhen und Tiefen vorhanden sind, lassen sich sofort beantworten. Ein Vorteil, der weit über die Möglichkeiten der Überbelichtungswarnung bzw. des kcamerainternen Histogramms hinausgeht, da diese Anzeigen auf das JPEG-Format bezogen sind.

Monitorfunktion z. B. im Porträtbereich oder um Freunden auf einer Party ein Sofortfeedback über die Bildergebnisse zu geben.

Nicht bei allem, was glänzt, muss es sich gleich um Gold handeln. Selbst wenn die Software Camera Window in vielen Bereichen intuitiv zu bedienen ist und den Workflow in der Tat vergoldet (zumindest, wenn es professionell eingesetzt wird), gibt es einige Fallstricke, in die der unbedarfte Anwender tappen kann. Die wichtigsten Problemfälle und Usersetups werden wir nachfolgend besprechen, damit einer reibungslosen Direktverbindung von Rechner und Kamera nichts im Wege steht.

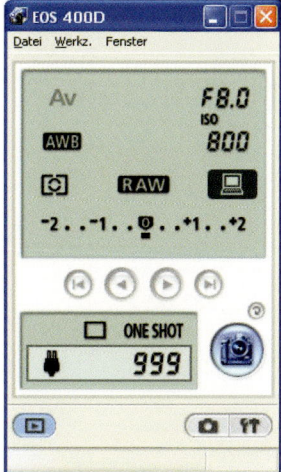

▲ Die Bedienkonsole in Camera Window bietet viele Funktionen, die dem LC-Display auf dem Kameramonitor entsprechen.

Installation

Das Programm wird automatisch mit installiert, wenn das Setup von der Programm-CD mit Standardoptionen ausgeführt wird. Dabei wird neben Programmen wie ZoomBrowser EX, PhotoStitch und Canon iMAGE GATEWAY auch das Programm Camera Window installiert. Im Unterschied zur Vorgängerversion empfiehlt es sich nicht, das Programm direkt über das zugehörige Programmsymbol aufzurufen, da dies zu Problemen bei der Kameraerkennung führt. Der Aufruf sollte daher über das ebenfalls mit installierte Programm EOS Utilities erfolgen, das dort über den Button *Kamera-Einstellungen/Fernaufnahme* gestartet wird.

Wollen Sie mit einer gegebenenfalls installierten Vorgängerversion und der EOS 400D zusammenarbeiten, muss zumindest der WIA-Treiber von der akuellen CD unter Windows installiert werden – wir empfehlen jedoch ein Upgrade der Software, da sie deutlich stabiler arbeitet und auch eine Verbindungsunterbrechung leichter verzeiht.

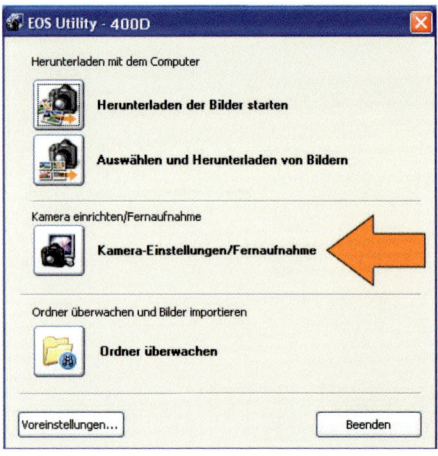

▲ *Um Camera Window zu öffnen, sollte das Programm EOS Utility geöffnet und der Button Kamera-Einstellungen/Fernaufnahme in der Mitte gewählt werden. Ansonsten kann es zu Problemen bei der Erkennung der Kamera kommen.*

Loslegen

Die EOS 400D wird zunächst mit dem im Lieferumfang enthaltenen USB-Kabel mit dem Notebook verbunden, wobei sich ein schneller USB-2.0-Bus

bewährt, da hier eine vielfach höhere Übertragungsgeschwindigkeit erreicht wird, als dies mit USB 1.1 möglich ist.

Wenn Ihr Notebook nur über USB 1.1 verfügt ...

... empfiehlt sich für den PCMCIA-Slot die Anschaffung einer USB-Karte, die für rund 30 Euro das Notebook auf USB 2.0 upgradet. Mit dabei ist meist noch eine zweite Buchse, die beispielsweise für eine externe Maus genutzt werden kann. Solche Karten werden z. B. über die Preissuchmaschine unter dem Suchlink *http://www.preissuchmaschine.de/psm_frontend/main.asp?suche=pcmcia+usb2.0* von D-Link, Belkin oder Transcend angeboten.

Nachdem die Bedienkonsole gestartet ist, können Sie entweder über den runden Button rechts unten mit dem Kamerasymbol 📷 via Mausklick die Kamera auslösen oder dies – was deutlich komfortabler ist – mithilfe der [Leertaste] durchführen.

Die verschiedenen Kameraeinstellungen können Sie mit einem Mausklick auf die Symbole bzw. Zahlenwerte im oberen Konsolenbereich verändern. Die Werteänderung erfolgt über die Pfeile darunter. Das Aufnahmeprogramm (z. B. M/Tv/Av etc.) lässt sich jedoch nicht über die Software verstellen und muss über das Programmwahlrad an der Kamera im Bedarfsfall von Hand gewechselt werden.

USB-Kabel austauschen

Mit dem im Lieferumfang enthaltenen USB-Kabel nehmen Sie Ihre EOS 400D an die kurze Leine. Besser Sie ersetzen es gegen eine Dreimeter- oder noch längere Variante.
Die Bezeichnung lautet „USB-Kabel A-Stecker auf Mini B-Stecker", zu finden im Internet beispielsweise unter *http://www.preissuchmaschine.de/psm_frontend/main.asp?sucheall=usb+kabel+canon.*

Probleme beim Auslösen?

Ist der Kamerabutton jedoch eingegraut , werden Sie in der Regel im Fenster links daneben ein gelbes Ausrufezeichen sehen. Dies weist auf Kameraeinstellungen hin, mit denen Camera Window nicht auslösen kann.

Zwei typische Probleme hierfür sind der Selbstauslösermodus, der an der EOS 400D über die Bildfrequenztaste 🔲🕐📷 auf Single Shot oder den Serienbildmodus verstellt werden muss, oder aber die Spiegelvorauslösung (Individualparameter 07) ist aktiviert und muss auf die Grundeinstellung zurückgeschaltet werden. Eine aktive Anzeige auf dem kcamerainternen Monitor blockiert ebenfalls die Software,

was durch ein Pop-up-Fenster angemahnt wird. Sie erlischt, sobald Sie den Auslöser an der EOS 400D einmal kurz angetippt haben.

Sollten die genannten Tipps nicht helfen, überprüfen Sie einmal, ob das Verbindungskabel in den jeweiligen Buchsen ordentlich sitzt, bzw. probieren Sie einen Neustart des Programms.

◄ *Sobald das gelbe Ausrufezeichen in der Konsole auftaucht, sind Kameraeinstellungen zu ändern, damit die Software die Kamera auslösen kann und das Zeichen verschwindet.*

▼ *Outdooreinsatz im Wald. Das Notebook ermöglicht die exakte Kontrolle der Lichtverhältnisse, insbesondere da hier Blitzlicht zum Einsatz kommt.*

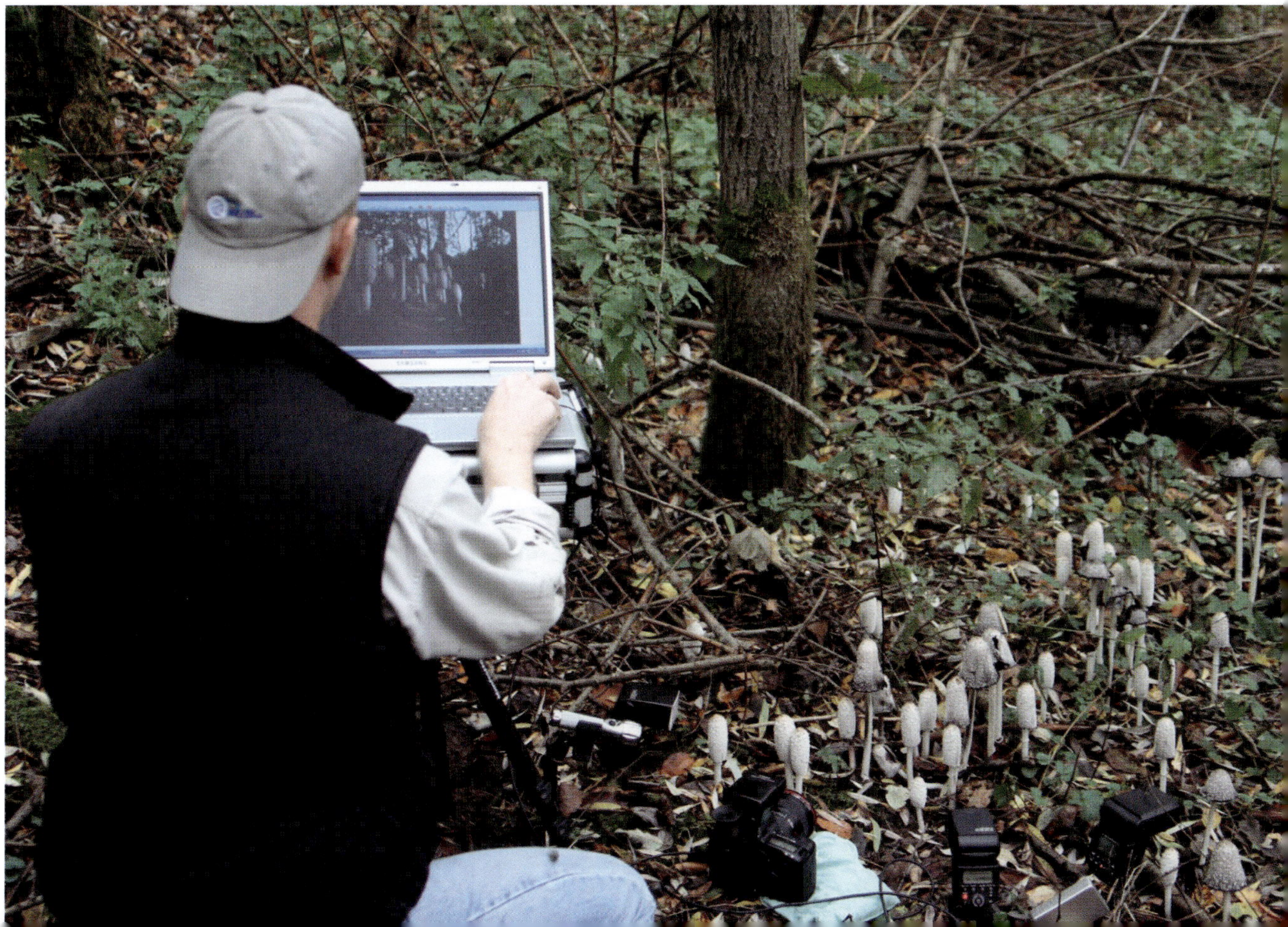

Softwarekonfiguration

Direkt nach der Übertragung der Aufnahme ans Notebook öffnet sich in der Standardkonfiguration der ZoomBrowser EX. Um schnell ein großformatiges Bild zu sehen, empfiehlt es sich, das Register *Vorschaumodus* zu aktivieren.

So geht's zur 100-%-Vorschau

Um in die 100-%-Ansicht zu gelangen, die ja für eine genaue Beurteilung beispielsweise der Bildschärfe unerlässlich ist, kann bei Verwendung des JPEG-Bildformats der Button *Bild anzeigen* aktiviert und in die Aufnahme hineingezoomt werden.

Verwenden Sie jedoch das RAW-Format, wandelt der ZoomBrowser die Aufnahme zuvor noch ins TIF-Format (ein Einzoomen ist zunächst nicht möglich). Die geschieht jedoch erst, nachdem Sie im unteren Bereich den Button *Originalbild anzeigen* angeklickt haben. Die Konvertierung nimmt einige Sekunden in Anspruch und bremst den Workflow deutlich aus.

Besser fahren Sie, wenn Camera Window (das eigentlich ein Unterfenster von EOS-Utility darstellt) eine Direktverbindung zum im Lieferumfang der EOS 400D enthaltenen RAW-Konvertierungsprogramm **D**igital **P**hoto **P**rofessional (DPP) aufbaut.

Dies erreichen Sie über *Datei/Voreinstellungen, Register Verknüpfte Software.* Lösen Sie jetzt aus, springt

nicht mehr der ZoomBrowser EX, sondern das Hauptfenster von DPP auf. Hier sehen Sie zunächst lediglich die Bildersymbole und auch nicht unbedingt die zuletzt ausgelöste Aufnahme.

Um stets das aktive Bild angezeigt zu bekommen, öffnen Sie in DPP das Menü *Extras* und wählen dort *Sync-Ordner mit EOS Utility* an.

▲ *Nachdem Sie zuvor im Programm Camera Window (Konsole zur Fernbedienung der EOS 400D) im Menü Datei/Voreinstellung die Software Digital Photo Professional (DPP) verknüpft haben, stellen Sie in DPP im Menü Extras eine Verbindung zu EOS Utility her. Damit wird Ihnen bei jeder Auslösung sofort das gerade aufgenommene Bild angezeigt.*

Um das Ziel einer 100-%-Ansicht zu erreichen, wird in DPP der Button *Bearbeitungsfenster* links oben angewählt. Hier lässt sich über *100%* das voll aufgelöste Bild betrachten. Falls Sie linksseitig die eingeblendeten Thumbnails der aktiven Bilder stören, klicken Sie zusätzlich auf *Miniaturansichten*.

Über *Fit – Fenster anpassen* lässt sich auch der volle Monitor mit der Aufnahme füllen. Erfreulicherweise arbeitet DPP ebenfalls mit JPEGs zusammen, sodass die Bildvorschau für beide Bildformate genutzt werden kann.

▲ Über Miniaturansichten wird die Bearbeitungszeile mit den Thumbnail-Vorschauen in DPP ausgeblendet, sodass fast der gesamte Monitor für das gerade aufgenommene Bild verwendet werden kann.

Sofortige Bildvorschau mit ACDSee

Mit dem populären Bildbetrachter ACDSee lässt sich die gerade durchgeführte Aufnahme sofort als Vollbild anzeigen. Sie wird nach jeder Auslösung mit Camera Window automatisch aktualisiert und lässt sich daher z. B. für Livepräsentationen ohne eingeblendete Bedienelemente nutzen.

Dafür öffnen Sie ein Bild in der 100-%-Ansicht, wählen im Menü *Extras* den Unterpunkt *Ordner synchronisieren* und bestätigen die vorbelegten Häkchen mit OK.

Ab der Version ACDSee Pro 9 (plus dem derzeitigen Public Beta-Upgrade) wird auch das RAW-Format der EOS 400D erkannt.

Die EOS 400D in Aktion

Die Einsatzmöglichkeiten Ihrer EOS 400D sind schier unendlich. Ob in Konzerten, bei Sportveranstaltungen, auf der Sommerwiese bei Makroaufnahmen, durchs Teleskop oder auf Reisen – jedes Thema erfordert spezielle Vorbereitungen, wenn Sie keine 08/15-Aufnahmen mitbringen wollen.

Wir zeigen die besten Tricks und geben Hinweise, um situationsgerecht die Bildausbeute zu optimieren.

7

7.1 Hallen- und Konzertauf-
nahmen optimieren

Innenräumen fehlt es oft an der Lichtintensität, die unsere Sonne im Freien großzügig spendiert. Die Hauptschwierigkeit bei der Hallen- und Konzertfotografie liegt daher im fehlenden Licht. Man kann jedoch aus der Not eine Tugend machen und Bewegungsunschärfen bzw. ISO-Rauschen als Gestaltungsmittel in die Arbeit einfließen lassen. Wollen Sie sich jedoch alle Optionen offen halten, gehören ein hoher ISO-Wert, der Bildstabilisator und vor allem lichtstarke Objektive zum Pflichtprogramm.

▲ Alles falsch gemacht? Fehlfarben, Bewegungsunschärfen, relativ große Dunkelflächen ... kein Problem bei Konzertaufnahmen, denn hier gelten andere Maßstäbe als unter natürlichen Lichtverhältnissen. Dynamik, Farben und Lichtakzente geben die Konzertstimmung optimal wieder.

Weißabgleich und ISO-Wert

Wollte man bei Konzerten mit Lichtquellen unterschiedlicher Farbtemperatur nachträglich Farbstiche herausoperieren, würde man schier verzweifeln, denn dies ist schlicht unmöglich. Machen Sie sich also keine großen Sorgen um den korrekten Weißabgleich, denn das automatische Weißabgleichprogramm AWB deckt die meisten Lichtsituationen optimal ab. Dem Betrachter fehlt später zudem eine bekannte Referenz, und er wird sich daher kaum an Fehlfarben stören. Generell empfiehlt sich ein hoher ISO-Wert, wenn Sie Bewegungs- bzw. Verwacklungsunschärfen vermeiden wollen. ISO 800 dürfte für die 400D bei Konzerten bzw. Hallensportveranstaltungen als Standard gelten, nur für kleinere Ausgabeformate oder als Körnungsstilmittel sollte auf den Endwert ISO 1600 zurückgegriffen werden.

▲ Um der Szene etwas Retro-Feeling beizumischen, wurde hier mit ISO 1600 bewusst etwas Korn in die Aufnahme eingestreut. Generell empfiehlt sich jedoch der Wert ISO 800, Belichtungszeit: 1/8 Sekunde. Aufnahme: Peter Gross.

Testen Sie zwischendurch auch einmal einen niedrigeren ISO-Wert bzw. eine längere Verschlusszeit zwischen 1/8 und 1/30 Sekunde (Werte gelten für Normalbrennweiten bzw. bei Bildstabilisatoren), damit werden zwar die Darsteller nicht komplett scharf, aber mit feinen Bewegungsunschärfen umso dynamischer wiedergegeben.

Objektivwahl und Belichtungsmessung

Lichtstarke Objektive gehören besonders bei Sportveranstaltungen zur ersten Wahl. Das Canon 70-200/2,8 L IS USM zählt dabei für viele hochambitionierte Fotografen zu den Standardobjektiven, kostet allerdings über 1.500 Euro. Profis greifen gar auf die 300-mm- und 400/2,8 L IS USM-Versionen zurück und werden aufgrund des Objektivgewichts und der engen Platzverhältnisse auf das Einbeinstativ verpflichtet. Man muss sich aber diesen Empfehlungen nicht fügen und kann mit erheblich geringeren Investitionen zu gelungenen Aufnahmen kommen. Ein Canon 70-200/4,0 L USM liegt preislich deutlich unter den erwähnten Objektiven, ist aber noch relativ lichtstark. Eine Empfehlung, wenn Sie aus zweiter oder dritter Reihe fotografieren.

Falls Sie sich näher an der Bühne bzw. an den Akteuren platzieren können, kommt durchaus ein Allrounder wie das Canon 18-55mm/3,5-5,6, ein Tamron 28-75mm/2,8 oder auch das Canon 17-85mm/4-5,6 IS USM in Frage.

▲ Für Aufnahmen aus größerer Entfernung, relativ lichtstark und nicht zu teuer: das Canon 70-200/4,0 L USM empfiehlt sich für Konzerte und Hallenaufnahmen.

Belichtungsmessung und Bildformat

Die EOS 400D bietet Ihnen drei Belichtungsmessmethoden zur Auswahl – mit der Mehrfeldmessmethode machen Sie in der Regel nicht viel falsch, da die Kamera über 35 Felder eine insgesamt ausgewogene Belichtungszeit ermittelt. Sie wird jedoch der bei Konzerten gern eingesetzten Spotbeleuchtung nicht gerecht und kann schnell zu überstrahlten Gesichtern und zu langen Belichtungszeiten führen. Auch wenn es bei sich schnell bewegenden Akteuren problematisch sein kann, die sich hier anbietende Selektivmessung ⬕ ständig zielsicher nachzuführen, empfiehlt sich doch zumindest ein längerer Konzertabschnitt mit dieser Messmethode. Sie werden später bei der Bildwahl damit eine größere Chance auf wunschgemäß belichtete Aufnahmen haben.

Das RAW-Format ist dem JPEG-Bilddatenformat vor allem durch seinen höheren Dynamikumfang überlegen. Auch lässt sich der Weißabgleich später verlustfrei im RAW-Konverter durchführen, sodass wir die

▲ Seitlich an der Bühne platziert, lassen sich auch mit einer kleinen Brennweite Nahaufnahmen realisieren. Hier wurde das Licht im Programm Av selektiv auf den Gesichtern angemessen und der ermittelte Wert ins Programm M übertragen. So konnte eine ganze Serie mit optimaler Belichtung auf den Gesichtern realisiert werden, ohne dass bei Schwenks die Kamera auf andere Verschlusszeiten zurückgreift.

Selektivmessung auf mehrere Aufnahmen anwenden

Wird Spotlicht eingesetzt und konstant auf Schauspieler oder Musiker gerichtet, sollten Sie unbedingt die Selektivmessung darauf ansetzen. Übertragen Sie den so ermittelten Zeitwert (und die Blende) ins Programm M oder – falls nur eine kürzere Sequenz zu erwarten ist – drücken Sie die Sterntaste und halten Sie sie permanent fest. Damit lässt sich die Selektivmessung nicht nur bei einem Kameraschwenk, sondern zudem auf mehrere Bilder anwenden.

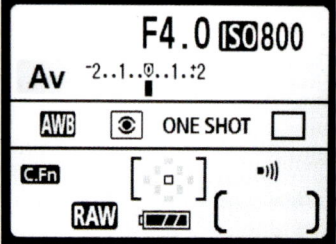

▲ Empfehlenswerte Einstellung für die Hallen- und Konzertfotografie: ISO 800, eine niedrige Blendenzahl, das RAW-Format, Mehrfeldmessung (gegebenenfalls bei Spotlichteinsatz auf Selektivmessung ändern) und zentrales Autofokusmessfeld. Das Kreativprogramm Av wird regelmäßig zur Pflicht, da die Motivprogramme ISO 400 als Maximalwert anbieten.

▲ Hallen ohne künstliche Beleuchtung erfordern relativ lichtstarke Objektive und hohe ISO-Werte. Nutzen Sie jedoch – wie hier – die Totale mit einem Weitwinkelobjektiv wie z. B. dem Canon 10-22mm, lassen sich unverwackelte Aufnahmen noch gut aus der Hand durchführen. Aufnahme mit 10 mm, 1/50 Sekunde, ISO 800, f3,5.

Einstellung auf RAW nur empfehlen können. Sollen die Aufnahmen jedoch eher „just for fun" als Erinnerung und relativ unkompliziert direkt nach dem Event präsentiert oder verteilt werden, ist das JPEG-Format durchaus eine unkomplizierte und Speicherplatz sparende Alternative.

7.2 Makrofotografie mit der EOS 400D

Die Makrofotografie zählt wohl zum beliebtesten Spezialgebiet innerhalb der Fotografie. Kein Wunder, denn die Investitionskosten in Makrozubehör bewegen sich innerhalb erträglicher Grenzen, wenn man sie z. B. mit hochwertigem Equipment aus dem Telebereich vergleicht. Viele Objektive wie z. B. das Kitobjektiv Canon 18-55mm verfügen bereits über

eine geringe Nahdistanz und eignen sich von Haus aus zum Hineinschnuppern in die Makrowelt. Sie sind also quasi das preisgünstige Extra, um in eine neue Dimension zu blicken.

Hat man erst einmal den Blick in die Wiese hinterm Gartenzaun geworfen, betreten plötzlich fantastische Gestalten die Bühne. Glitzernde Perlen auf Gräsern im Morgentau, die Radnetzspinne oder Wanze mit geheimnisvoller Rückenzeichnung, der bisher wenig beachtete Grashüpfer oder auch schlicht die Staubblätter einer Blüte können faszinieren und belohnen den aufmerksamen Makrofotografen mit ihrer Schönheit. Der Lockruf des Mikrokosmos weckt dann schnell den Wunsch nach noch besserem Equipment. Die ersten Fragen nach Makrospezialobjektiven, Nahlinsen, Zwischenringen oder gar Retroadaptern

▲ *Die Größe eines Stecknadelkopfes hat diese Springspinne. Von der EOS 400D ließ sie sich mit dem Canon 18-55, Retroadapter und Blitzlicht detailliert einfangen.*

tauchen nun auf. Begriffe wie Abbildungsmaßstab, Makroschiene, Fluchtdistanzen oder auch Ringblitze und Beanbags laufen dem Protagonisten über den Weg und harren der Klärung. Welches Makroobjektiv liefert gestochen scharfe Bilder, wie lassen sich extreme Vergrößerungen herstellen und mit welchen Kameraeinstellungen die besten Ergebnisse erzielen, dies sind häufig gestellte Fragen und daher Thema dieses Kapitels.

Hier scheint ein Heupferd bei wechselhaftem Wetter noch der ▶ *Spätnachmittagssonne und einem Regenschauer ausgesetzt. Tatsächlich befand sich die Heuschrecke auf dem Kühlschrank in der Wohnung des Autors Stefan Gross und wurde mithilfe von drei Taschenlampen und einem Wasserbestäuber dynamisch inszeniert. Kurze Zeit nach der Fotosession wurde sie dann in bekanntere Gefilde und wohlbehalten vor die Tür an die frische Luft entlassen.*

Dank der relativ geringen Nahdistanz von 1,50 m konnte die gebänderte Prachtlibelle (Calopteryx splendens, Weibchen) relativ großformatig bei Offenblende mit dem Canon 300mm/4,0 L IS USM abgelichtet werden.

Nahlinse, Makroobjektiv, Zwischenring, Telekonverter Retroadapter & Co.

Erste Experimente im Makrobereich lassen sich wie erwähnt bereits mit ganz gewöhnlichen Objektiven veranstalten. Das wohl meistgekaufte – im Bundle mit der EOS 400D vielfach angebotene – Objektiv Canon EF-S 18-55mm verfügt z. B. über eine Nahdistanz von 28 cm und ist damit bereits geeignet, um im Nahbereich zu operieren und eindrucksvoll vergrößerte Aufnahmen zu realisieren.

Nahlinse

Mit einer hochwertigen Nahlinse wie z. B. der Canon 250D lässt sich diese Mindestdistanz zum Scharfstellen weiter herabsetzen, womit sich noch mehr Motivdetails einfangen lassen. Die Verringerung der Nahdistanz hängt von der eingesetzten Brennweite des jeweiligen Objektivs ab.

Das Canon 18-55mm oder auch das Tamron 28-75mm/2,8 (mit Anpassungsring von 67 auf 58 mm) lässt sich damit bei Endbrennweite z. B. lediglich rund 2,5 cm näher ans Motiv bringen, wobei sich ein nur geringfügiger Vergrößerungseffekt einstellt. Einen erheblich stärkeren Effekt erzielt man mit großen Brennweiten. Spaßeshalber lässt sich z. B. die Min-

▲ *Eine Nahlinse wie die Canon 250D lässt sich mithilfe von Adapterringen (auch Filteradapter genannt) von 58 auf die 77 mm des hier verwendeten Canon 70-200mm/2,8 L USM anpassen. Dabei ergeben sich – entgegen der Vermutung – jedoch keine Randabschattungen, da nur der innere Bildkreis des Objektivs ausgenutzt wird.*

destdistanz mit dem Canon 300mm/4,0 L und der Nahlinse 250D von 150 auf 48 cm herabsetzen und damit eine dreifache Motivvergrößerung erzielen. Für solch lange Brennweiten ist jedoch die Nahlinse 500D besser geeignet, da die Abbildungsleistung steigt und die Bildergebnisse weniger unscharf und

▼ *Hier wurden gleich zwei Zwischenringe verwendet, um die Nahgrenze des angesetzten Objektivs praktisch zu halbieren und den Abbildungsmaßstab zu verdoppeln. Im Gegensatz zu recht günstigen Ringen ohne elektrische Verbindung lässt sich der Autofokus und die Blende mit diesem Zwischenringset von Soligor (12mm, 20mm und 36mm) selbst in der nacheinandergeschalteten Staffel weiterhin nutzen.*

mehlig wirken. Eine wirklich gute Abbildungsleistung lässt sich mit ihr jedoch nur abgeblendet erzielen, was einen deutlichen Nachteil der Lösung mithilfe einer Nahlinse darstellt. Lichtstärke gehört generell zu den wichtigsten Kriterien in der Fotografie, um Bewegungs- bzw. Verwacklungsunschärfen auszumerzen. Eine Forderung, der die Nahlinse aufgrund nicht ganz überzeugender Offenblendleistungen besonders bei längeren Brennweiten in der Regel nicht nachkommt und daher nur eingeschränkt empfehlenswert oder eher für statische Motive geeignet ist.

Zwischenringe und Balgengerät

Mithilfe von Zwischenringen lässt sich die Nahgrenze ähnlich der Nahlinse herabsetzen. Im Gegensatz zu Letzterer wird der Zwischenring namensgebend nicht auf die Frontlinse, sondern zwischen Objektiv und Kamera angesetzt. Damit sind die Zwischenringe für alle Objektive passend, ohne dass ein Anpassungsring benötigt wird. Das EF-S-Bajonett (das S steht für **S**hort Back) macht allerdings vielfach einen Strich durch die Kompatibilitätsrechnung, und Drittanbieter haben häufig ihre Zwischenringe nicht passgerecht auf das Short Back der EOS 400D adaptiert. Damit lassen sich die Canon-EF-S-Objektive wie z. B. das 18-55mm, das 10-22mm oder auch das 17-85mm nicht mit solchen Zwischenringen nutzen, sondern nur die übrigen für das EF-Bajonett ausgelegten Objektive.

Abhängig vom Millimeterdurchmesser der Zwischenringe sinkt die Nahgrenze. Typische Größen sind zum Beipiel 12 mm, 20 mm oder auch 36 mm. Mit Letzterem sinkt z. B. die Nahgrenze von 30 cm auf 21 cm an Objektiven zwischen 50 und 80 mm Brennweite, und analog steigt der Abbildungsmaßstab. Die Bildqualität des Objektivs bleibt bei Einsatz von Zwischenringen voll erhalten, und auch die Offenblende ist – im Gegensatz zu Nahlinsen – ohne Einschränkung nutzbar. Damit also ohne Fehl und Tadel? Leider nein, denn der Einsatz von Zwischen-

ringen kostet Licht. Der Grund ist die größere Distanz zwischen Hauptebene und Bildsensor, die das Licht zurücklegt. Da die Lichtstärke jedoch im Quadrat zur Entfernung abnimmt, wird der Makrofotograf damit konfrontiert.

> **Begriffserläuterung Abbildungsmaßstab**
>
> Der Abbildungsmaßstab ist eine Größenangabe, die bei makrofähigen Objektiven den Vergrößerungsfaktor im Verhältnis zur Sensorgröße angibt.
> Ein Abbildungsmaßstab von 1:1 bedeutet beispielsweise, dass ein Motiv in der tatsächlichen Größe auf den Sensor ausbelichtet wird. Sie können also mit einem typischen 1:1-Makroobjektiv genau 2,2 cm formatfüllend und scharf ablichten. Dies entspricht der Länge des EOS 400D-Bildsensors. Steigt die zweite Zahl (z. B. 1:2), sinkt die Motivgröße um 50 %, und es lässt sich auf maximal 4,5 cm scharf stellen. Der Winkel steigt, aber der Abbildungsmaßstab sinkt.
>
>
>
> ➤ Bildfüllend lässt sich mit einem 1:1-Makroobjektiv ein Zentimetermaß auf 2,22 cm Länge scharf ablichten. Dies entspricht exakt der Sensorbreite der EOS 400D. Auch an Vollformatkameras wie der EOS 5D verändert sich der Abbildungsmaßstab nicht. Hier lassen sich 3,6 cm scharf ablichten, was der Breite des Kleinbildformats von 24 x 36 mm entspricht.

Bei einem 20-mm-Zwischenring ist der Lichtverlust jedoch in der Regel undramatisch und beträgt z. B. am Tamron 90mm-Makroobjektiv nur rund 1/3 Blendenstufe – im Gegensatz zum geringfügigen Lichtverlust ergibt sich auf der Habenseite jedoch ein Vergrößerungseffekt um rund 40 % von 1:1 auf 1,4:1.

Balgengeräte haben im Übrigen die gleiche Funktion wie Zwischenringe. Auch sie führen zu einer Verlängerung des Auszugs, lassen sich aber in Verbindung mit einer Makroschiene stufenlos einstellen. Damit werden sie jedoch insgesamt etwas unhandlicher und eignen sich am besten für unbewegte Motive zumindest in hohen Abbildungsmaßstäben.

Telekonverter

Das typische Einsatzgebiet für Telekonverter sind die langbrennweitigen Teleobjektive, deren Brennweite um Faktoren wie 1,4x und 2,0x verlängert werden. Natürlich lassen sich die Telekonverter auch im Makrobereich einsetzen und z. B. zwischen Makroobjektiv und EOS 400D setzen. Sie wirken dabei ganz ähnlich wie Zwischenringe und führen zu einer Auszugsverlängerung. Die Optik ist dabei praktisch

ohne Einfluss auf die Größe der Motivabbildung. Ein 1,5x-Telekonverter wie etwa der Kenko Teleplus MC führt also an einem 1:1-Makroobjektiv zu einer Abbildungsbreite von 1,5 cm und erhöht damit den Abbildungsmaßstab um 50 % auf 1,5:1.

Im Vergleich zu Zwischenringen haben Telekonverter den Nachteil, dass sie durch ihre Eigenoptik zu Einbußen bei der Abbildungsqualität führen, verbuchen jedoch Vorteile gegenüber Ersteren dadurch, dass sie sich weiterhin auf die Unendlichkeitsstellung scharf stellen lassen. Auch hier gilt es aufzupassen, denn viele Telekonverter sind nicht auf das EF-S-Bajonett der EOS 400D angepasst und können daher nicht mit allen Canon-Objektiven kombiniert werden. Noch stärker sind Sie jedoch mit Canon-Telekonvertern (von Canon als Extender bezeichnet) hinsichtlich der Kompatibilität eingeschränkt, denn sie unterstüt-

▼ Mit dem Canon 18-55mm werden auf diesem Prachtkäfer schon einzelne Facetten sichtbar. Möglich wird dies mit dem Retroadapter, der das Objektiv in Umkehrstellung zu einer Lupe macht.

zen weder das EF-S noch lassen sich Objektive außerhalb von Canons L-Klasse mit ihnen nutzen (Ausnahme: einige Sigma-Telebrennweiten).

Retroadapter

Manch EOS-Fotograf mag die fantastischen Möglichkeiten überraschen, mit denen Objektive in Retrostellung extrem vergrößerte Makroaufnahmen ermöglichen. Nimmt man das Objektiv in die Hand und schaut durch die Frontlinse hindurch, mutiert die Linse zu einer Lupe. Dieser Lupeneffekt stellt sich ein, wenn man z. B. das Canon 18-55 „verkehrt herum" hält und sich einem Motiv auf rund 5 cm Abstand nähert. Mit einem Retroadapter lässt sich ein Objektiv in dieser Umkehrstellung mit der EOS 400D verkoppeln, und damit lassen sich Abbildungsmaßstäbe von bis zu 5:1 erzielen. Dies entspricht also der fünffachen Abbildungsgröße gegenüber einem herkömmlichen Makroobjektiv. So lassen sich z. B. einzelne Facetten eine Insektenauges visualisieren.

Die Abbildungsleistung der Objektive ist in der Umkehrstellung überraschend hoch. Der Grund findet sich in dem sehr kleinen Bildkreis, der nur das zentrale Kernstück des Objektivs ausnutzt und damit verlustbehaftete Linsenkrümmungen ausspart. Es lassen sich Abbildungsleistungen selbst an Objektiven der Einsteigerklasse erzielen, die mit den besten Makroobjektiven durchaus mithalten können.

Die Lichtstärke hängt vom gewählten Vergrößerungsmaßstab ab. Solange man sich z. B. am Kitobjektiv bei 55 mm in Regionen klassischer Makroobjektive bewegt, bleibt die Lichtstärke praktisch erhalten. Spätestens aber bei extremen Vergrößerungen (18 mm) werden Stativ und Fernauslöser zur Pflicht. Die Fokussierung erfolgt manuell, und auch die Blendensteuerung muss über einen Trick an das Objektiv übertragen werden. Dabei wird das Objektiv in Normalstellung auf die EOS 400D gesetzt und eine höhere Blendenzahl eingestellt. Gleichzeitig wird anschließend die Abblendtaste am Objektiv festgehalten und das Objektiv vom Gehäuse gelöst. Die Blende ist jetzt im Objektiv fixiert und steht damit in Retrostellung für eine höhere Schärfentiefe zur Verfügung (dabei dunkelt sich jedoch das Sucherbild ab).

▲ Das Kitobjektiv Canon EOS 18-55mm wurde hier mithilfe eines Retroadapters in Umkehrstellung (Frontlinse zur Kamera) mit der EOS 400D verkoppelt.

Den Retroadapter kaufen oder selbst bauen

Der Retroadapter lässt sich z. B. aus einem ausgefrästen Gehäusedeckel und einem darauf aufgeklebten Adapterring selbst bauen. Auf http://www.traumflieger.de finden Sie dazu einen Selbstbauworkshop oder auch eine fertige Version zum käuflichen Erwerb.
Nähere Infos finden sich unter http://www.traumflieger.de/desktop/retroadapter/retroadapter.php.

Alternativen zum Retroadapter

Um in extreme Makrobereiche vorzudringen, ist der Retroadapter für rund 25 Euro die kostengünstigste Möglichkeit: http://www.traumflieger.de/oscommerce-2.2ms2/catalog/product_info.php?cPath=21&products_id=29.
Canon bietet etwas mehr Komfort mit dem Lupenobjektiv MP-E65, da die Blendensteuerung an der Kamera vorgenommen werden kann (der Autofo-

Makroobjektive

Ambitionierte Fotografen werden – trotz oben genannter Alternativen – die Investition in ein klassisches Makroobjektiv nicht scheuen. Diese Spezialisten sind in der Regel mit einer Offenblende von 2,8 recht lichtstark und auf den Abbildungsmaßstab von 1:1 ausgelegt. Damit sind sie schon recht optimal, um z. B. Details eines Insekts in regelmäßig sehr guter Abbildungsleistung abzulichten. Unterschiede gibt es hinsichtlich der Ausstattungs-Features und Nahgrenzen bzw. der Kompatibilität. Canons EF-S 60mm/2,8 lässt sich z. B. nicht an der EOS 5D oder anderen Profimodellen betreiben, da diese nicht das EF-S-Bajonett unterstützen, es verfügt jedoch dank USM über einen sehr leisen Autofokus, bei dem der manuelle Zugriff jederzeit möglich ist.

Auch Sigma und Tamron bieten hochwertige Makroobjektive von 50 bis zu 180 mm, die sich u. a. durch die Nahgrenze unterscheiden. Mit einem 180-mm-Makroobjektiv beträgt der Abstand von der Frontlinse zum Motiv bei 1:1 rund 30 cm, während Sie bei 50-mm-Makroobjektiven schon auf 13 cm heranrücken müssen. Nicht immer muss eine geringe Nahdistanz von Nachteil sein, insbesondere dann nicht, wenn wenig Platz hinter Ihnen zur Verfügung

▼ Die Grenzen zwischen Nah- und Makrobereich sind fließend. Mit dem Weitwinkelobjektiv Sigma 14mm/2,8 HSM konnte dieser junge Steinpilz aus einer Distanz von lediglich 8 cm großformatig abgelichtet werden.

steht (z. B. wenn vom Boden aus ein Motiv gegen den Himmel abgelichtet werden soll).

Makroobjektive lassen sich natürlich auch mit Zwischenringen kombinieren, wodurch der Abbildungsmaßstab über 1:1 hinaus erhöht wird. Das kostet etwas Lichtleistung, und die Unendlichkeitsstellung ist dann nicht mehr erreichbar. Sehr zu empfehlen sind die Makrospezialisten aufgrund ihrer Freistellungsmöglichkeiten in Verbindung mit der großen Blendenöffnung und der guten Abbildungsleistung auch im Porträtbereich. Weitere Details finden Sie in Kapitel 12.

Zubehör

Drei Dinge braucht der Mann (oder die Frau): Stativ, Fernauslöser und eine Makroschiene. Letztere jedoch vor allem, wenn es um hochpräzise Aufnahmen im extremen Makrobereich geht. Hier ist die manuelle Fokussierung mithilfe eines Einstellschlittens dem Autofokusbetrieb oder der Fokussierung über den Einstellring am Objektiv überlegen. Insbesondere um die dort stets zu knappe Schärfentiefe zu erhöhen, kann über eine Makroschiene der Schärfepunkt sehr exakt gelegt werden und gegebenenfalls eine Schärfenreihe mit anschließender Fusion der Einzelaufnahmen bei statischen Motiven erfolgen.

> **Mehr Schärfentiefe: Fusion mehrerer Aufnahmen**
> Im Makrobereich sinkt die Schärfentiefe stark ab, und oft bildet nur noch ein einzelnes Detail wie etwa ein Insektenauge trotz höherer Blendenzahl scharf ab. Ähnlich wie mit den Techniken zur Erhöhung des Dynamikumfang (Stichwort: DRI oder HDR) oder auch um Panoramaaufnahmen zu realisieren, kann die Schärfentiefe jedoch mithilfe

▼ Nicht immer steht ausreichend Licht zur Verfügung, oder die Vegetation verhindert den Einsatz eines Stativs. In solchen Fällen kann ein Makroringblitz hilfreich sein, um noch aus der Hand verwacklungsfrei abzulichten bzw. um Bewegungsunschärfen zu vermeiden.

mehrerer Aufnahmen vergrößert werden. Dafür wird bei jeder einzelnen Aufnahme jeweils die Schärfeebene so verschoben, dass keine unscharfen Schnittstellen entstehen. Mit der Software lassen sich die Einzelaufnahmen in Sandwichtechnik später zu einer einzigen fusionieren.

Wer die manuelle Arbeit mittels Maskierung z. B. unter Photoshop scheut, kann z. B. die Freeware CombineZ5 testen (*http://www.hadleyweb.pwp. blueyonder.co.uk/CZ5/combinez5.htm*) oder auch das komfortablere, allerdings kostenpflichtige Programm Helicon Focus dafür nutzen (*http:// www.heliconfocus.com*). Die Bildergebnisse müssen jedoch auch mit diesen Softwarespezialisten oft noch manuell angepasst werden.

▲ Auf den Stativkopf wurde eine Vierwegemakroschiene aufgesetzt. Damit lässt sich die Schärfeebene manuell mithilfe von Einstellschrauben sehr exakt legen.

Novoflex oder auch Manfrotto bieten beispielsweise solche Makroschienen (auch Einstellschlitten genannt) an. Einige Varianten wie etwa die im Bild gezeigte bieten zusätzlich eine Horizontalebene, mit der sich auch Stereoaufnahmen durch Verschiebung in der Breite des Augenabstands realisieren lassen (zu finden z. B. unter *http://www.traumflieger.de/oscommerce-2.2ms2/catalog/product_info. php?cPath=28&products_id=55*). Fernauslöser, Stativ oder gegebenenfalls Beanbags (dabei handelt es sich um mit Naturmaterialien gefüllte Kissen zur

Positionierung im Bodenbereich) gehören ebenfalls zum Pflichtequipment des ambitionierten Makrofotografen. Details dazu werden in Kapitel 12 besprochen.

Winkelsucher

Auf einen Winkelsucher sollte kein Makrofotograf verzichten, denn er ermöglicht bodennahe Aufnahmen, ohne sich unnötig flach hinlegen zu müssen. Manchmal reicht der Platz auch nicht mehr aus, und der Winkelsucher wird absolut notwendig. Versionen, die über eine 2-fach-Vergrößerungsoption verfügen, erleichtern zusätzlich die Beurteilung der Schärfe. Neben Canons Winkelsucher C lässt sich z. B. auch der etwas kostengünstigere Winkelsucher VN von Minolta oder die ebenfalls preiswerten Winkelsucher von Seagull einsetzen.

▲ Ein Winkelsucher gehört zu den unverzichtbaren Tools des ernsthaften Makrofotografen. Verfügt er über eine 2-fach-Vergrößerungsoption, kann damit – neben seiner Hilfe im bodennahen Bereich – zusätzlich die Schärfe noch exakter beurteilt werden.

Slave-Flash

Licht fehlt in der Makrofotografie vor allem, wenn die Schärfentiefe über eine größere Blendenzahl erhöht wird. Es lässt sich zwar der interne Blitz ausklappen, doch führt er schnell zu Abschattungen, da die Baulänge vieler Makroobjektive zu groß ist. Das frontale Licht bewirkt außerdem recht harte Schlagschatten. Eine günstige Alternative zu den hochpreisigen Duoflash- oder Makroringblitzen ist ein Slave-Flash, der sich zudem noch kabellos betreiben lässt und damit über die Makrofotografie hinaus verwendet werden kann.

▲ Um 40 Euro wird der Slave-Flash inklusive Schiene angeboten. Für die Makrofotografie eine tolle Möglichkeit, hochwertige Blitzaufnahmen mit ausreichend Schärfentiefe zu realisieren. Infos unter www.traumflieger.de/slaveflash.php.

Kameraeinstellungen

Das Programm Av ist auch im Makrobereich erste Wahl, um die Schärfentiefe über die Blendenzahl schnell einzustellen. Hilfreich zur optischen Überprüfung ist auch die Schärfentiefenprüftaste, bei der sich zwar das Sucherbild mit steigender Blendenzahl verdunkelt, jedoch gegebenenfalls über zusätzliche Lichtquellen wie etwa eine helle Taschenlampe noch aufhellen lässt.

Besonders bei langen Brennweiten oder nicht fest verankerten Stativen sollte mit dem Individualparameter 07 die Spiegelvorauslösung aktiviert werden. Damit verhindern Sie Verwacklungsunschärfen. Steht Ihnen kein Fernauslöser zur Verfügung, ist auch der Selbstauslöser hilfreich (über die Bildfrequenztaste ⊑☉ⅈ erreichbar), um unnötige Verwackler beim Durchdrücken des Auslösers zu vermeiden.

▼ Bei dieser bodennahen Perspektive auf das Mineralien aufnehmende, südamerikanische Schmetterlingstrio war der aufgesteckte Winkelsucher sehr hilfreich.

▲ *Das Av-Programm gehört zu den bevorzugten Einstellungen, um bei Makroaufnahmen schnell die Blendenzahl über das gezahnte Einstellrad zu verändern.*

▲ *Der Cirrus-Nebel NGC 6992 erschließt sich dem Astrofotografen schon mit rund 500 mm Brennweite.*

7.3 Astrofotografie

Die digitalen Spiegelreflexkameras von Canon haben bei Astrofotografen einen sehr guten Ruf aufgrund ihrer guten Rauscheigenschaften. Die EOS 400D reiht sich trotz kleinerer Pixel dabei nahtlos in die Reihe ihrer Vorgänger, EOS 300D und EOS 350D, ein und wird mit der eingebauten Sensorreinigung viele Freunde unter den Astronomen finden. Doch auch dem astronomisch weniger bewanderten Fotografen gelingen mit der EOS 400D leicht beeindruckende Aufnahmen des Nachthimmels.

Gute Optiken sind Pflicht

Wo die Tageslichtfotografie noch viele kleinere Unzulänglichkeiten bei Objektiven verzeiht, deckt die Astrofotografie etwaige Schwachstellen der Optiken sofort auf. Daher sind für die Astrofotografie qualitativ sehr hochwertige Optiken Pflicht. Aber nicht nur die optische Qualität sollte stimmen, insbesondere die Lichtstärke ist mindestens ebenso wichtig, und die mechanische Verarbeitung darf auch nicht außer Acht gelassen werden. Zunächst einmal kann in der Astrofotografie der Autofokus nur in den seltensten Fällen eingesetzt werden. Bei Mondaufnahmen

funktioniert dieser manchmal noch recht brauchbar, aber schon bei Weitfeldaufnahmen des Sternenhimmels ist eine manuelle Fokussierung Pflicht. Moderne günstige Objektive bieten allerdings oft nur noch eine Notbedienung der Fokuseinstellung, teilweise sogar ohne jegliche Entfernungsmarkierung, sodass die Fokussierung zum absoluten Geduldsspiel werden kann. Deutlich besser schneiden hier die L-Objektive von Canon ab. Diese verfügen über eine Unendlichmarkierung, die zumindest bei nicht allzu tiefen Umgebungstemperaturen sehr gut die Lage des Unendlichfokus angibt.

Chromatische Aberration

Licht unterschiedlicher Wellenlänge wird in Linsen unterschiedlich stark gebrochen. Aus diesem Grund weisen alle Linsenoptiken einen Farbfehler, die chromatische Aberration, auf. Diese setzt sich aus dem Farbquerfehler, der die Bildebene betrifft, und dem Farblängsfehler, der die unterschiedlichen Fokuslagen der Farben des sichtbaren Spektrums betrifft, zusammen.

Bei einfachen Optiken (Einzellinsen) sind die Fokuslagen für alle Farben unterschiedlich. Diese Optiken werden als Chromaten bezeichnet und nur für Spezialanwendungen eingesetzt. Übliche Fotooptiken korrigieren durch zusätzliche Linsen den Bereich der roten und der blauen Farbe auf einen Brennpunkt. Diese Optiken nennen sich Achromaten. Besonders hochwertige Optiken sind über das gesamte sichtbare Spektrum korrigiert und werden als Apochromaten bezeichnet.

Ist bei der Tageslichtfotografie der Farblängsfehler nur an extrem kontrastreichen Kanten störend (Purple Fringing), zeigt sich dieser bei Astroaufnahmen als heller und störender Blausaum um die Sterne. Dieser Blausaum kann auch durch die Bildbearbeitung nur unzureichend korrigiert werden, sodass die Verwendung von Optiken mit geringem Farblängsfehler zu empfehlen ist. Solche Optiken werden oft als Apochromaten (siehe Infokasten) bezeichnet.

Neben normalen Fotooptiken kommen in der Astrofotografie auch spezielle astronomische Optiken zum Einsatz – die Teleskope. Im Gegensatz zu Fotooptiken verfügen Teleskope weder über eine variable Blende noch über einen von der EOS 400D ansteuerbaren Fokusmotor. Dafür können Teleskope mit längeren Brennweiten und erträglichen Öffnungsverhältnissen wesentlich günstiger gefertigt werden als Fotooptiken, da die aufwendige und teure Mechanik sowie die Elektronik entfallen.

Teleskope lassen sich in zwei große Klassen einteilen:

- Spiegelteleskope – Reflektoren
- Linsenteleskope – Refraktoren

Fotoobjektive sind üblicherweise Refraktoren, d. h., sie erzeugen das Bild durch die Brechung des einfallenden Lichts mittels Linsen. Reflektoren hingegen erzeugen ein Bild mittels eines Spiegelsystems, d. h. durch Reflexion.

Linsenteleskope (Refraktoren) erzeugen meist ein sehr kontrastreiches Bild mit kleinen Sterndurchmessern, sind aber insbesondere als farbreine Apochromaten und bei größeren Öffnungen sehr teuer.

Spiegelsysteme lassen sich dagegen sehr günstig auch mit größeren Durchmessern fertigen und sind daher bei gleicher Öffnung meist deutlich günstiger als Refraktoren.

Die Öffnung, also der Durchmesser, eines Teleskops ist dabei entscheidend für das Auflösungsvermögen. Je größer die Öffnung eines Teleskops ist, desto feinere Details kann das Teleskop auflösen, wenn die gesamte Optik dies auch hergibt.

Egal ob ein Linsenteleskop oder ein Spiegelteleskop eingesetzt werden soll, beide müssen auf einer ausreichend stabilen Montierung aufgesetzt werden. Diese Montierung muss nicht nur das Teleskop erschütterungsfrei tragen, sondern auch eine möglichst exakte Nachführung auf die scheinbare Bewegung der Sterne ermöglichen. Nicht selten kostet eine gute Montierung genauso viel oder sogar mehr als die verwendeten Optiken. Grundsätzlich ist es so, dass mit einer schlechten Optik auf einer guten Montierung immer noch Astroaufnahmen möglich sind, wohingegen mit einer Spitzenoptik auf einer unbrauchbaren Montierung keine vernünftigen Ergebnisse zu erzielen sind. Mit einer wackligen bzw. minderwertigen Montierung kann die Erdrotation nicht ausreichend fein nachgeführt werden.

Die EOS 400D in Aktion

Für diese lang belichtete Strichspuraufnahme wurde nur die EOS 400D, ein weitwinkliges Objektiv (Canon EF-S 10-20mm) und ein automatischer Timer verwendet.

Die optimale Kameraeinstellung für Astroaufnahmen

Lang belichtete Astroaufnahmen sind für jede Digitalkamera eine Herausforderung, da diese grundsätzlich für Tageslichtaufnahmen ausgelegt sind. Dennoch wird aus der EOS 400D schnell eine sehr gute Astrokamera, wenn die richtigen Einstellungen an der Kamera gewählt werden.

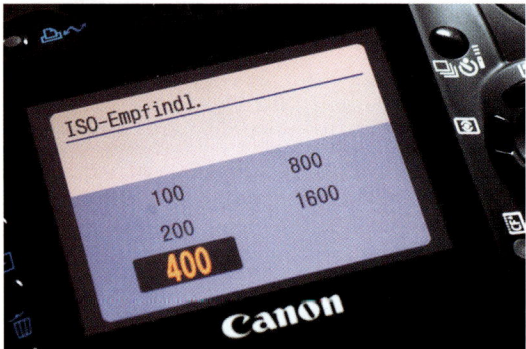

▲ ISO 400 ist ein guter Kompromiss zwischen Empfindlichkeit und Rauschverhalten.

Entscheidend für gute Bildergebnisse ist die Wahl einer geeigneten Einstellung der ISO-Empfindlichkeit. Kleine ISO-Werte führen zu geringem Rauschen, allerdings steigen die benötigten Belichtungszeiten gegenüber hohen ISO-Werten deutlich an.

Aus Betrachtungen des Bildrauschens und des zur Verfügung stehenden Dynamikumfangs haben sich ISO 400 und ISO 800, je nach Helligkeit des zu fotografierenden Objekts, als jeweils bester Kompromiss herausgestellt. Besonders dunkle Objekte erfordern allerdings den Einsatz von ISO 1600, damit überhaupt ausreichend Signal aufgezeichnet wird, wohingegen bei Strichspuraufnahmen normalerweise ISO 100 die richtige Wahl ist.

Die Canon EOS 400D verfügt über eine eingebaute Rauschreduzierung, die sehr gut funktioniert. Dabei fertigt die Kamera allerdings nach jedem Bild ein passendes Dunkelbild gleicher Belichtungszeit an,

sodass von der wertvollen möglichen Belichtungszeit etwa die Hälfte für die Rauschreduzierung verwendet wird. Gerade in unseren Breiten mit doch eher unbeständigem Wetter ist dies bei Astroaufnahmen nicht sinnvoll.

Bei Strichspuraufnahmen ist die Rauschreduzierung sogar kontraproduktiv, weil dadurch Lücken zwischen den Strichspuren auf den einzelnen Aufnahmen entstehen.

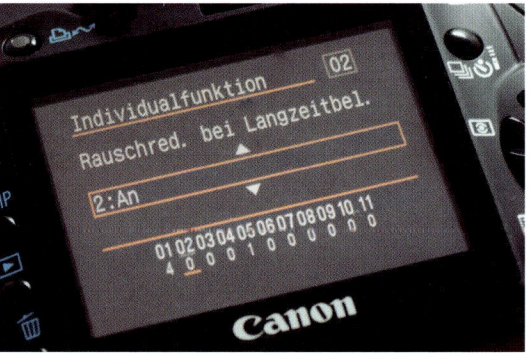

▲ Die Rauschreduzierung ist zwar vorteilhaft, kostet jedoch die Hälfte der zur Verfügung stehenden Belichtungszeit.

Daher wird normalerweise die Rauschreduzierung abgeschaltet, und erst nach den Aufnahmen, meist im Morgengrauen, werden getrennt Dunkelbilder bei komplett abgedecktem Objektiv und Sucher angefertigt.

Wichtig ist, dass diese Dunkelbilder unter den gleichen Bedingungen, vor allem bei der gleichen Temperatur wie die Aufnahmen angefertigt werden. Die Dunkelbilder können später in der Bildbearbeitung von den Aufnahmen abgezogen werden, sodass nahezu der gleiche Effekt wie bei der eingebauten Rauschreduzierung entsteht, ohne dass wertvolle Belichtungszeit geopfert wird.

Ein zusätzlicher Vorteil dieser Methode ist, dass meist vier Dunkelbilder ausreichen, um die Bilder einer ganzen Nacht zu kalibrieren, und so Zeit eingespart wird. Sie sollten aber auf jeden Fall mindestens zwei Dunkelbilder anfertigen und diese mitteln, um Störungen in den einzelnen Darks zu eliminieren.

▲ Bei deaktivierter Autoabschaltung gehen auch bei längeren Belichtungspausen die Einstellungen nicht verloren.

Gerade bei lang belichteten Aufnahmen kann es schnell passieren, dass das Ende einer Aufnahmeserie verpasst wird und die EOS 400D einige Minuten arbeitslos ist. Bei aktivierter Autoabschaltung können dabei wichtige Einstellungen zurückgesetzt werden, sodass es sich anbietet, diese zu deaktivieren.

▲ Damit der Monitor nicht nach jeder Aufnahme aufleuchtet, sollte für Astroaufnahmen die automatische Rückschau deaktiviert werden.

Gerade bei Astroaufnahmen ist jedes unnötige Licht sehr störend. Bei aktivierter automatischer Rückschau würde der Kameramonitor nach jeder Aufnahme aufleuchten, was normalerweise bei Astroaufnah-

men nicht erwünscht ist. Daher bietet es sich an, die automatische Rückschau zu deaktivieren.

▲ RAW+L erlaubt einen schnellen Überblick über die JPEG-Dateien und sichert gleichzeitig alle Sensordaten im verlustfreien RAW-Format.

Nicht vergessen werden sollte die Einstellung des Rohdatenformats RAW. Steht genug Speicherplatz zur Verfügung, bietet sich die Verwendung von RAW+L an. Dann können die JPEGs für einen schnellen Überblick oder auch eine erste Probebearbeitung verwendet werden, und für die Feinarbeit stehen die 12-Bit-Sensorrohdaten zur Verfügung.

Strichspur- und einfache Sternfeldaufnahmen

Sehr einfach ist der Einstieg in die Astrofotografie mit Strichspur- oder einfachen Sternfeldaufnahmen. Als Ausrüstung werden dabei neben der EOS 400D nur ein weitwinkliges Objektiv, ein stabiles Stativ sowie sinnvollerweise eine Timerfernsteuerung benötigt. Auf Letztere kann auch verzichtet werden, allerdings kann es ganz schön nervig werden, eine Nacht lang alle fünf Minuten den Auslöseknopf drücken zu müssen.

Die EOS 400D wird für Strichspuraufnahmen auf eine Empfindlichkeit von maximal ISO 800 eingestellt. Als Belichtungszeiten empfehlen sich ca. 3 bis 5 Minuten. Die ideale Kombination aus ISO-Empfindlichkeit und Belichtungszeit lässt sich mit der EOS

▲ *Durch Übereinanderlegen vieler Einzelaufnahmen lassen sich extrem lange Belichtungszeiten für Strichspuraufnahmen simulieren. Wird dabei allerdings die interne Rauschreduzierung verwendet, ergibt sich der im Inset links oben sichtbare Effekt, dass die Strichspuren unterbrochen sind. Auf der Aufnahme ist auch eine der in unseren Breiten leider unvermeidbaren Satellitenspuren sichtbar (großes Inset).*

400D am besten durch eine Probebelichtung ermitteln. Dabei sollte keine Stelle im Bild überbelichtet sein, und das Histogramm, also der Dynamikbereich der EOS 400D, sollte bestmöglich ausgenutzt werden.

Als Objektiv bietet sich ein möglichst weitwinkliges Objektiv an, z. B. das Canon EF-S 10-20mm. Bei den meisten Objektiven ist es dabei sinnvoll, das Objektiv um eine halbe bis eine Stufe gegenüber der Offenblende abzublenden, um die bestmögliche Abbildungsleistung zu erhalten.

Aufgrund des meist aufgehellten Himmelhintergrunds verbietet es sich in der Regel, sehr lange Belichtungszeiten anzuwenden, da dabei der Himmelhintergrund die Sterne deutlich überstrahlt. Stattdessen werden Aufnahmen von ca. 3 bis 5 Minuten Einzelbelichtungszeit direkt hintereinander belichtet und anschließend am PC zusammengesetzt. In Adobe Photoshop z. B. werden die Einzelbilder mit dem Modus

Aufhellen überlagert, sodass der Himmelhintergrund dunkel bleibt, aber die Strichspuren aufscheinen.

Als Fernauslöser mit Timerfunktion kann an der EOS 400D entweder ein umgebauter Canon TC-80N3 oder ein entsprechendes Produkt eines Fremdherstellers eingesetzt werden. Bei der Verwendung eines Timers sollte die Pause zwischen zwei Aufnahmen so kurz wie möglich eingestellt werden, um Unterbrechungen in den Strichspuren zu vermeiden.

Lang belichtete Sternfeldaufnahmen mit automatischer Nachführung

Deutlich bessere Ergebnisse bei Sternfeldaufnahmen entstehen, wenn statt eines Fotostativs eine astronomische Montierung zur Nachführung der EOS 400D eingesetzt wird.

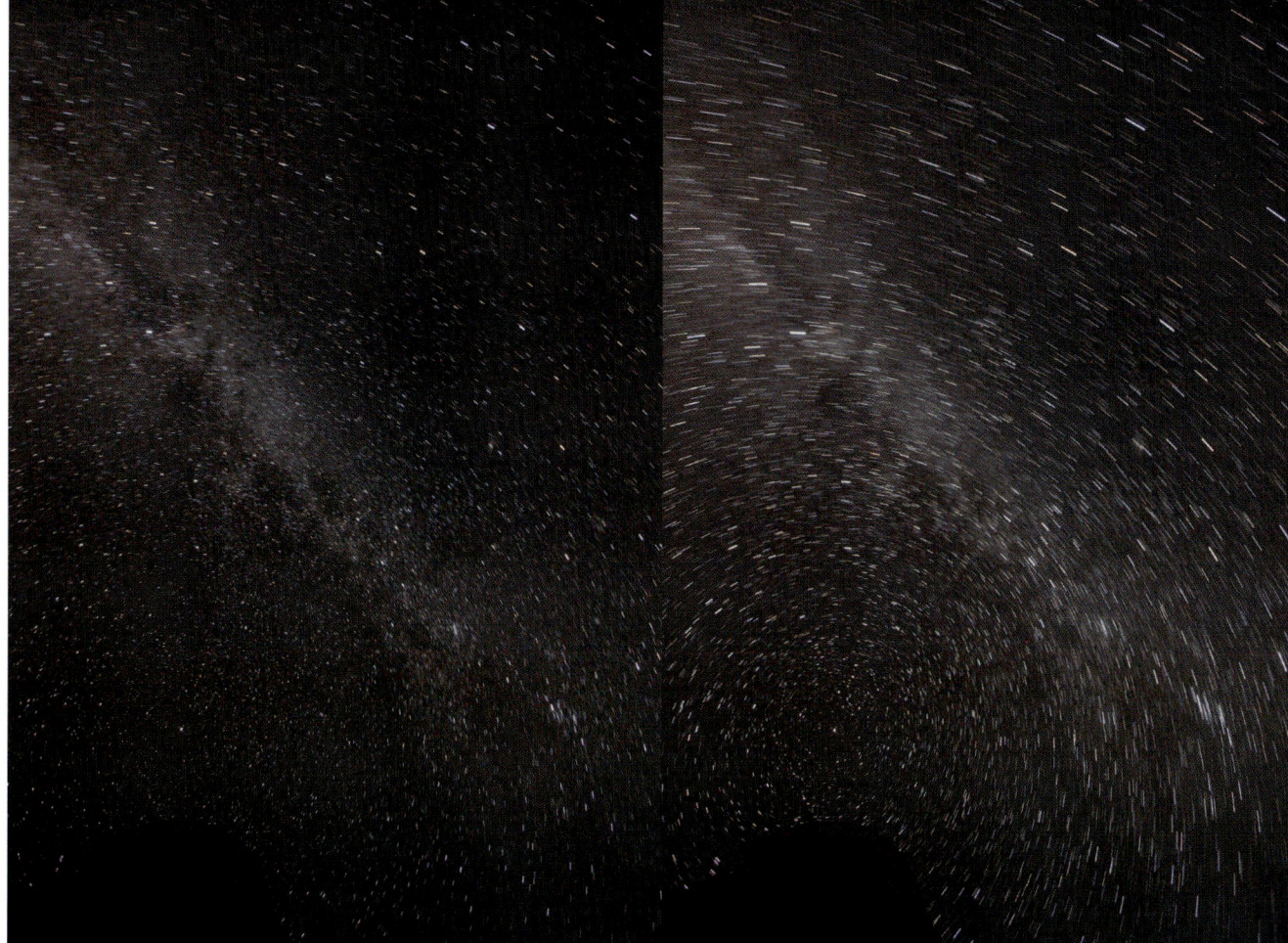

▲ Mit einer Einzelaufnahme von wenigen Minuten Belichtungszeit kann die EOS 400D schon die Milchstraße als leuchtende Sternen-
wolke einfangen. Legt man mehrere solcher Bilder übereinander, kann aus dem gleichen Bildmaterial auch eine Strichspuraufnahme erstellt werden.

Die Montierung wird dabei auf den Himmelsnordpol, also parallel zur Erddrehachse, ausgerichtet, um die Erddrehung und damit die scheinbare Bewegung der Sterne am Nachthimmel auszugleichen.

Mit einem solchen Setup sind bei einer guten Montierung und kurzen Brennweiten durchaus Einzelbelichtungszeiten von 5 bis 10 Minuten möglich.

Wird parallel zur Kamera noch ein kleines Teleskop montiert, kann durch dieses Teleskop mit einem Fadenkreuzokular auf einen hellen Stern nachgeführt werden. Die Kontrolle des Montierungslaufs an einem Stern und notwendige Korrekturen sind bei längeren Belichtungen und/oder längeren Brennweiten unbedingt notwendig, um kleine Fehler in der Poljustage und unvermeidbare Ungenauigkeiten in der Montagemechanik zu kompensieren.

Der Vorteil länger belichteter Einzelaufnahmen liegt in dem deutlich höheren Signal-Rausch-Verhältnis und damit wesentlich detailreicheren Aufnahmen. Und nur mit einer Nachführung sind auch Brennweiten jenseits der 100 mm für Astroaufnahmen sinnvoll einsetzbar.

Schon mit einem Teleobjektiv von 150 bis 200 mm Brennweite erschließen sich nicht nur Sternfelder, sondern bereits erste Deep-Sky-Objekte, wie der große Orionnebel M42, die Andromedagalaxie M31 oder mit viel Ausdauer sogar der Nordamerikanebel NGC 700.

Der Anschluss der EOS 400D an ein Teleskop

Fotoobjektive mit mehr als 200 mm Brennweite und einem vertretbaren Öffnungsverhältnis sind für viele Amateure nahezu unerschwinglich. Wesentlich günstiger kann der Bereich längerer Brennweiten mit Teleskop erschlossen werden, wobei für die Astrofotografie unbedingt auf ein farbreines Gerät geachtet werden muss. Diese Geräte sind als ED-Optiken, Apochromaten oder als reine Spiegelteleskope auf dem Markt. Weniger geeignet sind die oft sehr günstig angebotenen FH-Achromaten, da diese meist einen sehr starken Blausaum zeigen.

▲ *Ein T2-Adapter für Canon EOS und ein weiterer Adapter von T2-Gewinde auf 2-Zoll-Steckanschlüssen sind alles, was benötigt wird, um die EOS 400D an ein professionelles Teleskop anzuschließen.*

Da Teleskope nicht primär für die Fotografie mit Canon-Digitalspiegelreflexkameras gebaut werden, wird ein Adapter zum Anschluss der EOS 400D an ein Teleskop benötigt. Hierzu wird häufig ein sogenannter T-Adapter für die Canon EOS verwendet, der den Übergang vom Kamerabajonett der EOS 400D auf das T2-Gewinde, ein M42 x 0,75-Feingewinde, herstellt. T2 ist dabei nicht zu verwechseln mit dem auch oft anzutreffenden M42-Regelgewinde mit M42 x 1.

Manche Teleskope verfügen direkt über einen T2-Gewindeanschluss, bei den meisten Geräten wird jedoch zusätzlich ein Adapter vom T2-Gewinde auf den 2-Zoll-Steckanschluss benötigt. Manche Astrohändler bieten auch spezielle Adapter von Canon-Bajonett auf 2-Zoll-Steckanschluss an, auch diese Adapter sind sehr gut zum Anschluss der EOS 400D an ein Teleskop geeignet.

> **T2, 2 Zoll und ¼ Zoll**
> Die meisten Teleskope verwenden Anschlüsse mit 2-Zoll- oder 1¼-Zoll-Durchmesser, wobei für die Astrofotografie mit der EOS 400D unbedingt ein 2-Zoll-Anschluss benötigt wird, um Vignettierung zu vermeiden.
> Als Zwischengewinde hat sich das T2-Gewinde mit M42 x 0,75 eingebürgert; dessen freier Durchlass reicht für den APS-C-Sensor der EOS 400D aus, für Vollformatsensoren ist das Innenmaß jedoch zu klein.
> Ganz selten finden sich noch – meist ältere – Einsteigerteleskope mit anderen Anschlussmaßen. Bei diesen Geräten wird dann ein Spezialadapter, entweder für eines der Standardanschlussmaße oder direkt für das Canon-EOS-Bajonett, benötigt.

Mondaufnahmen

Ist die EOS 400D an das Teleskop angeschlossen, ist der Mond ein gutes Ziel für die ersten Gehversuche. Der Mond ist ausreichend hell, sodass die Fokussierung einfach von der Hand geht und sogar die automatische Belichtungseinstellung der EOS 400D genutzt werden kann.

Ein astronomisches Teleskop verfügt über keinen Autofokus, die Scharfstellung müssen Sie deshalb manuell vornehmen. Hier hilft eine ständige Kontrolle am Kameradisplay, besser jedoch ist ein angeschlossener PC oder die Bildwiedergabe auf einem angeschlossenen Monitor.

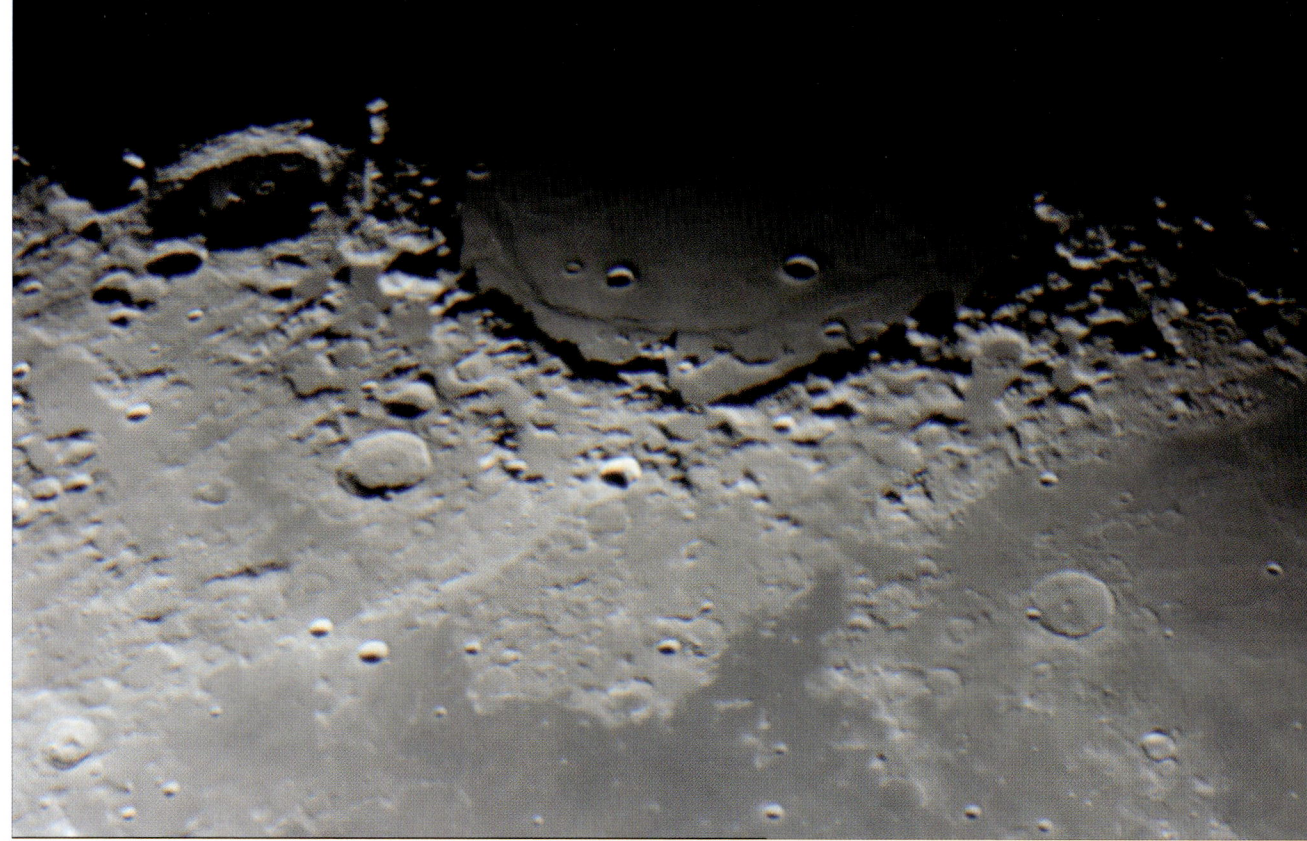

▲ *Die EOS 400D eignet sich hervorragend für Mondaufnahmen mit hoher Auflösung. Hierbei bietet es sich an, möglichst viele Aufnahmen anzufertigen und die schärfste Aufnahme von Hand auszuwählen, um das sogenannte Motion-Seeing zu umgehen.*

Für die ersten Versuche können Sie die automatische Belichtungsmessung einsetzen, wobei sich die Selektivmessung anbietet. Meist ist es jedoch besser, mit der automatischen Belichtungsmessung den Mond nur anzumessen und anschließend die Belichtungszeit manuell im Modus M vorzugeben. Die Blende können Sie an einem astronomischen Teleskop natürlich nicht verstellen.

Für unseren hellen Trabanten reichen dabei Belichtungszeiten deutlich unter 1 Sekunde aus. Dies ist von Vorteil, weil für Mondaufnahmen die Nachführgenauigkeit der Montierung keine Rolle spielt, aber andererseits Mondaufnahmen sehr anfällig für die Luftunruhe in der Atmosphäre, das sogenannte Seeing, sind.

Um dem Seeing ein Schnippchen zu schlagen, sollte immer eine große Zahl an Mondaufnahmen angefertigt werden.

Je nach persönlichem Geschmack können diese Aufnahmen dann mit Programmen wie Registax oder Giotto gemittelt werden, oder – was erfahrungsgemäß zu den besten Ergebnissen führt – man macht sich die Mühe, sucht aus allen Aufnahmen das beste Einzelbild heraus und arbeitet dieses fertig aus.

Die Bildbearbeitung bei Mondaufnahmen beschränkt sich dabei normalerweise auf eine kleine Tonwertkorrektur oder die Anpassung der Gradationskurven, eine leichte Schärfung, meist mit einer unscharfen Maske, sowie eventuell einer Rauschreduzierung.

Sonnenaufnahmen

Ähnlich wie Mondaufnahmen gelingen auch Aufnahmen unseres nächstgelegenen Sterns – unserer Sonne. Allerdings ist bei der Sonnenbeobachtung unbedingt auf einen geeigneten Filter zu achten, da bei ungefilterter Beobachtung sowohl die Kamera als auch das Auge des Beobachters extrem gefährdet sind. Als Filter kommen dabei Folien- oder Glassonnenfilter vor der Objektivöffnung oder ein sogenannter Herschelkeil am Okularstutzen zum Einsatz. Eine besondere Form der Sonnenbeobachtung ist der Einsatz extrem schmalbandiger Filter, mit denen die Beobachtung und Fotografie der Sonne im Licht des zweifach ionisierten Wasserstoffs H-alpha oder im Bereich der CaK-Linie möglich ist.

Planeten

Im Gegensatz zu Mond- und Sonnenaufnahmen ist die EOS 400D nicht die richtige Kamera für Planetenaufnahmen. Auch wenn es prinzipiell möglich ist, z. B. mit Okularprojektion auch mit der EOS 400D Planetenaufnahmen anzufertigen, lassen sich gute Planetenaufnahmen wesentlich leichter mit einer einfachen Webcam anfertigen.

> **Mehr Informationen zur Astrofotografie**
> Wesentlich ausführlichere Anleitungen zur Astrofotografie und zur Bildbearbeitung finden Sie im „Praxisbuch der Astronomie mit dem PC" aus dem DATA BECKER-Verlag, ISBN 3-8158-2555-5.

Deep-Sky-Aufnahmen

Die Königsdisziplin in der Astrofotografie ist die Aufnahme von lichtschwachen Objekten wie fernen Galaxien und interstellaren Nebeln. Diese Objekte erfordern Gesamtbelichtungszeiten von mehreren Stunden, die mit der EOS 400D durch Einzelbelichtungen von typischerweise 5 bis 30 Minuten und anschließender Addition der Einzelbelichtungen in der

Bildbearbeitung erreicht werden. Gerade bei Deep-Sky-Aufnahmen ist eine stabile und genaue Montierung genauso unabdingbar wie eine Nachführkontrolle mittels eines Fadenkreuzokulars oder deutlich komfortabler mit einem Autoguider.

▲ *Kugelsternhaufen, wie der hier gezeigte Messier 15, sind lohnenswerte Objekte für die EOS 400D. Bei der Belichtung ist darauf zu achten, den Sternhaufen nicht überzubelichten, sodass die Sternfarben (meist Gelb und Blau) erhalten bleiben.*

Auch ist die Fokussierung der EOS 400D für Deep-Sky-Objekte extrem kritisch. Zum einen sind die Objekte so lichtschwach, dass stattdessen ein heller Stern zur Fokussierung herangezogen werden muss, andererseits muss der Fokus extrem exakt getroffen werden, damit das wenige Licht des Objekts nicht durch eine Fehlfokussierung verloren geht.

Für die Vorgängermodelle der EOS 400D gibt es spezielle Software, die die Fokussierung mittels eines PCs ermöglicht. Allerdings hat Canon mit der EOS 400D ein neues **S**oftware **D**evelopment **K**it (SDK) eingeführt, sodass diese Programme erst noch an die EOS 400D angepasst werden müssen.

▲ Ein Winkelsucher mit Vergrößerung vereinfacht nicht nur die Fokussierung, sondern erlaubt auch einen komfortablen Suchereinblick unabhängig von der Teleskopstellung.

Bis dahin kann man sich mit einem Winkelsucher, am besten mit Vergrößerung, behelfen. Aber ein Winkelsucher allein reicht nicht aus, die letzten Schritte der Fokussierung sollten immer am Monitor, oder noch besser an einem angeschlossenen PC, kontrolliert werden.

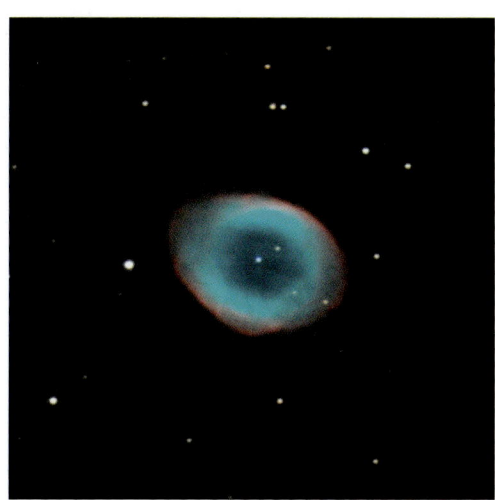

▲ Helle planetarische Nebel können mit der EOS 400D schon mit kurzen Belichtungszeiten abgebildet werden. Diese Aufnahme des Ringnebels Messier 57 ist eine Bearbeitung aus vier Einzelaufnahmen à 5 Minuten bei ISO 800.

Für die notwendigen Langzeitbelichtungen sollte unbedingt ein Fernauslöser verwendet werden. Hier bieten sich programmierbare Fernauslöser an, die die gewünschte Aufnahmeserie automatisch abarbeiten können.

Da die EOS 400D den gleichen Fernauslöseranschluss wie die Vorgängermodelle EOS 350D und EOS 300D aufweist, können alle Fremdherstellermodelle, die für diese Kameras angeboten werden, auch für die EOS 400D verwendet werden.

Auch der Timer TC-80N3, den Canon für die größeren Modelle 20D/30D anbietet, kann nach einem kleinen Umbau an der EOS 400D verwendet werden.

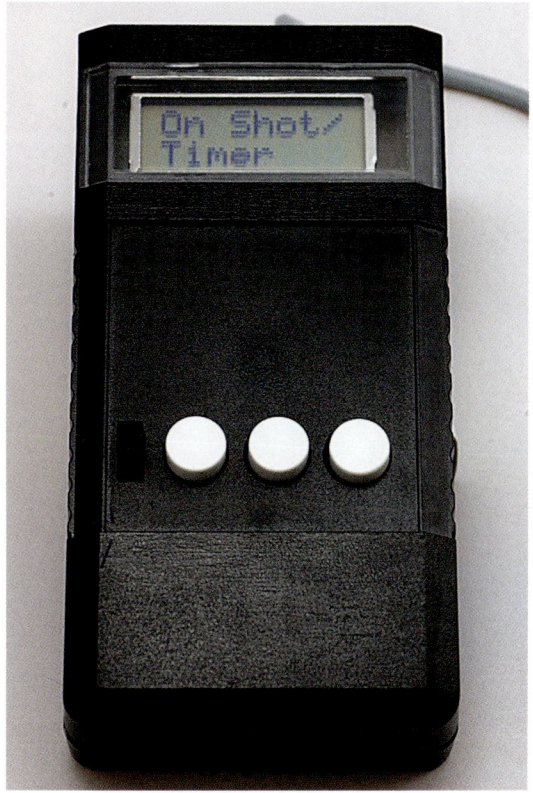

▲ Bei der EOS 400D passen die programmierbaren Fernauslöser, die für die Vorgängermodelle EOS 300D und EOS 350D angeboten werden.

Komfortabler ist die Fernsteuerung über einen PC, z. B. über MaximDL, DSLRFocus oder ImagesPlus. Da die EOS 400D über den gleichen Fernauslösereingang wie die EOS 300D und die EOS 350D verfügt, können auch die im Internet angebotenen Steuerkabel dieser Modelle an der EOS 400D verwendet werden. Nachteil der PC-Fernsteuerung ist allerdings, dass ein PC oder Laptop über die Aufnahmesession mit Strom versorgt werden muss.

Apropos Stromversorgung, der Akku der EOS 400D hält bei Langzeitbelichtungen, insbesondere bei kühler Umgebungstemperatur, nicht die ganze Nacht durch.

Hier sollten entweder ausreichend Ersatzakkus bereitgehalten oder die externe Stromversorgung ACK-DC 20 eingesetzt werden.

7.4 Reisefotografie: mit der EOS 400D unterwegs

Für schlichte Urlaubsfotos ist die hohe Investition in die EOS 400D sicherlich unangemessen. Urlauber mit Kompaktkameras brauchen sich daher auch weniger Gedanken um Reisevorbereitungen zu machen.

In dieser Klasse fordert einen das fest montierte Objektiv, das leichte Gewicht und das relativ geringe Datenvolumen der Bilddaten weniger heraus.

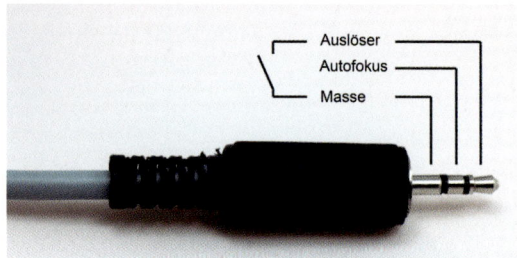

▲ Mit einem handelsüblichen 2,5-mm-Stereoklinkenstecker und einem Schalter lässt sich ein einfacher Fernauslöser für die EOS 400D günstig selbst bauen.

▼ Dieses Bild des Siebengestirns der Plejaden konnte mit einer EOS 400D und einem Refraktor mit 800 mm Brennweite innerhalb von nur 10 Minuten aufgenommen werden. Belichtet wurden dabei 2 x 5 Minuten mit ISO 800.

▲ Auf längeren Touren kann eine Fototasche praktischer als ein Rucksack sein. Das Equipment ist so im permanenten Zugriff, und spontane Aufnahmen werden „en passant" ermöglicht.

Der EOS 400D-Fotograf steht jedoch mit höheren Ansprüchen auch größeren Herausforderungen gegenüber: Die Fototasche oder der Rucksack wollen sorgfältig gepackt werden, denn die vielfältigen Konfigurationsmöglichkeiten fordern ein optimiertes Gewichts-, Energie-, Daten- und Volumenmanagement.

Viele Fragen sollten vor der Tour geklärt werden: Welche Objektive decken den geforderten Brennweitenbedarf ab? Wie hoch wird das Datenaufkommen und davon abhängig der entsprechende Bedarf an Speicherkarten bzw. Datensicherungsstationen sein? Welcher Wetterschutz, welche Reinigungsutensilien, Filter, Akkuladegeräte und Adapter und welches sonstige Zubehör sollten mitgenommen werden?

Wir zeigen in diesem Abschnitt Wege zur optimierten Reisevorbereitung.

Fototasche oder Rucksack?

Falls Sie noch über keine ausreichend dimensionierte Transportmöglichkeit verfügen, dürfte der Kauf einer Fototasche oder eines Rucksacks anstehen. Hier bietet sich dem Käufer ein sehr großes Angebot, und die Entscheidung für ein spezielles Modell ist natürlich auch vom Umfang und Gewicht des vorhandenen Equipments abhängig.

Wir können daher an dieser Stelle nur generelle Tipps geben. Prinzipbedingt unterscheiden sich Taschen von Rucksäcken durch das Transportsystem. Schultertaschen werden seitlich umgehängt, während Rucksäcke beidseitig geschultert werden.

Letztere haben den Vorteil einer gleichmäßigen Gewichtsverteilung und lassen einem mehr Armfreiheit. Nachteile der Rucksäcke sind jedoch das aufwendigere Handling, um ans Equipment heranzukommen, und das höhere Verschmutzungspotenzial beim Abstellen auf den Boden.

Bei längeren Tagestouren oder gar Expeditionen dürfte sowieso bereits ein Rucksack mit Verpflegung und gegebenenfalls einem Zelt geschultert sein. Dann hat dort ein zusätzlicher Fotorucksack keinen Platz mehr.

Der Autor Stefan Gross hat sich daher für eine größere Fototasche für Reisen entschieden, die mit einem extra breiten Gurt für besseren Tragekomfort modifiziert wurde. Wird sie auf den Boden gestellt, besteht nur Verschmutzungspotenzial für die schmale Unterseite, und ein Stativ kann auf der Tasche selbst abgelegt werden.

Der Hauptvorteil ist die schnelle Verfügbarkeit des Equipments: Alles kann im Stehen erledigt werden, Kamera und Objektive sind permanent im Zugriff.

Vor- und Nachteile einer Fototasche
Gegenüber einem Fotorucksack verbucht die Fototasche folgende

Vorteile:

- Equipment ist im ständigen Zugriff. Objektivwechsel etc. können im Gehen vorgenommen werden.
- Ein Stativ kann gegebenenfalls festgezurrt auf der Fototasche abgelegt und braucht nicht aufwendig vom Rücken genommen zu werden.
- Platzoptimierend, falls auf dem Rücken bereits Gepäck geschultert ist.

- Verschmutzt weniger beim Abstellen, da nur die Unterseite den Boden berührt (Rucksäcke liegen normalerweise flach).

Nachteile:

- Kann beim Gehen oder Laufen etwas behindern, da Gewichtsverteilung und Körperbalance nicht optimal sind.
- Bei hohem Füllgewicht kann der Gurt in der Schulter einschneiden. Gegebenenfalls sollte eine Modifikation vorgenommen werden.
- Bei viel Equipment ist die Verteilung und Aufteilung in der Tasche nicht optimal, und ein Fotorucksack bietet gegebenenfalls noch mehr Volumen.

Die Fototasche packen

Die Details zu einigen Utensilien werden in den nachfolgenden Abschnitten eingehender besprochen. An dieser Stelle finden Sie zunächst ein Packbeispiel, das zur Vorbereitung auf eine vierwöchige Fototrekkingtour des Autors diente. Sie können es als generelle Orientierungshilfe für eigene Reiseplanungen nutzen.

Höchstgewicht für Handgepäck beachten
Es empfiehlt sich, die Tasche bei Flugreisen aus Sicherheitsgründen als Handgepäck mit sich zu führen. Achten Sie auf die Gewichtshöchstangaben der einzelnen Fluggesellschaften und holen Sie am besten vor dem Flug diesbezüglich Erkundigungen ein.

Equipment für die Foto-Reise

① **Fototasche** Lowepro Stealth Reporter 500 AW mit modifiziertem extrabreitem Gurt.

② Ausreichend **Batterien** und **Akkus** für Blitzgeräte, Transmitter und Kameras. Ladegerät (inklusive Netzadapter für Ausland).

③ Zwei **Kamerabodys** (EOS 400D und EOS 30D). Eine Kamera dient als Backup für Ausfälle. Ein Gurt.

④ **Reinigungsutensilien**: Eclipse, Sensor Swaps, Blasebalg, Lenspen.

⑤ Zwei **Stative**: ein ultraleichtes Alustativ Walimex WT 3131 (dient für unbeschwerte Tagesausflüge oder auch als Halterung für externe Blitzgeräte) , ein Manfrotto 458B mit Stativkopf Novoflex Magic Ball (gegebenenfalls aus Gewichtsgründen gegen ein Karbonstativ austauschen).

⑥ Vier **Objektive**: Canon 300mm/4,0 L IS USM (für Teleaufnahmen), Canon 70-200/4,0 L USM (deckt den mittleren Telebereich ab), Canon 17-40/4,0 L USM (von Weitwinkel bis Normalbrennweite), Tamron 90mm/2,8 1:1 Makro. Schwerere Objektive ab 1,3 kg aufwärts bleiben aus Gewichtsgründen zu Hause. Zwei Streulichtblenden.

⑦ **Winkelsucher** Seagull mit 2x-Vergrößerungsoption (optimal im Bodenbereich, aber auch um das Stativ nicht voll auszuziehen und bei Wind mehr Stabilität zu erzielen), Kabelfernbedienung und Infrarotfernbedienung Twin1.

⑧ **Blitzgerät** Canon Speedlite 580 EX, Transmitter ST-E2 für kabelloses Blitzen, Handblitzgerät Slave-Flash von Elektra als simple Lösung, um via internem Blitz kabellos auszulösen (ohne den Transmitter einzusetzen bzw. als Ergänzung). Zwei **Farbfilterfolien**, um besondere Lichtstimmungen per Blitz zu erzeugen (z. B. um einen grauen Himmel einzublauen, wird der rote Farbfilter eingesetzt, Weißabgleich auf Kunstlicht, Motiv wird durch den Blitzfiltervorsatz wieder neutralisiert).

⑨ **Zwischenring** Soligor 20mm, um die Nahdistanz z. B. des Canon 70-200mm von 1,20 m auf 20 cm (bei 70 mm) herabzusetzen. **Telekonverter** Kenko 1,4x Pro300 (auch der 1,5x MC ist empfehlenswert). **Traumflieger-Retroadapter** mit Anpassungsringen auf 77 mm (für das Weitwinkelobjektiv, um Supermakros zu machen). Zirkulärer **Poolfilter** B+H, Anpassungsringe. Leichte **Flachzange**, um gegebenenfalls Verkantungen schnell vor Ort zu beseitigen.

⑩ **CompactFlash-Speicherkarten** (2 x 4 GB SanDisk, 1 x 2 GB SanDisk Extreme, 1 x 8 GB Transcent 120x).

⑪ Kleiner **Falt-Aufhellreflektor** als bequeme Lösung, um das Licht im Nahbereich dezent zu optimieren.

⑫ Reinigungs-**Ledertuch** (gegen Regentropfen), **Plastikunterlage** (gegen Kleiderverschmutzung bei Bodenperspektiven), Traumflieger-**Beanbag**, um bequem im Bodenbereich die Kamera auszurichten.

⑬ **LED-Handlampe**, um größere Flächen energiesparend auszuleuchten, **LED-Taschenlampe** mit ergänzender Xenon-Glühbirne (für Warmlichtakzente im Nahbereich), modifiziertes Tischstativ als Halterung.

⑭ **Mobile Datenstation** Archos AV 7000 (100 GByte) plus Zigarettenanzünderadapter, CF-Cardreader für die Datenstation.

Auswahl der Objektive

Besonders auf Reisen wird der Ruf nach einem „Immerdrauf"-Objektiv laut. Ein nicht zu schweres Objektiv, das einen möglichst großen Brennweitenbereich von Weitwinkel bis in den Telebereich abdeckt, wäre ideal. Damit ersparte man sich die Schlepperei einer Vielzahl von Linsen, und der Objektivwechsel mit einhergehender Verschmutzungsgefahr des Bildsensors könnte entfallen.

Superzoom empfehlenswert?

Der Markt – neben dem Hersteller Canon auch insbesondere Tamron und Sigma – hat auf den Wunsch nach einem Objektiv für alle Anwendungsfälle reagiert und bietet mittlerweile eine ganze Anzahl von Superzooms mit Brennweitenbereichen von 18 bis 250 mm oder 28 bis 200 bzw. 28 bis 300 mm an.

Um es unumwunden zu schreiben: Wir raten ambitionierten Fotografen von diesen Megabrennweiten schlichtweg ab. Sie haben ihre Existenzberechtigung in besten Lichtverhältnissen, bei denen noch zweifach abgeblendet werden kann. Besonders in den höheren Brennweitenbereichen liegt die Offenblende jedoch häufig bei f=6,3. Wird jetzt aus Gründen einer meist erforderlichen Qualitätssteigerung noch abgeblendet, wird daraus ein Blendenwert von f=8,0 und mehr. Damit lassen sich – Mitzieher einmal ausgenommen – Bewegtmotive in der Regel kaum noch scharf ablichten, das Motiv kann kaum noch freigestellt werden, und um Verwacklungsunschärfen zu vermeiden, ist eher ein Stativ erforderlich.

Der Autor Stefan Gross hatte in der Hoffnung auf einen – zugegebenermaßen schweren und teuren – Ausnahmefall das Canon 28-300 L IS USM angetestet. Auch wenn man hier letztlich nicht sicher sein kann, ob es sich bei dem Testexemplar um einen Negativausreißer handelte, fehlte es dem Objektiv an Auflösungsqualität bei Offenblende.

Den Brennweitenbereich abdecken

Um eine hohe Motivbandbreite abzudecken, empfiehlt sich ein Brennweitenbereich von mindestens 28 mm bis 200 mm. Das können Sie z. B. mit zwei Objektiven im mittleren Preissegment wie etwa dem Tamron 28-75/2,8 und dem Canon 70-200/4,0 L USM mit einem Investitionsvolumen von rund 1.000 Euro bei guter Abbildungsleistung erreichen. Es sind natürlich auch kostengünstigere Varianten denkbar; in der Regel müssen Sie dort aber Abstriche bei Fertigungsqualität, Lichtstärke und Abbildungsleistung machen.

Um den Brennweitenbereich auf Weitwinkel- und Telebereich zu erweitern, wären jedoch 18 mm als Start- und 300 mm als Endbrennweite wünschenswert. Die Endbrennweite wäre durch den Einsatz eines 1,5x-Telekonverters bei geringem Eigengewicht erreichbar. Wenngleich er die Abbildungsleistung geringfügig reduziert, Lichtstärke kostet und zusätzlich aufgesetzt werden muss, ist er dennoch für Reisen sehr empfehlenswert und kann gegebenenfalls Lücken im Brennweitenbereich schließen.

Der Weitwinkelbereich ließe sich entweder mit einem dritten Objektiv wie dem optisch sehr guten Canon 10-22mm erschließen, oder Sie entscheiden sich z. B. für das Canon 17-85 IS USM und könnten damit die erwähnte Brennweite von 28-75 ersetzen. Der Makrobereich kann z. B. mit einem Leichtgewicht wie einem Zwischenring oder einem Retroadapter erschlossen werden, wenngleich waschechte Makrofotografen sicherlich nicht auf ein Makrospezialobjektiv verzichten wollen.

Diese Empfehlungen sind natürlich nur als grobe Orientierung für ein mittleres Investitionsvolumen gedacht. Wie auch immer Ihre Entscheidung ausfällt, denken Sie daran, dass auf Reisen jedes Gramm Extragewicht doppelt schwer wiegt.

> **Lücken im Brennweitenbereich lassen sich manchmal verschmerzen**
> Decken Ihre Objektive nicht die komplette Brennweitenbandbreite ab, lassen sich Lücken durch Abstandsveränderungen zum Motiv oder durch Panoramatechnik (zwei oder mehrere Aufnahmen werden nachträglich softwareseitig zu einer einzigen aneinandergefügt) in einigen Fällen kompensieren. Ein Makroobjektiv ist z. B. auch als leichtes Tele in der Regel mit sehr guten Abbildungsleistungen zu gebrauchen und füllt hier eine vielleicht weniger offensichtliche Brennweitenlücke. Auch ein Telekonverter lässt sich prima nutzen, um Brennweitenbereiche zu ergänzen.

▼ *Die Inhaltsdichte eines Motivs ändert auch die Dateigröße. Links nimmt die Aufnahme nur 2,3 MByte und rechts immerhin 4,7 MByte auf der CF-Card in Anspruch – dies, obwohl beide Bilder im selben JPEG-fein-Format aufgenommen wurden.*

Datenmanagement

Planen Sie für jeden Reisetag eine Mindestanzahl von Aufnahmen fest ein. In fremder Umgebung tauchen oft so viele interessante Motive auf, dass Sie dabei eher zu viel als zu wenig einkalkulieren sollten. 200 Aufnahmen pro Tag und mehr können dabei durchaus zusammenkommen.

Doch wie viel Speicherplatz benötigen 200 Aufahmen? Diese Frage hängt vom eingesetzten Bildformat, der Motivdetailliertheit und dem ISO-Werteparameter ab.

Um sich die höchste Bildqualität zu sichern, sollten Sie entweder JPEG fein oder das RAW-Format wählen. Die Bildgröße liegt beim JPEG-Format L-fein durchschnittlich bei rund 3,2 MByte, während das RAW-Format mit ca. 9,2 MByte etwa das 2,9-fache Volumen beansprucht.

Setzen Sie das RAW-Format ein, benötigen 200 Aufnahmen rund 1,8 GByte, bei JPEG fein sind es 640 KByte. Ersteres Format erfordert also eine 2-GByte-Speicherkarte, während Sie mit JPEG fein bei 200 Aufnahmen mit einer 1-GByte-Karte ausreichend Re-

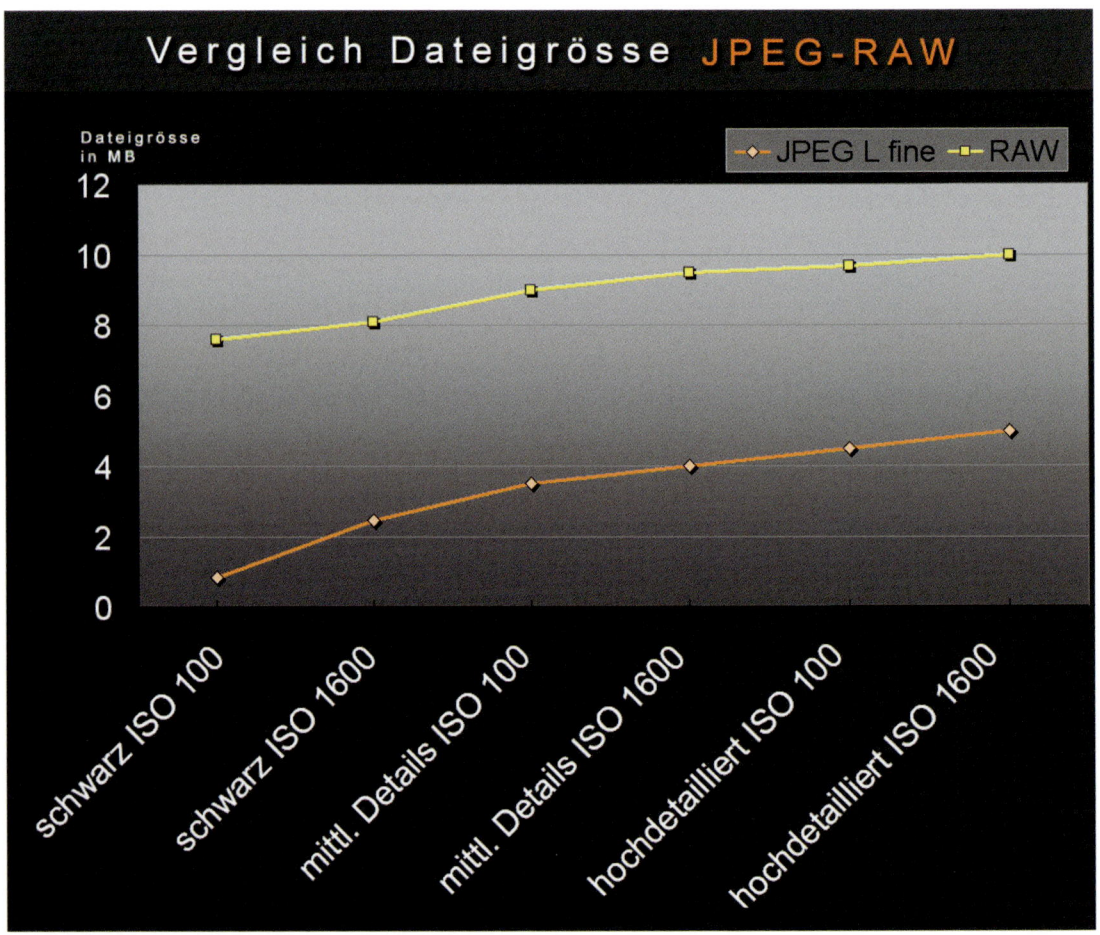

▲ Von 0,8 bis zu 10,0 MByte werden je Bilddatei beim JPEG-fein- bzw. RAW-Format fällig. Nicht nur das gewählte Dateiformat, sondern auch Motivdetailliertheit und ISO-Wert nehmen dabei Einfluss auf die Dateigröße. Der Durchschnitt liegt beim JPEG-fein-Format bei rund 3,2 MByte und beim RAW-Format bei 9,2 MByte.

serven haben. Natürlich multipliziert sich der Wert je nach Reiselänge und eingeplanten Fototagen.

Datensicherung

Unter der Annahme von 200 Bildern pro Tag wären für eine dreiwöchige Reise und unter Verwendung des RAW-Formats rund 40 GByte (JPEG: 15 GByte) an Speicherplatz fällig. Beim JPEG-Format ist gegebenenfalls noch zu überlegen, die Datenmenge auf den zunehmend günstiger werdenden CF-Cards unterzubringen. Für vier 4-GByte-Karten (16 GByte) werden dann rund 360 Euro fällig, bei 40 GByte steigt das Investitionsvolumen jedoch in Regionen um 900 Euro an, sodass eine mobile Datenstation eine kostengünstigere Variante darstellt. Alternativ – und falls am Urlaubsort vorhanden – bietet eine Vielzahl von Fotofachgeschäften auch einen Brennservice an, bei dem die CF-Karten eingelesen und auf CD oder DVD gesichert werden.

▲ *Mancher mobile Datenspeicher verfügt über ein extra großes Display. Die RAW-Anzeigeunterstützung der EOS 400D ist jedoch nicht immer gewährleistet.*

Das passende Datenspeichergerät wählen

Mobile Massenspeichergeräte werden typischerweise mit Kapazitäten von 20 bis 100 GByte angeboten und verfügen oft – neben der reinen Datensicherungsfunktion – über multimediale Fähigkeiten:

Bilderanzeige am TFT-Monitor: Trauen Sie Geräten mit RAW-Bildunterstützung nicht über den Weg, bevor Sie nicht die schriftliche Zusage zur Unterstützung des speziellen 400D-RAW-Formats haben. Meist ist die Anzeigegeschwindigkeit dem internen EOS 400D-Monitor deutlich unterlegen, sodass Sie nicht unbedingt in einen Rausch verfallen werden und der 400D-Monitor vorzuziehen ist.

Datenverifikation: Manche Geräte verfügen weder über einen Bildanzeigemonitor noch über eine Verifikationsmöglichkeit. Es wäre schade um Ihre Arbeiten, wenn Sie erst zu Hause feststellten, dass gar keine Aufnahmen gesichert wurden. Verzichten Sie also lieber auf die Anschaffung eines solches Geräts.

Tonaufzeichnung: Ein Tonmitschnitt kann eine hervorragende Ergänzung zu Ihrem Bildmaterial darstellen. Ihre Aufnahmen können beispielsweise im Rahmen einer multimedialen Diashow erheblich an Authentizität gewinnen, wenn Sie den Originalton beisteuern. Hilfreich sind dafür Datenstationen, die über ein eingebautes Mikrofon oder besser noch über einen externen Mikrofonanschluss verfügen. Letzterer verhindert die Aufzeichnung des Eigengeräuschs durch Festplattenbewegungen oder Lüfter.

CF-Cardreader: Nicht alle Geräte verfügen über einen eingebauten Slot, um CompactFlash-Karten aufzunehmen. Für solche Apparate muss noch ein externer CF-Cardreader mitgenommen werden. USB-2.0-Unterstützung sollte auf jeden Fall für eine schnelle Datenübertragung vorhanden sein.

Sehr günstige Angebote: Bei extrem günstigen Angeboten handelt es sich oft um Geräte ohne interne Festplatte, die dann noch zusätzlich erworben und eingebaut werden muss. Prüfen Sie dies vor dem Kauf.

Tipps und Angebote: Einen Überblick über gängige Massenspeichergeräte finden Sie unter *http://www.traumflieger.de/kamerazubehoer/ DSLR_Zubehoer.php#mobdatenspeicher*, aktuelle Preise finden Sie hier: *http://www.preissuchma schine.de/psm_frontend/main.asp?suche=karten lesegerät+40GB*.

Weiteres Equipment für die Reise

Neben Objektiven und Speicherkarten gehört ein Stativ zur Reisepflichtausstattung ambitionierter EOS-Fotografen.

Stativwahl

Besser Sie nehmen ein ultraleichtes Alustativ mit als gar keins. Solche Kandidaten der 500-g-Gewichtsklasse lassen sich allerdings nicht immer auf Kopfhöhe ausziehen und sind nicht gerade windstabil.

Vorteilhafter ist also ein Kompromiss aus Gewicht und Stabilität. Dafür bietet der Markt den Kohlefaserwerkstoff Karbon an und bittet gleichzeitig in der Regel ordentlich zur Kasse.

Für Markenkarbonstative sind meist 230 Euro und mehr zuzüglich einem Stativkopf hinzublättern. Eine Investition, die sich bezahlt machen kann, wenn regelmäßige Fotoreisen anstehen.

> **Ans Gesamtgewicht der Stativkombi denken**
>
> Denken Sie daran, dass ein schwerer Stativkopf das eingesparte Gewicht beim Karbonstativ schnell wieder zunichte machen kann. Ziehen Sie einen simplen, aber effektiven Zwei- oder Einwegeneiger in Erwägung, um das Gesamtgewicht aus Stativ und Stativkopf zu optimieren.
>
>
>
> ▲ Der komfortable, aber relativ schwere Dreiwegeneiger links kann die Fototour zur Schlepperei werden lassen. Der rechts gezeigte Einwegeneiger belastet das Reisegepäck dagegen erheblich weniger.

Akkupower

Der mitgelieferte Akku NB-2LH reicht in der Regel, um die EOS 400D zwei Tage lang mit Power zu versorgen. Danach muss er für rund 1,5 Stunden ans Netz. Informieren Sie sich, welche Stromnetzbuchse an Ihrem Zielort unterstützt wird, und erwerben Sie für das mitgelieferte Akkuladegerät CB-2LTE gegebenenfalls einen Steckadapter. Alternativ werden auch Akkuladegeräte, die sich über einen 12-Volt-Kfz-Zigarettenanzünder betreiben lassen, angeboten (z. B. unter dem Suchbegriff „Ladegerät NB-2LH" auf *http://www.ebay.de*).

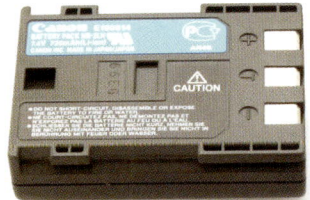

▲ Der Originalakku NB-2LH mit 720 mAh oben im Bild ist relativ teuer in der Anschaffung. Nachbauten von Drittanbietern verfügen oft über eine höhere Kapazität und sind erheblich günstiger zu erwerben (unten ein Nachbau mit 800 mAh).

Reisen Sie in ein Gebiet, in dem kein Netzstrom verfügbar ist, haben Sie die Alternative zwischen der Anschaffung mehrerer Akkus oder einem Ladegerät, das mit Solarenergie arbeitet. Entscheiden Sie sich für die erste Alternative, sind Akkus von Fremdanbietern eine günstige Alternative zu den Originalakkus von Canon.

Oft verfügen diese über einen höheren mAh-Wert und sorgen damit für eine längere Stromversorgung

Ihrer EOS 400D gegenüber den 720 mAh der haus-eigenen Akkus. Obwohl wir natürlich keine Ausfall- bzw. Schadensgarantie geben können, sind uns – entgegen den Warnungen Canons – keine Problemfälle mit solchen Drittanbieterakkus zu Ohren gekommen, und der Autor Stefan Gross hat sie auch unter extremeren Witterungsbedingungen im Einsatz.

Spezialanbieter bieten Solarlösungen für Reisen fernab der Zivilisation. Hier werden Sie unter dem Stichwort „ISun" unter *http://www.ebay.de* fündig.

Akkuladung in kühlen Regionen optimieren

Je kühler, umso schneller geht der Akku „in die Knie". Falls Ihre EOS 400D in kühlen Gebieten einen leeren Akku moniert, versuchen Sie diesen zunächst z. B. mit Ihren Handflächen oder in der Tasche zu wärmen. Meist schafft er dann noch einige Auslösungen mehr.

Es empfiehlt sich generell vor einem Kameraeinsatz in der Kälte, die Akkus so lange wie möglich warm zu halten und erst im letzten Augenblick ins Batteriefach der EOS 400D einzulegen.

Schutz des Equipments

Schnee, Regen, Nebel, Staub und Sand sind Stichworte, die der Elektronik und Optik nicht unbedingt wohlgesonnen sind. Die EOS 400D verfügt zwar über keine speziellen staub- und spritzwasserschützenden Abdichtungen wie die schweren Profimodelle, dennoch ist sie kein allzu empfindlicher Kamerad. Es stört sie in der Regel nicht, wenn mal ein paar Regentröpfchen ihren Body benetzen oder hohe Luftfeuchtigkeit z. B. zeitweise zu Kondenswasser im LCD-Display führen sollte.

Regencape

Vor extremeren Witterungseinflüssen sollte sie jedoch geschützt werden. Dafür bietet im simpelsten Fall ein Gefrierbeutel, der über Kamera und Objektiv gelegt wird, ausreichend Schutz. Schneiden Sie eine

Öffnung in den Beutel und fixieren Sie ihn mithilfe eines Gummibands oder einer aufgesteckten Gegenlichtblende an der Objektivöffnung, so können Sie ein paar Minuten auch bei Regen fotografieren. Auch hier bietet der Markt professionellere und im gehobenen Preisniveau angesiedelte Lösungen beispielsweise von Herstellern wie Ewa Marine (*www.ewamarine.de*) oder Aquatech (*http://www.isarfoto.de*, Suchbegriff „Aquatech").

Staubschutz bei Objektivwechsel

Richten Sie die Kamera stets in Richtung Boden, wenn Sie das Objektiv wechseln. Damit reduzieren Sie die Verschmutzungsgefahr z. B. durch Staub.

Reinigung von Sensor und Objektiv

Wenn Sie sich auf Reisen keine Feuchtreinigung zumuten wollen, sollte wenigstens ein Blasebalg mitgenommen werden. Damit lässt sich der Bildsensor von Zeit zu Zeit auspusten und gröberer Staub entfernen. Canon hat zwar an der EOS 400D die automatische Sensorreinigung eingebaut – ein hundertprozentiger Schutz gegen Verunreinigungen ist sie jedoch nicht, sodass ergänzende Reinigungsmaßnahmen sinnvoll sind.

Verunreinigung testen

Haben Sie eine ruhige Minute, z. B. abends im Hotel oder im Zelt, überprüfen Sie den Sensor einmal auf Verunreinigung. Dafür wählen Sie eine möglichst hohe Blendenzahl und richten Ihre EOS 400D gegen eine homogene Fläche wie etwa die Zimmerdecke oder Zeltwand. Der Staub wird bei Blendenzahlen ab f/14 und höher besonders deutlich und sollte durch einen Blasebalg weggepustet werden bzw. kann auch durch den im rechten Register manuell angestoßenen Punkt *Sensorreinigung automatisch/Jetzt Reinigen* ergänzt werden. In schwerwiegenden Fällen kann auch eine Feuchtreinigung angebracht sein.

▲ Gut, wenn ein Ledertuch stets griffbereit in der Tasche liegt. Damit lassen sich schnell Tropfen von der Frontlinse wischen – egal ob bei Nieselregen oder während einer Flussfahrt.

Fensterledertuch an einer Tankstelle oder im Baumarkt ergattern können, sollten Sie zuschlagen und es im Reisegepäck deponieren.

Damit lässt sich die Linse – nachdem sie von Staubkörnern durch Auspusten vorgesäubert wurde – bestens reinigen. Ein vorgewaschenes Geschirrhandtuch nimmt Feuchtigkeit auf und sollte bei Regenwetter griffbereit in der Tasche mitgeführt werden. Nutzen Sie ergänzend auch eine Gegenlichtblende, denn sie hält die gröbsten Regentropfen von der Frontlinse fern.

▲ Falls noch nicht im Reisegepäck vorhanden, sollten Sie beim nächsten Tankstellenstopp nach einem Fensterleder Ausschau halten. Damit lässt sich die Linse des Objektivs optimal reinigen.

Von Feuchtigkeit und Staub muss auch die Front- und Rücklinse des Objektivs befreit werden. Falls Sie ein

Tief eingelassene Rücklinsen mancher L-Objektive machen die ergänzende 10-Euro-Investition in einen sogenannten Lenspen sinnvoll (http://www.preissuchmaschine.de/psm_frontend/main.asp?suche=lenspen).

Die EOS 400D in Aktion

▲ Auf Reisen erwarten einen manchmal lange Etappen ohne Pause. Um keine Zeit beispielsweise beim Objektivwechsel zu verlieren, hilft eine seitlich umgehängte Fototasche. Die Aufnahme entstand beim Marsch zu den Tafelbergen Venezuelas, und der hier kurz vorher durchgeführte Objektivwechsel ließ sich eleganter per Fototasche als per Fotorucksack durchführen. Sepiatönung in Adobe Lightroom.

▲ Mit einem Lenspen lassen sich auch die Randbereiche tief eingelassener Rücklinsen einiger L-Objektive bzw. Frontlinsen von Makroobjektiven zur Reinigung gut erreichen.

8

Software für die EOS 400D

Bei digitalen Kameras werden die Bilder nicht mehr im Fotolabor, sondern im heimischen PC „entwickelt". Canon liefert daher für die EOS 400D die wichtigste Software zur Bildbearbeitung und -verwaltung gleich mit, aber auch Lösungen von Fremdanbietern buhlen um die Gunst der 400D-Fotografen.

Dieses Kapitel hilft Ihnen, mit der richtigen Software das Optimum aus Ihren Bildern herauszuholen.

8.1 Mitgelieferte Software

Mit der Canon EOS 400D liefert Canon die wichtigsten Softwarewerkzeuge zur Bilderfassung, -bearbeitung und -verwaltung gleich mit. Auf der EOS DIGITAL Solution Disk befinden sich die entsprechenden Programme für Windows und Mac OS. Im Folgenden werden jedoch nur die Anwendungen für Windows besprochen.

Bereit für Windows Vista – immer aktuell mit den neusten Updates

Seit Erscheinen der EOS 400D hat Canon die dazugehörende Software immer wieder verbessert und auch an das neue Windows Vista angepasst. Die aktuellsten Updates können Sie sich einfach von der Canon-Supportseite *http://de.software. canon-europe.com* laden. Diese Updates setzen allerdings voraus, dass Sie zuerst die Programme von der mitgelieferten CD installiert haben.

Neben den WIA-Treibern und Camera Window zur Übertragung von Bildern, die automatisch installiert werden, stehen dabei in der benutzerdefinierten Installation die folgenden Anwendungen zur Auswahl:

- ZoomBrowser EX mit RAW Image Task als Werkzeug zur Archivierung Ihrer wertvollen Bilder,
- Digital Photo Professional zur professionellen Konvertierung Ihrer RAW-Bilder,
- die Kamerafernsteuerung EOS Utility und
- PhotoStitch für spektakuläre Panoramabilder.

Die einzelnen Programme überlappen sich dabei teilweise deutlich in ihrer Funktionalität. So ist der Bilddownload aus der 400D mit Camera Window oder dem EOS Utility möglich, und die Konvertierung von RAW-Bildern kann entweder mit RAW Image Task innerhalb des ZoomBrowser EX oder in Digital Photo Professional erfolgen.

8.2 Immer das optimale Dateiformat

Die EOS 400D erzeugt von Haus aus zunächst nur Dateien im JPEG- oder RAW-Format. Doch was ist der Unterschied zwischen diesen Formaten, wann ist welches Format besser geeignet, und welche Formate gibt es noch? Die Antworten auf diese Fragen finden Sie im Folgenden.

EXIF-Daten: die Informationen zum Bild in den JPEG-Dateien der 400D

Metadaten, wie z. B. Aufnahmeparameter oder Schlüsselwörter, werden in den Bilddateien der EOS 400D im EXIF-Format (**Ex**changeable **I**mage **F**ile) gespeichert. Dieses Format für Metadaten wird von vielen Bildbearbeitungs- und -verwaltungsprogrammen unterstutzt, sodass diese Daten in fast allen Anwendungen zur Verfügung stehen. Manche Software, wie z. B. DxO Optics Pro, nutzt die in den EXIF-Daten gespeicherten Belichtungsparameter, um automatische Bildkorrekturen durchzuführen.

Die meisten Anwendungen, auch der ZoomBrowser EX, erlauben nur, bestimmte Felder der EXIF-Daten zu bearbeiten. Möchten Sie alle EXIF-Felder bearbeiten, müssen Sie auf Software wie Exifer (*www.friedemann-schmidt.com/software/ exifer/*) zurückgreifen.

Das im Internet weit verbreitete JPEG ist ein (meist) verlustbehaftet komprimiertes Dateiformat. Dabei kommt im Wesentlichen eine diskrete Kosinustransformation zusammen mit einer Blockkomprimierung zum Einsatz. JPEG wurde in erster Linie dazu entwickelt, Farbbilddateien ohne sichtbare Verluste möglichst klein abspeichern zu können. Eine beliebte Anwendung von JPEGs sind ja bekanntlich auch Bilddateien im Internet.

Durch die verlustbehaftete Komprimierung werden allerdings starke Kontraste im Bild meist nur schlecht

Software für die EOS 400D

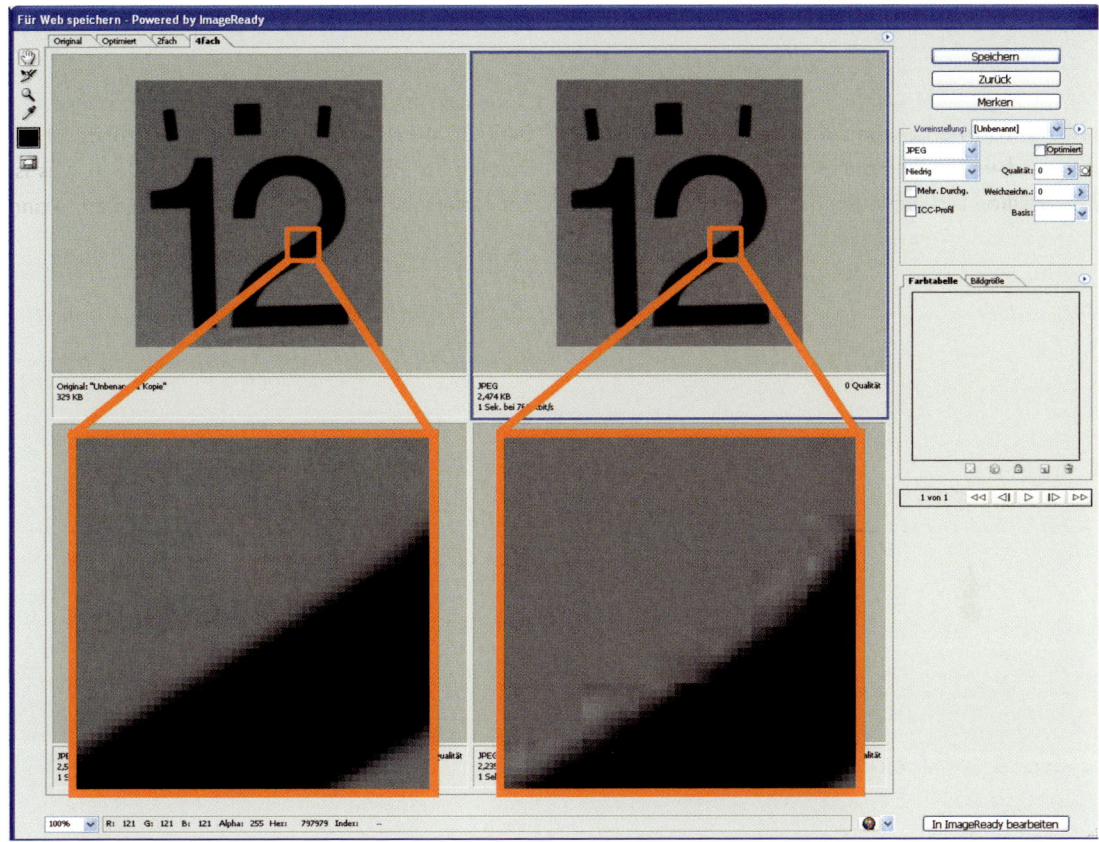

▲ Bei zu starker Komprimierung erzeugt das JPEG-Format hässliche Artefakte an scharfen Kanten.

wiedergegeben, sodass sich schnell auch ein sichtbarer Qualitätsverlust bei der Speicherung als JPEG ergibt. Zudem ist JPEG ein 8-Bit-Dateiformat, pro Farbkanal stehen als nur 256 verschiedene Abstufungen zur Verfügung – deutlich weniger, als der Sensor der EOS 400D zu liefern vermag!

Es dürfte klar sein, dass das JPEG-Format bei hochqualitativen Bildern weder zur Aufnahme noch zur Langzeitarchivierung geeignet ist.

Für problemlose Aufnahmen und Schnappschüsse oder für Vorschaubilder ist JPEG jedoch das richtige Format. Ebenso wird JPEG zur Veröffentlichung im Internet oder für einen Ausbelichtungsdienst benötigt.

Das RAW-Format der EOS 400D umgeht die Probleme des JPEG-Formats, es wendet eine verlustfreie Komprimierung auf die Bilddaten an und speichert diese mit 12 Bit Farbtiefe, also mit 4.096 Stufen pro Farbkanal. Bei wichtigen Aufnahmen sollte unbedingt das RAW-Format gewählt werden, ebenso bei schwierigen Belichtungssituationen. Nicht wenige Fotografen arbeiten grundsätzlich mit dem RAW-Format.

Allerdings hat das RAW-Format den Nachteil, dass dieses kameraspezifisch ist und nur von wenig Software unterstützt wird. Vollkommen unklar ist, wie lange es überhaupt Software geben wird, die das RAW-Format der EOS 400D lesen kann. Insofern ist das RAW-Format für die Langzeitarchivierung ungeeignet. Eine Alternative hat Adobe mit seinem digitalen Negativ DNG vorgestellt. Allerdings wird auch dieses universelle RAW-Format bisher nur von sehr wenig Software unterstützt.

JPEG-Artefakte sicher vermeiden

Durch die verlustbehaftete Blockkomprimierung entstehen beim JPEG-Format bei harten Kontrasten schnell unansehnliche Artefakte. Der einfachste Weg, diese Artefakte zu vermeiden, ist es, eine möglichst geringe Komprimierung zu verwenden. Gönnen Sie sich also eine große Speicherkarte und wählen Sie als Dateiformat bei der EOS 400D JPEG Fine Large.

Noch besser können Sie JPEG-Artefakte vermeiden, indem Sie die Bilder als RAW-Dateien abspeichern und auch in der Bildbearbeitung nur mit verlustfreien Datenformaten arbeiten. Wenn Sie unbedingt JPEG-Dateien benötigen, z. B. für einen Internetauftritt, sollte die Umwandlung in JPEG-Dateien erst als letzter Schritt der Bildbearbeitung erfolgen. Es gibt dafür spezielle Werkzeuge wie der in Photoshop CS integrierte Assistent zum Speichern für das Web, mit denen Sie die Bilder so optimieren können, dass sich keine auffälligen Artefakte bilden.

Alternativ zum RAW-Format können entwickelte Bilder im unkomprimierten 16-Bit-TIF-Format gespeichert werden. Von TIFF existieren auch zahllose komprimierte Varianten, allerdings machen diese immer wieder Probleme, da nicht jede Software jede Komprimierung unterstützt. Verzichten Sie daher aus Sicherheitsgründen beim TIF-Format auf die Komprimierung. Stattdessen können Sie die TIFF-Dateien mit einem ZIP-Utility, z. B. WinZip, packen. Das ZIP-Format für komprimierte Dateiarchive ist so verbreitet, dass es auch in vielen Jahren noch Software zum Entpacken dieser Archive geben dürfte.

Ein neueres Format ist das Format PNG (**P**ortable **N**etwork **G**raphics). Dieses Format wurde als Nachfolger von JPEG und GIF im Internet kreiert, konnte diesen Anspruch aber bisher nicht durchsetzen. Im Gegensatz zu JPEG verwendet PNG eine verlustfreie Komprimierung. Vor allem ist dabei das 16-Bit-PNG-Format interessant, das im Gegensatz zu TIFF deutlich weniger Speicherplatz belegt.

8.3 Optimierungen durch das RAW-Format

Ihre EOS 400D bietet zwei Bilddatenformate an: JPEG und RAW. Vorausgesetzt, an Ihrer Kamera ist ein Kreativprogramm aktiv (P, Av, Tv, M oder A-DEP), lässt sich das Bilddatenformat im ersten Menüeintrag anwählen. Die Entscheidung für JPEG oder RAW hat weitreichende Folgen. Zunächst sind Sie mit dem JPEG-Format auf der sicheren Seite, da es zu allen gängigen Wiedergabemedien kompatibel ist und relativ wenig Platz beansprucht. JPEGs können sofort ausgedruckt werden, ganz gleich ob via Direct-Print-Taste an der 400D, bei einem Ausbelichter im Internet oder über die eigene Software.

RAW-Bilder befinden sich dagegen – wie der Name RAW (roh) aussagt – noch in einem unentwickelten Stadium. Sie müssen die Bilddatei zunächst mit einem RAW-Konvertierungsprogramm in ein für gängige Medien lesbares Format übersetzen, bevor Sie weiterarbeiten können. Das stellt jedoch kein Problem dar, denn der Markt bietet mittlerweile eine ganze Reihe an hervorragenden Konvertierungsprogrammen an, und auch bei Canon ist Digital Photo Professional im Lieferumfang enthalten, um die RAW-Dateien zu bearbeiten und auf Wunsch zu konvertieren.

Stellt sich jedoch die Frage, wozu der Umstand mit der Konvertierung, wenn JPEGs direkt lesbar sind?

Das Rohdatenformat führt zwei entscheidende Vorteile ins Feld: Sein Dynamikumfang ist mit 12 Bit um eine Blendenstufe höher als bei den 8-Bit-JPEGs, sodass Sie Überstrahlungen wie ausgebrannte Lichter nachträglich besser korrigieren können. Der zweite Hauptvorteil liegt in der nondestruktiven Behandlung von Bearbeitungsschritten im RAW-Konverter. Sie können dort jeden beliebigen Zwischenschritt rückgängig machen, ohne dass die Bildqualität davon berührt wird. Bei JPEG-Dateien arbeiten Sie dagegen in der Regel die Schritte linear ab und sollten beispielsweise erst zum Schluss nachschärfen, um keine Datenverluste im linearen Workflow hinzunehmen.

Das RAW-Format bietet jedoch noch mehr: Durch den größeren Datenumfang werden Tonwertsprünge in Farbverläufen nicht sichtbar, während das JPEG-Format hier besonders bei nachträglicher Weichzeichnung Probleme bereiten kann. Sie können mit RAW-Dateien nachträglich verlustfrei einen misslungenen Weißabgleich durchführen oder gar den Farbraum wechseln. Letzteres wird im professionellen Print für die CMYK-Ausgabe erforderlich und lässt sich beispielsweise über den Zwischenschritt des Adobe RGB-Formats verlustfreier bewerkstelligen. Speziell als 400D-User mit der derzeitigen Firmware 1.04 werden Sie zudem mit einer höher auflösenden Ausgabedatei belohnt, wenn Sie im RAW-Format aufnehmen und die Canon-Software zu Konvertierung nutzen.

Viele Vorteile also, die für das RAW-Format sprechen. Die Schattenseiten sollen aber nicht verschwiegen werden. RAWs sind als herstellerspezifisches Format erst noch von wenigen Programmen direkt lesbar, und die Hersteller von RAW-Konvertierungsprogrammen haben oft Mühe, für ein neues Kameramodell die Datenkompatibilität sicherzustellen. Meist gehen zwei Monate ins Land, bevor das RAW-Format ausreichend Unterstützung findet. So auch beim EOS 400D-RAW-Format (.cr2), für das die Hersteller erst jetzt nach und nach die Software angepasst haben. Ein sehr beliebtes Programm wie der RAW Shooter von Pixmantec wird beispielsweise überhaupt nicht mehr an die EOS 400D adaptiert.

Adobe ist hier in die Bresche gesprungen und unterstützt den Markt mit einem eigens für Datenkompatibilitätszwecke geschaffenen Standard. Das DNG-Format hilft hier aus und soll weitgehend zukunftssicher sein, da die Software- bzw. Kamerahersteller nicht mehr für jedes Kameramodell neue Anpassungsarbeiten vornehmen müssen, sondern schlicht auf das DNG-Format aufsetzen können oder könnten.

Auf DNG setzen?

DNG (**D**igital **N**egative) versucht sich noch als Standard am Markt zu etablieren. Canon bietet beispielsweise keine direkte Unterstützung in seinen DSLRs an. Sie müssten also Ihre 400D-RAW-Dateien zunächst noch mit einem von Adobe angebotenen kostenlosen Tool übersetzen lassen (lässt sich auch direkt in Adobe Lightroom und anderen Konvertern als DNG abspeichern) oder darauf vertrauen, dass die Softwarehersteller auch in zukünftigen Versionen Ihre 400D-RAW-Dateien unterstützen. Unserer Ansicht nach gehört die EOS 400D jedoch durch Canons Marktführerstellung zum Weltstandard, und kein ernst zu nehmender Softwarehersteller wird ihr in naher Zukunft die RAW-Kompatibilität versagen. Wenig Grund also, um auf DNG auszuweichen.

Neben eventuellen Kompatibilitätssorgen kostet das RAW-Format vor allem jedoch mehr Speicherplatz als die JPEG-Dateien. Das betrifft nicht nur die eingelegte CF-Card, deren Kapazität dreimal schneller erschöpft ist, sondern auch die Festplatte am heimischen Computer. Der Speicherpuffer wird ebenfalls schneller aufgefüllt, was sich beispielsweise in einer verminderten Serienbildsequenz (10 RAWs gegenüber 27 JPEGs im Reihenbildmodus) zeigt oder auch in einem holprigen Workflow am heimischen PC. Der RAM-Speicherplatz wird stärker beansprucht und sollte gegebenenfalls aufgestockt werden (gängige RAW-Konverter erwarten mindestens 768 MByte, oft auch 1 GByte Hauptspeicher). Datentransfers von der CF-Card auf den Computer oder auch bei Direktverbindung über die USB-Schnittstelle sind ebenfalls verlangsamt.

Der höhere Speicherbedarf der RAW-Dateien kostet zudem erheblich mehr Akkupower an der Kamera, da im Schnitt statt 3,2 gleich 9,2 MByte auf die Karte geschrieben werden.

Was also tun: RAW oder JPEGs einsetzen?

Unser Tipp lautet: sowohl als auch. Setzen Sie für höchste Qualität das RAW-Format ein, und Sie sichern sich sowohl alle Ausgabeoptionen als auch einen höheren Dynamikumfang. Wählen Sie das JPEG-Format, um bei Speicherknappheit oder einem zur Neige gehenden Akku sorgenfrei dazustehen oder einen unkomplizierten Datenaustausch zu gewährleisten. Bei geringem Kontrastumfang oder um eine höhere Serienbildfrequenz nutzen zu können, ist das JPEG-Format nach wie vor eine gute Wahl!

Qualitätsvergleich JPEG – RAW

Um die Hauptvorteile des RAW-Formats zu zeigen, vergleichen wir dessen Dynamikumfang mit dem JPEG-Format und bringen Beispiele zu den erweiterten Parameteroptionen bei RAWs.

Mehr Dynamik bei RAWs

Um den Hauptvorteil des höheren Dynamikumfangs der RAW-Dateien gegenüber dem JPEG-Format zu demonstrieren, haben wir eine Graustufenkarte mit normaler Belichtung aufgenommen:

Normalbelichtete Graustufenkarte

Die 20 Felder sind jeweils von hell nach dunkel abgestuft.

Wir belichten jetzt die Graustufenkarte um drei Blendenstufen über.

Überbelichtete Graustufenkarte

Die Überbelichtung führt zu Überstrahlungen im hellen Bereich, ab Stufe 6 werden links im hellen Bereich keine Felder mehr differenziert. Diese überbelichtete Datei wurde sowohl im JPEG- als auch im RAW-Format aufgenommen und soll anschließend mit der Software korrigiert werden.

Korrektur der Überbelichtung

Für die Korrektur nutzen wir Adobe Lightroom mit dem Ziel, die hellen Felder auf der linken Seite wieder auszudifferenzieren. Dies erreichen wir über die Slider *Recovery* und *Helligkeit*.

JPEG-Format

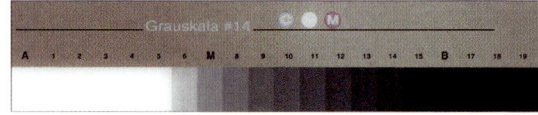

RAW-Format

Das Ergebnis spricht eindeutig zugunsten des RAW-Formats, denn die hellen Felder werden bis zur dritten Stufe wiedergegeben, während sich das JPEG-Format ab Position fünf frühzeitig verabschiedet. Die farbigen Buchstaben CYK verdeutlichen zudem die verbesserte Farbwiedergabe des RAW-Formats – die Farben beim JPEG sind ausgeblichen.

An einem Praxisbeispiel soll der Vergleich erneut vorgenommen werden:

Software für die EOS 400D

Überbelichtete Originalszene

Wie so oft bei Landschaftsaufnahmen mit einem hellen Himmel ernten wir hier auf dem Bild Überstrahlungen.

Da die Aufnahme parallel im RAW- und JPEG-Format aufgezeichnet wurde, soll sie in beiden Bildformaten nachträglich korrigiert werden.

Korrigierte Aufnahmen
JPEG-Format

RAW-Format

Der Himmel konnte beim RAW-Format erheblich besser wiederhergestellt werden, im Vergleich zur JPEG-Aufnahme werden einige Wolken über dem Berg sichtbar.

Der höhere Dynamikumfang des RAW-Formats ist allerdings kein Garant für überstrahlungsfreie Aufnahmen. Wir zeigen zum Vergleich dieselbe Szene mit korrekter Belichtung (Belichtungsmessung auf den Himmel, nachträgliche Aufhellung lediglich des Bodenbereichs).

Korrekte Belichtung auf den Himmel

Die korrekte Belichtung auf den Himmel in diesem Bild beweist, dass trotz Einsatz des RAW-Formats (siehe oben) Überstrahlungen nicht vollständig repariert werden können.

Nachträgliche Parameteroptionen beim RAW-Format

Die 400D rechnet bei Nutzung des JPEGs-Formats die Kameraparameter fest in die Bilddatei ein. Ganz gleich, ob Sie in den Bildstilen einen hohen Wert für die Bildschärfe, den Kontrast oder beispielsweise den Schwarz-Weiß-Modus vorgewählt haben, Sie können später mit der Software keine großen Korrekturen mehr daran vornehmen. Das RAW-Format lässt einem jedoch alle Optionen offen. Selbst wenn Sie im Schwarz-Weiß-Bildstil aufgenommen haben, lässt sich bei der RAW-Datei später die Originalfarbe rekonstruieren.

JPEG-Format (Bildstil Monochrom)
Nachträglich ist bei diesem Retroadaptermakro einer roten Ameise bei Verwendung des Bildstils Monochrom keine Farbe mehr einzuhauchen.

RAW-Format (Bildstil Monochrom)
Trotz Verwendung des monochromen Bildstils lässt sich im RAW-Konverter ganz einfach die Originalfarbe wiederherstellen.

Alternative RAW-Konverter zur Canon-Software

Neben Digital Photo Professional bietet der Softwaremarkt eine Reihe von weiteren RAW-Konvertern mit unterschiedlichen Stärken und Schwächen. Wir stellen einige von ihnen vor:

Adobe Lightroom
Derzeit noch im Betastadium, lässt sich Adobes Lightroom kostenlos auf der Internetseite *http://labs. adobe.com/technologies/lightroom/* downloaden. Die EOS 400D wird bereits seit der Betaversion 4.0 unterstützt. Obwohl das Programm nicht frei von Schwächen ist, zählt es eindeutig zu den besten derzeit verfügbaren RAW-Konvertern (siehe Bild auf der gegenüberliegenden Seite).

Stärken
- Edle Programmoberfläche.
- Umfangreiches Verschlagwortungssystem und 5-Star-Rating über die gesamte Bilddatenbank.
- Kompatibel zu vielen Dateisystemen (z. B. DNG/ RAW/JPEG/TIFF/PSD).
- Hervorragende Korrekturmöglichkeiten zur Anpassung der Belichtung und Farben.
- Einige Extras wie eine Diashow, eine umfangreiche Drucksektion und die Erstellung von Webgalerien.
- Kostenloses Upgrade von ehemaligen RAW Shooter Premium-Usern auf die Pay-Version.

Schwächen
- Fordert einige Rechenleistung ein. Unter 1 GByte Hauptspeicher sollte nicht gearbeitet werden.
- Die Gesamtperformance könnte besser sein, was sich besonders beim Browsen in umfangreichen Libraries zeigt.
- Bilddateien müssen vor dem Zugriff importiert werden. Das kann den Workflow etwas ausbremsen, denn eine schnelle Auswahl der gelungenen Bilder

(in Vollbildansicht) direkt vom CF-Card-Laufwerk ist an den Import gebunden.

■ Bisher noch keine partielle Bildbearbeitung, etwa um Bildbereiche zu stempeln oder selektiv zu bearbeiten.

Adobe Camera Raw (ACR)

Adobe Camera Raw ist ein kostenloses Add-on für Adobe Photoshop CS2 bzw. kompatibel mit den Elements-Versionen ab 3.0.

Sobald Sie eine RAW-Datei mit der Adobe-Grafiksoftware öffnen, geht ein umfangreiches Konvertierungsfenster auf (das ACR-Add-on), und es werden vielfältige Einstellungsmöglichkeiten zum Konvertieren der RAW-Datei angeboten.

Die EOS 400D wird ab der Version 3.6 erkannt (Download unter *http://www.adobe.com/support/ downloads/detail.jsp?ftpID=3536*).

Stärken

■ Umfangreiche Parametersektion, z. B. zum Entrauschen und Entfernen von chromatischen Aberrationen.

■ Gute Leistung beim Zurücknehmen von Überstrahlungen und beim Nachschärfen.

■ Kostenlos, wenn man die Anschaffung der Basisprogramme unberücksichtigt lässt.

■ Recht gute Performance.

Schwächen

■ Keine Dateiorganisation (wird bei Photoshop CS2 jedoch in Bridge angeboten).

■ Keine direkte Verschlagwortung.

■ Nur rudimentäre Exportunterstützung (kein grafischer Fortschritt).

■ Keine großen Extras etwa zur partiellen Bearbeitung von Bildpartien.

DxO Optics

Seit der Version 4.0 wird auch die EOS 400D unterstützt. Die Software wurde bezüglich der Performance gegenüber der Vorgängerversion deutlich gesteigert.

Besonders die umfangreichen Korrekturfunktionen von speziellen Kamera-Objektiv-Kombinationen zeichnen das Programm aus.

Stärken

- Umfangreiche Korrektur von Linsenfehlern.
- Gute Teilperformance (etwa beim Bildbrowsing zur Auswahl der Bilder).
- Stylische Programmoberflache.
- 5-Star-Rating und Image-Basket mit Speichermöglichkeit für einzelne Programmsessions.

Schwächen

- Integration von Programmteilen könnte noch konsistenter sein.
- Kein Navigationsfenster.
- Performance bei der 100-%-Vorschau könnte besser sein.
- Ressourcenhungrig.
- Pflichtimport.
- Bisher wird nur ein Teil der angebotenen Objektive für Linsenkorrekturen unterstützt.

Bibble Pro

Der Konverter Bibble Pro unterstützt ab der Version 3.9 auch die EOS 400D-RAW-Dateien. Durch seine umfangreiche Funktionssektion mit selektiver Bearbeitungsmöglichkeit z. B. zum Stempeln von Bildteilen und sein weitreichendes Highlight-Recovering ist er ein Geheimtipp.

Stärken

- Reichhaltige Funktionsauswahl inklusive selektiver Bearbeitungsmöglichkeit.
- Linsenkorrektur für sehr viele Objektive und Kamerabodys.

- Hervorragende Rauschunterdrückung durch Noise Ninja-Plug-in.
- Kein Pflichtimport von Dateien, liest die Verzeichnisse direkt aus.
- Gutes Bewertungssystem inklusive Image-Basket und Unterstützung von benutzerdefinierten Ablagekategorien. Rating-System inklusive.

Schwächen

- Die Programmoberfläche könnte etwas moderner gestaltet sein.
- Programmteile können an verschiedene Positionen rutschen und Einsteiger etwas irritieren.
- Highlight-Recovering ist bei weißen Überstrahlungen hervorragend, neigt jedoch wegen Farbinterpolation aus Nachbarbereichen zu Farbartefakten.

iView MediaPro (Mediadatenbank)

iView MediaPro – derzeit in Version 3 – ist kein RAW-Konvertierungsprogramm, sondern eine umfangreiche Suite zur Verschlagwortung (IPTC-Standard) und Dateiorganisation. Sie zeigt gleichwohl die RAW-Dateien in voller Bildschirmgröße an und nutzt dabei die im RAW-Bild eingebettete Preview.

Damit ist zwar keine voll aufgelöste 100-%-Vorschau möglich, der Arbeitsfluss ist jedoch sehr schnell. Durch Programmverknüpfung lässt sich ein RAW-Konverter direkt aus iView aufrufen. Beispielsweise in Verbindung mit Bibble wird daraus eine umfassende Lösung zur Bilddatenverarbeitung, Konvertierung und Verschlagwortung. Eine kostenlose Trialversion findet sich unter *http://www.application-systems.de/iview/download2.html*.

> **Korrekturleistungen der Konverter bei Überstrahlungen**
> Sie finden weitere Infos zur RAW-Konverter-Leistung in Kapitel 3.3.

8.4 RAW Image Task professionell einsetzen

In den ZoomBrowser EX integriert sich das Programm RAW Image Task zur Konvertierung von RAW-Dateien der EOS 400D.

Sie können das Tool RAW Image Task aufrufen, indem Sie im ZoomBrowser EX die gewünschten RAW-Dateien auswählen und dann unter *Bearbeiten* die Schaltfläche *Verarbeiten von RAW Bildern* anklicken. Alternativ können Sie auch das Menü *Extras/RAW Bilder werden verarbeitet* wählen.

RAW Image Task bildet die in der EOS 400D eingebaute RAW-Konvertierung nach und bietet daher die gleichen Parametereinstellungen an, die Sie bei JPEG-Bildern auch direkt an der EOS 400D vornehmen können.

Stellen Sie die gewünschten Konvertierungsparameter wie Weißabgleich, Belichtungskorrektur etc. ein.

Sie können die Einstellungen auch auf mehrere Dateien gleichzeitig anwenden. Dazu müssen Sie nur die gewünschten Dateien in der Bildergalerie am linken Fensterrand auswählen.

▲ Mit RAW Image Task sehen Sie sofort in der Vorschau, wie sich Ihre Parametereinstellungen auswirken.

In RAW Image Task können Sie nicht nur die vordefinierten Bildstile anwenden, sondern auch einen beliebigen Bildstil von der Festplatte laden. Auch die Einstellung des Weißabgleichs ist flexibler als in der Kamera. Mit den Reglern A und B können Sie den Weißabgleich feintunen. Gefällt Ihnen die Vorschau, können Sie die Konvertierungsparameter auf die RAW-Bilder anwenden. Dazu müssen Sie nur auf *Speichern* in der Toolbar klicken und noch einige Angaben zum gewünschten Ausgabedateiformat, zum Zielordner und zur Dateibenennung machen.

8.5 RAW-Bilder professionell bearbeiten mit Digital Photo Professional

Um Ihre im RAW-Format aufgenommenen Bilder am PC zu bearbeiten und in gängige Bildformate zu konvertieren, brauchen Sie keine teure Speziallösung. Canon liefert mit der EOS 400D den RAW-Konverter Digital Photo Professional (DPP) mit, der der Bezeichnung professionell mehr als gerecht wird.Natürlich können Sie mit Digital Photo Professional die schon bekannten Einstellungen für den Weißabgleich oder die Bildoptimierung verwenden, für optimale Ergebnisse sollten Sie jedoch besser die Feineinstellungen in DPP nutzen.

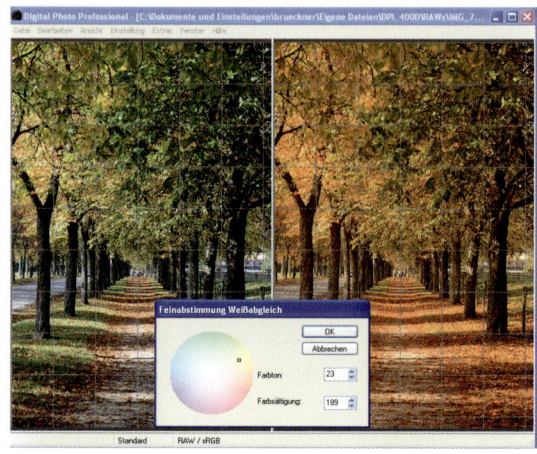

▲ Die Feinabstimmung des Weißabgleichs in Digital Photo Professional können Sie nicht nur nutzen, um einen korrekten Weißabgleich einzustellen, sondern Sie können mit dieser Funktion bewusst eine künstliche Farbstimmung erzeugen.

Klicken Sie im Weißabgleichsbereich der Werkzeugleiste auf *Abstimmen*, dann öffnet sich ein neues Fenster, in dem Sie den Weißpunkt in einem Farbkreis mit der Maus verschieben können. So stellen Sie zunächst möglichst genau den gewünschten Weißabgleich ein. Mit den numerischen Einstellungen für Farbton und Farbsättigung können Sie dann den Weißabgleich noch genauestens einstellen.

▲ Nutzen Sie bei Digital Photo Professional die Vergleichsansicht (Menü Ansicht/Vergleich vorher/nachher), um schnell beurteilen zu können, welche Auswirkungen Ihre Einstellungen auf das Bild haben.

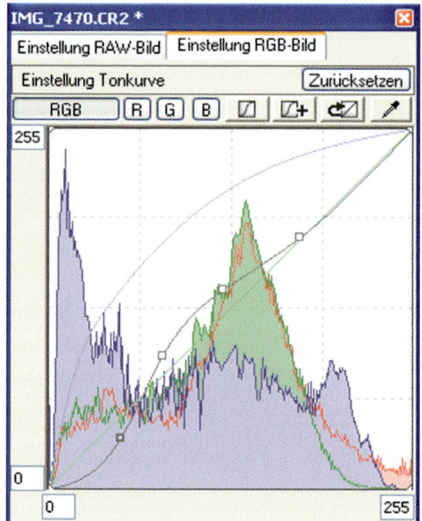

Ein extrem leistungsfähiges Werkzeug in Digital Photo Professional sind die eingebauten Tonkurven (Gradationskurven), mit denen sich die Helligkeitsverteilung im Bild gezielt einstellen lässt. Die Tonkurve lässt sich mit der Maus in eine beliebige Form ziehen, zusätzliche Stützstellen können Sie mit der linken Maustaste einfügen. Mit den Tonkurven können Sie auch extreme Bildbearbeitungen realisieren, schnell stellt sich eine unrealistische Bildwirkung ein. Von daher ist bei der Anwendung der Tonkurven immer viel Fingerspitzengefühl notwendig.

Die Stützpunkte in der linken unteren und der rechten oberen Ecke haben bei den Tonkurven eine besondere Bedeutung. Der Punkt links unten ist der Schwarzpunkt. Gehen Sie mit der Maus an den linken Bildrand, bis ein Doppelpfeil erscheint, und ziehen Sie die Linie für den Schwarzpunkt in das Histogramm. So werden alle Tonwerte links des Schwarzpunktes im Bild schwarz dargestellt. Dies können Sie nutzen, um z. B. Rauschen in dunklen Bildbereichen auszublenden, allerdings gehen dabei auch Details in den dunklen Bereichen verloren.

Ähnlich verhält es sich mit dem Weißpunkt rechts oben. Ziehen Sie diesen Punkt nach links und alle Werte rechts des Weißpunktes werden weiß dargestellt. Bei unterbelichteten Bildern können Sie mit dem Weißpunkt die vorhandenen Tonwerte wieder auf den gesamten zur Verfügung stehenden Wertebereich dehnen und damit für eine ausgeglichene Helligkeitsverteilung sorgen.

Digital Photo Professional zeigt Ihnen übrigens die Helligkeitsverteilung der drei Farbkanäle als Histogramme direkt im Fenster der Tonwertkurve an. Damit können Sie schnell beurteilen, wie gut Ihre Tonkurve eingestellt ist. Das Histogramm sollte im Optimalfall den gesamten Bereich abdecken, ohne dabei starke Häufungen am unteren oder oberen Ende aufzuweisen. Mit den Knöpfen *RGB*, *R*, *G* und *B* können Sie auswählen, ob Sie die Tonkurve für alle drei Farbkanäle (RGB) oder nur für jeweils einen Farbkanal einstellen wollen. Diese Option, die Tonkurve für einen einzelnen Farbkanal zu verändern, ermöglicht es Ihnen, selbst extrem farbstichige Bilder, die mit den Weißabgleicheinstellungen allein nicht mehr

▼ *Mit den Tonkurven haben Sie die maximale Kontrolle über die Helligkeitsverteilung im RGB-Bild. Gleichzeitig können Sie mit den Tonkurven für die einzelnen Farbkanäle auch extreme Farbstiche korrigieren.*

zu retten sind, doch noch in ansehnliche Bilder zu verwandeln.

Mit Digital Photo Professional können Sie hemmungslos an Ihren RAW-Bildern experimentieren. Die Vorher-/Nachher-Ansicht zeigt Ihnen genau, welche Auswirkungen eine Einstellungsänderung auf Ihre Bilder hat, und dennoch werden Ihre wertvollen Rohdaten nicht angetastet. Haben Sie für ein Bild die optimalen Einstellungen gefunden, können Sie diese als „Rezept" speichern. Diese Rezepte sind Anleitungen für Digital Photo Professional, wie ein Rohdatenbild konvertiert werden soll. Natürlich können Sie ein einmal abgespeichertes Rezept auch auf andere RAW-Bilder anwenden und so auch eine größere Anzahl von Bildern komfortabel mit den gewünschten Einstellungen in ein gängiges Datenformat wie JPEG oder TIFF umwandeln.

8.6 Die Bildverwaltung

Zur Verwaltung Ihrer wertvollen Bilder gehört die organisierte Ablage der Bilddateien in eine übersichtliche Ordnungsstruktur und die Verschlagwortung von Bildern, um diese mit Textsuchfunktionen auch wiederfinden zu können. Insbesondere bei großen Datenbeständen ist es wichtig, Bilddateien mit einer Suchfunktion erschließen zu können, ansonsten kann sich die Suche nach einem bestimmten Bild zu einer zeitaufwendigen Aktion ausweiten. Schon mit Bordmitteln von Windows XP ist eine einfache Bildverwaltung möglich. Über eine geeignete Ordnerstruktur lassen sich die Bilder nach einem gewünschten Kriterium, z. B. dem Bildinhalt, organisieren. Eine Ordnerstruktur nach Aufnahmedatum ist dabei nicht unbedingt erste Wahl, denn die Dateien können ja problemlos mit der Windows-Suchfunktion nach dem Aufnahmedatum durchsucht werden.

Die wichtigsten Aufnahmeparameter stehen dabei im Windows-Dateieigenschaftendialog zur Verfügung und können dort auch um zusätzliche Informationen, wie eine Bildbeschreibung, Schlagwörter, einen Kommentar etc. ergänzt werden.

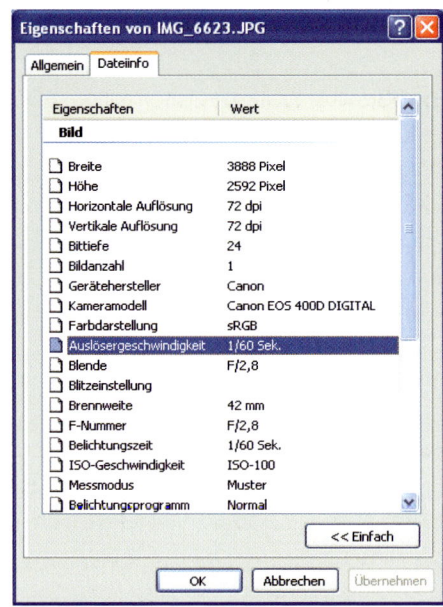

▲ Windows zeigt im Eigenschaftendialog die wichtigsten EXIF-Parameter an.

▲ In der Beschreibung erlaubt Windows, zusätzliche Informationen zu einem Bild abzuspeichern.

Allerdings können die EXIF-Parameter der Bilder nicht mit der Windows-Suchfunktion durchsucht werden, sodass das Auffinden von Bildern nur mit dem Explorer nicht gerade einfach ist.

Mit dem ZoomBrowser EX liefert Canon mit der EOS 400D ein Werkzeug mit, das eine umfangreiche Verwaltung Ihrer Bilddaten ermöglicht. Bilder können mit dem ZoomBrowser verschlagwortet und mit Kommentaren versehen werden, und es steht eine komfortable Suchfunktion für diese Parameter zur Verfügung. So lassen sich Bilder im Handumdrehen wiederfinden.

Neue Bilder werden im ZoomBrowser EX zunächst erfasst, d. h. in Ordner einsortiert, mit Schlüsselwörtern versehen, und Kommentare werden hinzugefügt. Die im ZoomBrowser EX angelegte Ordnerstruktur wird genauso in Windows angelegt, sodass die mit dem ZoomBrowser aufgebaute Ordnerstruktur auch ohne den ZoomBrowser genutzt werden kann. Deutlich über die Möglichkeiten von Windows geht jedoch die Suchfunktion vom ZoomBrowser EX hinaus. Als Suchkriterien stehen die Bildqualität, das Aufnahme- und das Änderungsdatum, der Kommentar oder die vergebenen Schlüsselwörter zur Verfügung. Im ZoomBrowser EX sind einige kleine Bildbearbeitungsfunktionen wie z. B. die Bearbeitung roter Augen, die Anpassung von Helligkeit und Kontrast etc. integriert. Diese Funktionen bieten allerdings wenig Eingriffsmöglichkeiten und werden daher besser in einem vollwertigen Bildbearbeitungsprogramm durchgeführt. Der ZoomBrowser EX kann auch dazu genutzt werden, Bilder auszugeben. Sowohl zum Ausdruck der Bilder wie auch für die Veröffentlichung im Internet stehen geeignete Funktionen zur Verfügung.

Da der ZoomBrowser EX mit seiner Funktionalität einen kompletten Workflow enthält, kann dieses Werkzeug nicht nur zur Verwaltung von Bildern eingesetzt werden, sondern vor allem auch dann, wenn Bilder schnell bereitgestellt werden müssen. Insbesondere der direkte Versand von Bildern per E-Mail oder die

Veröffentlichung im Internet sind dabei wertvolle Hilfen. Leider ist die Veröffentlichung im Internet auf das Canon iMAGE GATEWAY beschränkt, sodass bei der Verwendung von eigenem Webspeicherplatz ein anderes Werkzeug herangezogen werden muss (siehe Bild auf der nächsten Seite).

Bilder erfassen und katalogisieren

Aus dem ZoomBrowser EX heraus können Sie mit *Erfassen & Kamera-Einstellungen* direkt das EOS Utility starten und Bilder aus der 400D oder von einem Kartenleser auf den PC übertragen. Sind die Bilder dann auf dem PC gespeichert, sollten Sie sie einzeln erfassen. Dazu können Sie jedem Bild eine Qualitätsstufe von einem bis zu vier Sternen vergeben. Ein Kommentar als Freitext sollte das Bild möglichst gut beschreiben und die Begriffe enthalten, mit denen Sie das Bild assoziieren. Mit den Schlüsselwörtern stehen dann noch Kategorien zur Verfügung, in die Sie das Bild einsortieren können. Nutzen Sie dabei die Möglichkeit, die Kategorien nach Ihren Bedürfnissen frei zu definieren, aber löschen Sie keine Kategorie, wenn Sie dieser schon Bilder zugewiesen haben.

▲ Der ZoomBrowser EX erlaubt es, zu jedem Bild zusätzliche Informationen zur Bildverwaltung zu erfassen.

Anzeigen & sortieren

Mit der Funktion unter *Anzeigen & sortieren* können Sie die neu erfassten Bilder in Ordner auf der Festplatte einsortieren sowie mehrere Bilder in einem Schwung umbenennen. Insbesondere letztere Funktion ist bei der Bildverwaltung sehr hilfreich, denn aus den Dateinamen, die die EOS 400D automatisch vergibt, lässt sich kein Rückschluss auf den Bildinhalt ziehen.

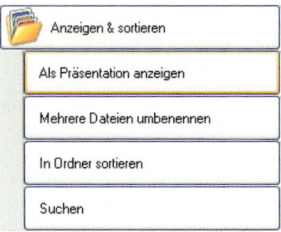

Mit den Funktionen unter *Bearbeiten* können Sie bei JPEGs einfache Bildbearbeitungen durchführen oder ein externes Bildbearbeitungsprogramm aufrufen. Des Weiteren können Sie PhotoStitch zum Zusammenfügen von Panoramaaufnahmen starten oder den RAW Image Task, der weiter oben bereits genauer beschrieben wurde, aufrufen.

Bilder speichern, drucken oder im Internet veröffentlichen

Um Bilder in andere Formate zu konvertieren oder aus Ihren Bildern einen Bildschirmschoner zu erzeugen, können Sie die Funktionen unter *Exportieren* nutzen. Zusätzlich kann der ZoomBrowser EX Ihre wertvollen Bilddateien als Backup direkt auf CD brennen. Eine ganz nette Funktion ist der Export der Aufnahmeeigenschaften. Damit lassen sich ausgewählte EXIF-Daten zu den Bildern direkt in Textdateien, die auch mit der Windows-Suchfunktion erfasst werden, abspeichern. Damit Sie Ihre Bilder auf Papier ausdrucken können, bietet der ZoomBrowser EX eine Druckfunktion für Einzelbilder und Indexseiten an. Vor allem der Druck von Indexseiten kann sehr gut dazu genutzt werden, sich Kontaktabzüge der Ordner auszudrucken, um so später eine manuelle Suche mit den Indexausdrucken vornehmen zu können.

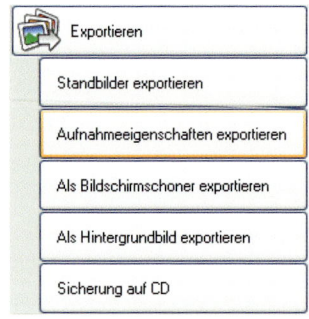

Mit den Funktionen unter *Internet* können Sie direkt aus dem ZoomBrowser EX heraus Ihre Bilder per E-Mail versenden oder im Canon iMAGE GATEWAY veröffentlichen. Entscheiden Sie sich, ein oder mehrere Bilder per E-Mail zu verschicken, können Sie vor dem Versand noch die Bildgröße anpassen. Dies ist bei den 10-Megapixel-Bildern meist sinnvoll, damit die Übertragung der E-Mail nicht zu lange dauert.

Alle im ZoomBrowser EX verfügbaren Funktionen finden Sie in anderen Programmen meist deutlich komfortabler, schneller und besser konfigurierbar vor. Die Stärke von ZoomBrowser EX liegt dabei auch nicht in den einzelnen Funktionen, sondern in der Integration aller zur Bildverwaltung benötigten Funktionen. An vielen Stellen erlaubt der ZoomBrowser EX das Aufrufen zusätzlicher Anwendungen und stört sich nicht daran, wenn eine Datei zwischenzeitlich mit einem anderen Programm bearbeitet wurde. Für eine wirklich professionelle Bildverwaltung greifen Sie besser zu anderen – meist deutlich teureren – Lösungen wie z. B. Adobe Lightroom, iView Media Pro oder ggf. ACDSee, aber auch schon mit dem ZoomBrowser EX können Sie selbst große Datenbestände in den Griff bekommen.

8.7 Das unscheinbare Multitool EOS Utility

Beim ersten Start zeigt sich das EOS Utility ganz unscheinbar mit einem einfachen Menü, in dem die

Bildübertragung zum PC am meisten Platz einnimmt. Die wahre Stärke des Tools EOS Utility liegt jedoch weniger in der Bildübertragung, die ja schon mit Windows-Bordmitteln oder mit Camera Window möglich ist, sondern in der Möglichkeit, Ihre EOS 400D komplett vom PC aus fernzusteuern.

Dazu müssen Sie lediglich die Kamera über das USB-Kabel mit dem PC verbinden und EOS Utility starten. Im oberen Bereich von EOS Utility sehen Sie dabei ein stilisiertes LCD-Display mit den wichtigsten Bildinformationen und im unteren Fensterbereich werden die Menüs eingeblendet. So können Sie alle Einstellungen außer der Programmwahl – das Wahlrad müssen Sie direkt an der EOS 400D einstellen – direkt und unkompliziert am Bildschirm vornehmen. Besonders komfortabel arbeiten Sie mit der Kombination aus Digital Photo Professional (DPP) und EOS Utility. Die beiden Programme werden dabei so verzahnt, dass Ihre Bilder wie von Geisterhand direkt in Digital Photo Professional erscheinen. Dazu müssen Sie nur einige wenige Schritte vornehmen:

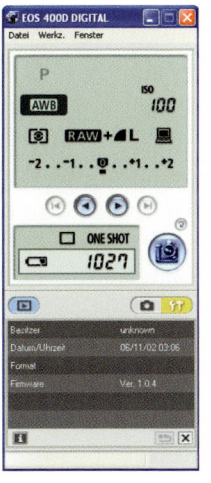

◀ Mit dem EOS Utility holen Sie sich das Display der EOS 400D auf Ihren PC und steuern die Kamera ganz bequem per Mausklick.

Starten Sie Digital Photo Professional und wählen Sie dort im Menü den Punkt *Extras/EOS Utility starten* oder drücken Sie die Tastenkombination [Alt]+[O]. Dadurch wird EOS Utility gestartet und der Zielpfad für heruntergeladene Dateien wird automatisch auf ein Synchronisationsverzeichnis von Digital Photo Professional eingestellt.

Verbinden Sie Ihre EOS 400D über das USB-Kabel mit dem PC und schalten Sie die Kamera ein. Stellen Sie das Programmwahlrad am besten auf eines der Kreativprogramme, die beste Kontrolle über die Aufnahmen erhalten Sie mit der manuellen Einstellung M, bei der Sie Blende und Belichtungszeit frei wählen können.

Erledigen Sie alle weiteren Kameraeinstellungen in EOS Utility und lösen Sie dann die Aufnahme mit einem Klick auf den Kamera-Button aus.

Die Aufnahme wird von EOS Utility sofort auf den PC geladen und erscheint direkt in Digital Photo Professional, wo Sie die Aufnahme sofort betrachten, begutachten oder auch bearbeiten können. Zur Einstellung des Bildausschnitts und zur Fokussierung sollten Sie dabei die Bilder nur im JPEG-Format übertragen, so erreichen Sie kürzere Übertragungszeiten. Für die eigentlichen Aufnahmen sollten Sie dann aber zugunsten der Bildqualität die etwas längeren Übertragungszeiten des RAW-Formats in Kauf nehmen, außer Sie fotografieren Motive, bei denen es auf eine schnelle Bildfolge ankommt. In diesen Fällen können Sie mit dem EOS Utility die EOS 400D fernsteuern und die Bilder dennoch direkt auf die Speicherkarte in der EOS 400D schreiben, was Ihnen die maximale Geschwindigkeit erlaubt.

9

Speichern der Bilder

Ihre Bildergebnisse sollten wohlbehalten auf einem sicheren Speichermedium landen. Am besten unkompliziert, kostengünstig, klimaunabhängig und mit hoher Speicherrate.

Wir zeigen Ihnen die besten Wege zur optimalen Speicherstrategie.

9.1 Kaufentscheidungshilfe CF-Cards

CompactFlash-Speicherkarten haben sich mittlerweile als Standard etabliert. Seinerseits konkurrierten sie noch mit den deutlich günstigeren Microdrives, die als CF-Card vom Typ II ebenfalls mit den Canon-DSLRs nutzbar waren und sind. Mittlerweile bewegen sich die Preise für CF-Cards (Typ I) jedoch im sehr akzeptablen Rahmen und haben die Microdrives praktisch vom Markt verdrängt. Die Gründe liegen in der geringeren Energieaufnahme und Wärmeentwicklung und der deutlich niedrigeren Empfindlichkeit. Anwender haben von CompactFlash-Karten berichtet, die eine Wäsche inklusive Daten unbeschadet überstanden haben. Bei Microdrives dürfte dagegen schon bei einem Fall aus geringer Höhe mit ernsthaften Problemen zu rechnen sein.

Derzeit sind die CF-Speicherkartenpreise so weit in den Keller gesunken, dass Kapazitäten von 4 oder gar 8 GByte in vielen Slots der DSLRs stecken.

Das kommt besonders EOS 400D-Fotografen entgegen, die mit dem RAW-Format operieren. Gegenüber JPEG-Bilddateien fordert es knapp die dreifache Kapazität ein, und aufgrund der hohen EOS 400D-Auflösung von 10,1 Megapixeln verbraucht es bei hochdetaillierten Motiven jedes Pixel. 400 RAW-Bilder benötigen daher eine 4-GByte-Karte, und auf Reisen, Events oder bei spannenden Motiven kann eine Session schon 200 bis 400 Bilder verbrauchen. Der ambitionierte EOS 400D-Fotograf tut also gut daran, sich eine 4-GByte-Karte zuzulegen.

Was für Akkus gilt, sollte auch beim Speicherplatz angesagt sein: Wenigstens eine CF-Card als Reserve bietet sich für die Fototasche an. Preislich liegen die Karten für 4-GByte-Kapazitäten zwar im Schnitt teilweise unter 100 Euro, aber die neuen Versionen von

Platzhirsch SanDisk mit der Extreme IV ziehen wieder an. Es ist fraglich, ob sich die erheblich höhere Investition für den EOS 400D-Fotografen lohnt.

Wir haben fünf Karten an der 400D für das RAW-Format und bei Serienaufnahmen getestet.

Geschwindigkeiten der CF-Cards an der EOS 400D

Die SanDisk ultra 512 MB ist bezüglich Datenkapazität und Version nicht mehr ganz auf der Höhe der Zeit. Ihre Leistung liegt mit 5,94 MByte/s auch am unteren Ende des getesteten Felds. Durchschnittlich benötigt die EOS 400D bei voller Nutzung der Serienbildaufnahmen 16,1 Sekunden, bevor der Fotograf wieder die volle Reihenbildkapazität nutzen kann (solange blinkt das rote Lämpchen an der Kamera).

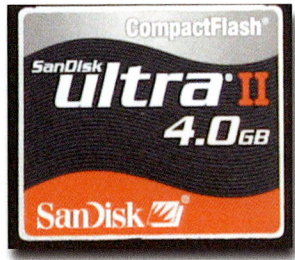

Die SanDisk ultra II 4,0 GB ist seit etwa zweieinhalb Jahren auf dem Markt und zählte zu den ersten 4-GByte-Karten, die überhaupt käuflich zu erwerben waren. Satte 350 Euro waren seinerzeit noch fällig.

Die Leistung liegt mit 6,15 MByte/s beim Speichern der EOS 400D-RAW-Dateien jedoch nicht wesentlich höher als die Vorgängergeneration.

Jede neue SanDisk-Generation warb mit noch höheren Durchsatzraten wie etwa die SanDisk Extreme III 4,0 GB. 20 GByte/s beim Lesen und Schreiben verspricht der Hersteller, doch diese Werte sind die maximale Durchsatzrate, die am Flaschenhals der CF-Cardreader oder in der internen Speicherverwaltung der DSLR ausgebremst wird.

Die Extreme III erreicht real 6,17 MByte/s, und der EOS 400D-User wartet rund 15,5 Sekunden, bevor der interne Speicherpuffer seiner Kamera vollständig geleert wurde.

Vergleichsweise günstig ist die Transcend 8 GB 120x. Die Datenrate mit 6,27 MByte/s liegt immerhin über den in der Regel etwas teureren SanDisk ultra II und III. Man sollte aber nicht vergessen, dass SanDisk seinen aktuellen Produkten eine CF-Card-Aufbewahrungstasche und eine Recovery-Software beilegt.

Die SanDisk Extreme IV 2,0 GB liegt derzeit auf Spitzenpreisniveau und erreicht auch die beste Speichergeschwindigkeit mit 7,22 MByte/s. Der EOS 400D-Fotograf wartet bei einer durchschnittlich detaillierten RAW-Serienbildsequenz 13,3 Sekunden, bis die Datenlast komplett auf der Karte gesichert ist.

Speicherkartengeschwindigkeiten – Fazit

Die Speichergeschwindigkeiten der CF-Cards liegen alle recht eng zusammen. An der Transcend warten Sie zwei Sekunden länger als an der aktuellen Extreme IV – vorausgesetzt allerdings, dass der Serienbildmodus voll ausgenutzt wird. Für eingefleischte High-Speed-Fans sicher ein Proargument zugunsten der Extreme, die meisten User dürften aber in der Praxis kaum spürbare Unterschiede zu Transcend oder ultra älterer Generationen wahrnehmen.

9.2 Mobile Speichergeräte für unterwegs

Auf längeren Reisen mit intensiver Nutzung Ihrer EOS 400D kann ein Datenvolumen zusammenkommen, das sich kaum mehr zu vernünftigen Investitionspreisen auf einzelnen CF-Cards unterbringen lässt. Drei Wochen mit 200 RAW-Bildern pro Tag generieren eine Speicherlast von bis zu 40 GByte. Selbst wenn man einen moderaten Kaufpreis von 90 Euro für eine 4-GByte-Karte ansetzt, werden dann 900 Euro für die Kapazität fällig. Günstiger kommt man daher mit mobilen Datenspeichergeräten weg, die in Speichergrößen von 20, 30, 40 oder 100 GByte angeboten werden.

Abhängig von der Displaygröße und den vielfach angebotenen Zusatz-Features, wie ein integrierter MP3-Player, ein Mikrofon oder eine Rekorderfunktion, unterscheiden sich die Preise. Meist kosten sie jedoch weit unter 50 % des für entsprechende Kapazitäten fälligen Anschaffungspreises der CF-Karten.

Sehr kostengünstige Angebote enthalten jedoch oft nur das Gehäuse, und Sie müssen zusätzlich eine externe Festplatte erwerben und einbauen.

Damit Sie nicht allzu lange Wartezeiten bei der Datenübertragung von der CF-Card auf die interne Festplatte in Kauf nehmen müssen, sollte das Gerät über einen USB-2.0-Anschluss verfügen.

Manchen Apparaten fehlt gar ein eigener CF-Card-Slot, sodass zusätzlich ein CF-Cardreader erworben und angeschlossen werden muss.

Von Geräten, die keine Verify-Funktion aufweisen, sollte man die Finger lassen. Eine automatische Überprüfung, ob die Bilddaten auch tatsächlich auf der Platte der Datenstation angekommen sind, erhöht die Datensicherheit. Es wäre dramatisch, wenn Sie heimkehrten und feststellen müssten, dass trotz regelmäßigen Transfers nichts auf Ihrer Datenstation angekommen ist.

Achten Sie beim Kauf auch auf die angegebene Akkulaufzeit und ob beispielsweise Adapter für den Pkw-Zigarettenanzünder im Lieferumfang enthalten sind. Zwei Stunden sollte ein Gerät ohne zusätzlichen Strom auskommen können, denn 8 GByte Übertragung können schon diese Zeitspanne in Anspruch nehmen. Die oft angegebene Wiedergabedauer für MP3-Dateien liegt deutlich höher. Sieben Stunden Playdauer sollten in der Regel das Minimum sein, denn die Schreibrate beansprucht den Akku erheblich mehr.

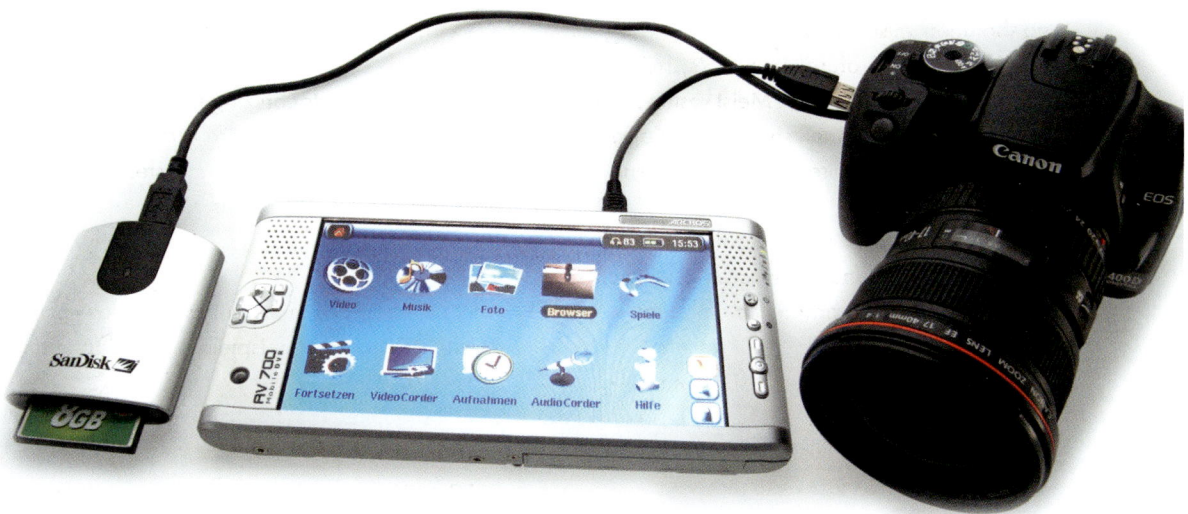

▲ Manche Geräte verfügen über keinen eigenen CF-Card-Slot, sodass ein externer Reader angeschlossen werden muss. Fotografieren Sie im RAW-Format, sollten Sie sich nicht von einem großen Display blenden lassen. Die RAW-Dateien werden in der Regel von der Datenstation nicht erkannt und können daher nur gesichert, aber nicht angezeigt werden.

10

Energie für die Kamera

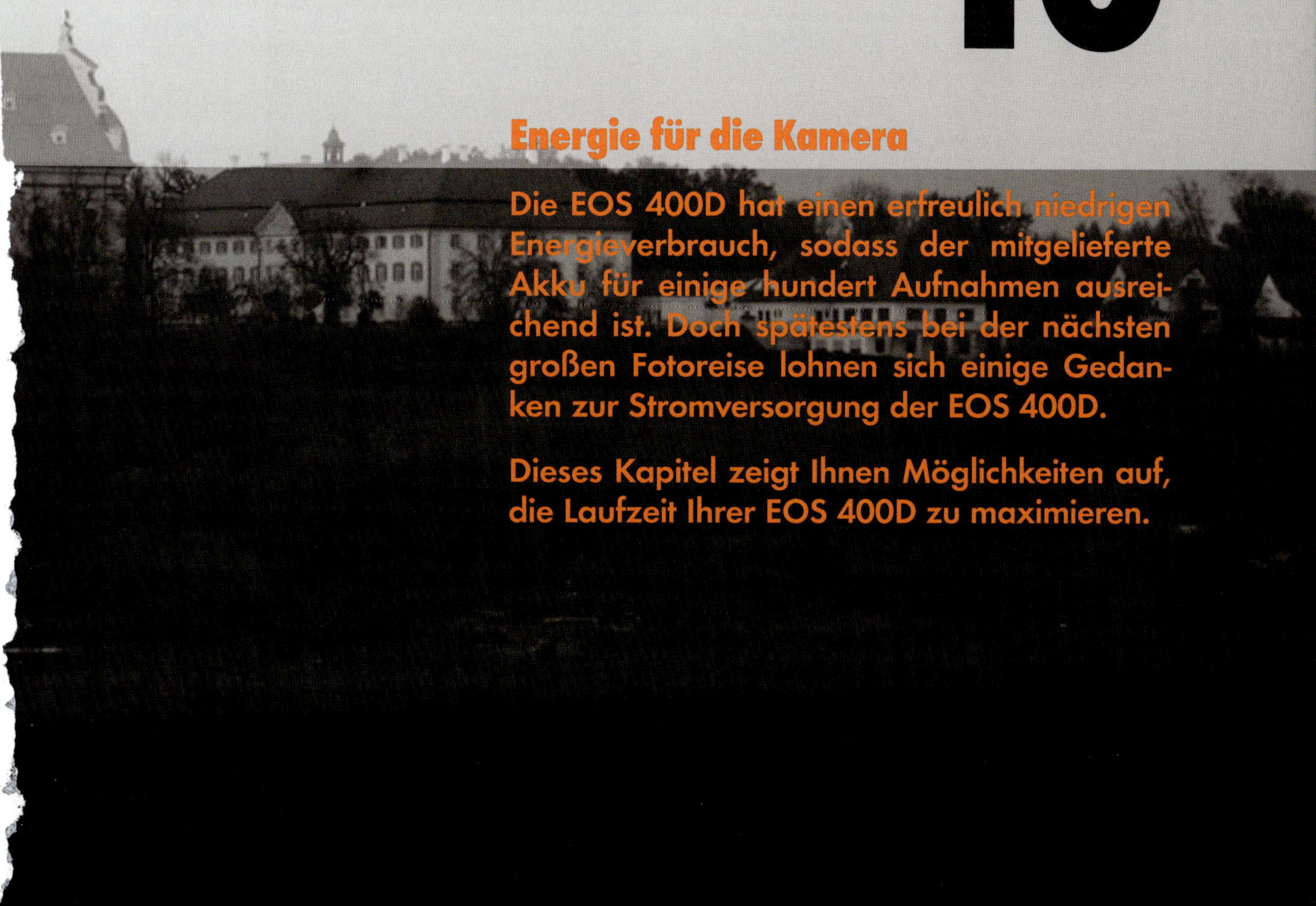

Die EOS 400D hat einen erfreulich niedrigen Energieverbrauch, sodass der mitgelieferte Akku für einige hundert Aufnahmen ausreichend ist. Doch spätestens bei der nächsten großen Fotoreise lohnen sich einige Gedanken zur Stromversorgung der EOS 400D.

Dieses Kapitel zeigt Ihnen Möglichkeiten auf, die Laufzeit Ihrer EOS 400D zu maximieren.

10.1 Akkus optimal einsetzen

Die EOS 400D nutzt, wie schon das Vorgängermodell EOS 350D, Lithium-Ionen-Akkus vom Typ NB-2LH mit einer Kapazität von 720 mAh bei 7,4 Volt. Mit einem solchen Akku schafft die EOS 400D rund 500 Aufnahmen bei Raumtemperatur – solange der eingebaute Blitz nicht eingesetzt wird. Dieser braucht verglichen mit der restlichen Kameraelektronik sehr viel Energie, sodass bei rund 50 % Blitzeinsatz nur noch ca. 360 Aufnahmen mit einer Akkuladung möglich sind.

Ein weiterer Faktor für die Betriebsdauer ist die Umgebungstemperatur. Canon gibt für 0 °C noch 370 Aufnahmen ohne Blitzeinsatz bzw. 280 Aufnahmen bei 50 % Blitzeinsatz an. Gerade bei tiefen Temperaturen bewährt sich daher ein Ersatzakku, der z. B. in der Hosentasche warm gehalten wird.

▲ Mit der EOS 400D liefert Canon einen Lithium-Ionen-Akku vom Typ NB-2LH mit.

In der Praxis werden die Herstellerangaben aber meist nicht erreicht. Dies rührt vor allem daher, dass das wirkliche Leben nicht den Laborbedingungen der Tests entspricht. Besondere Energiefresser an der EOS 400D sind vor allem der eingebaute Blitz und der TFT-Monitor. Da die EOS 400D gegenüber den Vorgängermodellen über kein LCD-Display mehr verfügt, müssen alle Einstellungen über den TFT-Monitor vorgenommen werden, was die Akkulaufzeit reduziert. Hier hilft es schon deutlich, wenn mittels der DISP.-Taste der Monitor abgeschaltet wird, wenn er nicht unbedingt benötigt wird. Ebenfalls bietet es sich an, die automatische Abschaltung auf den kleinsten Wert von 30 Sekunden einzustellen. Die EOS 400D ist trotz der Autoabschaltung in den Standby-Modus sofort wieder verfügbar, sodass bei dieser Einstellung die Kamerabedienung nicht negativ beeinflusst wird.

▲ Die automatische Abschaltung kann ohne Bedenken auf 30 Sekunden gestellt werden, um die Akkulaufzeit zu maximieren.

Eine weitere Einstellung, die die Akkulaufzeit beeinflusst, ist die automatische Rückschau nach jeder Aufnahme. Wird diese Einstellung auf Aus gestellt, wird nach einer Aufnahme das Bild nicht automatisch angezeigt, d. h. der Monitor nicht unnötig eingeschaltet. Eine Bildkontrolle ist dennoch jederzeit durch Drücken der Wiedergabetaste möglich.

Auch die Displayhelligkeit wirkt sich auf die Akkulaufzeit aus, da der Energiebedarf mit hellerer Displaybeleuchtung ansteigt. Um möglichst lange Akkulaufzeiten zu erreichen, sollte die Displayhelligkeit immer so eingestellt werden, dass das Bild bei den gegebenen Umgebungsbedingungen gerade so auf dem Monitor zu betrachten ist.

▲ Mikrofestplatten wie das Microdrive links im Bild brauchen deutlich mehr Energie als Flash-Speicherkarten.

Es sind aber nicht nur die Elemente der Kamera, die Energie aus dem Akku benötigen. So werden die verwendeten Objektive aus dem Kameraakku versorgt, ebenso wie die Speicherkarten. Bei den Objektiven ist es hauptsächlich der Autofokusmotor, der Energie benötigt. Insbesondere beim Autofokusmodus AI Servo oder bei der Verwendung eines Bildstabilisators ist der Autofokusmotor ständig in Bewegung, sodass die Akkulaufzeit deutlich reduziert wird. Bei den verwendeten CompactFlash-Speicherkarten kommt es auf die jeweilige Karte an, wie viel Energie benötigt wird. So verbraucht z. B. eine Mikrofestplatte wie das Microdrive deutlich mehr Energie als eine herkömmliche Speicherkarte mit Flash-Speicher.

Akkus wärmen

Insbesondere in der kalten Jahreszeit reduziert sich die Akkulaufzeit durch die Kälte enorm. Bei Aufnahmen im Winter kann man jedoch immer einen zweiten Akku in der Hosentasche warm halten und die Akkus wechselseitig austauschen. Schon das Aufwärmen in der Hosentasche reicht aus, damit der Akku wieder seine normale Kapazität aufweist.

10.2 Lebensdauer der Kameraakkus und optimale Nutzung

Die EOS 400D setzt sogenannte Lithium-Ionen-(Li-Ionen-)Akkus ein. Diese Akkutechnik zeichnet sich durch eine hohe Energiedichte aus, d. h., es steht viel elektrische Energie bei geringem Akkugewicht zur Verfügung. Des Weiteren weisen die Akkus der EOS 400D so gut wie keinen Memory-Effekt auf, es ist also nicht notwendig, die Akkus vor jeder Ladung vollständig zu entladen, sondern sie können aus einem beliebigen Ladezustand wieder vollgeladen werden. Auch benötigen die Akkus der 400D kein Training, sondern verfügen von Anfang an über nahezu die volle Kapazität.

Allerdings sind alte Lithium-Ionen-Akkus durch chemische Reaktionen des Lithiums mit den Elektrolyten relativ schnell leer. So verlieren die Akkus der EOS 400D schon nach ca. drei bis vier Jahren deutlich an Kapazität und sollten dann unbedingt ausgetauscht werden. Aber auch andere Faktoren, wie die Anzahl der Ladezyklen, oder Lagerungsbedingungen wie Temperatur und Ladezustand beeinflussen die Haltbarkeit eines Akkus.

Die Akkus der EOS 400D sollten daher bei einer Temperatur von etwa 15 °C und bei einem Ladezustand von rund 60 % und nicht zu hoher Luftfeuchtigkeit gelagert werden, um eine möglichst lange Lebensdauer zu erreichen. Bei Nichtbenutzung sollten die Akkus etwa nach einem halben Jahr wieder auf einen Ladezustand von etwa 60 % aufgeladen werden.

▲ Das mitgelieferte Akkuladegerät CB-2LW(E) ist ebenso wie das 12-Volt-Ladegerät CBC-NB2 speziell für die NB-2LH-Akkus der 400D ausgelegt.

Das von Canon mit der EOS 400D mitgelieferte Ladegerät ist übrigens optimal auf die NB-2LH-Akkus abgestimmt, was gerade bei Lithium-Ionen-Akkus wichtig ist. Es empfiehlt sich, unbedingt die Akkus der EOS 400D nur mit dem mitgelieferten Ladegerät zu laden, da es bei ungeeigneten Ladeelektroniken zu einer Zerstörung des Akkus bis hin zum Abbrennen des Akkus kommen kann.

10.3 Batteriegriff: Vorteile und Einsatz

Als sinnvolles Zubehör für die EOS 400D bietet Canon den Batteriehandgriff BG-E3 an, der schon von der EOS 350D bekannt ist. Dieser Batteriehandgriff bringt nicht nur mehr Energie in Form von zwei Akkus, die gleichzeitig verwendet werden können, sondern verbessert vor allem die Handhabung der EOS 400D.

Neben einem zusätzlichen Hochformatauslöser finden sich am BG-E3 auch ein zusätzliches Wahlrad, die AE/FE-Speichertaste, die Taste zur Auswahl des Autofokusmessfelds und die Taste zur Einstellung der Belichtungskorrektur. Damit ist die Kamera auch bei Hochformataufnahmen komfortabel zu bedienen.

▲ Der Batteriehandgriff BG-E3 bietet nicht nur Platz für zwei Akkus, sondern verbessert auch die Handhabung der EOS 400D deutlich.

Alternativ zu den zwei Akkus vom Typ NB-2LH können im Batteriehandgriff BG-E3 auch sechs Mignonbatterien (AA) zur Stromversorgung der EOS 400D genutzt werden. Da damit aber bei Weitem nicht so viele Aufnahmen möglich sind wie mit den Akkus, ist dies eher eine Notlösung für den Fall, dass kein Netzstrom zum Aufladen der Akkus zur Verfügung steht.

10.4 Akkus von Drittherstellern immer ein Flop?

Bei den doch recht hohen Kosten für die Canon-Originalakkus drängt sich die Suche nach günstigeren Alternativen geradezu auf. Verschiedene Hersteller und Großhändler buhlen dabei im Internet um die Gunst des Kunden, teilweise mit Preisen deutlich unter 10 Euro pro Akku. Doch sind diese Fremdakkus auch ein adäquater Ersatz für den Originalakku? Beim Einsatz von billigen Fremdakkus geht man ein schwer kalkulierbares Risiko ein, wenn es zu Problemen kommt. Canon verweigert jegliche Garantie für Schäden, die durch Fremdakkus verursacht wurden, und der Hersteller eines Fremdakkus wird sicherlich jede Schuld von sich weisen – so man seiner überhaupt habhaft wird. Natürlich gibt es auch seriöse Anbieter von Fremdakkus, die dann in der Regel nur noch einen moderaten Preisvorteil bieten.

In den Originalakkus befindet sich neben den Lithium-Ionen-Zellen auch eine Schutzschaltung, die verhindern soll, dass der Akku sich überhitzt oder sich bei einem Kurzschluss entzündet. Nicht in allen Nachbauten sind diese Schutzschaltungen auch korrekt ausgeführt, teilweise scheinen diese sogar ganz zu fehlen. An dieser Stelle müssen Sie also selbst entscheiden, ob es Ihnen das Risiko wert ist, für einige Euro Ersparnis einen Fremdakku einzusetzen. Diese Entscheidung kann Ihnen niemand abnehmen, zumal sie durchaus mit einem – wenn auch erfahrungsgemäß geringen – Risiko verbunden ist.

10.5 Die Knopfzelle der Kamera

Oft übersehen, befindet sich im Batteriefach neben dem Akku noch eine Lithium-Ionen-Knopfzelle vom Typ CR 2016. Mit dieser Batterie wird der Speicher mit den Einstellungen der EOS 400D bei abgeschalteter Kamera und entnommenen Akku mit Strom versorgt und die interne Uhr am Laufen gehalten.

Im Laufe der Jahre ist diese Batterie verbraucht und muss ausgetauscht werden. Canon gibt hier eine Lebensdauer von rund fünf Jahren an, dies kann aber von Batterie zu Batterie deutlich unterschiedlich sein. Die eine Knopfzelle ist vielleicht schon nach zwei Jahren verbraucht, eine andere Knopfzelle kann in einer EOS 400D dagegen auch zehn Jahre halten.

Der Austausch der Knopfzelle geht recht einfach. Dazu wird die Knopfzelle bei entnommenem Akku mit ihrem Träger aus dem Batteriefach entnommen, die Knopfzelle wird im Träger ausgetauscht, und der Träger wird wieder eingesetzt. Hierbei ist darauf zu achten, dass die Ersatzbatterie mit der gleichen Polarität eingelegt wird wie die Originalbatterie.

▲ Diese Kopfzelle vom Typ CR 2016 versorgt die Uhr und den Einstellungsspeicher der EOS 400D mit Energie.

Nach dem Austausch der Knopfzelle hat die EOS 400D alle Einstellungen vergessen und sich zurückgestellt auf die Werkseinstellungen.

Beim ersten Einschalten nach einem Wechsel der Knopfzelle müssen daher Datum und Uhrzeit neu eingestellt werden. Dies sollte auch gleich zum Anlass genommen werden, die restlichen Einstellungen zu überprüfen und gegebenenfalls zu erneuern.

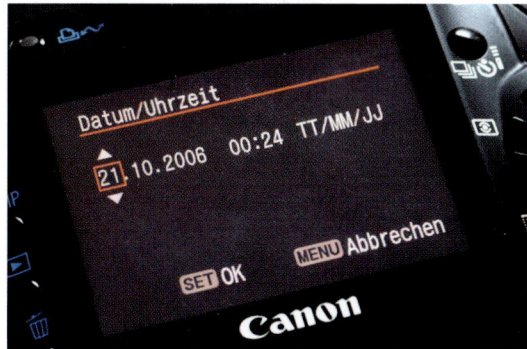

▲ Nach dem Austausch der Knopfzelle müssen Uhrzeit und Datum neu eingestellt werden. Alle weiteren Einstellungen der EOS 400D werden auf die Werkseinstellungen zurückgesetzt.

10.6 Externes Netzteil

Im stationären Betrieb, z. B. im Fotostudio, kann die EOS 400D über das Adapterkit ACK DC-20 mit Netzstrom versorgt werden. Das Adapterkit besteht dabei aus einem Netzteil sowie einem Akku-Dummy, der anstelle des Akkus ins Batteriefach eingesetzt wird.

Seitlich am Akkufach ist dafür extra eine Vertiefung angebracht, die nach außen mit einer Gummilippe abgedichtet ist. Durch ein einfaches Aufbiegen der Gummilippe kann das Stromversorgungskabel durch diese Vertiefung in das Akkufach geführt und das Akkufach bei eingesetztem Akku-Dummy wieder geschlossen werden.

11

Schutz und Pflege des Equipments

Spätestens nach einigen Objektivwechseln werden Sie mit dem Staubproblem auf dem Bildsensor konfrontiert sein. Sie werden damit jedoch bei Anwendung der richtigen Reinigungsmethode keine Sorgen haben.

Auch die Objektive und der Kamerabody wollen gepflegt sein. Sie finden in diesem Kapitel Tipps dazu.

11.1 Den Sensor reinigen

Fin paar Staubflecken auf einem Bild mögen nicht dramatisch sein, schließlich lassen sie sich relativ simpel mit der Software wegstempeln. Ärgerlich wird es aber, wenn eine ganze Serie von Aufnahmen nachzubearbeiten ist oder eine Vielzahl von Flecken die Nacharbeiten aufwendiger macht.

Staub ist allgegenwärtig, und so lässt er sich früher oder später auch auf dem Bildsensor der EOS 400D nieder.

Canon begegnet dem Übel allerdings mit einer ausgeklügelten Technik. Einerseits wird durch Piezoaktoren der vor dem Sensor liegende Infrarot- und Tiefpassfilter in hochfrequente Schwingungen versetzt, und als weitere Maßnahme bietet die Software eine automatische Entstaubfunktion an.

▲ Vor dem eigentlichen Sensor (rechts in Gelb) sitzen zwei Filterschichten, von denen die linke mittels Piezo-Bauelementen in Schwingungen versetzt wird und so locker sitzenden Staub abschüttelt.

Gleich beim Einschalten der EOS 400D meldet sich der Screen mit der Einblendung *Sensorreinigung* für eine Sekunde und erlischt gleich darauf wieder. Gleiches geschieht am Ende beim Ausschalten der Kamera. Dabei wird locker vor dem Sensor liegender Staub recht zuverlässig entfernt, wenngleich in un-

serem Test mit einer ordentlichen Portion Hausstaub noch einige Partikel zurückblieben.

Für diesen Fall greift die zweite Strategie: Sie können eine Blaupause des verbleibenden Staubs im Kameramenü im zweiten Register unter *Staublöschungsdaten* anstoßen. Führen Sie die Schritte wie in der Bedienungsanleitung auf Seite 112 beschrieben durch, dann wird den Bilddateien eine kleine Infodatei angehängt, die unter Digital Photo Professional ausgelesen wird. Anhand dieser Daten entfernt die Software die auf dem Bild enthaltenen Staubflecken und interpoliert bzw. rekonstruiert die Daten aus der Bildumgebung. Nach unserem Test funktioniert diese softwaregesteuerte Entstaubungskur mit einer Erfolgsquote von rund 50 %. Insgesamt entlasten die neuen Features zur automatischen Reinigung den EOS 400D-Fotografen erheblich, wenngleich fest sitzender Staub oder auch flächige Verunreinigungen ein manuelles Säubern zusätzlich erforderlich machen können.

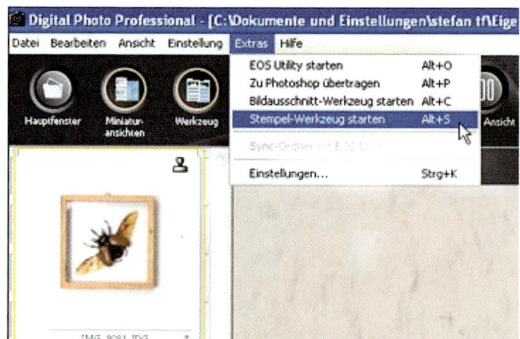

▲ Unter Digital Photo Professional wird im Menü Extras (zu erreichen über den Button Bearbeitungsfenster) der Menüpunkt Stempel-Werkzeug starten geöffnet. Dort wählen Sie anschließend den Button Staublöschungsdaten anwenden an. Nach dem Export der Datei sollte die Bilddatei weniger oder idealerweise keine Staubflecken mehr zeigen.

Ergänzende Reinigungsmaßnahmen

Trotz Canons eingebauter Reinigungsautomatiken sollten fallweise ergänzende Reinigungsutensilien verwendet werden. Die simpelste Reinigungsmethode besteht im Auspusten mit dem Blasebalg. Sind Sie ein paar Tage unterwegs mit Ihrer EOS 400D, sollte er seinen festen Platz in der Fototasche haben.

▲ *Der Blasebalg ist das effektivste Reinigungsutensil gegen oberflächlichen Staub auf dem Sensor.*

Die Reinigung setzt einen gut geladenen Akku voraus, ansonsten verweigert die EOS 400D den Menüpunkt *Sensorreinigung manuell* und blockiert die Funktion. Andernfalls könnten während der Reinigungsprozedur Verschluss und Schnellschwingspiegel zurückschnellen und diese Bauteile gegebenenfalls beschädigen.

Sensorreinigung Step by Step

Lösen Sie ein etwaiges Objektiv von der EOS 400D und halten Sie die Kameraöffnung leicht nach unten geneigt.

Wählen Sie über den MENU-Button den Menüpunkt *Sensorreinigung manuell* an Ihrer EOS 400D. Sie finden ihn als vorletzten Eintrag im rechten Register. Mit ihm wird der Spiegel zurückgeklappt, und der elektronische Schlitzverschluss öffnet sich.

Führen Sie das Ende des Blasebalgs in die Nähe des Sensors. Halten Sie dabei einen gewissen Sicherheits-

abstand ein, damit er den Sensor in keinem Fall berührt. Pumpen Sie einige Male kräftig.

Schalten Sie die Kamera über den On/Off-Schalter aus. Setzen Sie ein Objektiv auf das Bajonett.

Am besten machen Sie noch eine Kontrollaufnahme mit hoher Blendenzahl im Programm Av gegen den Himmel oder eine neutrale Fläche (siehe auch den nächsten Abschnitt). Sind noch immer Flecken zu erkennen, wiederholen Sie den Vorgang oder erwägen eine Feuchtreinigung.

Den Sensorstaub identifizieren

Je nach Motiv wird Sensorstaub mehr oder weniger auffällig. Doch es gibt eine Methode, um auch noch das letzte Staubkörnchen sicher zu identifizieren:

Wählen Sie das Programm M am Programmwahlrad.

Stellen Sie die größtmögliche Blendenzahl über das gezahnte Einstellrad ein und wählen Sie eine Belichtungszeit von 10 Sekunden. Über die Taste ISO sollte außerdem ein Wert unter 800 eingestellt werden, damit das ISO-Rauschen reduziert wird.

Stellen Sie an Ihrem Objektiv den MF/AF-Schalter auf MF und drehen Sie den Einstellring am Objektiv auf die Unendlichkeitsstellung (in der Regel ganz nach rechts drehen).

Nähern Sie sich einem Motiv auf 10 cm. Gut eignet sich dafür z. B. die eigene Handfläche. Die Aufnahme darf ruhig verwackeln, jedoch nicht komplett überstrahlen. Sie werden jetzt die Staubpartikel sehr genau erkennen oder – falls der Sensor sauber ist – eben eine unberührte Fläche sehen.

> **Feuchtreinigung selbst vornehmen?**
> Wir haben Feuchtreinigungen bereits mehrfach ohne negative Folgen für den Sensor durchgeführt, können aber natürlich keine Garantie für Ihre Aktion abgeben.
> Sollten Sie sich dies nicht zutrauen und um das Wohl Ihres Sensor fürchten, können Sie Ihre EOS 400D auch zu Canon senden bzw. eine Vertragswerkstatt oder einen Fotofachhändler mit dieser Aufgabe betrauen.
> Die Kosten einer solchen Reinigung liegen meist oberhalb von 50 Euro. Mit etwas Glück erwischen Sie aber auch den Canon-Professional-Service z. B. auf einer Fototagung und können die Reinigung vor Ort durchführen lassen.

Feuchtreinigung

Die Anzahl an Tipps zur Feuchtreinigung sind schier unerschöpflich, wenn man die einschlägigen Internetforen abgrast. Diverse Mischverhältnisse von Isopropylalkohol oder Isopropanol mit 57 %, 89 % oder 98 % etc. werden empfohlen. Diese Tipps können Sie getrost vergessen, denn Isopropylalkohol neigt zur Schlierenbildung.

Besser ist eine spezielle Reinigungsflüssigkeit wie etwa Eclipse, die keine Schlieren bildet (beachten Sie jedoch die Warnhinweise auf der Verpackung, Eclipse enthält schädliches Methanol). Ergänzend sollten nicht haarende Reinigungsstäbchen verwendet werden. Auch hier bietet der Markt leider teure, aber effektive Stäbchen wie etwa die Sensor-Swabs

an. Alternativ können auch Q-Tipps Verwendung finden.

Das Procedere ist mit dem im Abschnitt „Sensorreinigung Step by Step" praktisch identisch. Anstelle des Blasebalgs in Step 3 streichen Sie das – mit ein oder zwei Tropfen der Reinigungsflüssigkeit dezent beträufelte – Reinigungsstäbchen sanft und ohne Druck über den Sensor. Bevor Sie jedoch die Feuchtreinigung durchführen, sollte dieser die Luftreinigung mit dem Blasebalg vorausgehen.

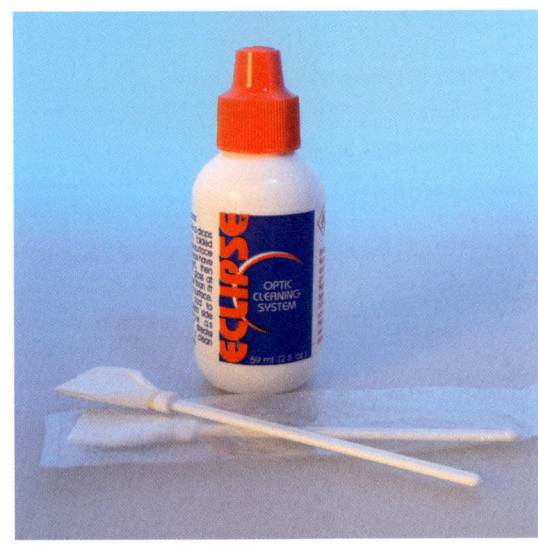

▲ Die Reinigungsflüssigkeit Eclipse und Sensor Swaps zum Ausstreichen sind eine bewährte Lösung, um den Bildsensor von Verunreinigungen zu säubern.

Alternative Reinigungsmethoden

- **Absaugen via Staubsauger**: Mit einem normalen Haushaltsstaubsauger nicht zu empfehlen, da die Sogwirkung zu hoch sein kann und mechanische Zerstörungsgefahr besteht. Gegebenenfalls kann dies vorsichtig mit einem Minihandstaubsauger erfolgen.
- **Feuchtreinigung mit Isopropanol**: Wegen Schlierenbildung nicht zu empfehlen.
- **Discofilm (Reinigungsmethode der 80er-Jahre für Vinylschallplatten)**: Nicht empfehlenswert,

da Rückstände verbleiben können bzw. Fettflecken nicht entfernt werden.

- **Sensor Clean (Fa. VisibleDust)**: Durchaus empfehlenswert, wenngleich leichte Schlierenbildung. Daher zusätzlich Smear Away aus gleichem Hause erforderlich.
- **SpeckGrabber**: Mit diesem Klebestift lassen sich gezielt einzelne Schmutzpartikel aufnehmen. Für filigrane Reinigungstüftler durchaus empfehlenswert, wenngleich nicht alle Partikel visuell identifizierbar und daher schwer aufzunehmen sind.
- **Sensor Brush**: Diese Reinigungspinsel werden statisch aufgeladen und über den Sensor gestrichen. Teuer in der Anschaffung, aber für lose Staubpartikel empfehlenswert. Fetthaltiger Schmutz lässt sich jedoch nicht entfernen.
- **Brillenputztücher**: Feuchte Tücher neigen in der Regel zu Schlierenbildung und sind daher nicht empfehlenswert. Ungewiss ist auch eine etwaige chemische Reaktion mit dem Deckglas des Sensors.

11.2 Schutz und Reinigung von Gehäuse und Objektiven

Analog zur Empfehlung für die Sensorfeuchtreinigung sollten auch Objektive bei Verschmutzung zunächst kräftig mit einem Blasebalg ausgepustet werden.

Ansonsten könnten verbleibende Sandkörner auf dem teuren Glas ihre Kratzspuren hinterlassen. Mikrofasertücher oder besser noch Fensterleder sind gegen stärkere Verschmutzungen gut geeignet. Die Linse kann bei Ledereinsatz vorher dezent mit Wasser angefeuchtet werden, um die Haftung zu erhöhen.

Gegen starken Schmutz an den schwer zugänglichen Außenrändern der Linse ist ein Lenspen gut geeignet. Er bietet sich auch zu Reinigungszwecken für manch tief liegende Front- oder Rücklinse an, die ansonsten schwer erreichbar ist.

▲ Ein Lenspen eignet sich besonders für fest sitzenden Schmutz auf den Objektiven. Mit ihm erreicht man auch tiefer eingelassene Front- oder Rücklinsen.

UV-Filter als Schutz

Zum Schutz der Frontlinse werden gern Skylight- oder UV-Filter eingesetzt. Zusätzliches Glas legt allerdings den Verdacht nahe, dass weniger Licht bzw. weniger Bildqualität den Sensor erreicht.

▲ Mit der klebrigen blauen Spitze des SpeckGrabber lassen sich einzelne Schmutzpartikel auf dem Sensor aufnehmen. Neuerdings ist im SpeckGrabber Pro Kit eine Version mit integrierter Taschenlampe zum Ausleuchten des Sensors enthalten.

Kontrast ist allerdings etwas herabgesetzt. Wollen Sie also die höchste Bildqualität erzielen, ist der Filtereinsatz zum Schutz der Frontlinse zumindest bei hochwertig vergüteten Objektiven gegebenenfalls in Frage zu stellen.

▲ Eine beliebte Methode zum Schutz der Frontlinse vor Kratzern ist ein aufgeschraubter UV-Filter.

Wir haben einen Test mit einem UV-Filter der mittleren Preisklasse und dem Canon 70-200/2,8 bei Blende 8 vorgenommen (Testchart nach ISO 12 233). Danach sind Bildschärfe und chromatische Aberration bei Einsatz des UV-Filters unverändert. Der

▲ DATA BECKER bietet ein komplettes Reinigungsset für Kamera und Objektiv an. Eine spezielle Nano-Versiegelung soll dabei hartnäckigen Frontlinsenverschmutzungen ohne Qualitätseinbußen entgegenwirken.

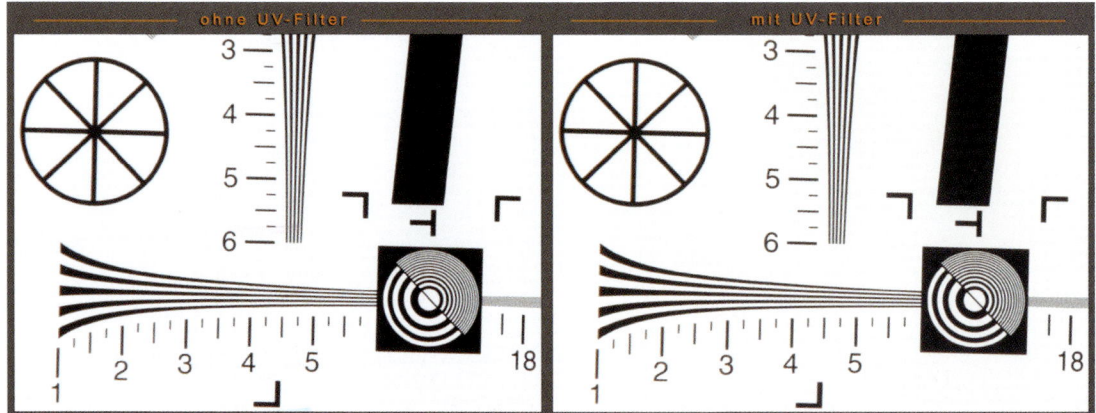

▲ Das ISO-Testchart wurde links ohne und rechts mit einem UV-Filter aufgenommen. Schärfe und chromatische Aberration werden nicht tangiert, der Kontrast ist jedoch durch den UV-Filtereinsatz etwas gedämpft.

Displayschutz

Einen Kratzer auf dem Display fängt man sich schneller ein, als einem lieb sein dürfte. Werden beispielsweise in aller Eile Objektiv und Body in dasselbe Fototaschenfach gelegt, besteht dafür eine hohe Wahrscheinlichkeit. Kratzer sind nicht nur des Designs wegen ärgerlich, sondern senken den Wiederverkaufswert spürbar ab.

▲ Kratzer auf dem Display sehen nicht nur unschön aus; sie senken zudem den Wiederverkaufswert.

Zur Vorsorge bietet der Fachhandel spezielle Displayschutzfolien oder Monitorblenden an. Letztere können mittels Kunststoffklappe den gesamten Monitor abdecken und lassen sich wie ein Garagentor bei Gebrauch wieder öffnen.

Eine günstige Alternative können Adhäsionsfolien sein, die im Bürobedarfshandel oder in der Bastelecke des Baumarkts angeboten werden und lediglich auf die Displaygröße zuzuschneiden sind.

> **Kratzer nachträglich entfernen**
> Ist das Malheur einmal passiert und hat Ihr Display Kratzer hinnehmen müssen, können Acrylpasten wie z. B. Xeropal für rund 10 Euro weiterhelfen. Die Paste wird mit einem trockenen Tuch über das Display gerieben und füllt die Kratzer auf. Unsere Ergebnisse damit waren jedoch nicht allzu umwerfend.

Objektive und Zubehör für Ihre EOS 400D

Die Anschaffung eines Objektivs will gut überlegt sein, denn wird es den Erwartungen nicht gerecht, sind Zeit und Mühe in den Weiterverkauf zu investieren. Wir zeigen, in welche Objektive eine Investition lohnt und welche Ausstattungsmerkmale beachtet werden sollten.

Zubehör wie Stativ, Fernbedienung oder Winkelsucher erleichtert dem Fotografen das Leben. Auch hier machen wir einen Streifzug durch die Landschaft des Ergänzungsequipments und geben Tipps und Hinweise.

12

12.1 Objektive für Ihre EOS 400D

Die EOS 400D lässt sich als Systemkamera durch eine Vielzahl von Objektiven erweitern. Allein Canon bietet aktuell über 60 Objektive für das EF-Bajonett an, und Fremdhersteller wie Sigma, Tamron oder Tokina erweitern das Angebot. Insgesamt sind – inklusive der nicht mehr hergestellten, aber weiterhin nutzbaren Objektive – über 200 Linsen verfügbar.

Um den Überblick nicht zu verlieren, werden die Objektive in Klassen unterteilt, die sich am Brennweitenbereich bzw. am Verwendungszweck orientieren.

Normalbrennweite

Die unverblümte Wirklichkeit ist manchmal so spannend, dass man sie unverändert wiedergeben möchte. Dafür wird das sogenannte Normalobjektiv benötigt.

Falls Sie die EOS 400D im Set erworben haben, liegt in der Regel bereits ein Normalzoom mit dem Kitobjektiv Canon 18-55mm gleich bei. Es deckt bei 18 mm in etwa den Bildwinkel ab, der unserer alltäglichen Sicht entspricht. Bei 55 mm entspricht der Blick durch den Sucher etwa der Vergrößerung, die das andere Auge direkt aus der Umgebung wahrnimmt.

> **Begriffserläuterung: Normalobjektiv**
> Der Begriff des Normalobjektivs ist eng mit der Interpretation unserer Normalsicht verknüpft. Doch welche Sichtweise ist normal? Konzentrieren wir uns auf ein Detail, etwa beim Fernsehen, dann ist der Bildwinkel recht eingeschränkt. Blicken wir jedoch schweifend in die Landschaft, wird der

▼ *Mit der Normalbrennweite lassen sich gut zugängliche Motive unverfälscht wiedergeben.*

Superzooms

Die sogenannten Superzooms mit Brennweitenbereichen von 18 bis 125 mm oder gar 18 bis 250 mm sind von besonderem Interesse. Es sind typische Reiseobjektive, die einerseits dem Wunsch nach einer größeren Brennweite und geringem Gewicht nachkommen und andererseits einen Objektivwechsel vielfach unnötig machen. Auch hier beginnt die Brennweite bei 18 mm, um den Bildwinkel unserer Normalsicht am gecroppten Sensor der EOS 400D abzudecken.

So verlockend die Superzooms auch sein mögen, sie sind leider relativ lichtschwach und enden meist bei f=6,3. Da bei diesen Objektiven vor allem in den höheren Brennweitenbereichen die Abbildungsleistung deutlich abfällt, wird zweifaches Abblenden zur Pflicht.

Das führt jedoch zu einer verhältnismäßig geringen Lichtausbeute, sodass sie sich für ambitionierte Anwender nicht empfehlen.

Für den gelegentlichen Schnappschuss bei gutem Wetter oder bei statischen Motiven vom Stativ aus sind sie jedoch eine praktische Alternative gegenüber den Festbrennweiten bzw. Zoomobjektiven mit geringerem Brennweitenbereich.

Teleobjektive

Telebrennweiten finden ihren Einsatzbereich bei Motiven, denen wir uns nicht weit genug annähern können. Für Naturfotografen mit scheuen Motiven oder in der Sportfotografie werden sie zur Pflicht.

Sie haben aber auch den Vorteil, dass sich der Bildwinkel hinter dem Motiv verkürzt und das eigentliche Motiv kompakter wirkt. Daher werden sie auch gern in der Porträtfotografie eingesetzt. Vorausgesetzt, vor dem Motiv ist ausreichend Platz, erzielt das zugeschaltete Blitzlicht eine höhere Reichweite und kann Personengruppen gleichmäßiger ausleuchten.

Typische Vertreter der Telezooms liegen in Brennweitenbereichen von 70 bis 300 mm.

▲ Schwer zugängliche und weiter entfernte Motive lassen sich mit einem Teleobjektiv einfangen.

Weitwinkelobjektive

Die Weitwinkelobjektive sind das Gegenstück zu den Telebrennweiten. Bei wenig Platz vor einem Motiv wie etwa in engen Gassen am südlichen Urlaubsort, bei Innenraumaufnahmen oder auch in der Landschaft finden sie ihr typisches Einsatzgebiet. Brennweiten von 10 bis 22 mm oder 12 bis 24 mm sind Bereiche, die üblicherweise an Weitwinkelzooms für den APS-C-Sensor der EOS 400D angeboten werden.

Makroobjektive

Abbildungsmaßstäbe jenseits des Gewohnten sind mit Makroobjektiven möglich. Aufnahmen von Kleinlebewesen, aber auch Schmuck oder Münzsammlungen sind das Zielgebiet dieser Objektivgattung. Bei der Angabe des 1:1-Abbildungsmaßstabs nimmt das Motiv den gleichen Platz auf dem Sensor wie in Wirklichkeit ein (Sie können also Motive mit Abmessungen von 1,5 x 2,2 cm formatfüllend und scharf ablichten). Die Brennweitenbereiche von Makroobjektiven sind weit gestreut und reichen von 50 bis 180 mm.

Exoten

Außerhalb obiger Objektivgruppen finden sich Sonderlinge wie Tilt-Shift-Objektive, die durch Verschwenkung stürzende Linien in der Architekturfotografie ausgleichen bzw. die Schärfentiefe ausdehnen. Lupenobjektive erzielen die bis zu fünffache Abbildungsgröße (5:1-Abbildungsmaßstab) im Gegensatz zu herkömmlichen Vertretern aus dem Makrosektor und eignen sich für extreme Details wie z. B. Insektenaugen oder Oberflächenmerkmale.

Ausstattungsmerkmale

Ähnlich der Brennweitenvarianz unterscheiden sich die Objektive auch in den Ausstattungsmerkmalen. Hinter zahlreichen herstellerspezifischen Namenskürzeln verbergen sich Features oder auch Einschränkungen, die Sie vor einem Kauf kennen sollten.

Autofokus

Der Autofokusunterstützung gehört mittlerweile zum Standard, doch unterscheiden sich die Objektive hinsichtlich des Antriebsmotors.

Die nobelste Variante sind Ultraschallmotoren, die durch feinste Luftvibrationen die Scharfstellung unterstützen. Sie sind besonders leise und schnell. Canon kennzeichnet seine ultraschallgestützten Objektive mit dem Kürzel USM (**U**ltra **S**onic **M**otor), und Sigma vergibt dafür einigen wenigen Objektiven das Kürzel HSM (**H**yper**s**onic **M**otor). In der Geschwindigkeit sind die USM-Motoren den Sigma-Vertretern normalerweise leicht überlegen.

Objektive im unteren Preissegment verfügen dagegen meist über Mikromotoren, die lauter und etwas langsamer arbeiten. Die Geschwindigkeit hängt übrigens nicht ausschließlich von der Antriebsvariante des Motors, sondern vor allem auch vom zur Verfügung stehenden Licht ab.

> **Vollzeiteingriff in die Fokussierung**
> Canon wie auch Sigma verbinden mit dem Ultraschallantrieb eine Technologie, die den jederzeitigen Eingriff in den laufenden Autofokusbetrieb ermöglicht. FTM ist der aus dem englischen stammende Begriff, der das **F**ull **T**ime **M**anual erlaubt. Canons L-Königsklasse verfügen über dieses Feature und Objektive, die mit einem goldenen Band am Tubus gekennzeichnet sind.
> Sigma vergibt kein separates Erkennungsmerkmal, sichert diese Funktion jedoch allen Objektiven zu, die das Ausstattungsmerkmal HSM tragen.

Bildstabilisator

Ein Bildstabilisator hilft bei Aufnahmen aus der Hand gegen Verwacklungsunschärfen. Je nach Typ lassen sich damit 1 bis 3 Blendenstufen länger unverwackelt belichten (mit dem Stabilisator im Canon 70-200/4,0 L IS USM gar 4 Blendenstufen).

▲ *Insekten sind die Domäne der Makroobjektive.*

Die Funktionalität wird durch ein im Objektiv integriertes bewegliches Linsenglied erreicht, das Erschütterungen mithilfe eines giroskopartigen Stabilisierungsmotors ausgleicht.

Wenngleich der Betrieb mit einer gewissen Verzögerung von rund einer halben Sekunde nach halb durchgedrücktem Auslöser anläuft und er etwas Akkupower kostet, ist der Bildstabilisator ein lohnenswertes Feature. Damit kann häufiger mal auf den Einsatz eines Stativs verzichtet werden. Gegen Bewegungsunschärfen oder bei einer möglicherweise erwünschten Begrenzung der Schärfentiefe hilft er nicht (dafür ist die Lichtstärke eines Objektivs zuständig).

Canon vergibt für entsprechende Objektive die Bezeichnung IS (**I**mage **S**tabilisation), und Sigma betitelt sie mit OS (**O**ptical **S**tabilizer).

▲ Canons Bildstabilisatoren lassen sich direkt am Objektiv aktivieren. Für Schwenks verfügen manche Versionen über einen zweiten Modus.

Bajonettanschluss

Ihre EOS 400D ist – wie schon die Vorgängermodelle EOS 300D/350D – ergänzend mit dem EF-S-Bajonett ausgestattet. Neben der roten Markierung für herkömmliche EF-Objektive wird er durch einen weißen Punkt gekennzeichnet. Hier lassen sich nur Objektive ansetzen, die das S (steht für **S**hort Back)

hinter dem EF tragen. Canon hat das größere Platzangebot durch den gegenüber Kleinbildkameras verkleinerten Rückschwingspiegel im Gehäuse der EOS 400D genutzt. Den Platz füllen die EF-S-Objektive durch eine etwas weiter abstehende Rücklinse aus. Damit erzielt Canon einen Konstruktionsvorteil, der sich vor allem in einem weniger aufwendigen Bau von Weitwinkelobjektiven bezahlt macht.

> **EF-S ein Vorteil?**
>
> Für Canon mag EF-S ein Konstruktionsvorteil bedeuten, wenngleich dieser Vorzug leider vielfach nicht durch einen entsprechend niedrigeren Preis an den Kunden weitergegeben wird.
>
> EF-S bedeutet jedoch auch, dass solche Objektive derzeit ausschließlich an den Modellen EOS 400D/30D/20D/350D und 300D verwendet werden können. Sie sind daher zu manuellen EOS-Kameras oder auch zu Canons digitalen Hochpreis-Profimodellen inkompatibel.

Maßgeschneidert und inkompatibel

Eine ganze Reihe von Objektiven nutzt den CMOS-Bildsensor der EOS 400D mit dem zum Kleinbildformat um 1,6-fach kleiner dimensionierten Sensor aus. Der Strahlengang dieser Objektivgruppe deckt lediglich den verkleinerten Sensor des APS-C-Formats ab. Die Hersteller sparen Rohstoffe und können leichte und kompakte Objektive fertigen.

Auch wenn sich das APS-C-Format mittlerweile als Standard etabliert hat, führen solche Objektive zu Randabschattungen an Vollformatkameras wie z. B. der EOS 5D, der EOS 1D-Reihe und analogen EOS-Modellen. Ein Nachteil, der gegebenenfalls bei der Anschaffung berücksichtigt werden sollte.

Canon kennzeichnet solche Objektive nicht speziell, da sie in der Mehrzahl mit der EF-S-Kennung für das Short-Back-Bajonett abgedeckt sind. Sigma vergibt die Bezeichnung DC (**D**igital **C**amera), Tamron betitelt sie mit DI II, und auch Tokina verwendet eine Zusatzkennung: DX.

Objektivwahl

Ein Objektiv für alle Anwendungsfälle mag ein Wunschtraum sein. In Erfüllung ist er bisher aus Gründen verminderter Abbildungsleistung nicht gegangen, und er würde auch zu einer Verarmung der Zubehörlandschaft führen. Man stelle sich einen Handwerker vor, der zur Arbeit lediglich mit einem Schweizer Messer anstelle eines gefüllten Werkzeugkastens aufkreuzen würde. Analog braucht der ambitionierte Fotograf in der Regel eine Anzahl an Objektiven, die je nach Anwendungsfall eingesetzt werden.

Planen Sie also wenigstens zwei oder drei Objektive für die Anschaffung ein, um eine breite Motivauswahl abdecken zu können. Empfehlenswert sind generell Festbrennweiten, da sie gegenüber den Zooms optisch besser abgestimmt und normalerweise in der Abbildungsleistung überlegen sind.

Es gibt jedoch auch unter den Zooms sehr attraktive Vertreter. Nachfolgend stellen wir eine kleine – keineswegs vollständige – Auswahl an empfehlenswerten Objektiven vor, die der Autor Stefan Gross selbst im Einsatz hat.

> **Einen guten Überblick über Objektive ...**
> ... vermitteln Ihnen die einschlägigen Fachzeitschriften. Es lohnt sich auch, sorgfältig recherchierte Internetreports zu studieren und sich in den Foren umzusehen. Oft erhält man dort Tipps, Beispielaufnahmen und Anwenderberichte zu einzelnen Objektiven.
> Gut frequentierte Foren für Canons Digitalkameras finden Sie unter folgenden URLs:
> http://www.traumflieger.de/forum
> http://www.d-forum.de
> www.dslr-forum.de

Tamron SP AF 28-75mm/2,8 XR Di Macro

Ein lichtstarkes Zoom, das den Normalbrennweitenbereich bis zum leichten Tele abdeckt. Es zeichnet sich durch eine sehr gute Abbildungsleistung bereits bei Offenblende aus. Auch wenn es von der Ausstattung und Fertigungsqualität nicht an das deutlich teurere und schwerere Canon 24-75/2,8 L heranreicht, ist Tamron hier ein Publikumsliebling mit einem hervorragenden Preis-Leistungs-Verhältnis im mittleren Preissegment um 300 Euro gelungen.

Canon 70-200/2,8 L USM

Sicherlich eines besten Telezoomobjektive am Markt. Bereits bei Offenblende überzeugt die Abbildungsleistung. Sein schneller und leiser Ultraschallmotor, die Stativschelle und vor allem der spritzwassergeschützte und in Profiqualität gebaute Tubus sind Ausstattungsmerkmale, die einen Preis um 1.250 Euro rechtfertigen. Für die Variante mit Bildstabilisator werden noch mal rund 450 Euro Aufpreis fällig.

Eine hervorragende Alternative für den schmaleren Geldbeutel in der 600-Euro-Preisklasse und besonders aufgrund des geringen Gewichts als Reiseobjektiv geeignet ist das Canon 70-200/4,0 L USM. In unserem Test zeigt es exzellente Auflösungswerte an der EOS 400D!

Eine teurere Variante ist das Canon 70-200/4,0 L IS USM mit dem allerneusten Bildstabilisator (soll 4 Blendenstufen kompensieren).

Canon 300mm/4,0 L IS USM

Nicht nur für Tier- oder Sportfotografen empfehlenswert ist das Canon 300mm/4,0. Relativ lichtstark, sehr gute Abbildungsleistung, Bildstabilisator inklusive, eine integrierte Gegenlichtblende und eine Stativschelle sind luxuriöse Ausstattungsmerkmale. Zu dieser Linse gibt es im Brennweitensektor kaum Alternativen. Es ist noch gut zu transportieren und lässt sich mit 1,50 m Nahdistanz auch im Nah- bzw. Makrobereich einsetzen.

Tamron SP AF Di 90mm 1:2,8 Macro

Mit dem Tamron-Makrobjektiv sind Abbildungsmaßstäbe von 1:1 bei einer Nahgrenze von 29 cm möglich. Es lässt sich bei durchweg sehr guter Abbildungsleistung auch als leichte Telebrennweite einsetzen. Seine tief eingelassene Frontlinse macht es streulich-

tunempfindlich und schützt diese vor Kratzern. Der Autofokus ist zwar nicht der schnellste, was aber im Makrobereich selten stört, da viele Fotografen zumindest bei weniger schnell bewegten Motiven die manuelle Fokussierung favorisieren.

Tamron hat eine elegante, wenngleich manchmal etwas hakelige Lösung zur Umschaltung von MF- auf AF-Betrieb gewählt. Dabei wird der Einstellring – ähnlich wie bei einem Schiebezoom – komplett vor- und zurückbewegt. Die Suche nach dem fummeligen kleinen Umschalter, der üblicherweise verbaut wird, gehört damit der Vergangenheit an.

Canon EF-S 10-22mm/3,5-4,5 USM

Freunde des Weitwinkelbereichs müssen auch an der EOS 400D nicht auf diesen für Innenraum-, Party-, Landschafts- oder Architekturfotografie interessanten Brennweitenbereich verzichten. Weitwinkeltypisch ergeben sich im Randbereich natürlich leichte Verzerrungen, das ist aber auch schon der einzige, systembedingte Nachteil optischer Natur. Komfort, Abbildungsleistung und geringe Nahdistanz machen das Objektiv zu einer waschechten Empfehlung.

Canon 50mm/1,8 II

Das Canon 50mm/1,8 ist lichtstark, leicht und mit ca. 90 Euro kostengünstig. Wenngleich man leichte Abstriche bei Offenblende und der Fertigungsqualität machen muss, empfiehlt es sich abgeblendet.

Als Ergänzung und optional für Fälle, in denen der Hintergrund unscharf abgebildet werden soll, ist es auch angesichts des Anschaffungspreises empfehlenswert. Die Vorgängerversion mit Metallschraubfassung wird noch bei eBay gehandelt.

Canon 18-55mm/3,5-5,6

Das Canon 18-55mm ist sicherlich keine Ausgeburt an Fertigungsqualität. Etwas wackelig ist die Schärfeeinstellung an der Frontlinse, aber die Abbildungsleistung ist durchweg ordentlich. Es lässt sich auch für Makroaufnahmen gut verwenden. In Verbindung mit dem Traumflieger-Retroadapter oder der teureren Variante von Novoflex findet es zudem als Makrozoomobjektiv eine interessante Ergänzungsanwendung.

> **Objektivtest mit vielen Beispielen**
> Über 80 Objektive für Canon-DSLRs wurden von Anwendern im offenen Objektivtest auf ihre Schärfe überprüft: http://www.traumflieger.de/objektivtest/open_test/ueberblick.php.

12.2 Das passende Stativ wählen

Ganz gleich, ob Sie bei wenig Licht mit längerer Belichtungszeit unverwackelte Aufnahmen machen wollen, eine Panoramaaufnahme vorbereiten oder für Reprozwecke exakte Bildausschnitte wählen: Ein Stativ erweitert die Einsatzmöglichkeit Ihrer EOS 400D erheblich. Bequem ist es zudem, wenn Sie schwereres Equipment auf dem Stativ montieren und sich z. B. in aller Ruhe der Bildkomposition widmen können.

Der Markt an Stativen ist allerdings ähnlich vielfältig, wie dies für das Objektivangebot gilt, sodass wir einen kurzen Überblick geben, bevor einzelne Modelle vorgestellt werden.

Stativarten

Das klassische Stativ verfügt über drei ausziehbare Beine und über eine Mittelsäule, die der flexiblen Anpassung der Bearbeitungshöhe dient. Diese Stativart zeichnet sich durch hohe Stabilität, aber auch einen größeren Platzbedarf aus. Daneben ist der Auf- und Abbau relativ zeitaufwendig.

Sport- und Naturfotografen mit wenig Platz und schnellem Ortswechsel hilft ein Einbeinstativ. Dieses verfügt lediglich über eine Säule, die sich wie ein Teleskop zusammen- und auseinanderschieben lässt. Es ist relativ leicht im Transport, jedoch bestimmt das Säulensegment die minimale Einsatzhöhe. Für bodennahes Arbeiten empfiehlt es sich daher in der Regel nicht.

Naturfotografen nutzen für den Bodenbereich einen sogenannten Beanbag (zu Deutsch Bohnensack). Dabei handelt es sich um ein mit Kirschkernen, Reis oder anderem grobkörnigem Naturmaterial gefülltes Wildleder- oder Stoffkissen, mit dem sich Kamera und Objektiv ausrichten und in ihrer Position fixieren lassen. Es lässt sich auch dort nutzen, wo ansonsten kein Platz zur Aufstellung eines Stativs wie etwa auf einem Tisch vorhanden ist.

Tischstative stammen aus dem Lager der klassischen Dreibeinstative, sind jedoch regelmäßig so schwach auf den Beinen und eher für digitale Kompaktkameras vorgesehen, dass die Nutzung mit der EOS 400D eine etwas kipplige Angelegenheit wird.

Ausstattungsmerkmale

Um der Forderung nach einem möglichst leichten, aber dennoch stabilen Stativ nachzukommen, werden neben Metall und Holz verschiedene Baumaterialien wie Aluminium, Karbon oder modifizierte Kohlefaserstoffe verbaut. Karbon hat sich im Sektor der Reisestative etabliert; der Kunde wird dafür jedoch ordentlich zur Kasse gebeten. Diese Stative lassen sich gegen Verwackler durch Wind oft noch mittels eines an der Mittelsäule angebrachten Hakens mit Steinen oder anderem Zusatzgewicht nach Bedarf beschweren.

Für den stationären Einsatz oder wenn der Aufnahmeort in der Nähe Ihres Autos stattfindet, sind schwerere und stabile Metall- oder Holzstative erste Wahl.

Die Beinauszüge sollten sich möglichst flexibel verstellen lassen. Viele Dreibeinstative verfügen über drei Einrastpositionen, mit denen sie sich von der Mittelsäule aus spreizen lassen und so die Höhenverstellung ergänzen. In unebenem Gelände, z. B. an einem Hang, ist die freie und von Einrastpositionen unabhängige Beinspreizung von Vorteil.

Arretierung des Beinauszugs
Die Stativbeine lassen sich in verschiedenen Höhen arretieren. Da eine Höhenverstellung oft für drei Beine und mehrere Segmente vorgenommen wird, kann das schnell in Arbeit ausarten. Relativ schnell lässt sich dies mithilfe eines Klemmverschlusses durchführen. Schraubverschlüsse sind dagegen aufwendiger im Handling und schwerer zu kontrollieren (sie können entweder zu fest oder zu locker sitzen).

Zur Höhenverstellung der Mittelsäule wird teilweise ein Kurbelmechanismus angeboten, der jedoch so-

**Manfrotto 190 Pro B
(mit Stativkopf 141 RC)**

**Manfrotto 161 MK2 Super Prof.
(mit Stativkopf MA 229)**

In der Ausstattung ähnelt das Manfrotto 190 Pro B dem 458er-Modell. Der Beinauszug wird jedoch mit Klemmen fixiert, was im Gegensatz zu Schraubverschlüssen anderer Hersteller immer noch vorteilhaft ist.

Die Mittelsäule lässt sich ebenfalls seitlich in die Halterung stecken, sodass sich die Kamera weit vom Stativ ablegen lässt und auch bodennahe Aufnahmen bei eingefahrenen Beinen möglich werden.

Mit einem Preis um 100 Euro positioniert es sich im erschwinglichen Feld. Das Stativ ist noch um einen Stativkopf zu ergänzen. Viele User nutzen hier beispielsweise den griffigen Dreiwegeneiger 141 RC aus gleichem Hause.

Mit knapp 8 kg Eigengewicht ist das Manfrotto 161 MK2 ein wahrer Bolide unter den Stativen. Aus Gewichtsgründen eignet es sich daher eher für den Studioeinsatz oder für Naturfotografen mit schwerem Objektivgeschütz. Ausziehbar von 44 cm bis 267 cm, trägt es eine Last von bis zu 20 kg. Die Stativbeine lassen sich in jeder beliebigen Position auch unabhängig voneinander fixieren. Eine solide Kurbelführung der Mittelsäule erlaubt die exakte Höhenausrichtung. Das Manfrotto 161 ist um einen Stativkopf zu ergänzen. Beispielsweise der Dreiwegeneiger

MA 229 Super Pro verfügt über mehrfache Libellen zur Positionskontrolle und eignet sich als Partner auf vergleichbarem Fertigungsniveau. Auch preislich dürfte das Stativ mit rund 380 Euro am ehesten die Profifotografen ansprechen.

Einbeinstativ Manfrotto 680 B (mit Stativkopf 234 RC)

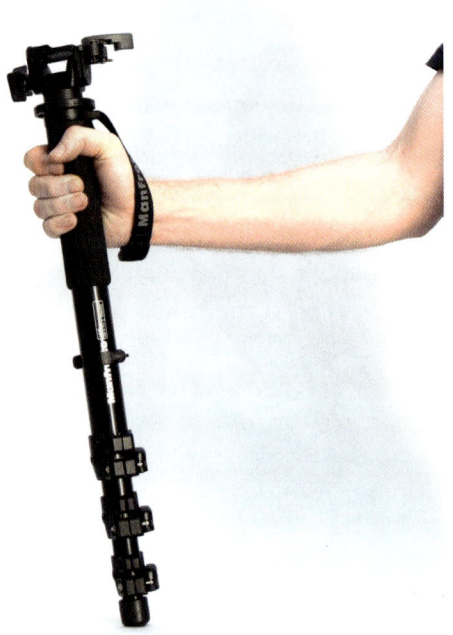

Einbeinstativ Manfrotto 682 B

Die vier Segmente des 680 B lassen sich erfreulicherweise auf nur 50 cm Gesamtlänge zusammenschieben, sodass es sich auch für niedriger postierte Motive eignet. Mit rutschfestem Griff inklusive Schlaufe liegt es gut im Griff.

Die Verstellflügel zur Beinarretierung lassen sich schnell bedienen, und die Säulen fahren selbstständig ohne weitere Zugkraft aus, sodass es flott auf die passende Arbeitshöhe gebracht werden kann. Ein simpler Neiger wie etwa der Manfrotto 234 RC mit Schnellkupplung kann eine sinnvolle Ergänzung sein. Etwa 50 Euro kostet das Stativ solo.

Ähnlich wie das 680 B verfügt auch das Manfrotto 682 B über Handschlaufe und Gummigriff. Durch lediglich drei Säulensegmente ist es noch schneller aufgebaut, jedoch liegt die Mindestlänge bei 80 cm.

Im Fuß normalerweise unsichtbar integriert ist ein kleines Dreibein, das sich nach Bedarf umschrauben lässt und so einen freien Stand gewährt. Natürlich ist dies eine Option, die absolute Windstille voraussetzt, um sinnvoll genutzt zu werden. Das 682 B liegt preislich um 80 Euro.

Traumflieger-Beanbag

Mit 20 x 30 cm ist der Traumflieger-Beanbag (Bohnensack) kompakt in den Ausmaßen und lässt sich dennoch mit längeren Objektiven nutzen.

Die 500-gr-Kirschkernfüllung erlaubt eine komfortable Positionierung in Schräglage und kann samt Stoffbeutel in der Waschmaschine gereinigt werden. Für 19 Euro wird der Beanbag unter *http://www.traumflieger/shop* angeboten.

12.3 Sonstiges Zubehör

Das Angebot an kleinen Helfern für Ihre EOS 400D ist groß, ganz gleich ob Winkelsucher, Batteriegriff oder Fernbedienung. Solche Tools erleichtern dem Fotografen das Leben oder sind gar Voraussetzung, um die angestrebten Wunschergebnisse zu realisieren. Nachfolgend machen wir einen kleinen Streifzug durch die Zubehörlandschaft.

Winkelsucher

Winkelsucher lassen sich nicht nur für bodennahes Arbeiten oder für Überkopfpositionen nutzen, sie sind gleichfalls bei allen Standardaufgaben nützlich. Da der Fotograf durch den Winkelsucher von oben hineinblicken kann, braucht das Stativ für eine bequeme Haltung nicht erst in Kopfhöhe ausgefahren zu werden.

Fällt Licht von hinten in das Sucherokular, muss normalerweise die Sucherabdeckung am Tragegurt erst aufgesteckt werden, damit die Belichtungsmessung nicht irritiert wird. Dies kann bei aufgesetztem Winkelsucher in der Regel entfallen und ermöglicht so die vom Umgebungslicht ungestörte Arbeit.

Canon bietet für die EOS 400D den Winkelsucher C an, der über eine 1,25- bzw. 2,5-fach-Vergrößerungsoption verfügt. Angeboten wird er zu einem Preis von rund 160 Euro.

Etwas günstiger, aber gleichfalls zur EOS 400D kompatibel ist der Winkelsucher Minolta VN sowie die Winkelsucher der Firma Seagull, die gleichfalls über eine Vergrößerungsoption zur optisch verbesserten Schärfekontrolle verfügen.

Der für die 400D passende digitale Winkelsucher Zigview bzw. Zigview R ermöglicht die Kontrolle auch aus größerer Sichtentfernung.

Optisch kann das digitale Display nicht mit den herkömmlichen Winkelsuchern mithalten, jedoch lassen sie sich für die schnelle Ausschnittsbestimmung z. B. auf Feiern dezent einsetzen, ohne dass die Kamera vor das Gesicht gehalten werden muss.

▲ *Ein Winkelsucher erleichtert dem EOS 400D-Fotografen in vielen Situationen das Leben.*

Die neuste Version ist der Zigview S2, unter anderem mit einem vergrößerten 2,5-Zoll-Monitor mit erheblich verbesserter Abbildungsleistung. Wir haben ihn auf der Photokina 2006 als Messeneuheit kurz angetestet und waren vom Display angetan. Der S2 hat allerdings seinen Preis. Infos finden Sie unter *http://www.kaiser-fototechnik.de/de/infos02o.htm.*

> **Einen umfassenden Überblick über das Canon-Zubehör ...**
> *... finden Sie auch im Internet unter http://www.traumflieger.de/kamerazubehoer/DSLR_Zubehoer.php.*

Fernbedienung

Fernbedienungen sind sowohl als Kabelfernauslöser wie auch funk- bzw. infrarotgesteuert für die EOS 400D erhältlich. Sie verhindern einerseits Verwacklungsunschärfen, die ansonsten durch Betätigen des Auslösers direkt an der Kamera entstehen, und andererseits erhöhen sie den Bedienkomfort.

Besonders nützlich sind kabellose Fernbedienungen, die dem Fotografen genügend Freiraum zugestehen und sich auch vor der Kamera auslösen lassen. Canon bietet z. B. den allerdings relativ teuren Infrarotauslöser LC 5 an.

Günstiger und kompakter ist dagegen der mit 30 bzw. 100 m Reichweite angebotene Auslöser der Firma Adidt (R3-C1) oder auch der twin1 von Kaiser Fototechnik.

Kabelfernbedienungen werden von Canon und etwas günstiger von der Firma Adidt, z. B. die Adidt M1-C1, für die EOS 400D in verschiedenen Längen angeboten.

▲ *Die Funkfernbedienung R3-C1 der Firma Adidt lässt sich durch ein kompaktes Bedienteil auch in der Hand des Fotografen versteckt mit bis zu 100 m Reichweite nutzen.*

Batteriegriff

Der Batteriegriff BG-E3 wurde vom Vorgänger EOS 350D für die EOS 400D übernommen. Mit ihm lässt sich ein zweiter Akku aufnehmen oder alternativ sechs AA-Batterien. Neben der Powerverdopplung sind durch einen ergänzenden Auslöser Hochformataufnahmen erheblich komfortabler durchzuführen. Insgesamt liegt die EOS 400D zumindest in großen Händen noch besser im Griff und wirkt bulliger.

▲ *Für rund 140 Euro kann die EOS 400D mit dem Batteriegriff BG-E3 aufgerüstet werden.*

STICHWORTVERZEICHNIS

STICHWORTVERZEICHNIS